开放式控制系统编程技术

马立新　陆国君　编著

编程技术

——基于IEC 61131-3国际标准

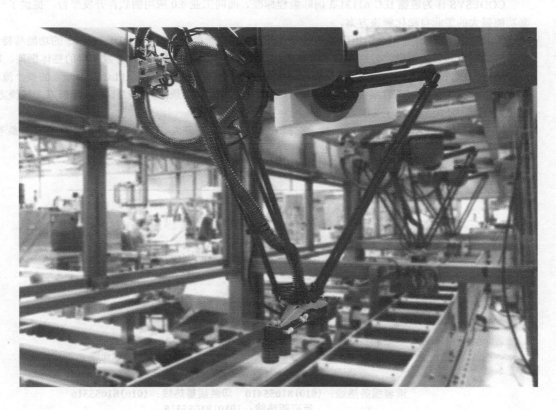

人民邮电出版社

北　京

图书在版编目（CIP）数据

开放式控制系统编程技术：基于IEC 61131-3国际标准 / 马立新，陆国君著. -- 北京：人民邮电出版社，2018.8

（CODESYS智能制造技术丛书）

ISBN 978-7-115-47173-4

Ⅰ. ①开… Ⅱ. ①马… ②陆… Ⅲ. ①开放系统（电子计算机）－程序设计 Ⅳ. ①TP338

中国版本图书馆CIP数据核字(2018)第111462号

内 容 提 要

CODESYS 作为遵循 IEC 61131-3 国际编程标准、面向工业 4.0 应用的软件开发平台，提供了一整套功能强大的工业自动化解决方案。

本书是由 3S 软件有限公司组织编写的一本使用指南，涵盖了最新的 CODESYS V3 的功能与特性。全书包括 9 章和若干附录，分别介绍了 IEC 61131-3 标准、CODESYS 软件开发平台的整体框架、IEC 编程基础、IEC 61131-3 的 5 种标准编程语言、与逻辑控制相关的指令系统、PLC 应用开发的整个流程、可视化设计、实际工程项目案例、工业现场总线简介等内容。附录部分包括指令、标准库、快捷方式等相关资料，还简要介绍了 CODESYS V3 的一些新特性。

本书适合工业自动化设计领域的技术支持人员和工程项目开发、调试、现场设备维护人员参考，同时也可作为大专院校本科生和研究生项目研发时的参考资料。

◆ 著　　　　　　马立新　陆国君

责任编辑　　胡俊英

责任印制　　焦志炜

◆ 人民邮电出版社出版发行　　北京市丰台区成寿寺路 11 号

邮编　100164　　电子邮件　315@ptpress.com.cn

网址　http://www.ptpress.com.cn

北京七彩京通数码快印有限公司印刷

◆ 开本：800×1000　1/16

印张：38.75　　　　　　　　　2018 年 8 月第 1 版

字数：745 千字　　　　　　　　2024 年 12 月北京第 39 次印刷

定价：129.80 元

读者服务热线：**(010) 81055410**　印装质量热线：**(010) 81055316**
反盗版热线：**(010) 81055315**

广告经营许可证：京东市监广登字20170147号

工业 4.0，从最初让人感到新鲜和新奇，到如今人人都感到熟悉与亲切，也不过 4 年的时间，但迈向工业 4.0 的道路，才刚刚铺开。工业 4.0 计划的提出者 Henning Kagermann 教授，为我们构建了一个基于 CPS（Cyber-Physical System）的未来工业发展的设想，并希望借此实现第四次工业革命。

智慧工厂就是工业 4.0 时代典型的产物之一。智慧工厂的本质，是通过信息技术将客户与产品连接起来，提升机器与机器之间的互联性，从而降低人在生产中的参与度，在降低成本的同时大幅度地提高生产效率和精度。在工业 4.0 时代，从迈进工厂的那一刻起，你将进入一个由信息化技术构建的、基于云和大数据的智能生产平台：所有的设备与人员都通过网络有机联系在一起，数据全部传送到云端，只需要借助一台移动终端设备，就能了解整个工厂实时的运行状态。同时，大数据与云计算技术帮助管理者进行分析与决策，帮助企业优化生产过程，提高生产效率与产品质量。

整个工业 4.0 过程，就是自动化和信息化不断融合的过程，也是用软件重新定义世界的过程。现在，翻开本书，用你的双手，构建属于自己的工业 4.0 智慧工厂。

CODESYS——功能强大的工业自动化软件开发平台

国际电工委员会（IEC）颁布的 IEC 61131-3 语言，是全球控制领域第一次制定的有关数字控制软件技术的编程语言标准，为可编程逻辑控制器软件技术的发展，乃至整个工业控制软件技术的发展，发挥了举足轻重的推动作用。IEC 61131-3 语言打破了不同厂商的 PLC 产品语言的差异界限，提高了编程的可移植性和可重用性。此外，IEC 61131-3 允许在同一个 PLC 中使用多种编程语言，极大地提高了 PLC 编程的灵活性。IEC 61131-3 正式公布后，凭借其兼容并包的特点，获得了国际工控界的广泛认可和支持。

作为遵循 IEC 61131-3 国际编程标准的、面向工业 4.0 应用的软件开发平台，CODESYS 提供了一整套功能强大的工业自动化解决方案。在 CODESYS 软件平台中不仅可以实现 PLC 逻辑控制，还能实现基于 PLCopen 的运动控制（电子凸轮、CNC 控制、机器人控制等）、人机界面（HMI）、可视化编程和基于云的应用开发等多种功能。

全球有超过 400 家知名的自动化企业和方案供应商是 3S 公司的合作伙伴，其中不乏 ABB、施耐德电气、博世力士乐等工业巨头。国内也已有上百家企业加入其中，较著名的有和利时、固高、汇川、中控集团等。可以说，只要学会使用 CODESYS，就能掌握国际标准的 IEC 61131-3 编程语言，对全球 400 多家控制器厂商生产的几千种控制器进行编程开发，甚至开发出拥有自主知识产权的专属控制器产品。

阅读本书需要掌握的背景知识

本书适合技术支持人员，工程项目开发、调试、现场设备维护人员阅读，同时也可作为大专院校项目研发时的参考资料。本书结合初学者的特点，全面细致地介绍了编程环境及软件的主要功能及技术难点，是 IEC 61131-3 零基础学习者的必备书籍。

CODESYS V3 新特性

相比于 CODESYS V2 系列，V3 版本不仅将所有功能都整合成为一体化的软件开发平台，而且添加了许多新的功能与特性：

- CODESYS Soft Motion Basic（支持 PLCopen Part1&Part2）；
- Soft Motion CNC + Robotics（支持 DIN66025 标准 G 代码与 PLCopen Part4）；
- CODESYS Depictor（在线三维仿真工具）；
- C-Integration（C 语言集成）；
- UML（统一建模语言）；
- CODESYS SVN（SVN 版本管理）；
- CODESYS Static Analysis（静态代码分析工具）；
- CODESYS Profiler（性能分析工具）；
- CODESYS Test Manager（测试管理工具）。

此外，CODESYS Store 还提供了丰富的 Add-on 资源，不断推出和发布使用的插件和工具，为用户提供实用、便利的开发环境。

本书内容

第 1 章首先介绍 IEC 61131-3 标准的概念，以及 IEC 61131-3 语言的组成和特点；随后引入软 PLC 的概念，在技术优势、控制方案框架和未来发展方向等方面指明了 PLC 的发展趋势；接着针对支持 IEC 61131-3 标准的 CODESYS 开发软件，在解决方案与实时内核两个方面进行概述，并且给出 CODESYS 开发准备工作的指导；最后，给出获取资料、插件的途径，以及技术交流的论坛。

第 2 章给出 CODESYS 软件开发平台的整体框架，介绍 CODESYS 的软件模型，指明各个软件元素之间的相互关系。设备在模型的最上层，可以等效于一个 PLC 所需所有软件的集合。在每一个设备中，有一个或多个应用，应用位于软件模型的第二层。访问路径应与程序中的所有变量联系起来，实现信息的存储。通信功能提供与其他系统，如其他可编程控制器系统、机器人控制器、计算机等设备的数据通信。

第 3 章介绍编写 IEC 代码需要用到的公共元素和变量。公共元素包括字符集、分界符、关键字、常数和注释等元素。数据类型包括标准数据类型、扩展数据类型和用户自定义的数据类型。此外，对变量的声明与初始化进行讲解，结合实际工程样例程序，让读者能更快、更好地掌握此部分的内容。

第 4 章对 IEC 61131-3 的 5 种标准编程语言（梯形图/功能块图、结构化文本、顺序功能图、连续功能图和指令表）进行具体讲解，配合实例程序，帮助读者全面掌握所有 IEC 61131-3 编程语言。

第 5 章介绍与逻辑控制相关的指令系统，包括位逻辑指令、定时器指令、计数器指令、数据处理指令、运算指令和数据转换指令等。这些指令广泛应用于各种工程领域，熟练运用指令系统可以显著提高编程效率，大大加快项目开发进度。

第 6 章介绍 PLC 应用开发的整个流程，涵盖 PLC 程序的创建、下载、调试、仿真等内容，帮助读者在学习 IEC 61131-3 编程语言的语法之后，使用 CODESYS 软件开发 PLC 应用程序。

第 7 章以可视化设计为主。首先简单介绍 CODESYS 可视化编程的基本操作，然后分类讲解可以使用的可视化控件，最后通过创建视图的实例，将控件与 IEC 程序中的变量进行映射与关联，实现在可视化界面对 PLC 进行控制的功能。

第 8 章对实际工程项目程序进行讲解。结合 IEC 61131-3 各种编程语言与可视化功能，以大量的工程实例，帮助读者熟悉工程场景，增加应用开发的实战经验，迅速将学到的知识应用到真正的工程项目，实现理论学习与实际应用的结合。

第 9 章集中介绍目前市场占有率较高的几种工业现场总线，如 PROFINET、EtherCAT 和 CANopen 等。本章从原理、配置、使用等方面对各种现场总线进行详细讲解。

由于编者水平有限，书中难免有错误和不妥之处，尽请广大读者批评指正。

编　者
2018 年 5 月

资源与支持

本书由异步社区出品，社区（https://www.epubit.com/）为您提供相关资源和后续服务。

配套资源

本书提供源代码，要获得该配套资源，请在异步社区本书页面中点击 配套资源 ，跳转到下载界面，按提示进行操作即可。注意：为保证购书读者的权益，该操作会给出相关提示，要求输入提取码进行验证。

提交勘误

作者和编辑尽最大努力来确保书中内容的准确性，但难免会存在疏漏。欢迎您将发现的问题反馈给我们，帮助我们提升图书的质量。

当您发现错误时，请登录异步社区，按书名搜索，进入本书页面，点击"提交勘误"，输入勘误信息，单击"提交"按钮即可。本书的作者和编辑会对您提交的勘误进行审核，确认并接受后，您将获赠异步社区的 100 积分。积分可用于在异步社区兑换优惠券、样书或奖品。

详细信息	写书评	提交勘误

页码：☐　　页内位置（行数）：☐　　勘误印次：☐

B I U ABC ☰ ☰ 〃 ↺ 🖼 ▤

字数统计

提交

扫码关注本书

扫描下方二维码，您将会在异步社区微信服务号中看到本书信息及相关的服务提示。

与我们联系

我们的联系邮箱是 contact@epubit.com.cn。

如果您对本书有任何疑问或建议，请您发邮件给我们，并请在邮件标题中注明本书书名，以便我们更高效地做出反馈。

如果您有兴趣出版图书、录制教学视频，或者参与图书翻译、技术审校等工作，可以发邮件给我们；有意出版图书的作者也可以到异步社区在线提交投稿（直接访问 www.epubit.com/selfpublish/submission 即可）。

如果您是学校、培训机构或企业，想批量购买本书或异步社区出版的其他图书，也可以发邮件给我们。

如果您在网上发现有针对异步社区出品图书的各种形式的盗版行为，包括对图书全部或部分内容的非授权传播，请您将怀疑有侵权行为的链接发邮件给我们。您的这一举动是对作者权益的保护，也是我们持续为您提供有价值的内容的动力之源。

关于异步社区和异步图书

“异步社区”是人民邮电出版社旗下 IT 专业图书社区，致力于出版精品 IT 技术图书和相关学习产品，为作译者提供优质出版服务。异步社区创办于 2015 年 8 月，提供大量精品 IT 技术图书和电子书，以及高品质技术文章和视频课程。更多详情请访问异步社区官网 https://www.epubit.com。

“异步图书”是由异步社区编辑团队策划出版的精品 IT 专业图书的品牌，依托于人民邮电出版社近 30 年的计算机图书出版积累和专业编辑团队，相关图书在封面上印有异步图书的 LOGO。异步图书的出版领域包括软件开发、大数据、AI、测试、前端、网络技术等。

异步社区

微信服务号

目录

第1章 概述 ····· 1

1.1 IEC 61131-3 标准 ····· 1

   1.1.1 IEC 61131 简介 ····· 1

   1.1.2 PLCopen 组织概况 ····· 2

   1.1.3 IEC 61131-3 编程语言 ····· 3

   1.1.4 IEC 61131-3 的特点 ····· 4

1.2 软 PLC ····· 5

   1.2.1 软 PLC 控制方案 ····· 6

   1.2.2 软 PLC 的发展方向 ····· 8

1.3 CODESYS 概述 ····· 9

   1.3.1 CODESYS 自动化解决方案 ····· 9

   1.3.2 CODESYS 实时核 ····· 12

1.4 软件的安装 ····· 14

   1.4.1 安装所需的软硬件要求 ····· 15

   1.4.2 安装及版本管理 ····· 15

   1.4.3 启动编程软件 ····· 16

   1.4.4 帮助 ····· 17

   1.4.5 CODESYS 开发系统 ····· 17

1.5 获取资料、插件和技术论坛 ····· 20

第2章 CODESYS 结构 ····· 22

2.1 软件模型 ····· 22

   2.1.1 软件模型简介 ····· 22

   2.1.2 软件模型的特点 ····· 24

2.2 设备 ····· 24

   2.2.1 设备管理 ····· 24

   2.2.2 设备编辑器 ····· 27

2.3 应用 ····· 28

   2.3.1 任务 ····· 29

   2.3.2 库文件 ····· 40

   2.3.3 全局变量和局部变量 ····· 50

   2.3.4 访问路径 ····· 52

2.4 程序组织单元 ····· 53

   2.4.1 程序组织单元结构 ····· 54

   2.4.2 函数 ····· 56

   2.4.3 功能块 ····· 60

   2.4.4 程序 ····· 66

2.5 应用对象 ····· 69

   2.5.1 采样跟踪 ····· 69

   2.5.2 持续变量 ····· 75

   2.5.3 数据单元类型 ····· 77

   2.5.4 全局网络变量 ····· 78

   2.5.5 配方管理器 ····· 79

第3章 公共元素及变量 ····· 81

3.1 公共元素 ····· 81

   3.1.1 字符集 ····· 81

   3.1.2 分界符 ····· 82

   3.1.3 关键字 ····· 84

   3.1.4 常数 ····· 85

   3.1.5 句法颜色 ····· 89

   3.1.6 空格和注释 ····· 89

3.2　变量的表示和声明 …………93
　　3.2.1　变量 ……………………93
　　3.2.2　标识符 …………………93
　　3.2.3　变量声明 ………………94
3.3　数据类型 ……………………96
　　3.3.1　标准数据类型 …………96
　　3.3.2　标准的扩展数据
　　　　　　类型 ………………104
　　3.3.3　自定义数据类型 ……113
3.4　变量的类型和初始化 ……126
　　3.4.1　变量的类型 …………126
　　3.4.2　变量的初始化 ………128
3.5　变量声明及字段指令 ……129
　　3.5.1　变量匈牙利命名法 …129
　　3.5.2　PRAGMA 指令 ………131

第4章　编程语言 …………………134
4.1　指令表（IL） ………………135
　　4.1.1　指令表编程语言简介 …135
　　4.1.2　连接元素 ……………137
　　4.1.3　操作指令 ……………140
　　4.1.4　函数及功能块 ………148
　　4.1.5　应用举例 ……………150
4.2　梯形图（LD）/功能块图
　　　（FBD）……………………152
　　4.2.1　梯形图/功能块图编程语
　　　　　　言简介 ……………152
　　4.2.2　连接元素 ……………155
　　4.2.3　应用举例 ……………166
4.3　结构化文本（ST）…………169
　　4.3.1　结构化文本编程语言
　　　　　　简介 ………………169

4.3.2　指令语句 ………………171
　　4.3.3　应用举例 ……………186
4.4　顺序功能图（SFC）………191
　　4.4.1　顺序功能图编程语言
　　　　　　简介 ………………192
　　4.4.2　SFC 的结构 …………194
　　4.4.3　应用举例 ……………206
4.5　连续功能图（CFC）………208
　　4.5.1　连续功能图编程语言
　　　　　　结构 ………………208
　　4.5.2　连接元素 ……………211
　　4.5.3　CFC 的组态 …………219
　　4.5.4　应用举例 ……………220

第5章　指令系统 …………………222
5.1　位逻辑指令 …………………222
　　5.1.1　基本位逻辑指令 ……223
　　5.1.2　置位优先与复位优先
　　　　　　触发器指令 ………229
　　5.1.3　边沿检测指令 ………233
5.2　定时器指令 …………………235
5.3　计数器指令 …………………240
5.4　数据处理指令 ………………245
　　5.4.1　选择操作指令 ………245
　　5.4.2　比较指令 ……………250
　　5.4.3　移位指令 ……………254
5.5　运算指令 ……………………261
　　5.5.1　赋值指令 ……………261
　　5.5.2　算术运算指令 ………261
　　5.5.3　数学运算指令 ………266
　　5.5.4　地址运算指令 ………272
5.6　数据转换指令 ………………275

第6章 基础编程 ············· 284

6.1 基本编程操作 ············· 284
   6.1.1 启动 CODESYS ······· 284
   6.1.2 PLC 程序文件的
       建立 ··············· 286

6.2 通信参数设置 ············· 290

6.3 程序下载/读取 ··········· 292
   6.3.1 编译 ··············· 292
   6.3.2 登录及下载 ········· 293
   6.3.3 在线监视 ··········· 296

6.4 程序调试 ················· 299
   6.4.1 复位功能 ··········· 299
   6.4.2 调试工具 ··········· 301

6.5 仿真 ····················· 304

6.6 PLC 脚本功能 ············ 306

6.7 程序隐含检查功能 ········ 308

第7章 可视化界面创建及应用 ······· 312

7.1 可视化界面 ··············· 313

7.2 基本操作 ················· 314
   7.2.1 创建可视化界面 ····· 314
   7.2.2 添加工具 ··········· 315
   7.2.3 对齐工具 ··········· 315
   7.2.4 删除工具 ··········· 315

7.3 工具 ····················· 316
   7.3.1 基本工具 ··········· 316
   7.3.2 通用控制工具 ······· 320
   7.3.3 测量控制 ··········· 331
   7.3.4 灯/开关/位图 ······· 336
   7.3.5 特殊控制 ··········· 338
   7.3.6 报警管理 ··········· 344

7.4 完整视图的建立及编辑 ······· 349

第8章 控制系统工程实例 ······· 356

8.1 实用工程实例 ············· 356
   8.1.1 电机正、反转运行 ······ 356
   8.1.2 电机 Y-△起动控制 ······ 363
   8.1.3 旋转分度台正、反转
       控制 ··············· 370
   8.1.4 交通灯信号控制程序 ··· 378
   8.1.5 停车场管理 ········· 382

8.2 模拟量闭环控制 ··········· 385
   8.2.1 模拟量闭环控制系统 ··· 385
   8.2.2 闭环控制的主要性能
       指标 ··············· 387
   8.2.3 CODESYS 的闭环控制
       功能 ··············· 387
   8.2.4 使用 CODESYS 实现闭环
       控制 ··············· 388
   8.2.5 模拟量输入数据整定 ··· 390
   8.2.6 模拟量输出数据整定 ··· 393
   8.2.7 输入数据滤波 ········· 394

8.3 数字 PID 控制器 ·········· 401
   8.3.1 PID 控制原理 ········ 402
   8.3.2 标准 PID 控制器 ······ 404
   8.3.3 固定采样频率的 PID
       控制器 ············· 406
   8.3.4 PD 控制器 ·········· 407
   8.3.5 积分分离控制器 ········ 409
   8.3.6 带死区的 PID
       控制器 ············· 410
   8.3.7 PID 参数整定 ········ 412
   8.3.8 简易压紧机的控制
       实例 ··············· 413

第 9 章　工业现场总线技术·········422

9.1　通信技术基础·········423
　9.1.1　通信系统的结构·········423
　9.1.2　数据传输方式·········424
　9.1.3　数据传送介质·········429
9.2　串行通信基础及协议标准·········436
　9.2.1　基本概述·········436
　9.2.2　串口通信接口标准·········439
9.3　工业现场总线·········442
　9.3.1　现场总线技术·········443
　9.3.2　现场总线的特点·········444
　9.3.3　IEC 61158 标准·········448
　9.3.4　FCS 与 DCS 的基本要点和区别·········452
　9.3.5　现场总线的发展历程和发展现状·········454
9.4　工业以太网·········457
　9.4.1　TCP/IP·········458
　9.4.2　TCP/IP 的工作方式·········460
　9.4.3　IEEE 802 通信标准·········463
　9.4.4　工业控制网络的拓扑结构·········466
9.5　CANopen 通信·········472
　9.5.1　运行原理·········472
　9.5.2　CANopen 物理层·········485
　9.5.3　PDO 通信示例·········488
　9.5.4　SDO 通信示例·········496
9.6　EtherCAT 网络基础·········500
　9.6.1　EtherCAT 物理层·········500
　9.6.2　EtherCAT 硬件组成·········505
　9.6.3　EtherCAT 运行原理·········506
　9.6.4　EtherCAT 通信模式·········516
　9.6.5　EtherCAT 状态机·········521
　9.6.6　EtherCAT 伺服驱动器控制应用协议·········523
　9.6.7　EtherCAT 主从站通信配置示例·········534
9.7　PROFINET 网络基础·········540
　9.7.1　PROFINET 物理层·········541
　9.7.2　PROFINET·········546
　9.7.3　PROFINET 协议架构·········549
　9.7.4　同步实时通信·········554
　9.7.5　PROFINET 主从站通信配置·········559
9.8　EtherNet/IP 网络基础·········566
　9.8.1　EtherNet/IP 物理层·········567
　9.8.2　EtherNet/IP 运行原理·········573
　9.8.3　EtherNet/IP 网络性能指标·········580
　9.8.4　EtherNet/IP 通信配置·········581

附录 A　指令与快捷键·········588
附录 B　CODESYS V3 新特性·········596
参考文献·········607

第 1 章
概述

本章主要知识点

- 了解 IEC 61131-3 标准
- 软 PLC 介绍
- CODESYS 简介
- 了解软件的安装及卸载

1.1　IEC 61131-3 标准

因为 CODESYS 是完全基于 IEC 61131-3 标准所开发，所以在此需要引入 IEC 61131-3 的概念。IEC 61131-3 编程语言标准是第一个为工业控制系统提供标准化编程语言的国际标准。该标准针对工业控制系统所阐述的软件设计概念、模型等，适应当今世界软件、工业控制系统的发展方向，是一种非常先进的设计技术。它极大地推动了工业控制系统软件设计的发展，对现场总线设备的软件也产生了很大的影响。

1.1.1　IEC 61131 简介

1993 年 3 月由国际电工委员会（International Electro-technical Commission，IEC）正式颁布可编程控制器的国际标准 IEC 1131（在 1131 前面添加 6 后作为国际标准的编号，即 IEC 61131）。IEC 61131 标准将信息技术领域的先进思想和技术（如软件工程、结构化编程、模块化编程、面向对象的思想及网络通信技术等）引入工业控制领域，弥补了传统 PLC、DCS 等控制系统的不足（如开放性差、兼容性差、应用软件可维护性差及可再用性差等）。目前 IEC 61131 标准已经在欧美发达国家得到广泛应用，但在我国尚处于起步阶段。

近几年我国的工业水平也在飞速发展，在此过程中也会引入大量欧美国家的先进技术，相信不久的将来，IEC 61131 标准在国内也会得到广泛应用。

IEC 61131 标准共有 8 个部分组成，各部分最新内容简介如下。

- **IEC 61131-1 通用信息**（2003-V2.0）：定义可编程控制器及外围设备，如编程和调试工具（PADA）、人机界面（HMI）等相关术语。
- **IEC 61131-2 设备特性**（2007-V3.0）：规定适用于可编程控制器及相关外围设备的工作环境及条件，结构特性、安全性及试验的一般要求、试验方法和步骤等。
- **IEC 61131-3 编程语言**（2013-V3.0）：规定可编程控制器编程语言的语法和语义，规定了 5 种编程语言，并通过形式定义、语法和（部分的）语义描述，以及示例，定义了基本的软件模型。
- **IEC 61131-4 用户导则**（2004-V2.0）：规定了如系统分析、装置选择、系统维护等系统应用中其他方面的参考。
- **IEC 61131-5 通信服务规范**（2000-V1.0）：规定了可编程控制器的通信范围，包括关于不同制造商的 PLC 之间，以及 PLC 和其他设备之间的通信。
- **IEC 61131-6 功能安全**（2012-V1.0）：规定了用于 E/E/PE 安全相关系统的可编程控制器和相关外围部件的要求。
- **IEC 61131-7 模糊控制编程**（2000-V1.0）：将编程语言与模糊控制的应用相结合。
- **IEC 61131-8 编程语言应用和实现导则**（2003-V2.0）：为了实现可编程控制器系统机器程序支持的环境下编程语言的应用提供导则，为可编程控制器系统应用提供编程、组态、安装和维护指南。

在我国，从 1995 年开始，也陆续颁布了 GB/T 15969.1～GB/T 15969.5、GB/T 15969.7 和 GB/T 15969.8 等 7 个可编程控制器的国家标准（功能安全部分还没有发布），这些国家标准等同于 IEC 61131-1～IEC 61131-8 所对应的标准。

1.1.2　PLCopen 组织概况

PLCopen 国际组织是独立于生产商和产品的全球性机构，成立于 1992 年，总部设在荷兰。其宗旨是致力于提供和提高控制软件编程方法、效率和规范等，从而支持使用该领域国际标准。PLCopen 国际组织为此下设技术和促进委员会以开展技术指导、推介等工作。

PLCopen 的作用是促进 PLC 兼容软件的开发和使用，PLCopen 并不是另一个标准化委员会，而是一个致力于编程标准推广的国际组织，希望使用国际化的标准去解决编程的问题。该组织的组织框架图如图 1.1 所示。

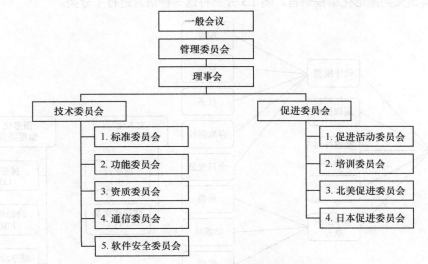

图 1.1 PLCopen 组织框架图

1.1.3 IEC 61131-3 编程语言

IEC 61131 是第一个关于 PLC 编程技术的国际标准，其中的 IEC 61131-3 是建立统一的 PLC 编程语言的基础，是实现软 PLC 技术的重要条件。

该标准共分 4 章。第 1 章为概述，包括标准范围、参照标准、定义、标准概览、要求，以及如何声明 PLC 系统，使 PLC 程序符合该标准。

第 2 章规定了 PLC 文本和图形编程语言的公共元素。公共元素包括字符的使用（含字符集、标识符与关键字的规定、空格的使用，以及如何使用注释等）、数据（数、字符串、时间）的外部表示类型、数据类型、变量、程序组织单元（函数、功能块、程序）及软件模型（配置、资源、任务、存取路径、全局变量等概念），图 1.2 描述了它们之间的关系。

第 3 章和第 4 章分别定义了两大类共 5 种编程语言。两大类分别为文本化编程语言和图形化编程语言。

文本化编程语言包括指令表编程语言（Instruction List，IL）和结构化文本编程语言（Structured Text，ST），图形化编程语言包括梯形图编程语言（Ladder Diagram，LD）和功能块图编程语言（Function Block Diagram，FBD）。在标准中定义的顺序功能图（Sequence

Function Chart，SFC），既没有归入文本化编程语言，又没有归入图形化编程语言，本书中，暂时先将其定义为图形化编程语言。图 1.3 分别将这 5 种语言进行了分类。

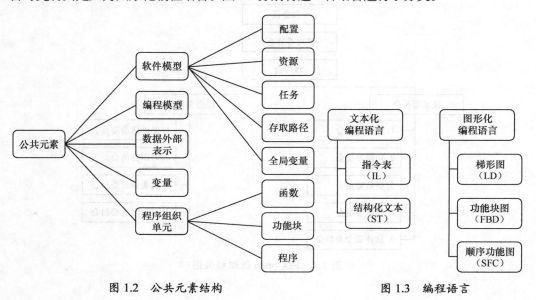

图 1.2　公共元素结构　　　　　图 1.3　编程语言

1.1.4　IEC 61131-3 的特点

（1）多样性

拥有 5 种不同的编程语言，分为图形化编程语言及文本化编程语言两大类。尤其是在应对大型项目时，用户可以根据实际需求，在一个项目中结合多种编程语言并使其融合，实现程序设计的优化，也为可编程控制器的应用提供了良好的操作环境。

（2）兼容性

由于采用了国际标准的编程语言规范，因此它适用于可编程控制器、分散控制系统、现场总线控制系统、数据采集和视觉系统、运动控制系统等。而且该软件模型适用于不同行业、不同结构的工业应用。因此，该标准编程语言更体现了与所使用的硬件无关这一重要特点，对用户而言，对指定的硬件供应商的依赖也越来越少。

（3）开放性

编程语言的标准化同时也会带来另一个好处，即系统成为了开放系统。任何一个供应商生产的产品，如果符合标准编程语言，则能使用标准编程语言进行编程，从根本上切断了软件和特定硬件的依赖关系。但是目前，要做到软件完全不修改还有困难，如不同的可编程控制器的外部端子对应的 I/O 地址可能会不同，移植时需要重新输入对应的地址定义。

（4）可读性

编程语言中大量语言的表达方式与常用计算机编程语言的表达方式类似。例如，IF 和 CASE 等选择语句，FOR、WHILE 和 REPEAT 等循环语句，与计算机编程语言类似，这大大方便了用户对标准语言用法的理解，提高了程序的可读性。

（5）易操作性和安全性

通常而言，易操作性和安全性两者是矛盾的，但在该标准中，这两者已被有机地结合起来。标准编程语言是常用计算机编程语言的沿用、改进和扩展，因此它保留了这些编程语言的优点，并克服了缺点，使其操作更为简便；同时因为这些语言是标准的，所以出错的概率已被控制到了最低，使编程语言变得更为安全。

1.2 软 PLC

PLC 从硬件的结构上来区分，可分为硬 PLC 和软 PLC。所谓硬 PLC，从严格意义上来说，是由硬件或者一块专用的 ASIC 芯片来实现 PLC 指令的执行。而软 PLC，即 SoftPLC，也称为软逻辑（SoftLogic），是使用个人计算机（PC）或嵌入式控制器作为硬件支撑平台，利用软件实现硬 PLC 的基本功能。或者说，将 PLC 的控制功能封装在软件内，运行于 PC 或嵌入式控制器的环境中。

随着计算机技术的快速发展，硬 PLC 的通用性及兼容性差等弊端愈来愈明显。而计算机标准化的通信协议和成熟的局域网技术使组网十分简便，还可以通过 Internet 与外界相连。一个具有开放性的系统可以和任何遵守相同标准的其他设备或系统相连。那么能不能将 PC 开放性和 PLC 的可靠性等优点结合在一起呢？国际电工委员会在 IEC 61131-3 的标准中提到，充分利用工业控制计算机（IPC，简称为工控机）或嵌入式控制器（EPC）的硬件和软件资源，全部用软件来实现硬 PLC 能实现的功能，这就是国际上出现的高新技术——软 PLC 技术。

软 PLC 综合了计算机和 PLC 的开关量控制、模拟量控制、数学运算、数值处理、网络通信、PID 调节等功能，通过一个多任务控制内核，提供强大的指令集、快速而准确的扫描周期、可靠的操作和可连接各种 I/O 系统及网络的开放式结构。因此，软 PLC 在提供与硬 PLC 同样的功能的基础上，同时又提供了 PC 环境。软 PLC 与硬 PLC 相比，还具有如下优点。

- **具有开放的体系结构**。软 PLC 具有多种 I/O 端口和各种现场总线接口，可在不同的硬件环境下使用，突破了传统 PLC 对硬件高度依赖的障碍，解决了传统 PLC 互不兼容的问题。

- **开发方便，可维护性强**。软 PLC 是用软件形式实现硬 PLC 的功能，软 PLC 可以开发更为丰富的指令集，以方便实际工业的应用；并且软 PLC 遵循国际工业标准，支持多种编程语言，开发更加规范方便，维护更简单。

- **能充分利用 PC 的资源**。现代 PC 的强大的运算能力和飞快的处理速度，使得软 PLC 能对外界响应迅速作出反应，在短时间内处理大量的数据。利用 PC 的软件平台，软 PLC 能处理一些比较复杂的数据和数据结构，如浮点数和字符串等。PC 大容量的内存，使得开发几千个 I/O 端口变得简单、方便。

- **降低对使用者的要求，方便用户使用**。由于各厂商推出的传统 PLC 的编程方法差别很大，并且控制功能的完成需要依赖具体的硬件，因此工程人员必须经过专业的培训，掌握各个产品的内部接线和指令的使用。软 PLC 不依赖具体硬件，编程界面简洁友好，降低了使用者的入门门槛，节约培训费用。

- **打破了几大厂商垄断的局面**。有利于降低成本，促进软 PLC 技术的发展。

1.2.1　软 PLC 控制方案

要实现软 PLC 控制功能，必须具有 3 个主要部分，即开发系统、对象控制器系统及 I/O 模块。

- 开发系统主要负责编写逻辑程序，对软件进行开发。
- 对象控制器系统及 I/O 模块是软 PLC 的核心，主要负责对采集的 I/O 信号进行处理，具备逻辑控制及信号输出的功能。

1. 开发系统

软 PLC 开发系统实际上就是带有调试和编译功能的 PLC 编程软件，此部分具备如下功能：编程语言标准化，遵循 IEC 61131-3 标准，支持多编程语言（共有 5 种编程方式，即 IL、ST、LD、FBD 和 SFC），各编程语言之间可以相互转换；丰富的控制模块，支持多种 PID 算法（如常规 PID 控制算法、自适应 PID 控制算法、模糊 PID 控制算法及智能 PID 控制算法等），还包括目前流行的一些控制算法，如神经网络控制；开放的控制算法接口，支持用户嵌入自己的控制算法模块；仿真运行，实时在线监控，在线修改程序和编译；网络功能，支持基于 TCP/IP 网络，通过网络实现 PLC 远程监控、远程程序修改等。

2. 对象控制器系统及 I/O 模块

这两部分是软 PLC 的核心，完成输入处理、程序执行、输出处理等工作。通常由 I/O 接口、通信接口，系统管理器、错误管理器、调试内核和编译器组成。

- **I/O 接口**：可与任何 I/O 信号连接，包括本地 I/O 和远程 I/O；远程 I/O 主要通过现场总线，如 INTERBUS、PROFIBUS、CANopen 等实现。
- **通信接口**：通过此接口使运行系统可以和开发系统或 HMI 按照各种协议进行通信，如下载 PLC 程序或进行数据交换。
- **系统管理器**：处理不同任务和协调程序的执行。
- **错误管理器**：检测和处理程序执行期间发生的各种错误。
- **调试内核**：提供多个调试函数，如强制变量、设置断点等。
- **编译器**：通常开发系统将编写的 PLC 源程序编译为中间代码，然后运行系统的编译器将中间代码翻译为与硬件平台相关的机器码存入控制器。

3. 综合控制方案

软 PLC 控制器的硬件平台主要可以分为如下 3 个部分。

1）**基于嵌入式控制器的控制系统**。嵌入式控制器是一种超小型计算机系统，一般没有显示器，软件平台是嵌入式操作系统（如 Windows CE、VxWorks 或 QNX 等）。软 PLC 的实时控制核被安装到嵌入式控制系统中，以保证软 PLC 的实时性，开发完的系统通过串口或以太网将转换后的二进制码写入到对象控制器中，其结构如图 1.4 所示。

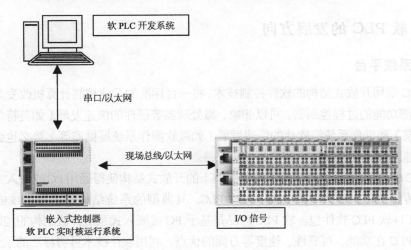

图 1.4　嵌入式软 PLC 控制系统

2）基于工控机（IPC）或嵌入式控制器（EPC）的控制系统。该方案的软件平台可以采用 Windows 操作系统（Windows XP Embedded、Windows 7 等），通用 I/O 总线卡将远程采集的 I/O 信号传至控制器中进行处理，软 PLC 可以充当开发系统的角色及对象控制器的角色。目前市场上越来越多的用户更倾向于直接使用面板型工控机进行控制的方案，这样的方案直接集成了 HMI、开发系统及对象控制器的功能，大大降低了成本。基于工控机或嵌入式控制器的控制系统方案结构图如图 1.5 所示。

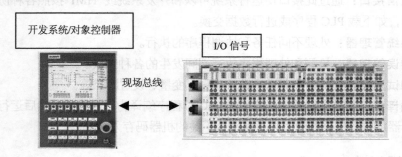

开发系统/对象控制器

I/O 信号

现场总线

图 1.5　基于工控机或嵌入式控制器的控制系统

3）基于传统硬 PLC 的控制系统。该方案 PLC 开发系统一般在普通 PC 上运行，而传统硬 PLC 只是作为一个硬件平台，将软 PLC 的实时核安装在传统硬 PLC 中，将开发系统编写的系统程序下载到硬 PLC 中，其控制系统图与图 1.4 类似，区别是将图 1.4 中的嵌入式控制器替换成传统硬 PLC。

1.2.2　软 PLC 的发展方向

1. 硬件/系统平台

软 PLC 采用开放式结构的软件控制技术，将一台标准的工业控制计算机改变为一个具有 PLC 全部功能的过程控制器。可以想象，微处理器等硬件的快速发展（如英特尔等处理器生产厂家）和操作系统等软件的快速发展（如微软操作系统提供商等）势必也会带动软 PLC 的快速发展，并使其技术和产品日趋完善。

当 IEC 61131-3 编程标准问世及在其影响下的开放式结构使得通用 PC 或嵌入式系统有可能代替传统 PLC，成为新型 PLC——软 PLC。其典型的系统结构是工控机或嵌入式系统+I/O 接口+软 PLC 软件包。软 PLC 产品是基于 PC 或嵌入式系统开放结构的控制装置，它具有硬 PLC 在功能、可靠性、速度等方面的优点，利用软件技术可将标准的工业 PC 或嵌入式系统转换成全功能的 PLC 过程控制。

2. 编程语言

以往各个 PLC 生产厂家的产品不仅硬件各异，其编程方法也是五花八门，如三菱、西门子、欧姆龙等都有自己独立的编程软件，其 I/O 映射的方法也有所不同，用户每使用一种 PLC 时，不但要重新了解其硬件结构，此外还需要重新学习编程方法及其规定。为减轻用户学习负担，也为了统一行业内的编程规范，IEC 于 1993 年发布了 IEC 61131-3 有关可编程序控制器编程的标准。以往各个 PLC 生产厂家的产品互不开放，要将几个 PLC 厂家的产品连接在同一个网络里是很困难的，而以通用的 PC 或嵌入式控制器取代各制造厂家专用 PLC，可使系统从封闭走向开放。

1.3 CODESYS 概述

CODESYS 由德国 Smart Software Solution GmbH 公司所开发，通常以 3S 公司简称，该公司的总部位于德国巴伐利亚州肯普腾市。

CODESYS（Controller Development System）是可编程逻辑控制 PLC 的完整开发环境，在 PLC 程序员编程时，它为强大的 IEC 语言提供了一个简单的方法，系统的编辑器和调试器的功能建立在高级编程语言的基础上（如 Visual C++）。

现在国内 PLC 用户使用的版本多为 CODESYS V2.3，最新的版本是 CODESYS V3。V3 平台在软件架构上有了很大的改善，并朝着安全软件的方向发展，目前新版的软件已获取 TUV 关于 EN 61508 的安全 PLC 认证，用户可以在基于 CODESYS V3 的平台上开发属于自己的 SIL2 及 SIL3 安全 PLC 项目。

目前，CODESYS 在全世界范围已有了广泛应用，如 ABB、bachmann、ifm、EPEC、Intercontrol、HIRSCHMANN、Rexroth、TT control 等供应商都使用该平台开发的编程软件。当然，国内首家采用 CODESYS 平台的国产 PLC 和声 HSC C3 系列控制器也已大批量产业应用。此外，有些运动控制厂家，如 Scheider Electric、BECKHOFF、GoogolTech 等，也都在使用该平台开发自己的编程软件。

1.3.1 CODESYS 自动化解决方案

CODESYS 以自动化软件开发平台 CODESYS Automation Development Suite（工具包套件）

为核心，向全球用户提供开发灵活的解决方案。其自动化解决方案示意图如图 1.6 所示。

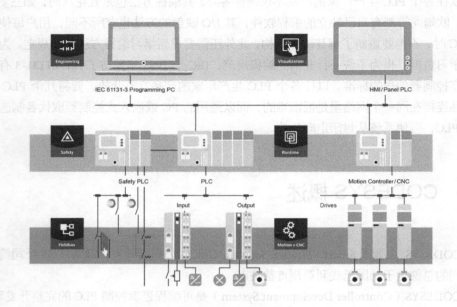

图 1.6　CODESYS 自动化解决方案示意图

CODESYS 包括 PLC 编程、可视化 HMI、安全 PLC、控制器实时核、现场总线及运动控制，是一个完整的自动化软件。

CODESYS 功能强大，易于开发，可靠性高，开放性好，并且集成了 PLC、可视化、运动控制及安全 PLC 的组件。从架构上可以分为 3 层：应用开发层、通信层和设备层。CODESYS 架构示意图如图 1.7 所示。

1. 开发层

CODESYS 编程系统中集中了 IEC61131-3 编辑器（具有在线编程和离线编程功能）、编译器及其配件组件、可视化界面编程组件等，同时集成的运动控制模块可使其功能更加完整和强大。

● **IEC 61131-3 编辑器**

CODESYS 提供了所有 IEC 61131-3 所定义的 5 种编程语言：结构化文本（ST）、顺序功能图（SFC）、功能块图（FBD）、梯形图（LD）和指令表（IL），此外还支持连续功能图（CFC）的编程语言。

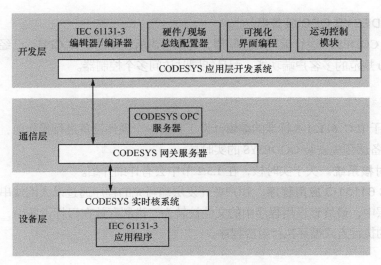

图 1.7　CODESYS 架构示意图

- **编译器**

负责将应用程序转换为机器代码并且优化可编程控制器的性能。当用户输入了错误的应用程序代码时，立刻会接收到编译器发出的语法错误警告及错误信息，让编程人员可以迅速做出相应纠正。

- **硬件/现场总线配置器**

针对不同制造商的硬件设备及不同现场总线协议，该部分负责在 CODESYS 中对相应参数进行设定。

- **可视化界面编程**

直接在软件中即可实现可视化编程（人机界面，即 HMI），系统已经集成了可视化编辑器。

- **运动控制模块**

运动控制功能已经集成在软件中，形成了 SoftMotion（CNC）软件包。基于 PLCopen 的工具包可以实现单轴、多轴运动，以及电子凸轮传动、电子齿轮传动及复杂多轴 CNC 控制等。

2．通信层

应用开发层和设备层之间的通信是由网关服务器来实现的，网关服务器中安装了 OPC 服务器。

- **CODESYS 网关服务器**

作用在应用开发层和硬件设备层之间，可以使用 TCP/IP 或通过 CAN 等总线实现远程访问，是 CODESYS 开发工具包不可分割的一部分。

- **CODESYS OPC 服务器**

对基于 CODESYS 进行编程的控制器，无须考虑所使用的硬件 CPU，已经集成并实现了 OPC V2.0 规范的多客户端功能，而且能同时访问多个控制器。

3．设备层

使用基于 IEC 61131-3 标准的编辑开发工具对一个硬件设备进行操作前，硬件供应商必须要在设备层预先安装 CODESYS 的实时核。

- **实时核系统**。关于实时核，在 1.3.2 节中会有详细介绍。
- **IEC 61131-3 应用程序**。用户在开发层编写完的程序通过以太网或串口下载至设备层中，最终该应用程序中的文件被转为二进制存放在目标设备中，根据用户设定的执行方式循环执行对应程序。

1.3.2   CODESYS 实时核

PLC 是一种实时计算机控制系统，当然软 PLC 也不例外，其中程序执行部分对实时性有着很高的要求。如果不能在系统要求的时间内完成 PLC 程序的执行，会影响数据的采集和输出，导致无法完成控制任务。另外，作为工业控制系统，PLC 系统必须对工业现场的突发情况作出及时、有效的响应，否则可能危机人身和设备安全。综上所述，在 PLC 工作过程中，因为需要对各个元件的实时状态进行监控，所以 PLC 系统必须运行在实时平台上。

CODESYS 的实时核可以运行在各种主流 CPU（如 ARM、x86、PowerPC、TriCore 和 DSP 等）上，并支持 Windows XP、Windows CE、Windows XP Embedded、Windows 7、Linux、VxWorks 和 QNX 等操作系统。本节以 Windows 操作系统为例，对其系统的实时性进行详细分析。

1．Windows 实时性分析

由于 Windows 本身不是实时系统，故不能直接作为软 PLC 的载体，其原因如下：

- Windows 本身无法提供高精度的定时器，因此不能保证程序运行的实时性；
- Windows 所有线程都是该系统的普通线程，不能提供实时服务；
- 系统事件存在延迟；
- Windows 对分页内存的访问时间不可预知。

2．Windows 实时性扩展技术

为了使 Windows 能用于实时控制系统，需要解决实时性问题，目前采用的解决方案主

要有两种：

- 插卡方案（Windows 操作系统+硬件板卡）；
- 实时扩展方案（Windows 操作系统+实时扩展）。

两者的比较如图 1.8 所示，CODESYS 采用的是实时扩展方案。通过软件的方式对 Windows 操作系统进行实时性能的改造，使其具有实时性。系统的实时任务和非实时任务都由软件完成，硬件板卡只实现简单的输入/输出功能，因此只需廉价的通用的 I/O 板卡、脉冲板卡，大大减少了软 PLC 系统的成本。

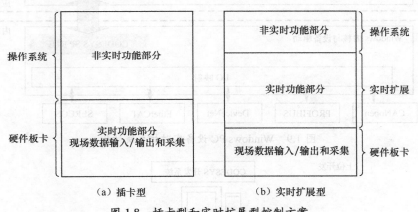

图 1.8 插卡型和实时扩展型控制方案

3．Windows 实时性问题的解决方案

CODESYS 的 RTE 即实现了这样的技术，它对 Windows 操作系统的内核进行了恰当的实时性改造，使其保证具有微秒级抖动量的确定性，且不需增加其他硬件，最终实现"硬实时"的功能。

通过实时核进行任务的管理和调度，降低了实时控制系统的设计难度，提高了实时性和可维护性。当使用 PC 实现软 PLC 时，使用 CODESYS 实时核，其内部结构如图 1.9 所示。

只需要在 PC 上安装软 PLC CODESYS RTE 软件，然后根据 PC 的功能，它就会变成一台先进的高性能可编程控制器。它可以运行在安装有 Windows NT、Windows 2000 或 Windows XP/7 等操作系统的标准工业 PC 上。

此外，CODESYS 也能针对其他非 Windows 操作系统安装实时核，如嵌入式控制器，如图 1.10 所示。嵌入式控制器也能进行 I/O 扩展、现场总线扩展等，只需要在开发平台中相应设置即能实现扩展功能。实时核预先安装在嵌入式控制器内，只需要在上位开发系统中将事先写完的程序直接下载到设备中，CODESYS 就可将用户代码转换为二进制代码并存入嵌入式控制器内，实现实时控制。

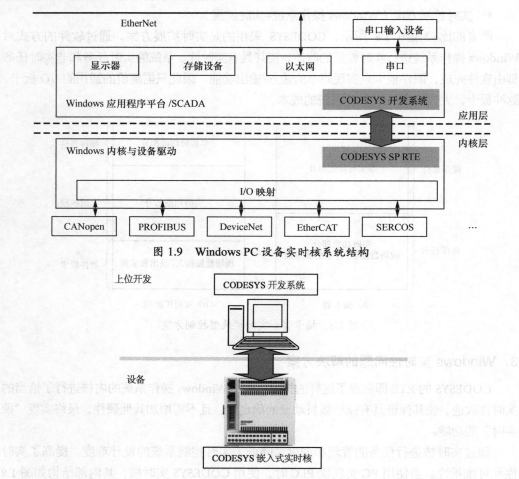

图 1.9　Windows PC 设备实时核系统结构

图 1.10　嵌入式控制器实时核系统

1.4　软件的安装

　　CODESYS 编程软件是标准的 Windows 界面，支持编程、调试及配置，可与 PLC 控制器进行多种方式的通信，如串口、USB 及以太网等。

1.4.1 安装所需的软硬件要求

由于 CODESYS V3.5 软件比较大，需要处理的数据也较多，因此对 PC 的硬件及系统环境有一定要求，其要求的最低配置及推荐配置见表 1.1。

表 1.1 软件安装最低配置及推荐配置

描　述	最 低 配 置	推 荐 配 置
操作系统	Windows 2000 （Windows Vista/Windows 7/8/10）	Windows 7/8/10（32/64 位）
内存	512MB	4GB
硬盘空间	200MB	2GB
处理器	Pentium V，Centrino > 1.8 GHz, Pentium M > 1.0GHz	Pentium V，Centrino > 3.0 GHz, Pentium M > 1.5GHz

1.4.2 安装及版本管理

1. 安装

直接双击运行 Setup_CODESYSV35SP10.exe 安装文件即可进入安装，整个安装过程中安装助手都会引导用户进行安装。图 1.11 为双击安装文件后弹出的安装向导界面。

在软件正式安装之前，程序会对安装环境进行检测，必须要有 Microsoft Visual C++及 Microsoft .NET Framework 4.6 的安装环境，如之前没有安装过，该应用程序会自动安装这部分软件。安装前需要同意遵守 3S 公司的软件使用规范，如图 1.12 所示，同意后即可进入下一步。

程序默认的安装路径为 "C:\Program Files\3S CODESYS\"，如果需要修改，则可通过单击 "Browse…" 按钮重新定义，如图 1.13 所示。

用户可根据实际需要选择安装的内容，初次安装建议全选。当然，用户可以根据实际需求进行安装，鼠标选中特定功能后，在右侧的 "Description" 中会找到对应的介绍内容，如图 1.14 所示。

图 1.11　CODESYS 安装向导

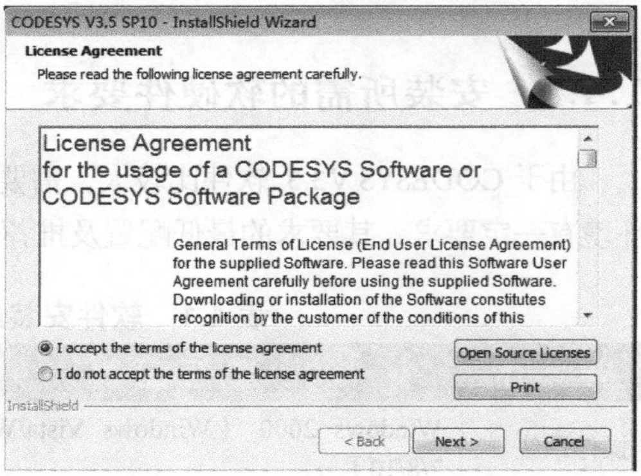

图 1.12　软件使用规范

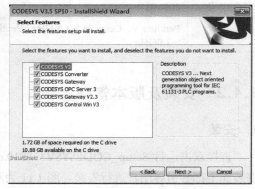

图 1.13　软件安装路径

图 1.14　CODESYS 可选功能及其介绍

完成上一步骤后，即可等待软件安装完成。

2. 版本管理

在 CODESYS 中可以同时安装一个组件的多个不同版本，并且可以组合使用。程序编译器也可以安装与使用多个版本，而且无须更新整个版本就可以新增独立的功能。

1.4.3　启动编程软件

进入"开始"菜单，依次选择"程序"→"3S CODESYS"→"CODESYS"→"CODESYS V<version>"，或者，当安装完成后，可以直接在桌面找到 CODESYS 图标 ，双击打开。

1.4.4 帮助

用户在打开应用程序后，可以找到"帮助"菜单，单击"目录"即可打开在线帮助。用户可以根据索引或者搜索关键字快速找到所需要的内容，如图 1.15 所示。

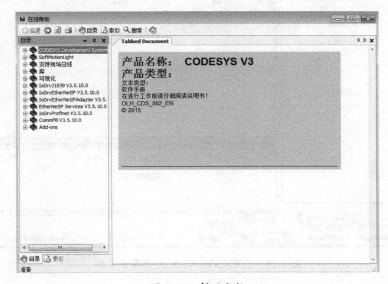

图 1.15 帮助文档

1.4.5 CODESYS 开发系统

PLC Development System 是整个自动化开发平台的核心，它几乎包含了一个先进的自动化开发工具所应具有的所有功能。本书所有的样例程序均使用的是 CODESYS V3.5 SP10，图 1.16 为 CODESYS V3.5 SP10 的开发界面，标准组件主要有菜单栏、工具栏、编辑窗口、设备窗口、监视窗口、消息窗口和在线模式等。下面对用户开发环境进行详细介绍。

在软件中，所有的窗口及视图都不是固定的，用户可以根据自己的习惯将窗口和视图通过鼠标拖曳的方式移动到目标位置，将窗口和视图进行重新排列。

1. 菜单栏

在 CODESYS 中，菜单栏是使用最为频繁的操作选项，项目的新建及保存，程序编译，登入及下载，调试时的设置断点及强制写入等操作都需要通过菜单栏里的功能来实现。在

CODESYS V3.5 中，菜单栏实现的功能见表 1.2。

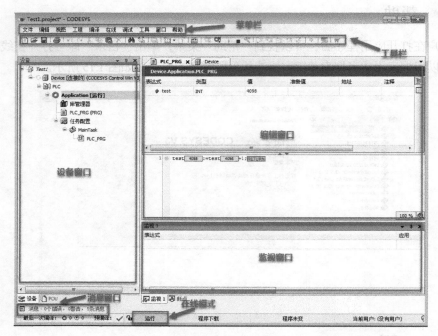

图 1.16　CODESYS V3.5 用户界面示例

表 1.2　菜单栏功能列表

菜单名	内　容
文件	对工程文件进行操作（打开、关闭、保存、打印、页面设置、下载/上传源代码等）
编辑	编辑器（如语言编辑器、声明编辑器）操作
视图	激活特定的标准视图，如在用户界面的某个窗口中显示视图。与窗口菜单功能类似
工程	编辑工程对象和工程基本信息、复制工程、合并工程、导出工程、配置库及用户管理
编译	编译工程，例如：①包含语法检查的预编译运行；②当采用在线修改和离线代码生成的方法时，可以删除上一次的编译信息（清空）
在线	登入、退出控制器，加载控制器上的工程和复位
调试	控制运行在控制器上的程序（启动、停止）和调试操作（断点、单步、写入、强制）
工具	该菜单包含的命令可以打开工具，这些工具用来配置工程的操作环境（如库和设备的安装、用户界面自定义、编辑器选项、加载和保存等）
窗口	操作用户界面中的各个窗口（如排列、打开、关闭等命令）。与视图菜单功能类似
帮助	打开在线帮助，获取系统帮助信息

2．工具栏

通过单击图标，用户可以更快地选择相应的命令。可以选择的图标将自动与激活的窗口相适应。仅当鼠标在图标上单击然后释放时，才能执行命令。如果用户将鼠标指针短时停留在工具栏的一个图标上时，则会在工具提示中显示该图标的名称。工具栏如图 1.17 所示。

图 1.17　工具栏

当用户选择不同的对象时，工具栏里的内容会略微发生改变，如使用梯形图（LD）的程序组织单元（POU）时，工具栏里会有触点、线圈等功能，而当选用功能块图（FBD）时，则会出现添加功能块等选项。工具栏中的图标也不是固定的，用户可以根据自己的使用习惯自定义其中的内容。

3．编辑窗口

编辑窗口用于在相应的编辑器中创建特定的对象。一般所说的语言编辑器（如 ST-编辑器、CFC-编辑器）是指语言编辑器和声明编辑器的组合，通常在下部是语言编辑器，上部是声明编辑器。在其他编辑器中，还可以提供对话框（如任务的编辑器、设备编辑器）。POU 或资源对象的名称始终显示在窗口的标题栏中。在离线或在线模式下通过"编辑对象"命令可以在编辑器窗口中打开对象。

4．设备窗口

以树形结构管理工程中的资源对象。在项目中，数据分层结构中以对象的形式进行保存。

5．监视窗口

显示一个 POU 的监视视图，当程序登入后，可以用来监视 POU 中任意的表达式。

6．消息窗口

消息窗口显示预编译、编译、生成器、下载和程序检查等信息。如果用鼠标双击消息窗口内的一条消息或按右键选择"转移到源代码处"，编辑器就会打开所选择行的对象。通过右键快捷菜单中的选项"后一个消息"（<F4>键）及"前一个消息"（<Shift+F4>组合键），可以在各个错误消息之间快速跳转。消息窗口的显示是滚动的。消息窗口示例如图 1.18 所示。

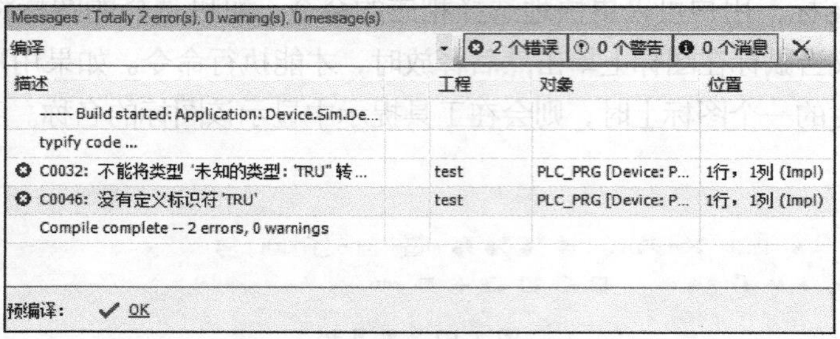

图 1.18　消息窗口

7. 在线模式

在线模式具体状态信息见表 1.3。

表 1.3　在线模式状态描述

状　　态	描　　述
运行	程序正在运行
停止	程序已经停止
停止到 BP	程序停止于断点
仿真	CODESYS 目前正处于无硬件仿真模式
程序下载	程序已下装到设备上
程序未变	设备上的程序与编程系统中的相符
修改程序（在线改变）	设备上的程序与编程系统中的不同，需要在线更改

1.5　获取资料、插件和技术论坛

读者可以在 3S 的官方网站下载相关软 PLC 资料。进入该网站后，单击"Download"，就可以进入各种版本的 CODESYS 软件下载页面。单击"Categories"中的"Documentation"可以下载软件相关使用说明。

在 CODESYS 在线商店，用户可以登入以下载一些常用的样例程序及小插件。图 1.19 为 CODESYS 在线商店的页面。

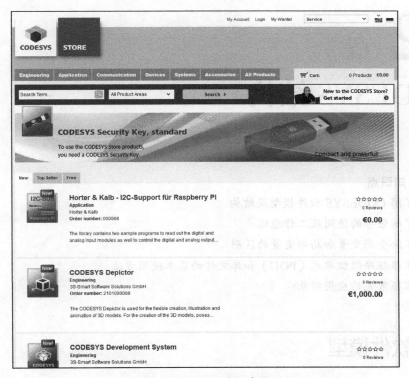

图 1.19　CODESYS 在线商店页面

另外，可以在该官方网站主页的"Support & Training"中单击"CODESYS Forum"，以获得各种相关产品的技术支持，包括常见问题的解答等。

第2章
CODESYS 结构

本章主要知识点

- 了解 CODESYS 软件模型及结构
- 了解任务的使用及工作原理
- 了解全局变量和局部变量的区别
- 掌握程序组织单元（POU）和库文件的基本使用方法
- 掌握常见的应用对象

2.1 软件模型

2.1.1 软件模型简介

CODESYS 的软件模型用分层结构表示，每一层隐含其下面层的许多特性。软件模型描述了基本的软件元素及其相互关系，这些软件元素包含设备、应用、任务、全局变量、访问路径和应用对象，它们是现代软 PLC 的软件基础，其内部结构如图 2.1 所示，该软件模型与 IEC 61131-3 标准的软件模型保持一致。

上述软件模型从原理上描述了如何将一个复杂设备分解为若干小的可管理部分，并在各部分之间有清晰和规范的接口方法。软件模型描述了一台可编程控制器如何实现多个独立程序的同时运行，如何实现对程序执行的完全控制等。

1. 设备

在模型的最上层，设备可以等效于一个 PLC 所需所有软件的集合。针对大型复杂的应用系统，如整个产品线的自动化，可能需要多个 PLC 联机通信，可将一个 PLC 与其他多个设备接口实现总线通信。这时，设备可以理解为一个特定类型的控制系统，它具备硬件装置、处理资源、I/O 地址映射和系统内存存储的能力，即等同于一个 PLC。

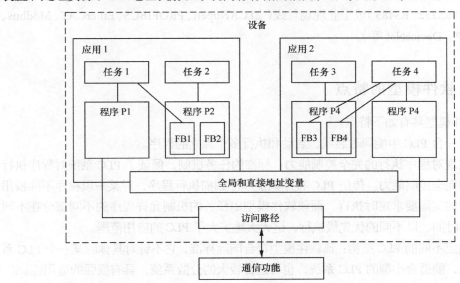

图 2.1　CODESYS 软件模型结构

2．应用

　　在 PLC 系统中，设备将所有"应用"结合成组，为"应用"提供数据交换的手段。在每一个设备中，有一个或多个应用，应用位于软件模型的第二层。"应用"不仅为运行程序提供了一个支持系统，而且它反映了 PLC 的物理结构，在程序和 PLC 物理 I/O 通道之间提供了一个接口。

　　应用被分配在一个 PLC 的 CPU 中，因此，可将应用理解为一个 PLC 中的微处理器单元。在应用内定义的全局变量在该应用内部是有效的。应用的主要成员包括全局变量、任务和程序组织单元（POU）等，在 2.3 节和 2.4 节会详细介绍这些应用对象。

3．访问路径

　　访问路径的主要功能是将全局变量、直接表示变量和程序组织单元的输入/输出变量联系起来，从而实现信息的存储。它提供在不同应用之间交换数据和信息的方法，每一个应用内的变量可通过其他远程配置来存取。

4．通信功能

　　提供与其他系统，如其他可编程控制器系统、机器人控制器、计算机等装置的数据通信，用于实现程序传输、数据文件传输、监视、诊断等功能。通常采用符合国际标准的通信方式（如 RS232、RS485）或工业现场总线（如 CANopen、PROFIBUS、EtherCAT、Modbus、Ethernet/IP、DeviceNet 等）。

2.1.2 软件模型的特点

该软件模型具有如下特点。

- 在一台 PLC 中能同时装载、启动和执行多个独立的程序。
- 实现对程序执行的完全控制能力：标准的任务机制，保证了 PLC 系统对程序执行的完全控制能力。传统 PLC 程序只能顺序扫描执行程序，对某一段程序不能按用户的实际要求定时执行，而该软件模型中任务的机制允许程序的不同部分在不同的时间、以不同的优先级执行，这大大地扩大了 PLC 的应用范围。
- 适应不同的 PLC 结构：该软件模型符合国际标准，它不针对具体的某一个 PLC 系统，能适合小型的 PLC 系统，也可适合较大的分散系统，具有很强的适用性。
- 支持程序组织单元的重用特性。
- 支持分层设计：一个复杂的软件通常可以通过一层层的分解过程，最终分解为可管理的程序单元。

2.2 设备

设备位于软件模型的最上层，它代表了一个具体的目标，即硬件对象。该硬件对象可以是控制器、现场总线站点、总线耦合器、驱动器、输入/输出模块或触摸屏等。每一个设备由一个"设备描述"文件定义，该设备描述文件安装在计算机系统中，供插入到设备树下（这里用"设备树"表示设备窗口中的树状列表）。该设备描述文件确定了设备的相关配置、可编程性和其他设备的互联性。

2.2.1 设备管理

新建工程时，系统会自动弹出"新建工程"对话框，如图 2.2 所示，用户可以在"模板"列表框中选择新建一个空工程或标准工程，在选择标准工程时，需要选择实际连接在

"设备"中的硬件。

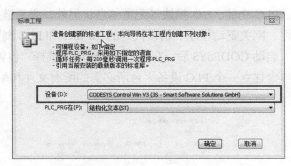

图2.2　目标设备选择

选择后单击"确定"按钮，在项目中可以看到如图2.3所示的设备树，图中的硬件为
CODESYS Control Win V3版本。

在 CODESYS V2 版本中，"PLC 配置"和"任务配置"列表都是独立窗口，而在
CODESYS V3版本中，都整合在设备树中。当需要进行"PLC配置"和"任务配置"时，
会弹出相应的对话框，供用户进行具体的参数设置。在设备树中，通过各类"设备"对象
表示了工程的硬件设备系统，这样可以组建一个包含多种控制器和总线结构的复杂系统。

一个设备的类型决定了其在资源树中的位置和哪些资
源能配备给该设备。通常，"设备"有如下两种。

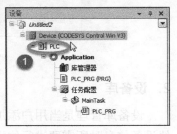

- **可编程设备**。在该设备的节点下自动插入一个额
  外的虚节点，如图 2.3 中①处所示，该"PLC"表
  示它是可编程的。在这个"PLC"节点下，可以插
  入对该设备编程所需要的对象，如应用程序、文本
  列表及其他的功能对象等。

图2.3　设备树

- **参数型设备**。对于"参数型设备"，不能分配编程对象（如应用程序），而是在该设
  备的编辑对话框中设置它的参数。注意，如果一个设备的属性允许的话，它是可以
  直接在这两种类型中切换的，而不需要把该设备删除后再重新插入到设备树中。

设备的通信、输入/输出映射等参数在设备对话框（即设备编辑器）中设置，用户可以
双击设备树中该设备的节点打开这个对话框。

1．包管理器

所有的"设备"必须事先在"包管理器"中进行安装，包管理器在"工具"菜单中可
以找到，用户可以对其进行添加或删除包操作。

针对不同的硬件设备，需要不同的硬件配置文件，该文件包含：代码生成器、内存管理、PLC 功能、I/O 模块等配置信息，另外，必须链接库、另外还包含库文件、设备描述文件、网关驱动程序、错误代码的 ini-files 和 PLC 浏览器等相关信息。

启动 CODESYS 后，在"工具"选项中选择"包管理器"进行安装目标设备文件操作，它包含建立一个 PLC 设备平台所必需的所有文件和配置信息。图 2.4 为包管理器的界面。

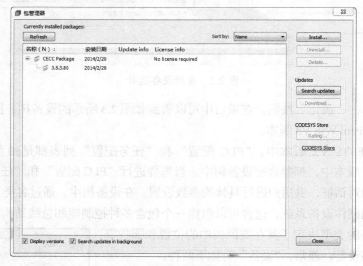

图 2.4　包管理器

2．设备库

设备库管理是当用户添加或删除硬件设备信息时所需要进行的操作，设备库是设备的数据库，安装后的所有数据导入至用户本地系统中。"设备库"对话框如图 2.5 所示。

设备库可用于添加所有的硬件设备，通过在该选项中导入相应文件，使对应数据在本地系统内生成，方便在工程中调用。可添加的设备有供应商的 PLC、SoftMotion 运动控制设备（编码器、驱动器等）、现场总线及专用接口等设备。关

图 2.5　"设备库"对话框

于现场总线可添加的文件，一般也为供应商所提供的设备描述文件，如 CANopen 的 EDS 和 DCF 文件、EtherCAT 的 XML 文件、IO-Link 的 IODD 和 Profibus DP 的 GSD 文件等。图 2.5 中具体选项的含义见表 2.1。

表 2.1 设备库

名　　称	说　　明
位置	下拉列表提供了当前可用的路径。"系统库"是 CODESYS 默认安装的
安装的设备描述	当前已安装的设备以树形结构列出，每一个显示了名称、供应商名称和设备版本。设备目录也可以用类别的方式显示，如按 "PLCs" 和 "Miscellaneous" 显示
详细信息	此对话框显示设备描述文件给出的附加信息：设备名称、供应商名称、类别、版本和描述等
安装	用此按钮来安装一个设备使它在系统中可用。"安装设备描述"对话框将打开，在此对话框里可以浏览系统中各个设备的描述
卸载	此命令将删除当前选中的设备。选中的设备将从设备库中删除，并且在程序系统中不再可用

"设备库"选项负责安装、卸载设备，以及供用户查看设备信息。只有从属设备在设备库添加完后，用户才能在"添加设备"选项卡中找到相应的从属设备，否则不能使用该从属设备。

> **注意**
>
> 安装过程中引用的设备描述文件和所有的附加文件将会复制到一个内部地址中。如果改变原始文档，那么将不会影响已安装的设备。在设备改变之后，改变设备描述的内部版本号是一种较好的做法。
>
> 内部设备库绝不能手动改变。不要从内部设备库复制文件或者复制文件到内部设备库，必须使用"设备库"对话框来重装、添加或者删除设备。

2.2.2　设备编辑器

设备编辑器是用于配置设备的参数，可通过选中设备图标／ MyPlc ，单击鼠标右键，在弹出的快捷菜单中选择"编辑对象"命令，或者通过在设备窗口中双击设备对象条目打开。

在设备编辑器中，可以对设备的通信、应用、I/O 映射、访问权限等多个选项进行设置、各选项的具体设置参数，见表 2.2。

表 2.2　设备编辑器各选项设置说明

名　称	说　明
通信设置	目标设备和其他可编程设备（PLC）之间连接的网关配置
配置	分别显示设备参数的配置
应用	显示目前正在 PLC 上运行的应用，并且允许从 PLC 中删除应用
文件	主机和 PLC 之间的文件传输的配置
日志	显示 PLC 的日志文件
PLC 设置	与 I/O 操作相关的应用、停止状态下的 I/O 状态、总线周期选项的配置
I/O 映射	I/O 设备输入和输出通道的映射
用户和组	运行中设备访问相关的用户管理（不要与工程用户管理混同）
访问权限	特殊用户组对运行中的对象和文件访问权限的配置
状态	设备的详细状态和诊断信息
信息	设备的基本信息（名称、供应商、版本、序列号等）

表 2.2 罗列的为基本设备参数，不同厂商的硬件设备会略有差别。

2.3　应用

　　应用在 CODESYS V2 版本中也称为"资源"，是指在硬件设备（如 PLC）上运行程序时所需要的对象集合。这些对象与硬件设备平台无关，用户可以在程序组织单元（POU）中管理它们，然后在设备窗口中将它们实例化，再分配到具体的设备中。这种方法符合面向对象编程的思想。

　　应用的对象包括任务、程序组织单元、任务配置、全局变量、库管理器和采样追踪等。在 CODESYS V3.5 中，资源对象只能在设备树中进行管理。在设备树中添加对象后，需按一定的"规则"与被控设备进行映射。对象（如库和全局变量列表等）在工程中的有效范围根据设备树中应用和设备对象的层级关系而定，一般来说，一个应用中的对象对其"子应用"都可以被使用。应用对象的具体描述见 2.5 节。

　　值得一提的是，在 CODESYS V3.5 这个新版本中，一个设备内可有一个或多个应用，如图 2.6 所示，该设

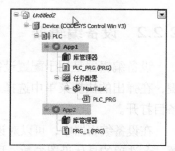

图 2.6　在一个设备中添加两个应用

备中有 App1 和 App2 两个应用。

2.3.1 任务

1. 概述

一个程序可以用不同的编程语言来编写。一个典型的程序通常由许多功能块组成，各功能块之间可互相交换数据。在一个程序中，不同部分的执行通过"任务"来控制。"任务"配置后，可以使一系列程序或功能块周期性或由一个特定的事件触发开始执行程序。

在设备树中，有"任务管理器"选项，使用它除了声明特定的 PLC_PRG 程序外，还可以控制工程内其他子程序的执行处理。任务用于规定程序组织单元在运行时的属性，它是一个执行控制元素，具有调用的能力。在一个任务配置中，可以建立多个任务，而一个任务中，可以调用多个程序组织单元，一旦任务被设置，它就可以控制程序周期执行或者通过特定的事件触发开始执行。

在任务配置中，用名称、优先级和任务的启动类型来定义它。启动类型可以通过时间（周期的、随机的）或通过内部或外部的触发任务时间来定义，如使用一个布尔型全局变量的上升沿或系统中的某一特定事件。对每个任务，可以设定一串由任务启动的程序，如果在当前周期内执行此任务，那么这些程序会在一个周期的长度内被处理。优先权和条件的结合将决定任务执行的时序。任务具体设置界面如图 2.7 所示。

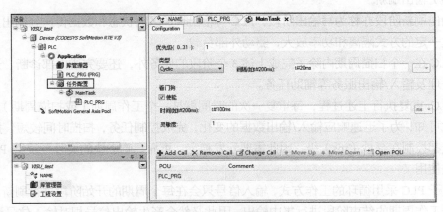

图 2.7 任务配置界面

任务有相应属性，程序设计人员在配置时需遵循以下规则。

- 循环任务的最大数为 100。

- 惯性滑行任务的最大数为 100。
- 事件触发任务的最大数为 100。
- 主程序 "PLC_PRG" 可能会在任何情况下作为一个惯性滑行程序执行，而不用手动插入任务配置中。
- 处理和调用程序是根据任务编辑器内自上而下的顺序所执行的。

2．PLC 执行程序过程

图 2.8 详细地描述了在 PLC 内部执行程序的完整流程，主要包括输入采样、程序执行和输出刷新。

（1）输入采样

每次扫描周期开始时，PLC 检测输入设备（开关、按钮等）的状态，将状态写入输入映像寄存区内。在程序执行阶段，运行系统从输入映像区内读取数据并进行程序运算。需要特别注意的是，输入的刷新只发生在一个扫描开始阶段，在扫描过程中，即使输出状态改变，输入状态也不会发生变化。

（2）程序执行

在扫描周期的程序执行阶段，PLC 从输入映像区或输出映像区内读取状态和数据，并依照指令进行逻辑和算术运算，运算的结果保存在输出映像区相应的单元中。在这一阶段，只有输入映像寄存器的内容保持不变，其他映像寄存器的内容会随着程序的执行而变化。

（3）输出刷新

输出刷新阶段亦称为写输出阶段，PLC 将输出映像区的状态和数据传送到输出点上，并通过一定的方式隔离和功率放大，驱动外部负载。

PLC 在一个扫描周期内除了完成上述 3 个阶段的任务外，还要完成内部诊断、通信、公共处理及输入/输出服务等辅助任务。

PLC 重复执行上述过程，每重复一次的时间就是一个工作周期（或扫描周期）。由扫描方式可知，为了迅速响应输入/输出数据的变化，完成控制任务，扫描时间较短，扫描周期一般都控制在毫秒（ms）级，因此需要开发稳定、可靠、响应快的实时系统供 PLC 运行系统使用。

由于 PLC 采用循环的工作方式，输入信号只会在每个周期的开始阶段进行刷新，输出在每个工作周期的结束阶段进行集中输出，因此必然会产生输出信号相对输入信号滞后的现象。从 PLC 的输入端有一个信号输入发生变化到 PLC 的输出端对该输入信号的变化做出反应需要一段时间，滞后延时时间是设计 PLC 控制系统时应了解的一个重要参数。通常，滞后延时时间的长短和以下几个因素有关。

- 输入电路的硬件滤波时间。由硬件 RC 滤波电路的时间常数决定，通过改变时间常数可调整输入延迟时间。图 2.9 为某供应商的数字量输入模块技术参数，其中有一项名为 "Input filter" 的技术参数，该参数即为该输入模块的滤波时间，该模块的输入滤波时间为 3ms。

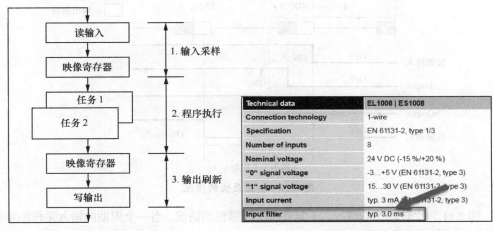

图 2.8　PLC 执行程序　　　　　图 2.9　输入电路模块的滤波时间参数

- 输出电路的滞后时间。与输出电路的方式有关，继电器输出方式的滞后时间一般为 10ms 左右，晶体管输出方式滞后时间小于 1ms。
- PLC 循环扫描的工作方式。
- 用户程序中语句的安排。

　　为了让读者更好地理解整个过程，通过下面一个简单的梯形图程序例子来说明其输入/输出及滞后现象的工作原理，PLC 程序如图 2.10 所示。

bInput 与外部的输入按钮有硬件映射关系，当按钮按下时，bInput 为 ON；bOutput 与外部继电器的线圈有硬件映射关系，当 bOutput 为 ON 时，继电器的线圈会得电。

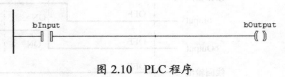

图 2.10　PLC 程序

　　在 PLC 的内部，其处理的关系如图 2.11 所示。当输入按钮按下时，bInput 不会马上置为 ON，因为输入采样只有在一个工作周期的开始阶段才能被程序执行。由于该按钮信号已经过了采样阶段，通常会在下一个周期开始阶段才执行。在图 2.10 所示的程序中，将 bInput 的状态赋值给 bOutput，由于在程序运行期间存在一定的程序计算，因此需要经过一定的程序处理时间 bOutput 才会被置为 ON。由于输出刷新发生在程序处理的最后阶段，故在该周期的最后阶段 bOutput 通过输出刷新功能将其数值传递至实际硬件，最终线圈才能得电。图 2.11 是比较理想的状态，最终输出的只有 1 个周期的延迟。

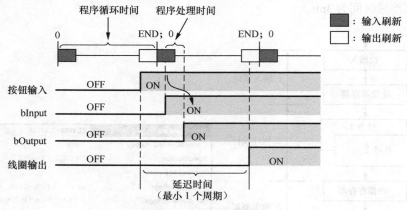

图 2.11　输出最快的情况

图 2.11 为比较理想的情况，还要考虑比较糟糕的情况。当一个周期的输入采样刚刚结束的时候，此时外部输入按钮为 ON，由于需要在下一个周期开始时输入信号才能被载入至输入映像区，而实际输出则要等到第二个周期结束时才能被载入输出映像区，故整个过程如图 2.12 所示。在这种情况下，输出的延迟接近于 2 个周期。

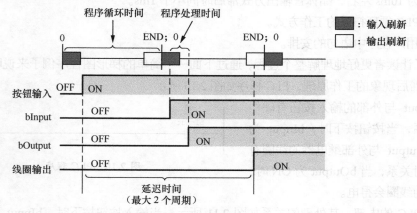

图 2.12　输出最迟的情况

3．任务的执行类型

在任务配置树的顶端有"任务配置"，其中的内容是当前定义的任务，通过任务名表示。特定任务的 **POUs** 调用没有显示在任务配置树中。

针对每个独立的任务，可以对其执行的类型进行编辑，包括固定周期循环、事件触发、惯性滑行和状态 4 种类型，如图 2.13 所示。

（1）循环（Cyclic）

根据程序中所使用的指令执行与否，程序的处理时间会有所不同，因此，实际执行时间在每个扫描周期都发生不同的变化，执行时间有长有短。通过使用固定周期循环方式，

图 2.13 任务执行的类型

能保持一定的循环时间反复执行程序。即使程序的执行时间发生变化，也可以保持一定的刷新间隔时间。在这里，推荐读者优先选择固定周期循环方式。

例如，将程序对应的任务设定为固定周期循环方式，间隔时间设定为 **10ms**，实际程序执行的时序图如图 2.14 所示。

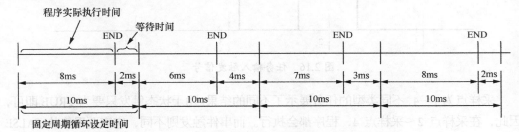

图 2.14 固定周期循环执行顺序

如果程序实际执行时间在规定的固定周期循环设定时间内，则空余时间用作等待。如应用中还有优先级较低的任务未被执行，则剩下的等待时间用来执行相对低优先级的任务。任务的优先级在下文会有详细说明。

（2）惯性滑行（Freewheeling）

惯性滑行也称为自由运行，程序一开始运行，任务就会被处理，一个运行周期结束后，任务将在下一个循环中自动重新启动。该执行方式不受程序扫描周期的影响，即确保每次执行完程序的最后一条指令后才进入下一个循环周期，否则不会结束该程序周期。图 2.15 为惯性滑行执行顺序的时序图。

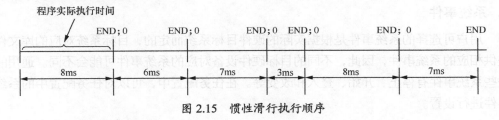

图 2.15 惯性滑行执行顺序

由于该执行方式没有固定的任务时间，每次执行的时间可能都不一样，因此不能保证程序的实时性，在实际的应用中选用此方式的场合较少。

（3）事件（Event）

如果事件区域的变量得到一个上升沿，那么任务开始。

（4）状态（Status）

如果事件区域的变量为 TRUE，那么任务开始。状态触发方式与事件触发功能类似，区别在于，只要状态触发的触发变量为 TRUE，程序就执行，若为 FALSE，则不执行，而事件触发只采集触发变量的上升沿有效信号。

图 2.16 针对事件触发和状态触发进行了比较，加粗实线为两种触发方式选择的布尔变量状态。表 2.3 为两者比较的结果。

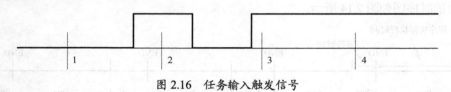

图 2.16　任务输入触发信号

采样点为 1～4，不同类型的任务展示了不同的结果。由于状态触发只要为 TRUE 即可，因此，在采样点 2～采样点 4，程序都会执行。而事件触发则不同，它需要采集从 FALSE 变为 TRUE 的上升沿脉冲作为触发，采样点 2 满足了该条件，因此采样点 2 处是执行的。但在采样点 2 和采样点 3 之间有一段时间输入为 OFF，因为时间短，程序并没有检测到，该信号的状态并没有置为 OFF，所以也就看不到最终的上升沿，结果就是采样点 3 和采样点 4 处程序都不会执行。

表 2.3　事件触发与状态触发执行结果比较

执 行 点	1	2	3	4
状态触发	不执行	执行	执行	执行
事件触发	不执行	执行	不执行	不执行

4．系统事件

用户可选择的系统事件是根据实际的硬件目标系统而定的，目标系统对应的库文件提供相应的系统事件，因此，不同的目标硬件设备对应的系统事件可能会不同。通用的一些系统事件有停止、开始、登入和改变等。在任务配置中，可以对任务配置中的系统事件进行设置。

用户可以通过鼠标选择"任务配置"→"系统事件"进入图2.17中显示的界面。单击"添加事件处理…"按钮可以添加系统事件，打开后的"添加事件处理"对话框如图 2.18（a）所示。

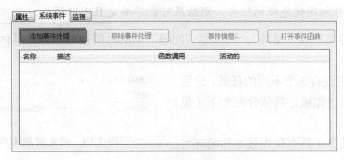

图 2.17　系统事件

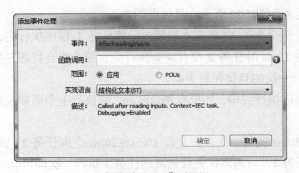

（a）"添加事件处理"对话框

（b）具体事件

图 2.18　添加事件处理

可选择的"事件"类型如图 2.18（b）所示，使用时必须在"函数调用"文本框新建一个函数名，而不能使用 POU 中已经存在的函数。"实现语言"为对应函数的编程语言。设置完毕后单击"确定"按钮。

5．任务优先级

在 CODESYS 中可以对任务的优先级进行设置，一共有32个级别（0～31之间的一个数字，0 为最高优先级，31 为最低优先级）。当一个程序在执行时，优先级高的任务优先于优先级低的任务，高优先级任务0能中断同一资源中较低优先级的程序执行，使较低优先级程序执行被放缓。

> **注意**
>
> 在任务优先级等级分配时，不可以分配具有相同优先级的任务。如果还存在其他任务试图先于具有相同优先级的任务，则结果可能不确定且不可预知。

如果任务的类型为"循环"，则按照"间隔"中的时间循环执行，具体设置如图 2.19 所示。

【**例 2.1**】假设有 3 个不同的任务，分别对应 3 种不同的优先级，具体分配如下（见图 2.20）。

1）||||||：任务 1 具有优先级 0 和循环时间 10ms。

图 2.19　固定周期循环配置图

2）\\\\：任务 2 具有优先级 1 和 循环时间 30ms。

3）∷∷∷：任务 3 具有优先级 2 和 循环时间 40ms。

在控制器内部，各任务的时序关系如图 2.20 所示，具体说明如下。

0～10ms： 先执行任务 1（优先级最高）。如果在本周期内已将任务 1 程序执行完，则剩余时间执行任务 2 程序。如果在 10ms 时任务 2 没有完全执行完，那么将会打断任务 2 的执行，因为任务 1 是每 10ms 执行一次的且优先级更高。

10ms～20ms： 先将任务 1 的程序执行完毕，如果有剩余时间，则执行上个周期未完成的任务 2。

20ms～30ms： 由于任务 2 每 30ms 执行一次，因此在 10ms～20ms 之间任务 2 已经全部执行完毕，此时不需要再执行任务 2，只需将优先级最高的任务 1 执行一次即可。

30ms～40ms： 先执行任务 1，任务 1 执行结束后，再执行任务 2。

40ms～50ms： 此时出现了任务 3，因为任务 3 的优先级更低，所以只有在确保任务 2 彻底执行完后，才能执行任务 3。

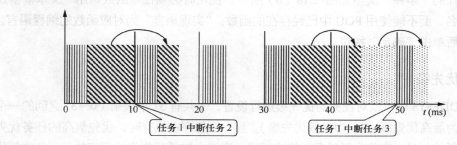

图 2.20　任务优先级中断执行顺序

6."看门狗"

"看门狗"是一种控制器硬件式的计时设备，可以通过"任务配置"对其进行使能，默认配置已将"看门狗"功能禁用。

"看门狗"的主要功能是监控程序执行时出现的异常或内部时钟发生的故障。当系统出现死机或程序进入死循环时，"看门狗"计时器就会对系统发出重置信号或停止 PLC 当前运行的程序。我们可以形象地将它理解为一只小狗需要主人定时给它喂食，如果超过规定的时间没有喂，小狗就会饿，会出现问题。配置"看门狗"，必须定义两个参数：时间和灵敏度。"看门狗"的配置如图 2.21 所示。

图 2.21 "看门狗"设置

（1）时间

针对每个任务可以配置独立的"看门狗"。如果目标硬件支持长"看门狗"时间设置，则可以设上限和下限。"看门狗"时间单位为毫秒（ms）。如果程序执行周期超过"看门狗"触发时间，那么将触发"看门狗"功能并中止当前任务及对应程序。

（2）灵敏度

"灵敏度"用于定义必须在控制器检测到应用程序错误之前发生的任务"看门狗"例外数，默认为 1，设定可参照表 2.4。

表 2.4　灵敏度设定

灵　敏　度	超过设定时间的倍数
0，1	1
2	2
⋮	⋮
n	n

"看门狗"触发时间=时间×灵敏度。如果程序实际执行时间超过"看门狗"触发时间，那么系统会自动激活"看门狗"。

例如，循环时间设为 10ms，灵敏度设为 5，则实际"看门狗"触发的时间为 50ms，一旦任务的执行时间超过 50ms，则立即激活"看门狗"并将任务中止。

"看门狗"功能通常用在对实时性及安全等级要求比较高的场合，主要为了防止 PLC 死机或防止程序进入死循环，一旦出现故障会将所有输出断开并且重启 PLC，这样就能够有效地防止控制器死机及保护外围设备。

7. 任务运行状态监视

每个任务可以直接启用或停用，系统会自动配置一个任务监视器，当进入在线模式后，用户可以使用系统自带的监视器对任务的平均/最大/最小循环时间等任务执行相关参数进行监控，如图 2.22 所示。

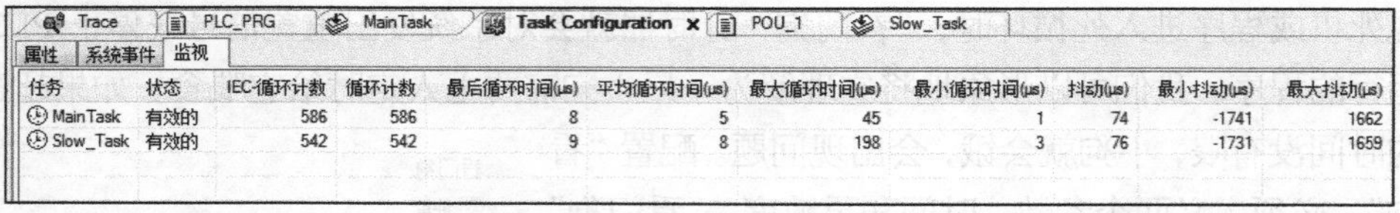

任务	状态	IEC循环计数	循环计数	最后循环时间(μs)	平均循环时间(μs)	最大循环时间(μs)	最小循环时间(μs)	抖动(μs)	最小抖动(μs)	最大抖动(μs)
MainTask	有效的	586	586	8	5	45	1	74	-1741	1662
Slow_Task	有效的	542	542	9	8	198	3	76	-1731	1659

图 2.22 任务监视界面

在项目开发阶段，可以使用该功能测试程序最大/最小/平均循环时间，用于检查程序的稳定性及对程序任务周期时间的优化。监视窗口中每个参数的具体定义见表 2.5。

表 2.5 监视窗口参数定义

参数名	描　述	参数名	描　述
任务	在任务配置中定义的任务名	平均循环时间（μs）	任务平均所需的执行时间，单位为μs
状态	1）未创建：程序下载后一直未被建立，当使用事件触发任务可能会出现此状态 2）创建：任务已经在实时系统中建立，但还未正式运行 3）有效：任务正在执行 4）异常：任务出现异常	最大/最小循环时间（μs）	任务最大/最小执行时间，单位为μs
IEC 循环计数	程序自开始运行至今的循环累积计数。"0" 表示不支持该目标系统	抖动（μs）	上个周期测量到的抖动值，单位为μs。
循环计数	已经运行的周期计数。取决于目标系统，它可以等于 IEC 循环计数，或者更大值，此时即使应用程序没运行，周期也一样被计数	最小/最大抖动（μs）	测量得到的最小/最大抖动时间，单位为μs
最后循环时间（μs）	上一个任务周期的执行时间，单位为μs		

了解上述各时间的定义后，应遵循如下的时间设定关系，按照此设定方法可以更好地优化任务周期及 "看门狗" 时间，以保证程序的稳定性和实时性。

"看门狗" 触发时间>固定周期循环时间>程序最大循环时间

如果循环时间比固定周期循环时间长，CPU 就会检测出程序有超出计数的情况，此时，会影响程序的实时性。如果程序循环时间比"看门狗"时间设定长，那么 CPU 会检测出"看门狗"故障，会停止程序的执行。

8．多子程序的运行

在实际的工程项目中，通常可以将程序按控制流程或者设备的对象分割成很多子程序，据此，设计人员将可以按各处理单元分别进行编程。如图 2.23 所示，以控制流程将主程序拆分为多个不同流程的子程序，拆分的目的主要是使主程序条理更清晰，并且方便今后的调试工作。

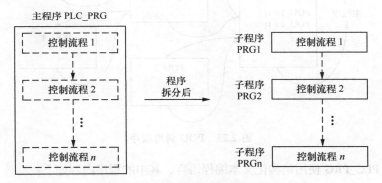

图 2.23　按流程拆分为多个子程序

图 2.23 中右半部分是按流程进行拆分的各子程序 PRG1、PRG2……PRG*n*，左半部分为主程序 PLC_PRG，在主程序中可以分别调用 PRG1～PRG*n* 的子程序。

多子程序运行的方式有两种，第一种是在任务配置中添加子程序；第二种是在主程序中调用子程序，也是比较常用及灵活的一种方式。下面分别对这两种方式进行说明。

（1）任务配置中添加子程序

用户可通过在任务配置页面中添加子程序实现多程序运行。按需要的执行顺序依次单击"添加调用"按钮来添加子程序，如图 2.24 所示，添加后，对应的任务即按用户所指定的从上至下的顺序循环执行，也可以通过"上移"或"下移"功能再对顺序进行手动编辑。

使用此种方式时，只要对应的任务被执行，该子程序就会自动被加载执行。

（2）主程序 PLC_PRG 中调用子程序

PLC_PRG 被系统默认为主程序，它是一

图 2.24　任务中添加子程序

个特殊的 POU，其默认的运行方式为"惯性滑行"。系统默认在每个执行周期调用该 POU，用户不需要对其进行额外的任务配置。

用户可以通过主程序 PLC_PRG 来实现对其他子程序的调用，更可以在调用时添加必要的条件选择或实现子程序嵌套，使程序调用更为灵活。如果要实现图 2.25 中的调用关系，那么可以在主程序 PLC_PRG 中写入如下代码。

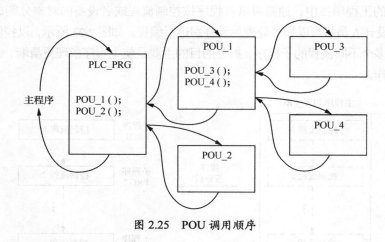

图 2.25　POU 调用顺序

主程序 PLC_PRG 使用结构化文本编程语言，其中的程序内容如下：

```
POU1();

POU2();
```

主程序分别调用并执行了 POU_1 和 POU_2，而 POU_1 中又分别调用了 POU_3 和 POU_4。实际 PLC 内部按如下顺序执行程序：

1）PLC 先执行子程序 POU_1；

2）由于 POU_1 中依次调用了 POU_3 和 POU_4，因此先执行 POU_3；

3）执行 POU_4，POU_1 执行完成；

4）最后执行 POU_2，一个完整任务周期完成。

重复上述步骤。

2.3.2　库文件

库文件及其如何支持 CODESYS 中的项目下文将详细介绍。

1. 概述

库文件用于存放程序中可多次使用的程序组织单元（POU）。这些 POU 可以从已有的项目中复制到库中，也可以由用户通过新建库项目自己定义库。项目中已经加载的库文件如图 2.26 所示。

如果在项目的库中存放有希望多次被调用的功能块、函数或程序，那么库文件可以节省大量的编程时间，提高效率。CODESYS 标准软件包中已经包括标准库文件，如图 2.26 中的"Standard,3.5.2.0（System）"即为标准库。

库文件除了是函数、功能块和程序的集合，其中还包含一些特殊定义的结构体、枚举类型等。从功能上划分，可以将库文件分为系统库文件、应用库文件、厂商自定义库文件及 IEC 动作库。

默认的函数库文件是".library*"，不同于 CODESYS V2.3 版本及之前版本中的".lib"文件。

（1）系统库文件

系统库文件是一个支持 CODESYS 软件系统的文件，它包括对软件结构和语法编写的支持，以及标准 I/O 的支持。通常该库文件会在软件启动后自动导入到控制器中，不需要手动添加。

（2）应用库文件

支持基本应用的文件库如下。

1）Util：包含了各种数学运算、位操作指令及控制器等功能。

2）Standard：包括定时器、计数器、边沿检测及双稳态触发器等函数及功能块。

该功能是作为一台 PLC 必备的功能，因此，在打开 CODESYS 后，会自动调入该库文件。其他的一些需按要求导入的应用库文件，如 Toolbox、PLCopen 等，这些库文件都需要用户根据实际需求来进行添加，如图 2.27 所示。

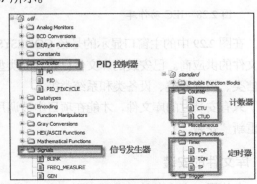

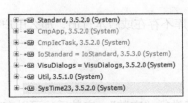

图 2.26 项目中的库文件视图   图 2.27 应用库文件中的功能块

（3）厂商自定义库文件

厂商自定义库是根据不同生产厂商硬件设备的环境而配置的应用库。通常只有使用该生产厂商的硬件才能匹配对应的库文件，故使用前需要详细阅读库文件的说明文档。

（4）IEC 动作库

IEC 动作库，如 "Iecsfc"，其中包含 SFC 动作控制的库文件，如图 2.28 所示。

2．库文件的管理

库管理器显示与当前项目有关或调用的所有库。库的 POU、数据类型和全局变量，都可以像普通定义的 POU、数据类一样。库管理器通过 "Library Manager"（库管理器）命令打开，包括库在内的有关信息和项目一起进行保存。

如果需在计算机上安装其他供应商提供的库文件，则需要使用库文件管理。库文件管理通过使用菜单命令 "工具" → "库" 实现，图 2.29 为库管理器视图。

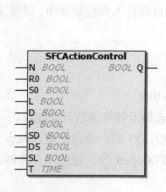

图 2.28　IEC 动作库

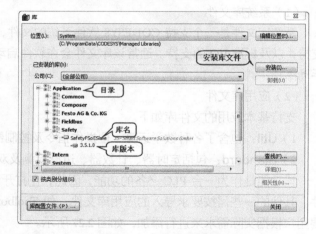

图 2.29　库管理器视图

在图 2.29 中的主窗口显示的是该 CODESYS 目前已安装的库文件，可以看到提供这些库文件的供应商。已安装的库文件已按功能类型进行分组，如图 2.29 中罗列的有应用类、通信类、控制器类、设备类和系统类等。

只有安装过的库文件，才能在项目中被调用。如果库不存在或版本过旧，那么用户需要重新 "安装"。

3．库文件的安装

在使用一个库之前，必须先在 "库" 对话框中对其进行 "安装"，安装后才可以在项

目中调用该库。CODESYS 共有 3 种类型的库文件可供用
户安装，如图 2.30 所示，具体区别如下。

图 2.30　3 种类型的库文件

1）编译的库文件。"*.compiled-library"是被保护的
库文件。出于供应商对源代码知识产权的保护，用户不能
直接打开库文件获取其源代码，但拥有权限正常调用库中
所有的函数及功能块。

2）标准库文件。所有包含外部指令和内部功能块的执行代码都存放在"*.library"中，
该格式也是 CODESYS V3 功能库的标准格式。打开库文件可以对其中的功能块或执行程序
进行修改。

3）CoDeSys 库文件（在 V3.0 版本之前）。"*.lib"是 CODESYS V2 版本的库文件标准
格式，为了做到软件向下兼容，可通过 CODESYS V3 直接打开并将其转换为"V3 函数库"
（*.library）。

（1）库文件的调用

安装过库文件后，需要在项目中对库文件进行添加才能调用其中的函数或功能块等，
此时需要使用库管理器实现此功能，具体步骤如图 2.31 所示。

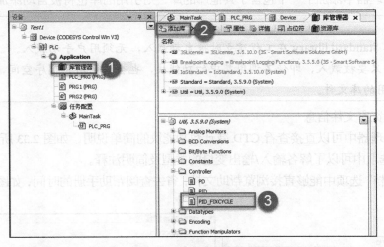

图 2.31　使用库管理器安装/查看功能块

1）在项目中双击"库管理器"。

2）添加库，单击"添加库"可在库管理器中找到对应的函数及功能块。

当选择"添加库"后，用户即可选择之前已安装过的库文件，并将其导入至项目，"添
加库"对话框如图 2.32 所示，用户可以根据供应商名、库文件功能及版本号进行选择。

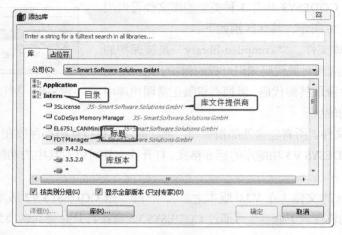

图 2.32 添加库

3）查看安装后库文件中的函数及功能块。

在标准项目或库文件项目中可以调用其他库，对调用的层数没有限制，可多层嵌套。如果在库管理器中添加了一个包含了其他库的库，则引用的库也将被自动添加。

> **注意**
>
> 标准库 Standard.library 在工程建立时被自动载入，无须用户手动载入。
>
> 库文件只要被载入，即使不调用其中的功能块，也会占用用户程序空间，建议不要载入不使用的库文件。

（2）浏览库文件信息

在库管理器中可以直接查看 CTD 减计数功能块的简单说明，如图 2.33 所示，在"输入/输出"选项中可以了解各输入/输出变量的类型及简明注释。

在"文档"选项中能够直接浏览帮助文档，省去查阅帮助手册的时间，如图 2.34 所示。

图 2.33 查看库的输入/输出

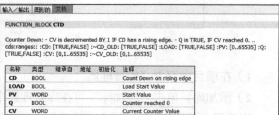

图 2.34 库文件中功能块简要说明

（3）库文件的多版本

一个函数库的不同版本可以同时安装在一个系统上，在一个工程中可以包含相同函数库的不同版本，应用程序使用哪个版本是按照如下规定决定的。

- 如果在相同的函数库管理中多个版本都有相同的级别，那么将根据当前的"属性"决定哪个版本将会被调用，默认是最新版本。
- 如果在同一个函数库管理中一个函数库的不同版本有不同的级别，那么特殊访问的库文件通过添加适当的命名空间决定使用哪一个。

4．库文件的属性

下面针对库文件的唯一访问性及代码的安全性进行说明。

（1）唯一访问性

在一个项目中，如果有几个模块或变量具有同一个名字，那么访问具有相同名字变量的路径必须是不同的，即"唯一访问"，否则就会发生编译错误。该规则对本地工程、库、被其他库引用的库中的模块或变量都适用，用户可以通过在模块或变量名前加上命名空间来实现唯一访问。

在"库属性"中，可以定义该库的默认命名空间，如果没有明确定义，命名空间则等同于库名称。当创建一个库工程时，可以在属性对话框中设置它的命名空间；当该库被其他工程引用时，也可以在属性对话框中修改命名空间。

例如，库"Lib1"的命名空间为"Lib1"，表 2.6 中第 1 列是变量 var1 在项目中定义的位置，第 2 列是如何通过命名空间对 var1 进行唯一访问。

表 2.6 库的唯一访问

var1 在项目中的位置	通过命名空间对 var1 进行唯一访问
在 POU→全局库管理器→Lib1 库中	"Lib1.module1.var1"
在设备→Dev1 设备→App1 应用→库管理器→Lib1 库中	"Dev1.App1.Lib1.module1.var1"
在 POU 窗口→全局库管理器→F_Lib 库引用的 Lib1 中	库属性的"发布…"选项未激活："F_Lib.Lib1.module1.var1"。如果激活了"发布…"，那么 module1 会被看做顶级库的一个组件，可以通过"Lib1.module1.var1"或者"module1.var1"访问
在 POU 窗口→module1 对象中	"module1.var1"
在 POU 窗口→POU1 对象中	"POU1.var1"

（2）代码的安全性

CODESYS 可以为开发者的库文件进行源代码保护，使其拥有安全功能。可以通过"工程设置"中的"安全"对其进行设置，如图 2.35 所示。

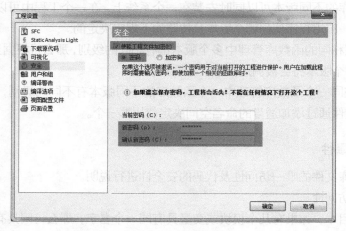

图 2.35　安全设置

比较常用的是采用"密码"的方式进行保护，设置完密码后，每次进入系统都会提示输入密码，如图 2.36（a）所示，密码错误则不能打开库文件，系统也会有相应的"加载错误"提示，如图 2.36（b）所示。

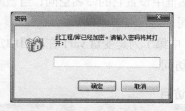

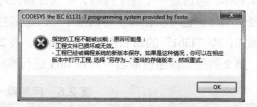

（a）输入密码提示框　　　　　　　　　（b）输入密码错误，加载失败

图 2.36　密码提示

5．创建库文件

除了生产厂商提供的库文件，用户自己也可以根据自己的经验把常用的函数及功能块整理出来，建立属于自己的库文件，便于应用至其他项目。具体创建库文件的步骤如下。

（1）建立库文件的准则

在开发一个完整的 CODESYS 库文件之前，需先遵循如下规则。

- 定义一个合适的库文件名。
- 变量名应遵循匈牙利命名法，使程序更整洁及保持一致性。

- 当需要修改库文件时，在编译新版本之前，需要考虑接口兼容性问题，防止使用新库文件时接口不匹配，导致编译出错。
- 基于 CODESYS V3 的开发模板进行开发，以保持库文件格式的一致性。
- 输入详细的工程信息。
- 合理地借鉴其他已有的库文件格式及规范。
- 需要设计可供外部和内部使用的接口。
- 加载相应的故障处理。
- 选择合适的手段保护开发者的源代码。

（2）开始创建库文件项目

使用菜单命令"文件"→"新建工程"→"Libraries"→"CODESYS library"。

"CODESYS library"为 CODESYS V3 版本的标准库文件格式。

在图 2.37 中的"名称"文本框中输入库的名称，选择保存位置后，单击"确定"按钮会自动生成一个新的库文件。

当创建一个库工程时，如果引用了其他库，可以在每个被引用库的"属性"栏中定义它被引用后的行为，注意下面几点。

- 在库管理器中，被调用的库一般是以缩进方式列在引用它的"父"库下面，用户也可以设置不显示被引用的库，即"隐藏"它们。
- 如果一个库被其他库引用，就应当考虑到由于这个库被其他库引用而

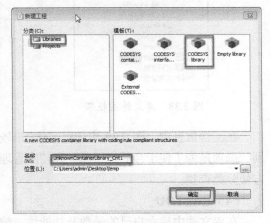

图 2.37 库文件的创建

被包含进一个工程中时，它的行为如何。这个"行为"包括版本处理、命名空间、可视性及访问属性。这些都可以在被引用库的属性对话框中设置，以后当该库被包含进工程时就会依照这些设置进行处理。

- 可以创建容器库（CODESYS Container Library）。容器库本身没有任何内容，就是引用了一些其他的库，就像一个"容器"。创建"容器"库一般是为了通过引用它，从而方便地引用所有被它引用的库。为了方便使用"容器"库，用户可以在创建它时激活"发布…"（Publish）选项，这样可以将它设为"顶层库"，从而可以在使用时忽略它的命名空间。但是在激活"发布…"选项时需注意，应该只对"容器"库激活该选项。

（3）进入 POU 设置主界面

建立库文件后，则可显示主界面，其框架主要包括枚举数据类型、功能块、函数全局变量、接口和结构体等，用户可以基于该结构在其文件夹下进行内容的扩展，如图 2.38 所示。

1）库管理器：用户可以在此添加和调用其他的库文件。

2）工程信息：双击"工程信息"选项，可以编辑库文件的所属公司、库文件标题、版本号、作者名和库的简要说明等信息。"工程信息"对话框如图 2.39 所示。

图 2.38　库文件主框架

图 2.39　库文件项目工程信息

在工程信息中，图 2.39 中加粗字体的部分（公司、标题和版本）必须要填写。"库类别"选项是为了便于今后在"库"和"库管理器"对话框中，根据"类别"选项来排序，方便分类查找。

（4）建立 POU

在库文件中建立自己的函数及功能块：编程人员可在标准 CODESYS 的框架下将自己编写好的对应内容添加在其对应文件夹下。

如图 2.40 所示，将用户自定义的计数功能块 FB_COUNT 添加在 Function Blocks 文件夹下，该文件夹名可以根据编程人员实际分类进行编辑。

当完成库文件编写后，需要对其进行编译检查及保存。

1）依次选择"编译"→"检查所有池对象"。

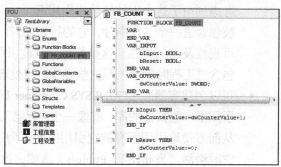

图 2.40　库文件中新建功能块

2）确定没有错误后，单击图 2.41 中的黄色图标按钮"⊞"保存工程，装入库后，即可实现对库文件的保存。

上述步骤完成后，可保存库文件并退出。在今后新建的项目中即可调用此库文件，通过选择"工具"菜单中的"库"来进行安装。安装完毕后，需要在项目的库管理器中进行添加，添加后可根据名称分类选择要添加的库。添加后的视图如图 2.42 所示。

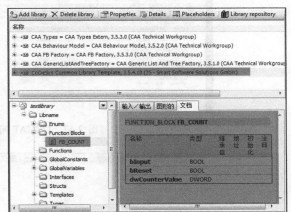

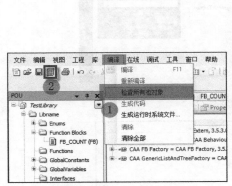

图 2.41 编译及保存库文件 　　　　　图 2.42 加入的用户库文件

（5）删除库

选择鼠标右键快捷菜单项"删除"，可以从工程和库管理器中删除已添加的库。

6. 第三方应用库 OSCAT

CODESYS 及 PLC 硬件供应商会提供一些标准的库文件，此外用户也可以通过自己动手来建立属于自己的库文件。与此同时，还有一些第三方的库文件供应商也在为 CODESYS 提供扩展功能的库文件，OSCAT 就是其中之一，它也是在行业内比较受工程师推崇的一个供应商。

OSCAT 是一个开源的自动化应用技术社区，在该社区中可以找到基于 IEC 61131-3 的帮助文档及库文件，其中涉及 CODESYS V2.3/ V3.5 的库文件。OSCAT 官方网站为 http://www.oscat.de/，用户可以直接登入该网站下载对应的 library 库文件，如图 2.43 中框出部分所示。

下载完"oscat_basic.library"后，在 CODESYS 项目中添加库即可实现对该库文件的调用、更新和删除操作。图 2.44 为该库文件的视图，具体功能块的说明需参阅相关帮助文档。

图 2.43　OSCAT 网站主页

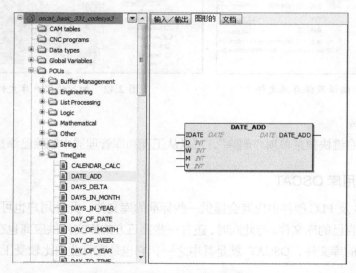

图 2.44　OSCAT 库文件介绍

2.3.3　全局变量和局部变量

　　变量定义的范围确定其在哪个程序组织单元（POU）中是允许被调用的，从范围上来说划分，可分为全局变量和局部变量。每个变量的范围由它被声明的位置和声明所使用的变量关键字所定义。

1. 全局变量

在程序组织单元（POU）之外定义的变量称为全局变量。全局变量可以被工程中其他程序组织单元所共用。所有程序可共享同一数据源，它甚至能与其他网络进行数据交换。其原理示意图如图 2.45 所示，全局变量 bIn1 能同时由程序 A 和程序 B 共用。

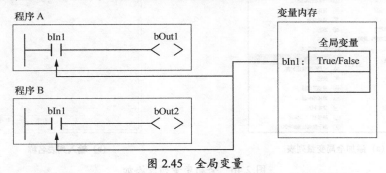

图 2.45　全局变量

需要注意的是，一个系统中不能有两个全局相同名称的变量，所有的全局变量都需要在全局变量列表中声明，全局变量提供了两个不同程序和功能块之间非常灵活的交换数据的方法。其声明时的关键字如下：

```
VAR_GLOBAL
    <全局变量声明>
END_VAR
```

用户可以通过添加全局变量列表实现全局变量的添加。鼠标右键单击"Application"，在弹出的快捷菜单中，选择"添加对象"→"全局变量列表…"，系统会自动弹出"添加全局变量列表"对话框，用户只需输入列表名称，然后单击"打开"按钮即可，如图 2.46 所示。

2. 局部变量

在一个程序组织单元（POU）内定义的变量都为内部变量，它只在该程序组织单元内有效，这些变量也可以称为"局部变量"，其结构原理图如图 2.47 所示。

用户使用局部变量后，若执行多个独立的程序，编程时无须理会其他独立程序中的同名变量，因为它们之间没有映射关系，互不影响。局部变量的关键字格式如下：

```
VAR
    <局部变量声明>
END_VAR
```

(a) 添加全局变量列表   (b) 输入列表名称

图 2.46　全局变量列表添加

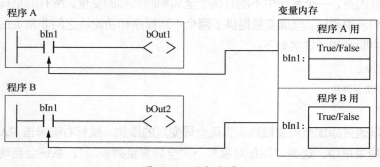

图 2.47　局部变量

2.3.4　访问路径

访问路径用于将全局变量、直接表示变量、功能块的输入/输出和局部变量联系起来以实现信息的存储。它提供在不同配置之间交换数据和信息的方法，每一个配置内的许多指定名称的变量可通过其他远程配置来存取。

访问路径功能已经集成在 CODESYS 内部，用户不需要对其进行操作，所有的存取操作会在软件的后台自动处理。

2.4 程序组织单元

程序组织单元（Program Organization Unit，POU）由声明区和代码区两部分组成，是用户程序的最小软件单元，它相当于传统编程系统中的块（Block），是全面理解新语言概念的基础。按功能划分，程序组织单元（POU）可分为函数（FUN）、功能块（FB）和程序（PRG）。

在"POU 窗口"中管理的编程对象在整个工程范围内都有效，且可以被工程中所有的"应用"通过任务配置来调用，即实例化。在"设备窗口"中管理的编程对象（即针对特定应用的编程对象），只能被本应用来使用，或被本应用的"子应用"实例化后使用。

程序组织单元的标准部分（如函数、功能块、程序和数据类型等）由德国 3S 公司或 PLC 制造商提供，并集成在库文件中。用户也可通过自己的逻辑思想与 PLC 制造商所提供的程序组织单元自行设计程序组织单元，再对其进行调用和执行。

用户可以在项目中使用右键快捷菜单命令"添加对象"，选择"程序组织单元"，系统会弹出如图 2.48 所示的对话框，用户可以选择添加程序、功能块或函数，"实现语言"下拉菜单中可以选择对应的编程语言。添加后，可以在左边的项目设备树中查看程序组织单元括号内对应的属性。

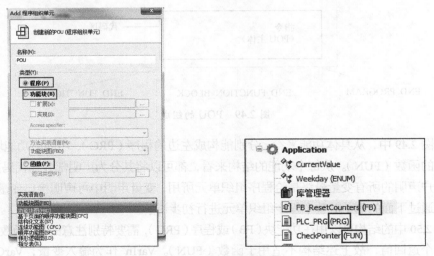

图 2.48 程序组织单元

程序组织单元（POU）具有如下特点。

- 可对每个应用领域设置用户的功能块库，便于工程的应用，如建立运动控制功能块库等。
- 可对功能块进行测试和记录。
- 能够提供全局范围内的库存取功能。
- 可重复使用，次数无限制。
- 可改变编程，用于建立功能块网络。

2.4.1 程序组织单元结构

一个完整的 POU 由如下三大部分组成，结构如图 2.49 所示。

- POU 类型及命名。
- 变量声明部分。
- 代码指令部分（POU 主体）。

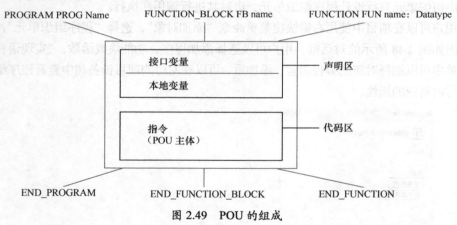

图 2.49 POU 的组成

在图 2.49 中，从具体功能来看，分别能构成左边的程序（PRG）、中间的功能块（FB）和右边的函数（FUN）。从每个功能的结构来看，都可以将其分为声明部分和代码部分。

用户声明的所有变量最终是给程序组织单元所用，变量声明中可声明接口变量和本地变量。通过下面的例子对整个程序组织单元进行初步讲解。

图 2.50 中的结构可以用在功能块（FB）或程序（PRG），需要特别注意的是，函数（FUN）只有一个返回值，故上述结构不适用于函数（FUN）。VarIn 作为输入变量，VarOut1 和 VarOut2 作为输出变量，VarLocal 作为本地变量。通过图形化标准语言调用的效果如图 2.51 所示，用户可以根据图中的变量类型调用该功能块/程序。

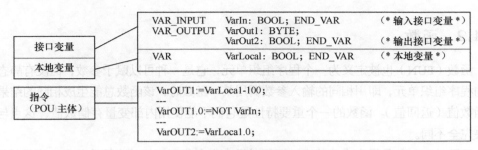

图 2.50　POU 举例

（1）声明区

变量声明区是用来指定变量的名称、类型，以及赋初始值的区域。

变量声明编辑器用来声明 POU 变量及数据类型。声明部分通常是文本编辑器，也可采用表格编辑器。所有将要在这个 POU 中使用的变量则在 POU 的声明部分进行声明，这些变量包括：输入变量、输出变量、输入/输出变量、本地变量和常量。声明格式都是基于 IEC 61131-3 标准的，变量的声明采用下面的格式：

<标识符>{AT<Address>}：<数据类型>{：=<初始化>}；

{}中的部分是可选部分。

（2）代码区

在代码区，CODESYS 支持两种文本语言：指令表语言（IL）和结构化文本（ST），4 种图形化语言：功能块图（FBD）、梯形图（LD）、顺序功能图（SFC）及连续功能图（CFC）。用户可以选择一种或几种语言在主体部分进行程序设计。编辑器界面如图 2.52 所示，该图中采用的是梯形图（LD）程序语言。

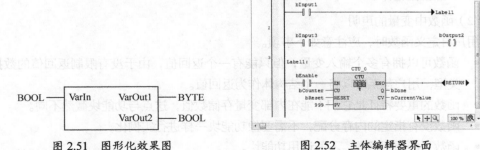

BOOL ── VarIn　VarOut1 ── BYTE

VarOut2 ── BOOL

图 2.51　图形化效果图　　　　　　　　图 2.52　主体编辑器界面

2.4.2　函数

　　函数（FUN）也被定义为一个程序组织单元，它是一种可以赋予参数，但没有静态变量的程序组织单元，即用相同的输入参数调用某一函数时，该函数总能生成相同的结果作为函数值（返回值）。函数的一个重要特性是它们不能使用内部变量存储数值，这点与功能块完全不同。

　　函数（FUN）是没有内部状态（运行时没有内存分配）的基本算法单元。也就是说，只要给定相同的输入参数，调用函数必定得到相同的运算结果，绝对没有二义性。我们平时使用的各种数学运算函数，如 sin（x）、sqrt（x）等，就是典型的函数类型。

　　函数是至少有一个输入变量、无私有数据、仅有一个返回值的基本算法单元。函数可以被函数、功能块、程序所使用。

1．函数的表示和声明

　　（1）自定义函数的表示

　　函数内部逻辑可以使用 6 种编程语言中的任意一种。函数名即是函数的返回值，也可以理解为函数的输出值。下面为函数的语法表达式。

```
FUNCTION <函数名/返回值>：<返回值数据类型>
VAR_INPUT
…            (*函数的输入接口变量声明*)
END_VAR
VAR
…            (*函数的本地变量声明*)
END_VAR


…;  (*函数内部逻辑*)
```

　　（2）函数中变量的声明

　　用户自定义函数时，应注意如下事项。

- 函数可以拥有多个输入变量，但只能有一个返回值，由于没有限制返回值的数据类型，用户甚至可以将一个结构体作为返回值。
- 函数的重要特征是它们不能在内部变量存储数值，这点与功能块截然不同。
- 函数没有指定的内存分配，不需要像功能块一样进行实例化。
- 函数只能调用函数，不能调用功能块。

● 配置到 VAR_INPUT 的自变量可以是空的、常数、变量或函数调用。在函数调用时，函数是作为实际的自变量被调用的。

2．标准函数

CODESYS 支持所有 IEC 的 8 类标准函数，除此之外，还可以使用下列 IEC 标准未规定的函数：ANDN、ORN、XORN、INDEXOF、SIZEOF、ADR、BITADR 等。具体函数的使用及说明在第 5 章会做详细介绍。

3．函数的属性

（1）重载性

对某一个函数来说，如果其输入量以类属数据类型描述，则称为重载函数。这表示该功能的输入量不限于单一的某种数据类型，而是可用于不同的数据类型。CODESYS 所有标准函数都具有重载属性，它能够适用于不同的数据类型。如果函数只适用于某数据类型，则需在函数名中给予声明，这称为函数的类型化。

例如，一个 PLC 能识别 INT、DINT 和 SINT，如 ADD，它支持类属数据类型 ANY_INT（包括 BYTE、WORD、DWORD、SINT、USINT 和 REAL 等）。例如，ADD_INT 是一个限于数据类型的 INT 加法函数，它属于类型化函数，这样看重载功能是独立于类型的。重载函数说明如图 2.53 所示。

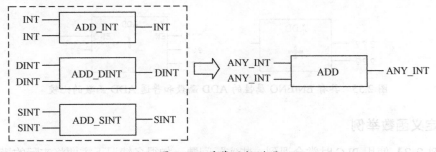

图 2.53　重载函数说明

使用重载函数时，系统会自动选择合适的数据类型。例如，如果调用的 ADD 实参数据类型是 DINT，则系统内部会调用 ADD_DINT 标准功能。

（2）可扩展性

函数的输入变量个数可扩展的属性称为函数的可扩展性。例如，ADD 函数的输入变量可以并不仅限于两个，它可以实现多个输入变量的加法运算，因此，可以称 ADD 函数具有可扩展性。并非所有标准函数都具有可扩展性，该功能的扩展限度受限于 PLC 所强制的上限、图形编程语言中方框高度限制或函数本身功能定义上的限制，如 DIV 函数就不具有该属性。具有可扩展性的函数可简化程序，减小所需的存储空间。图 2.54 是具有可扩展性的一些函数示例，不难看出，这些函数的输入引脚数都可以大于 2 个。

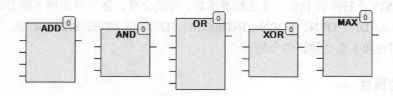

图 2.54　具有可扩展性的函数示例

（3）EN 和 ENO

该属性只有在梯形图和功能块图编程语言中才有效。EN 和 ENO 分别是函数的输入使能和输出使能。所有的 POU 都可激活或禁用该属性，其应用原则如下。

- 当输入函数被调用，EN 的值为 FALSE 时，该函数体定义的操作不会被程序执行，同时 ENO 的状态值为 FALSE。
- EN 为 TRUE 时，该函数被调用，函数体定义的操作被执行，同时 ENO 的值为 TRUE。
- EN 和 ENO 属性是附加属性，可根据实际需要使用或禁用该属性。

图 2.55 对有 EN/ENO 的 ADD 函数和普通的 ADD 函数进行了比较。

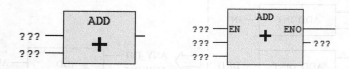

图 2.55　具有 EN/ENO 属性的 ADD 函数和普通 ADD 函数的比较

4．自定义函数举例

【例 2.2】使用 PLC 时常会遇到一些实际问题，如很多情况下需要将实际的模拟量信号转换为数字量信号。常用的模拟量电流信号有 0～20mA，4～20mA，电压信号有 0～10V，–10～10V，通过这些输入参数的类型选定，将其转换为数字量值。

函数声明：

```
FUNCTION F_iScaleOutput : INT
VAR_INPUT
    rOutput: REAL;                    (*  []  实际设备物理量输出值 *)
```

```
    rPhyMin: REAL;                    (* [] 物理量程最小值 *)
    rPhyMax: REAL;                    (* [] 物理量程最大值 *)
    eTerminal: E_Ctrl_TerminalType;     (* [] 输入信号类型 *)
END_VAR
VAR
    rTerMin: REAL;
    rTerMax: REAL;
    rPhyRange: REAL;
    rTerRange: REAL;
    rTerOutput: REAL;
END_VAR
```

模拟量输入类型通过 **E_Ctrl_TerminalType** 枚举数据类型对其进行声明。

```
TYPE E_Ctrl_TerminalType :
(
    eTerminal_0mA_20mA,
    eTerminal_4mA_20mA,
    eTerminal_0V_10V,
    eTerminal_m10V_10V
);
END_TYPE
```

函数代码：

```
rTerMax:= 32768.0;
CASE eTerminal OF
    eTerminal_0mA_20mA: rTerMin:= 0.0;
    eTerminal_4mA_20mA: rTerMin:= 0.0;
    eTerminal_0V_10V: rTerMin:= 0.0;
    eTerminal_m10V_10V: rTerMin:= -32768.0;
ELSE
    rTerMin:= -32768.0;
END_CASE
rPhyRange:= rPhyMax - rPhyMin;
rTerRange:= rTerMax - rTerMin;
IF rPhyRange > 0.0 AND rTerRange > 0.0 THEN
```

```
    rTerOutput:= rTerMin + (rTerRange * (rOutput - rPhyMin) / rPhyRange);
ELSE
    rTerOutput:= 0.0;
END_IF
F_iScaleOutput:= REAL_TO_INT(rTerOutput);
```

程序调用该滤波函数结果如图 2.56 所示，样例代码可参考样例程序\01 Sample\第 2 章\01 F_ iScaleOutput \。

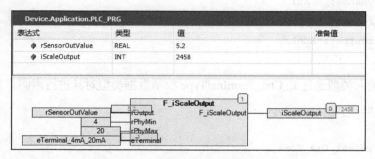

图 2.56　模数转换函数调用结果

2.4.3　功能块

功能块（Function Block）是把反复使用的部分程序块转换成一种通用部件，它可以在程序中被任何一种编程语言所调用，反复被使用，不仅可提高程序的开发效率，也减少了编程中的错误，从而改善了程序质量。

功能块在执行时能够产生一个或多个值的程序组织单元。功能块保留有自己特殊的内部变量，控制器目标执行系统必须给功能块的内部状态变量分配内存，这些内部变量构成自身的状态特征。功能块的执行逻辑构成了自身的对象行为特征。因此，对于相同参数的输入变量值，因为可能存在不同的内部状态变量，所以当然就可能得到不同的计算结果。在控制系统中，功能块可以是某种控制算法，如 PID 功能模块用于闭环控制，其他功能块可用于计数器、斜坡和滤波等。

1．功能块的表示和声明

（1）自定义功能块的表示

与函数一样，功能块内部逻辑部分可以使用 6 种编程语言中的任意一种。下面为功能块的语法表达式。

```
FUNCTION_BLOCK   <功能块名>
VAR_INPUT
...           (*功能块的输入接口变量声明*)
END_VAR
VAR_OUTPUT
...           (*功能块的输出接口变量声明*)
END_VAR
VAR
...           (*功能块的本地变量声明*)
END_VAR

...;   (*功能块内部逻辑*)
```

（2）功能块中变量的声明

功能块中变量的声明与函数中变量的声明类似，编写时，需注意下面一些事项。

- 功能块的内部和输出变量可用限定属性 RETAIN，用于表示该变量具有保持功能；而输入变量只能在调用时声明具有保持属性。

- 一般不允许对功能块输入变量赋值，只有当输入作为功能块的调用部分时，才允许对功能块输入变量赋值。

- 由于功能块可以调用函数和功能块，因此也可将调用功能块实例作为其他功能块的实例的变量，如 DB_FF（S1:=DB_ON.Q, R:=DB_OFF.Q）。

- 为确保功能块不依赖于硬件，功能块的变量声明中不允许将具有固定地址的地址变量（如%IX1.1，%QD12）作为局部变量，但在调用时可以给其赋值。

- 使用 VAR_INPUT 和 VAR_OUTPUT 会占用过多的内存，为此，在功能块编程时，可尽量使用 VAR_IN_OUT 替代，减少对存储区的占用。

2．标准功能块

在标准库中已包含双稳态元素、边沿检测、计时器和定时器等功能块，在本书第 5 章会详细对其进行说明。

3．功能块的属性

（1）实例化

按照 IEC 61131-3 的标准，功能块的类型是抽象的结构类型的定义，而不是现实的数据实体，如果不对其进行定义将其实例化，则不能被程序调用和执行。因此，功能块是需要实例化后才能被使用的。

实例化后的功能块是拥有私有数据、可按照既定逻辑完成特定功能、完全封装的、独立的结构型变量，从而将之前的抽象类型定义转换为数据实体。稍后通过例 2.3 来介绍一下如何将功能块进行实例化。功能块实例化的结构图如图 2.57 所示。

在图 2.57 中，功能块实例化就如定义变量一样，**MotorType** 为功能块的类型，是用户通过 POU 自定义的功能块。当程序中需要调用该功能块时，只需在声明处将该功能块定义即可，**Motor1** 为最终的实例名，也可以理解为变量名，程序执行过程中都是通过 **Motor1** 对该功能块进行读写操作。

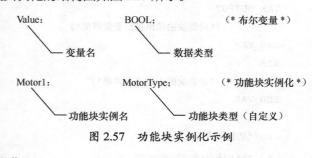

图 2.57 功能块实例化示例

实例需要按照类型进行合法定义，允许在程序中进行权限允许的调用。在控制器的目标执行平台上必须获得固定的静态内存分配（只不过 VAR_IN_OUT 方式定义的静态内存可共享使用，内存消耗少）。实例的类型可以同名，但实例名在同一 POU 中绝不允许相同。

【例 2.3】功能块实例化示例。

```
VAR
    EmStop       :    BOOL;        (*布尔变量*)
    Time9        :    TON;         (*延时 ON 功能块*)
    Time13       :    TON;         (*延时 ON 功能块*)
    CountDown    :    CTD;         (*减计数器*)
    GenCounter   :    CTUD;        (*增/减数器*)
END_VAR
```

例 2.3 中，尽管可以看到 Time9 和 Time13 的类型都为延时 ON 的 TON 功能块，但其实它们通过实例化后是两个独立且分开的功能块，代表了两个完全不同的定时功能块。

（2）扩展性

因为 CODESYS 支持面向对象的编程方式，所以功能块也可以派生出"子"功能块。这样"子"功能块具有"父"功能块的属性，并且可以具有自己附加的特性，可以形象地认为"子"功能块是对"父"功能块的扩展。因此，在本文中，把这个叫做"功能块的扩展"。

在声明功能块时加上关键字"EXTENDS"就可以使用扩展功能，也可以通过在"添加对象"对话框添加功能块时，选择"extends"选项来实现扩展。声明扩展功能块的格式如下：

```
FUNCTION_BLOCK <功能块名称> EXTENDS <功能块名称>
```

后面紧跟的是功能块中变量的声明。

【例 2.4】功能块的扩展性应用。定义功能块 fbA：

```
FUNCTION_BLOCK fbA
VAR_INPUT
x:int;
...
```

定义功能块 fbB：

```
FUNCTION_BLOCK fbB EXTENDS fbA
VAR_INPUT
ivar:int;
...
```

功能块 fbB 包含功能块 fbA 中所有的变量和方法，在使用功能块 fbA 的地方都可以用 fbB 代替。

在功能块 fbB 中可以重写 fbA 中原有的方法，即可以在 fbB 中重新声明一个 fbA 中已有的方法，它的名称、输入、输出和 fbA 中的原有方法一样。

fbB 中不允许使用与 fbA 中同样名称的功能块变量，否则程序在编译时会出错。使用功能块 fbB 时，可以直接使用 fbA 中的变量和方法，加上关键字"SUPER"即可（SUPER^.<method>）。

（3）EN 和 ENO

功能块具有 EN 和 ENO 的附属属性，与函数中 EN 和 ENO 的使用方法类似。

（4）函数功能块的区别

综上所述，函数和功能块明显的区别见表 2.7。

表 2.7　函数与功能块区别

	函数（FUN）	功能块（FB）
内存分配	没有指定的内存分配地址	全部数据分配内存地址
输入/输出变量	只允许一个输出变量	多个输出变量或没有输出变量
调用关系	可调用函数，但不能调用功能块	可调用功能块或函数

4. 自定义功能块举例

【例 2.5】自定义一个递增/递减功能块，分为 3 个输入：增计数、减计数和复位，当前计数值为输出。

```
FUNCTION_BLOCK FB_Counter
VAR_INPUT
    bUp:BOOL;                    (*递增信号输入*)
    bDown:BOOL;                  (*递减信号输入*)
    bReset:BOOL;                 (*复位、清零信号输入*)
END_VAR
VAR_OUTPUT
    nValue:INT;                  (*输出数值*)
END_VAR

IF bUp THEN
    nValue:=nValue+1;            (*数据递增*)
END_IF
IF bDown THEN
    nValue:=nValue-1;            (*数据递减*)
END_IF
IF bReset THEN
    nValue:=0;                   (*数据清零*)
END_IF
```

其运行结果如图 2.58 所示。当输入信号 Up 为 On 时，输出值进行不断累加；当 Down 为 On 时，输出值进行不断递减；当 bReset 为 On 时，输出值清零。相关代码可参考样例程序\01 Sample\ 第 2 章\02 FB_Counter\。

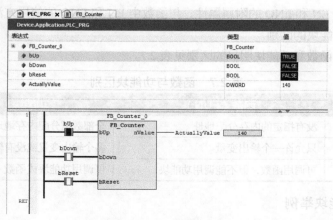

图 2.58　功能块调用结果示例

【**例 2.6**】自定义一个简单 PT1 一阶低通滤波函数，输入值为 rInput，通过调整增益参数 rK 及时间常数 tT 使输出值更平滑。

功能块声明：

```
VAR_INPUT
    rInput: REAL:= 0.0;                //输入数据
    rK: REAL:= 1.0;                    //增益
    tT: TIME;                          //时间参数
END_VAR
VAR_OUTPUT
    rOutput: REAL:= 0.0;               //输出数据
END_VAR
VAR
    _rT: LREAL;
    _rY: LREAL;
END_VAR
```

功能块代码：

```
IF _rT = 0.0 THEN
    rOutput:= rInput;                  //输出数据初始化
END_IF

_rT:= TIME_TO_REAL(tT) /10;           //10 为 PLC 的采样周期，单位为 ms

IF ABS(rOutput - rInput) < 1E-6 THEN
    rOutput:= rInput;                  //防止除零
ELSIF _rT > 0.0 THEN
    rOutput:= (rK / _rT) * rInput + (1.0 - (1.0 / _rT)) * _rY;
ELSE
    rOutput:= rInput;                  //如果时间常数小于或等于零，输出等于输入
END_IF
_rY:= rOutput;
```

程序运行结果如图 2.59 所示，相关代码可参考样例程序\01 Sample\ 第 2 章 \03 FB_PT1Filter\。

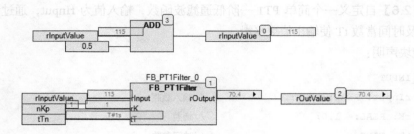

图 2.59　PT1 功能块调用结果

2.4.4　程序

程序（Program）是规划一个任务的主核心，其拥有最大的调用权，可以调用功能块及函数。一般而言，程序分为主程序、子程序，从广义上讲，也包含硬件配置、任务配置、通信配置及目标设置信息。

通常在程序中定义普通全局变量、映射硬件地址全局变量、局部变量。通过程序间调用实现应用逻辑。

1．程序的表示和声明

自定义程序采用如下的语法表达式表示，程序逻辑部分可以使用 6 种编程语言中的任意一种。

```
PROGRAM    <程序名>
VAR_INPUT
...        (*程序的输入接口变量声明*)
END_VAR
VAR_OUTPUT
...        (*程序的输出接口变量声明*)
END_VAR
VAR
...        (*程序的本地变量声明*)
END_VAR

...;  (*程序逻辑*)
```

2．程序的性能

一个程序可包含地址的配置，允许声明存放 PLC 物理地址的直接表示变量，直接表示的地址配置仅用于程序中内部变量的声明，直接表示变量允许分级寻址方式描述，可以在程序声明中按如下格式填写：

```
bTest AT %IX10.3: INT;
```

在程序编辑区可用如下的语句给直接表示变量赋值：

```
%QX0.0:=TRUE;
```

程序组织单元不能直接或间接调用其本身，即程序组织单元不能调用有相同类型和相同名称的程序组织单元实例。

程序仅在资源中实例化，在资源内被声明。程序的实例只需将程序与一个任务结合，否则程序不会被执行。而功能块仅能在程序或其他功能块中实例化。

3．程序调用

（1）程序调用关系

在程序中允许调用功能块实例、函数，甚至其他程序。图 2.60 显示了程序组织单元的调用关系。

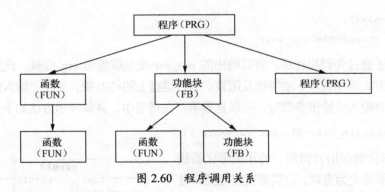

图 2.60　程序调用关系

根据图 2.60 中的显示，函数和功能块用于构成子程序，程序用于构成用户主程序，因此，程序被认为是全局的。程序是程序组织单元中的最大形式，它可以调用函数、功能块及程序。

功能块允许调用其他功能块及函数。由于函数不存在私有变量，因此函数只能调用其他函数，不能调用功能块实例。

（2）如何调用程序

一般而言，在功能块实例的调用中，需要赋值的输入参数，可以将实参显式传递形参，不要赋值或保持原值的输入参数，可以不用任何显式赋值。功能块实例的调用允许不做任何形参的赋值。在函数调用中，如果出现形参，则必须将全部的形参都做显式赋值。如果不出现形参，则必须按照定义的顺序，将全部实参写入到函数的调用体内。

程序可以被其他的 POU 调用，但函数中不可以调用程序，程序也没有实例。

如果一个 POU 已调用一个程序，从而引起这个程序的值的改变，这些改变将会保持不变，直到该 POU 下一次调用这个程序，即使其间该程序被其他的 POU 调用。注意，这与功能块的调用不同，只要功能块实例被调用了，无论是被哪个 POU 调用的，它内部的值都会改变。

如果是在文本编辑器中，想在程序调用时设置输入/输出参数，那么可以在程序名后面的圆括号中给各个参数赋值。对于输入参数，用 ":=" 赋值，就像在变量声明部分初始化变量一样；对于输出参数，则使用 "=>"，详见后面的示例。

如果用户是在文本编辑器的代码实现窗口中，通过"输入助手"的"带参数插入"选项插入一个程序，那么会自动列出该函数的所有参数。当然，用户并不一定要给所有的参数都赋值。

1）文本编程语言调用：使用文本编程语言时，在调用程序时必须添加括号，示例如下。

```
PRGexample();
erg := PRGexample.out_var;
```

上述例子通过先调用程序，将其输出的 out_var 变量赋值给 erg 变量。此外，也可以通过如下的方式调用程序、功能块及函数。通过键盘上的 <F2> 键，使用"输入助手"为参数赋值，当有输入或输出参数时，可以直接填写在括号中，具体表示方法如下：

```
PRGexample(in_var:=33, out_var=>erg );
```

2）图形化编程语言调用：使用图形化编程语言时，显示得更为直观，只需要直接在接口处填写变量及数值。其调用示例如图 2.61 所示。

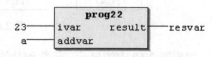

图 2.61　使用图形化编程语言调用程序

4. 自定义程序举例

【例 2.7】实时输出输入变量 in_var 与内部变量 i_var 相加后的结果，并当结果为 23 时，内部变量 bvar 置为 ON。样例代码可参考样例程序\01 Sample\第 2 章 \04 PRG_Basic\。

```
PROGRAM PLC_PRG
VAR_INPUT
    in_var:INT;
END_VAR
VAR_OUTPUT
    out_var:INT;
END_VAR
VAR
    i_var:INT;
    bvar:BOOL;
END_VAR

out_var:=in_var+i_var;
IF out_var=23 THEN
    bvar:=TRUE;
END_IF
```

2.5 应用对象

应用对象属于应用（Application）。右键单击"Application"，在弹出的快捷菜单中选择"添加对象"，或通过工具栏中的图标按钮 🔳 ▾ 实现对如下对象的添加操作。下面介绍几个常用的应用对象。

2.5.1 采样跟踪

采样跟踪功能类似示波器，在程序调试和诊断过程中，它是个非常实用和有效的工具。有时数据变化是一闪而过的，不容易看出产生的影响，该功能可以把程序执行过程产生的所有过程数据记录下来，如在运动控制过程中需要采集的命令字、状态字、电机速度及位置等。通过对这些数据的追踪记录，可以清晰地看到系统运行的整个过程。该功能示例如图 2.62（a）所示。

1．概述

采样追踪提供"跟踪配置"和"跟踪对象"两个插件，可以对 PLC 中的过程数据进行录取波形，类似于示波器。此外，可以通过设置触发信号对数据进行采集。

用户可在 CODESYS 中设置多个跟踪配置文件，并可将其进行保存，如图 2.62（b）所示。

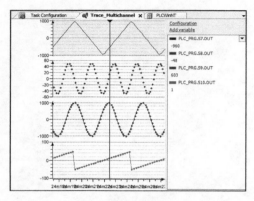

(a) 采样跟踪功能

(b) 设备树中设置多个跟踪对象

图 2.62　采样跟踪功能

2．新建采样跟踪

1）右键单击"Application"，在弹出的快捷菜单中选择"添加对象"，并按导向引出的子菜单找到"Trace…"，按鼠标左键确认，如图 2.63（a）所示。

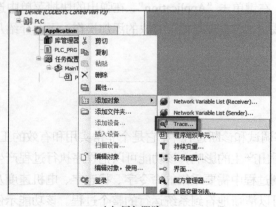

(a) 添加跟踪

(b) 输入跟踪名称

图 2.63　新建跟踪配置

2）随后会弹出"添加跟踪"对话框，在"跟踪的名称"文本框中填写跟踪的名称，如"Trace1"，如图 2.63（b）所示，单击"打开"按钮。

3）配置要记录的变量。

打开跟踪配置后，选择"Add variable"可以进行跟踪变量的添加，如图 2.64 所示。

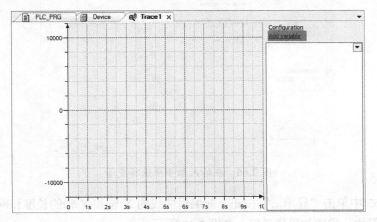

图 2.64　跟踪设置

单击"变量"栏右侧的浏览图标，如图 2.65 所示，将会弹出"输入助手"对话框，可以在其中选择要跟踪的变量，如图 2.66 所示。

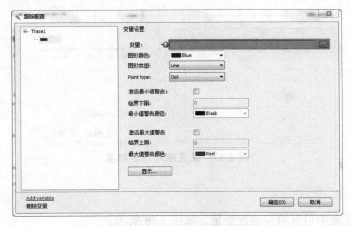

图 2.65　"跟踪配置"对话框

弹出输入助手后，在其中选择要监控的变量，设置完成后单击"确定"按钮，如图 2.66 所示。

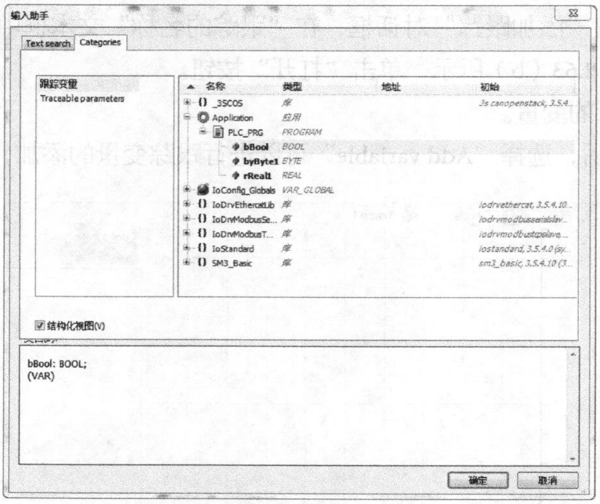

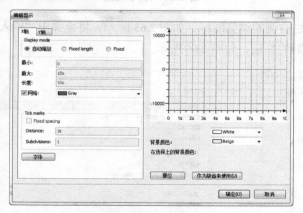

图 2.66　在输入助手中选择变量

在图 2.65 中单击"显示…"按钮，能编辑曲线的 X 轴和 Y 轴的长度和网格，这样就能够编辑图形的分辨率和采样长度，如图 2.67 所示。

图 2.67　设置跟踪显示配置

3. 触发采样

在跟踪配置表中可以填写触发变量，如图 2.68 所示。

配置项目定义如下。

（1）触发变量

该功能是可选的，与其他一些条件共同决定了跟踪时间范围。

图 2.68 跟踪配置之触发采样

该变量可以是一个布尔变量、表达式或模拟变量，当然也可以输入枚举变量或属性变量。当该变量满足了定义的值——该值根据"触发边沿"类型来决定，跟踪将在采样一段时间后停止，该时间段由"位置"的百分比来决定，也就是说，一旦触发变量变为 TRUE 或满足某一特定值，跟踪可以根据设定的时间来进行采样。

（2）触发沿

- 无：无触发。
- 正向：布尔型变量的上升沿，或数字信号大于"触发水平"值时触发。
- 负向：布尔型变量的下降沿，或数字信号小于"触发水平"值时触发。

（3）后触发（P）（采样）

触发事件发生后，要记录跟踪变量的测量值百分比。例如，如果在这里输入 25，则当触发事件发生时，其之前显示的是测量值的 25% 的数据，其之后显示的是测量值的 75% 的数据，然后跟踪终止。如果希望一旦发生触发事件，就开始跟踪，则需要填入 100。

（4）触发器水平

当使用模拟量作为触发变量，在此处定义该变量为多少时产生触发事件。可以直接输入一个数值，或用变量定义该数值。默认值为空。

（5）任务

在可用的任务列表中进行选择，该任务被执行后从中读取出跟踪变量的值。

（6）记录条件

此处可输入一个布尔变量、一个数值或一个布尔表达式。如果该条件为真，则启动跟踪采样。若此处没有任何输入，则在下载跟踪配置并且应用开始运行后，立即开始跟踪记录。

（7）注释

在此输入有关当前记录的注释文本。

4. 数据的保存

当数据采集完后，选择"保存跟踪..."选项对数据进行本地保存，方便今后对数据进行分析，如图 2.69（a）所示。

(a)"保存跟踪..."选项

	E6	▼	f_x	
	A	B	C	D
1	CODESYS	V3.5	SP3	Trace:
2	C:\Codesys3.5Project\test.project			
3	Timestamp(ms)	PLC_PRG.bVar1	PLC_PRG.nTest	
4	6151235	1	133	
5	6151255	0	134	
6	6151275	1	135	
7	6151295	0	136	
8	6151315	1	137	
9	6151335	0	138	
10	6151355	1	139	
11	6151375	0	140	
12	6151395	1	141	

(b) 使用 Excel 打开跟踪数据

图 2.69　数据保存

保存的格式可以为".trace"或".txt"。图 2.69（a）所示是将文件保存为".txt"文档，使用 Excel 打开，在表格中适当地做一些数据排列，即可看到如图 2.69（b）所示的效果。保存的跟踪数据配有时间戳、变量名及具体数据。相关程序中的配置可参考样例程序\01 Sample\第 2 章\05 TraceConfiguration\。

5. 跟踪常用功能选项

跟踪常用功能选项见表 2.8。

表 2.8　常用跟踪功能选项

图标	说　明
	下载跟踪，该命令用于下载跟踪实时曲线。当每次需要开始跟踪曲线时，这也是需要做的第一步
▐▐ / ▶	启动/停止跟踪，该命令用来启动或停止跟踪

续表

图标	说　　明
	复位触发器，该命令在一个触发事件发生后或跟踪停止时复位跟踪显示。复位后，跟踪显示将显示最新值
	光标，该命令用于确定数值的 X 轴坐标值。采样追踪中可以添加 2 个光标。可以用来确定每个光标单独 X 轴的绝对位置及 2 个光标之间的 X 轴相对位置
	鼠标缩放，该命令用于激活鼠标缩放模式。当该模式被激活后，此时可在跟踪窗口中画一个矩形，重新定义跟踪曲线的显示区域，该区域会扩大，直到填满整个跟踪窗口 滚动鼠标轮来缩放坐标系的 X-Y 轴。使用数字键盘键<+>和键<->可实现相同的功能 按住<Shift>键的同时滚动鼠标轮，只缩放 X 轴。按住<Shift>键的同时，使用数字键盘键<+>和键<->可实现相同的功能 按住<Ctrl>键的同时滚动鼠标轮，只缩放 Y 轴。按住<Ctrl>键的同时，使用数字键盘键<+>和键<->可实现相同的功能
	该命令在设置改变后，如被缩放了，用于恢复记录的默认外观设置。在配置对话框中可对记录的默认设置进行定义
	压缩，使用该命令，抽样跟踪中显示的值是压缩的。例如，使用该命令后，能在一个更大的时间段内观察跟踪变量的进展，可实现命令的多重执行
	拉伸，使用该命令可以以拉伸显示的抽样跟踪的值。一个接一个地反复拉伸，在窗口中显示的跟踪部分的尺寸将逐渐缩小

2.5.2 持续变量

1. 概述

在设计 PLC 控制系统时，为适应生产过程的需要，常常需要在外部改变 PLC 内部的数据，如计数器、定时器或其他变量的值。而且要求系统关机或异常断电以后，这些数据还能够保存在 PLC 内部，在下次开机后，这些数据可以被调出，并保持断电前的数据继续被程序使用。

CODESYS 所支持的保持变量为 RETAIN 及 PERSISTENT RETAIN 这两种，后者在实际的应用中使用得更为频繁。

2. 新建持续变量

右键单击"Application"，然后在弹出的快捷菜单中选择"添加对象"→ ▼ 持续变量…，系统会自动弹出"添加持续变量"对话框，用户只需输入列表名称，单击"打开"按钮即可。具体步骤可按照图 2.70（a）所示先添加列表，再按照图 2.70（b）所示修改列表名称，然后单击"打开"按钮即可完成添加持续变量列表操作。

(a) 添加持续变量列表

(b) 输入列表名称

图 2.70 持续变量

使用 "PERSISTENT RETAIN" 保存的变量是在 PLC 程序 "Rebuild all"（重新编译）之后进行初始化的。而持续变量保持其原有的值。

> **注意**
> - 从 CODESYS V3.3.0.1 起，PERSISTENT 和 PERSISTENT RETAIN/RETAIN PERSISTENT 实现的功能已相同。
> - 持续变量必须为全局变量。
> - 持续变量只能在 special global variables list 中定义 "Persistent Variables"。

3. 持续变量使用

（1）持续变量的声明

RETAIN 变量的声明格式如下：

```
VAR_GLOBAL RETAIN
...     (*变量声明*)
END_VAR
```

PERSISTENT RETAIN 变量的声明格式如下：

```
VAR_GLOBAL PERSISTENT RETAIN
...     (*变量声明*)
END_VAR
```

（2）持续变量的复位

永久变量通过关键字"PERSISTENT　RETAIN"来识别，不像保留变量，这些变量在重新下载或在执行命令"冷复位"之后还会继续保留它们的值。PERSISTENT　RETAIN 与 RETAIN 不同的是，当 PERSISTENT　RETAIN 的变量在执行命令"冷复位"或"下载"之后还会保留其原值。针对不同关键字的持续变量，当使用不同复位指令时，反应是不同的，详见表 2.9。

表 2.9　持续变量在线命令行为一览表

在线命令	VAR	VAR RETAIN	VAR PERSISTENT RETAIN
热复位	—	×	×
冷复位	—	—	×
初始值复位	—	—	—
下载	—	—	×
在线改变	×	×	×

注：× = 保留值　— = 初始值

> **注意**
> ● 针对不同硬件控制器，持续变量所占用的内存容量也各不相同，需要考虑实际变量占用的内存。
> ● 如将程序中的局部变量定义为持续变量，该变量也占用保留区内存。
> ● 如将函数中的局部变量定义为持续变量，该变量不具备掉电保持功能，且该变量不占用保留区内存。
> ● 如将功能模块中的局部变量定义为持续变量，功能块的整个实例会占用保留区内存，但只有定义的持续变量具备掉电保持功能。

2.5.3　数据单元类型

用户可以自定义数据类型，生成结构体、枚举、别名和联合都可以看做数据单元类型（Data Unit Type，DUT）。

右键单击"Application"，在弹出的快捷菜单中选择"添加对象"→ DUT...，系统会自动弹出"添加 DUT"对话框，用户只需输入列表名称并选择数据单元的类型。具体步骤可先按照图 2.71（a）所示添加列表，再按照图 2.71（b）所示修改列表名称及选择数据类型，然后单击"打开"按钮。

  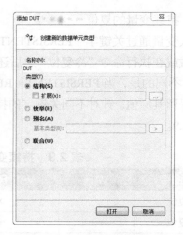

(a) 添加数据单元类型   (b) 输入数据单元类型名称及选择类型

图 2.71 创建新的数据单元类型

可供选择类型有结构体、枚举、别名和联合。在"结构体"情况下，可能会使用继承的方式，因此需要面向对象的编程方式。当然，也可以通过一个已经在另一个工程中定义的 DUT 再扩展另一个 DUT，这意味着扩展 DUT 将会自动针对当前 DUT 进行定义。针对这个目的自动使能"扩展"，"扩展"在原有的结构基础上对元素的补充。对于标准结构体及用户自定义的结构体的描述参见 3.3 节。

2.5.4　全局网络变量

全局网络变量列表编辑器（GNVL 编辑器）是一个用于编辑网络变量列表的声明编辑器 。此编辑器工作在文本编辑器的当前设置状态下，在线状态下，此编辑器的布局和变量声明编辑器的布局相似。在网络变量列表编辑器中，变量声明必须以关键字"VAR_GLOBAL"开始，以关键字"END_VAR"结束。这两个关键字会在打开编辑器的时候自动加入。在这对关键字之间，用户可以声明合法的全局变量。

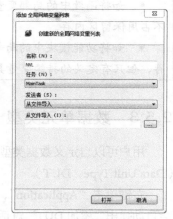

图 2.72 添加全局网络变量列表

用户可以右键单击"Application"，然后在弹出的快捷菜单中选择"添加对象"→"全局网络变量列表..."，最后在弹出的"添加全局网络变量列表"对话框中添加相应列表，如图 2.72 所示。

为了进行网络变量的处理，在添加全局网络变量列表的时候必须进行定义或者直接选择一个"发送器"从其他设备发送 GVL，还可以通过"链接到文件"功能将变量以"*.gvl"的格式导出。

在其他的工程项目中也必须定义 GVL。为了实现 "发送端"可以"从文件中导入"的功能，用户可以在"发送者（S）"中选择"从文件导入"，然后在"从文件导入（I）"选项中浏览本地路径内需要导入的"*.gvl"文件，单击"打开"按钮进行确认。

2.5.5 配方管理器

配方是一组参数值，它用来提供生产产品和控制生产过程所需的信息。例如，饼干的配方（包括黄油、白糖、鸡蛋、面粉等）和烹调时间等参数的数据类型和参数值等。配方可以用来设置和监视 PLC 的控制参数。为了达到这个目的，它们可以从 PLC 中读取和向其写入，也可从文件载入和存成文件。这些相互作用通过已经设置好的视图元素即可实现。

配方管理器是一个源对象，可以通过右键单击"Application"，然后在弹出的快捷菜单中选择"添加对象"→"配方管理器"方式来添加配方管理器。图 2.73（a）所示为添加配方管理器界面，图 2.73（b）所示为配方管理器的配置界面。

(a) 添加配方管理器

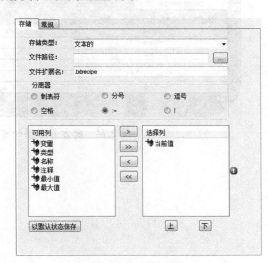

(b) 配方管理器配置

图 2.73 配方管理器

如图 2.73（b）所示，存储配方可选择 "存储类型"（文本或二进制）；可以通过"文件路径"指定具体存储位置，也可以定义存储配方的"文件扩展名"；文本的存储会根据所选的"分离器"（分隔符）将其分开。

另外，图 2.73（b）中还显示了所有配方定义的列，即"可用列"，右侧为包含配方定义的"选择列"，这些列会被存储。可以通过单击 ⟩ 或 ⟨ 图标按钮在"可用列"和"选择列"之间移动，也可使用 ⟩⟩ 或 ⟨⟨ 图标按钮将所有条目一次性移动。图标按钮 上 和 下 可用来调整选择列的顺序，这将代表存储文件中列的顺序。

图 2.74 为配方管理器的可视化界面。

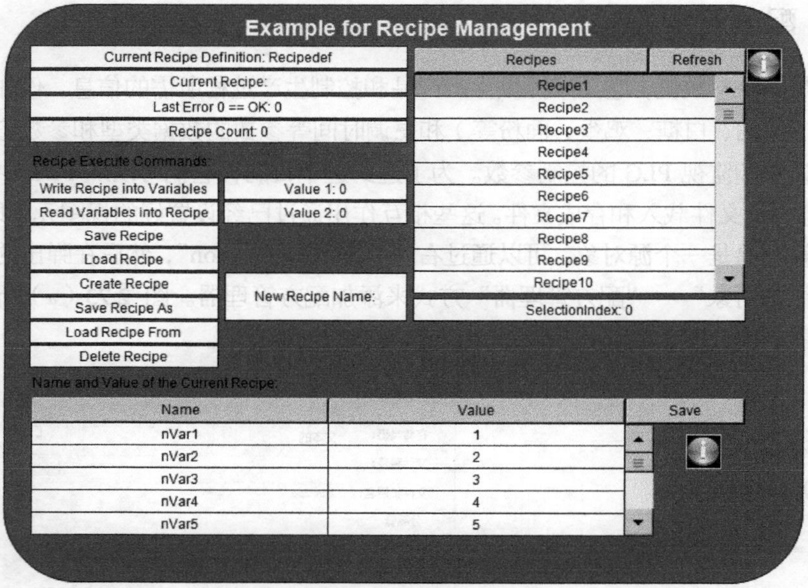

Example for Recipe Management

Current Recipe Definition: Recipedef		Recipes	Refresh
Current Recipe:		Recipe1	
Last Error 0 == OK: 0		Recipe2	
Recipe Count: 0		Recipe3	
		Recipe4	
Recipe Execute Commands:		Recipe5	
Write Recipe into Variables	Value 1: 0	Recipe6	
Read Variables into Recipe	Value 2: 0	Recipe7	
Save Recipe		Recipe8	
Load Recipe		Recipe9	
Create Recipe		Recipe10	
Save Recipe As	New Recipe Name:		
Load Recipe From		SelectionIndex: 0	
Delete Recipe			

Name and Value of the Current Recipe:

Name	Value	Save
nVar1	1	
nVar2	2	
nVar3	3	
nVar4	4	
nVar5	5	

图 2.74　配方管理器的可视化界面

第 **3** 章
公共元素及变量

本章主要知识点

- 公共元素
- 注释的表示
- 常量、变量的声明
- 数据类型
- 变量类型和属性

3.1 公共元素

PLC 程序是由一定数量的基本语言元素（最小单元）组成的，把它们组成在一起以形成说明或语句，包括分界符、关键字、标识符和注释等。

3.1.1 字符集

根据国家标准的 GB/T 15969.3-2005，可编程控制器使用的文本和图形类编程语言中的文本元素应依据国家标准 GB/T 1988-1988 字符集的"基本代码表"的 3～7 列字符组成，并根据 GB 2312—1980《信息交换用汉字编辑字符集 基本集》来表示汉字。

字母的大小写具有相同的意义。例如，Control 与 CONTROL 表示相同的变量名或标识符，PLC 制造商根据表 3.1 中的字符集特性的规则选择。

表 3.1　字符集特征

序　号	选择 1	选择 2
1	数符号 #	英镑符号 £
2	美元符号 $	货币符号 ￥
3	垂直线 |	惊叹号!

1）英镑符号应使用在数符号的位置，前者占据 GB 1988 字符集的 2/3 字符位置。

2）货币符号应使用在美元符号的位置，前者占据 GB 1988 字符集的 2/4 字符位置。

3）当 GB 1988 字符集中的 7/12 字符位置被国际字符集中的另外字符使用时，在 2/1 位置处的惊叹号"!"用于表示垂直线。

4）汉字字符集依据 GB 2312—1980。国家标准字符集中字符的使用是典型的扩展应用。

3.1.2　分界符

分界符（Delimiter）用于分隔程序语言元素的字符或字符组合。它是专用字符，不同的分界符含义不同，表 3.2 列出了各种分界符的应用示例。

表 3.2　分界符

分界符	应　用　场　合	备注或示例
空格	允许在 PLC 程序中插入一个或多个空格	不允许在关键字、文字、标识符和枚举值中直接插入空格
Tab	允许在 PLC 程序中插入 Tab	不允许在关键字、文字、标识符和枚举值中直接插入 Tab
(*	注释开始	用户自定义注释，可以在程序允许空格的任何位置输入
*)	注释结束	注释，且 CODESYS 可以通过设置允许注释嵌套
+	十进制数的前缀符号（正数）	+456；+1.23
	加操作符	23+11
-	十进制数的前缀符号（负数）	-789
	年、月、日的分隔符	D#1980-02-29
	减操作符	19-11
#	基底数的分隔符	2#1101；16#FF
	数据类型分隔符	SINT#123
	时间文字的分隔符	T#200ms；TOD#05:30:35:28；t#14m_12s

续表

分界符	应 用 场 合	备注或示例
·	整数和小数的分隔符	3.14；2.18
	分级寻址分隔符	%IX0.3
	结构元素分隔符	Channel[0].type；abc.number
	功能块结构分隔符	TON1.Q；SR_3.S1
E/e	实指数分隔符	1.0e+6；3.14E6
'	字符串开始/结束符	'Hello World!!'
$	字符串中特殊字符的开始	'$L'表示换行；'$R'表示回车
:	时刻文字分隔符	TOD#12:41:21.11
	变量/类型分隔符	Test:INT
:=	初始化操作符	Var1:INT:=3
	输入变量连接操作符	INT_2（SINGLE:=z2,PRIORITY:=1）
	赋值操作符	Var2:=45
（ ）	枚举表分隔符	V:（B1_10V,UP_10V,IP_15V）:= UP_10V
	子范围分隔符	DATA:INT（-32768..32767）
	初始化重复因子	ARRAY（1..2,1..3）OF INT:=1,2,3（4）,6
	指令表修正符	（A>B）
	函数自变量	Var2*LIMIT（Var1）
	子表达式分级	（A*（B-C）+D）
	功能块输入表分隔符	TON_1（IN:=%IX5.1,PT:=T#500ms）;
[]	数组下标分隔符	MOD_5_CFG.CH[5].Range:=BI_10V;
,	枚举表分隔符	V:（BI_10V,Up_10V）:=Up_1_5V;
	初始值分隔符	ARRAY（1..2,1..3）OF INT:=1,2,3（4）,6;
	数组下标分隔符	ARRAY（1..2,1..3）OF INT:=1,2,3（4）,6;
	被声明变量的分隔符	VAR_INPUT A,B,C:REAL; END_VAR
	功能块初始值分隔符	TON_1（IN:=%IX5.1,PT:=T#500ms）;
	功能块输入表分隔符	SR_1（S1:=%IX1.1,RESET:=%IX2.2）;
	操作数表分隔符	ARRAY（1..2,1..3）OF INT:=1,2,3（4）,6;
	函数自变量表分隔符	LIMIT（MN:=4,IN:=%IW0,MX:=20）;
	Case 值表分隔符	CASE STEP OF 1,5:DISPLAY:=FALSE;

续表

分界符	应用场合	备注或示例
;	类型分隔符	TYPE R:REAL;END_TYPE
	语句分隔符	QU:=5*（A+B）;QD:=4*（A−B）;
..	子范围分隔符	ARRAY（1..2,1..3）;
	Case 范围分隔符	CASE STEP OF （1..5）:DISPLAY:=FALSE;
%	直接表示变量的前缀	%IW0
=>	输出连接操作符	C10（CU:=bInput,Q=>Out）;

> **注意**
> - 用于逻辑运算和算术运算等的操作符号为中间操作符，如 NOT、MOD、+、−、*、/、<、>、&、AND、OR、XOR。
> - 用于表示时间、时刻等时间文字的操作符号为时间文字分界符，如 T#、D、H、M、S、MS、DATE#、D#、TIME_OF_DAY#、TOD#、DATE_AND_TIME#、DT#。

3.1.3　关键字

关键字是语言元素特征化的词法单元。在 IEC 61131-3 标准中，关键字作为编程语言的字用于定义不同结构或特定的软件元素。

部分关键字需配对使用，如"FUNCTION"与"END_FUNCTION"等，部分关键字可单独使用，如"ABS"等。关键字不能用于任何其他目的，如不能作为变量名或扩展名，也就是说，既不能用 TON 作为变量名，又不能用 VAR 作为扩展名。

由于关键字是标准标识符，因此不能包含空格。表 3.3 列出了 CODESYS 中常用的关键字和说明。

表 3.3　常用关键字和说明

关键字	说明	关键字	说明
PROGRAM END_PROGRAM	程序段开始 程序段结束	EN ,ENO	使能输入/输出
FUNCTION END_FUNCTION	函数段开始 函数段结束	TRUE FALSE	逻辑真 逻辑假
FUNCTION_BLOCK END_FUNCTION_ BLOCK	功能块段开始 功能块段结束	TYPE END_TYPE	数据类型段开始 数据类型段结束

续表

关 键 字	说 明	关 键 字	说 明
VAR END_VAR	内部变量段开始 内部变量段结束	STRUCT END_STRUCT	结构体开始 结构体结束
VAR_INPUT END_VAR	输入变量段开始 输入变量段结束	IF THEN EISIF ELSE END_IF	IF 语句
VAR_OUTPUT END_VAR	输出变量段开始 输出变量段结束	CASE OF ELSE END_CASE	CASE 语句
VAR_IN_OUT END_VAR	输入输出变量段开始 输入输出变量段结束	FOR TO BY DO END_FOR	FOR 循环语句
VAR_GLOBAL END_VAR	全局变量段开始 全局变量段结束	REPEAT UNTIL END_REPEAT	REPEAT 循环语句
CONSTANT	常数变量	WHILE DO END_WHILE	WHILE 循环语句
ARRAY OF	数组	RETURN	跳转返回符
AT	直接地址	NOT、AND、OR、XOR	逻辑操作符

此外，下列功能模块和函数的标识符也被保留作为关键字。

1）标准数据类型：BOOL、REAL 或 INT 等。

2）标准函数名和功能块名：SIN、COS、RS 或 TON 等。

3）指令表语言中的文本操作符：LD、ST、ADD 或 GT 等。

4）结构化文本语言中的文本操作符：NOT、MOD 或 AND 等。

3.1.4　常数

数值文字（Numeric Literal）用于定义一个数值，它可以是十进制或其他进制的数。数值文字分为两类：整数文字和实数文字，其书写格式如下。

<类型># <数值>

<类型>：指定所需的数据类型。支持的类型有 BOOL、SINT、USINT、BYTE、INT、UINT、WORD、DINT、UDINT、DWORD、REAL 和 LREAL。

<数值>：指定常数。输入的数据必须符合指定的数据类型<类型>。

1. 数值常数

数值常数可用二进制、十进制和十六进制数表示。假如一个整数不是十进制数，用户必须在该整数之前写出它的基数并加上数字符号（#），如二进制数 101 的表示方法为 2#101。

（1）BIN（二进制）

二进制的 1 位（bit）只能取 0 或 1，用来表示开关量（或称数字量）的两种不同的状态。例如，若 QX0.0:=1，则表示线圈 "通电" 状态，称该编程元件为 ON 或 1 状态；若 QX0.0:=0，则表示线圈为 "断电" 状态，称该编程元件为 OFF 或 0 状态。

二进制数直接表示可用 2#前缀，如 2#1111 1111 1111 0000 表示 16 位二进制常数。在编程时，位编程元件的 1 状态和 0 状态常用 TRUE 和 FALSE 表示。

（2）DEC（十进制）

十进制数是以 10 为基础的数字系统，满 10 进 1。十进制数前缀 10#可不必输入。例如，255，直接表示十进制数的 255。系统默认采用十进制表示方式。

（3）HEX（十六进制）

十六进制的 16 个数字由 0～9 和 A～F（对应于十进制数 10～15）组成，其计数规则为满 16 进 1，每个数字占二进制数的 4 位。在 CODESYS 中，16#作为十六进制数的前缀，如 16#E5。

数值文字的表示和示例见表 3.4，这些数值可以是变量类型 BYTE、WORD、DWORD、SINT、USINT、INT、UINT、DINT、UDINT、REAL 或 LREAL。

表 3.4　数值常数的表示和示例

数值文字类型	表 示 方 法	示　例
整数	[整数类型名#]符号整数或二（八、十、十六）进制整数	INT#-34，UINT#32
	二进制整数	2#0010_0010（34）
	八进制整数	8#77（63）
	十六进制整数	16#E5（229）
实数	[实数类型名#]符号整数.整数[指数]	REAL#4.94，6.3e-7
	符号整数.整数	3.141592
布尔数	[布尔类型名#]0 或 1，False 或 True	0，1，True，BOOL#1

在调试过程中可以设置数值的显示方式，即在监视窗口中单击鼠标右键，在弹出的快捷菜单中选择 "显示模式"，然后进行显示方式的选择，如图 3.1 所示。

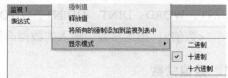

2. BOOL 常数

BOOL 常数为逻辑值 TRUE（真）与逻辑值

图 3.1　数值显示模式更改

FALSE（假），也可以用 1（真）和 0（假）表达，其含义相同。

3．TIME 常数

TIME 常数由一个起始符 T 或 t（或者用 TIME 或 time）和数字标识符#，再加上实际时间表示，包括天（d）、时（h）、分（m）、秒（s）和毫秒（ms）。注意，时间各项必须根据时间长度单元顺序进行设置（d 在 h 之前，h 在 m 之前，m 在 s 之前，s 在 ms 之前），但无须包含所有的时间长度单位。

在结构化文本编程语言的赋值语句中，正确使用时间常数的示例如下：

```
TIME1 := T#14ms;
TIME1 := T#100S12ms;(*最高单位的值可以超出其限制*)
TIME1 := t#12h34m15s;
```

错误使用时间常数的示例：

```
TIME1 := t#5m68s;(*最低单位的值溢出*)
TIME1 := 15ms;(*没有 T#*)
TIME1 := t#4ms13d;(*输入的顺序错误*)
```

4．DATE 常数

这些常数可用来表示日期。声明一个 DATE 常数时，起始符为 d、D、DATE 或 date 后跟随一个#号，然后就可按照"年-月-日"的格式表示任何日期。例如：

```
DATE#1996-05-06
d#1972-03-29
```

5．TIME_OF_DAY 常数

使用这种类型常数可保存一天中的不同时间。TIME_OF_DAY 常数的声明使用起始符 tod# 、TOD#、TIME_OF_DAY# 或 time_of_day#，后面跟随一个时间格式为"时：分：秒"的时间。秒值可以是整数也可是小数，如：

```
TIME_OF_DAY#15:36:30.123
tod#00:00:00
```

6．DATE_AND_TIME 常数

日期常数和一天中的时间常数可合并起来构成一个所谓的 DATE_AND_TIME 常数。DATE_AND_TIME 常数的起始符为 dt#、DT#、DATE_AND_TIME# 或 date_and_time#，

然后在日期之后用 "-" 字符连接时间，如：

```
DATE_AND_TIME#1996-05-06-15:36:30
dt#1972-03-29-00:00:00
```

7. REAL / LREAL 常数

REAL 和 LREAL 常数可使用十进制小数和指数形式表示，使用带小数点的美国格式表示实数（REAL / LREAL），如：

7.4 取代 7,4

1.64e+009 取代 1,64e+009

8. STRING 常数

字符串是一个字符队列。STRING（字符串）常数使用一个单引号作为其前缀和后缀。也可以输入空格和专用字符，这些字符将同所有其他字符一样进行处理，字符的表达式示例如下：

```
'CODESYS!! '
'3S'
':-)'
```

在字符队列中，"$" 号和后面跟随的两个十六进制数组合被解释为 8 位字符码的十六进制表示。此外，以$作为起始符的两个字符的组合，其含义见表 3.5。

表 3.5 字符组合及其描述

字 符 组 合	描　　述
$<两个十六进制数>	ASCII 码的十六进制表示
$$	美元符号
$'	单引号
$L 或 $l	输入行
$N 或 $n	新行
$P 或 $p	输入页
$R 或 $r	换行
$T 或 $t	<Tab>键

9. 类型符

通常，对 IEC 常数，尽可能少地使用数据类型。如果必须使用另一种数据类型，则可

借助于类型符而不需要显式地声明常数。为此，常数可使用一个前缀表示，该前缀决定了其类型。格式如下：

```
<Type>#<Literal>
```

<Type>：指定所要求的数据类型有 BOOL、SINT、USINT、BYTE、INT、UINT、WORD、DINT、UDINT、DWORD、REAL 及 LREAL。

<Literal>：指定常数。输入的数据必须与**<Type>**下指定的数据类型相匹配。

```
Var1:=DINT#34;
```

如果常数不能保证在不丢失数据的情况下转换为目标类型，那么系统将发出一个出错信息。类型符可用于一般常数。

3.1.5 句法颜色

所有编辑器中不同的文本带有不同的颜色，不但可以辨识错误，而且有助于快速地发现错误。例如，注释没有被括上，从字体颜色上就会立即得到提示。句法颜色示例如图 3.2 所示。

- 蓝色：关键字。
- 绿色：编辑器中的注释。
- 粉红：特殊的常数（如 TRUE/FALSE、T#3s、%IX0.0）。
- 红色：输入错误（如无效时间常数、小写的关键字）。
- 黑色：变量、常数、标点符号。

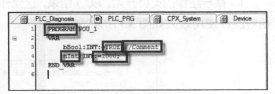

图 3.2 句法颜色

3.1.6 空格和注释

1. 空格

在程序文本的任何地方允许插入一个或多个空格。在关键字、标识符、分界符等内部不允许包含空格。表 3.6 是空格允许和不允许的示例。

表 3.6　空格的应用示例

	示　　例
允许的空格	LD %IX0.2:SR1（SET1　　　　:=　　Start, Reset:=Stop）;
不允许的空格	L　D %IX0.2:SR1（S　ET1　　　:=　　Start, Reset:=Stop）;

2．注释

在程序中，我们通常在逻辑性较强的地方加入注释，以标注这段程序的逻辑是怎样的，便于以后自己及他人的理解。合理的注释可以提高代码的可读性。

在所有的文本编辑器、声明编辑器、语句表、结构化文本语言和自定义数据类型中，都允许使用注释。如果工程使用一个模板来打印输出，那么在变量声明过程中输入的注释出现在每个变量后的基于文本编程组件中。软件中，针对不同的编程语言及编辑器拥有不同的注释方法，下文会详细讲解。

（1）结构化文本（ST）的注释

在结构化文本中，分为单行注释和多行注释（多以括号注释形式出现）两种。

1）括号注释：以（*开始，以*）结束，这允许注释跨越多行，如"（*This is a comment.*）"。括号注释使用效果如图 3.3 所示。

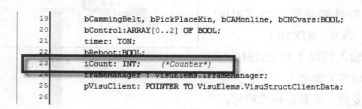

图 3.3　括号注释

2）单行注释：行注释，使用符号"//"来进行标注，使用该注释方法，可注释一行，如"// This is a comment."。单行注释使用效果如图 3.4 所示。

3）注释的嵌套：在日常的使用中，常会遇到需要将注释嵌套的应用，CODESYS 支持此种注释方法，且上文中介绍的两种注释方法在同一程序段内可以混合使用，如图 3.5 所示。

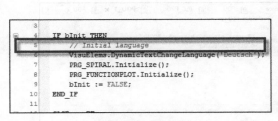

图 3.4　单行注释

```
1    MotionInitCode();
2    MotionStartCycle();
3    (*          (*delete by LGJ*)
4    IF bInit THEN
5        // Initial language
6        VisuElems.DynamicTextChangeLanguage('Deutsch');
7        PRG_SPIRAL.Initialize();
8        PRG_FUNCTIONPLOT.Initialize();
9        bInit := FALSE;
10   END_IF
11   *)
12   CASE ps OF
13       ProjectState.DynamicPolygon:
14           PRG_SPIRAL();
```

图 3.5　注释的嵌套

（2）FBD、LD 和 IL 中的注释

依次选择"工具"→"选项"→"FBD、LD 和 IL 编辑器"，然后在"常规"选项卡中对 FBD、LD 和 IL 编程语言的注释视图进行设置，如图 3.6 所示。

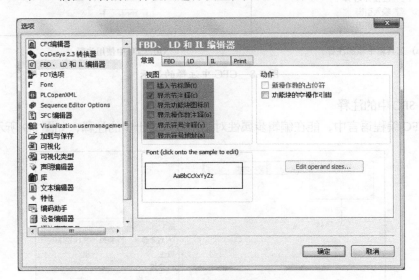

图 3.6　注释常规设置

将"显示节注释"复选框勾选后，就可在对应的编程语言中插入/显示节注释。使用 FBD 编程语言，在网络节中添加注释如图 3.7 所示。

（3）CFC 中的注释

在 CFC 中可随意放置注释。在"CFC"中，选择" ▢ 注释 "选项，可以添加注释，如图 3.8（a）

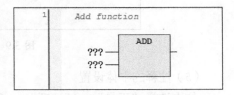

图 3.7　FBD 中的注释显示

所示，而图 3.8（b）为在 CFC 编程语言中显示的结果。

(a) 工具箱中添加注释

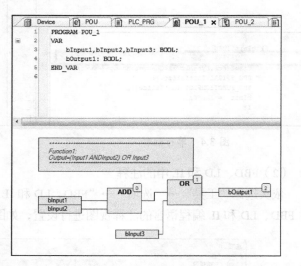

(b) CFC 中使用注释

图 3.8　CFC 中注释的显示

（4）SFC 中的注释

在 SFC 编程语言中，能在编辑步属性对话中输入关于步的注释，如图 3.9 所示。

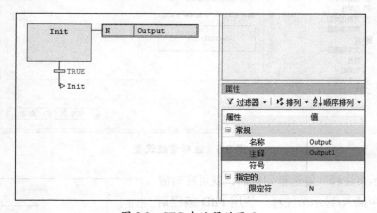

图 3.9　SFC 中注释的显示

（5）注释的字体设置

依次选择"工具"→"选项"→"语法高亮显示"，在"语法高亮显示"界面中可以设置注释的字体及颜色，如图 3.10 所示。

图 3.10　注释字体及颜色的设置

3.2　变量的表示和声明

变量可以用来表示一个数值、一个字符串值或一个数组等。CODESYS 将变量的数据类型分为标准数据类型、扩展数据类型及自定义数据类型。

3.2.1　变量

变量是保存在存储器中待处理的抽象数据，是为了识别 PLC 的输入/输出、PLC 内部的存储区域而使用的名称，可以代替物理地址在程序中使用。

可以根据需要随时改变变量中所存储的数据值。在程序执行过程中，变量的值可以发生变化。使用变量之前必须先声明变量，以及指定变量的类型和名称。变量具有名称、类型和值。变量的数据类型确定它所代表的内存大小和类型。变量名即指在程序源代码中的标识符。

3.2.2　标识符

标识符就是变量的名称。在定义标识符时，根据 IEC 61131-3 标准，必须由字母、数字和下划线字符组成。此外，还应遵循如下规则。

- 标识符的首字母必须是字母或下划线，最后一个字符必须是字母或数字，中间允许是字母、数字、下划线。
- 标识符中不区分字母的大小写。
- 下划线是标识符的一部分，但标识符中不允许有两个或两个以上连续的下划线。
- 不得含有空格。

例如，**ab_c**、**AB_de** 和 **_AbC** 是允许的标识符，而 **1abc**、**__abc** 和 **a__bc** 均不允许。

3.2.3　变量声明

变量声明就是指定变量的名称、类型，以及赋初始值。变量的声明非常重要，未经声明的变量是不能通过编译的，也无法在程序中使用。用户可以在程序组织单元（POU）、全局变量列表（GVL）和自动声明对话框中进行变量的声明。在 CODESYS 中，变量声明分为两类：普通变量声明和直接变量声明。

（1）普通变量声明

普通变量声明是最常用的变量声明，不需要和硬件外设或通信进行关联的变量，仅供项目内逻辑使用。普通变量声明需符合以下规则：

< 标识符>:<数据类型> {:=<初始值>};

{}中的部分是可选部分。例如：**nTest:BOOL;**、**nTest:BOOL:=TRUE;**。

（2）直接变量声明

当需要和 PLC 的 I/O 模块进行变量映射或和外部设备进行网络通信时，需要采用此声明方法。

使用关键字 **AT** 把变量直接联结到确定地址。直接变量声明需要符合以下规则：

AT<地址>:

< 标识符> AT <地址>:<数据类型> {:=<初始化值>};

{}中的部分是可选部分。

使用 "**%**" 开始，随后是位置前缀符号和类型前缀符号，如果有分级，则用整数表示分级，并用小数点符号 "." 表示，如**%IX0.0**、**%QW0**。直接变量声明的具体格式如图 **3.11** 所示。

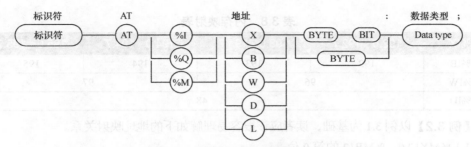

图 3.11　直接变量声明的具体格式

图 3.11 中的位置前缀的定义如下。

- I：表示输入单元。
- Q：表示输出单元。
- M：表示存储区单元。

类型前缀的定义见表 3.7。

表 3.7　类型前缀定义

前 缀 符 号	定 　 义	约定数据类型
X	位（BIT）	BOOL
B	字节（BYTE）	BYTE
W	字（WORD）	WORD
D	双字（DWORD）	DWORD
L	长字（LWORD）	LWORD
*	未指定位置的内部变量，系统自动分配	

【例 3.1】在程序中定义了双字型变量 Var1，如需拿取该变量其中的一部分数据，将其转换成布尔/字节/字类型的变量，其首地址为多少？该如何换算？

```
VAR
    Var1 AT%ID48:DWORD;
END_VAR
```

%I 说明了该变量属于输入单元，具体的地址为%ID48。表 3.8 为内存映射的举例，系统会根据数据类型的大小（X:bit、B:byte、W:word、D:dword）来进行自动分配。

在该地址内存映射表中，以%IW 和%ID 举例，由于 WORD 是 DWORD 类型的数据长度的一半，因此第 48 个 DWORD 单元地址等于第 96 个和第 97 个字单元总和。同理，字节地址 %IB192～%IB195 这 4 个字节变量组合后对应%ID48，一个双字等于 4 字节，故 48×4 后对应的字节首地址正好为 192。

表 3.8　内存映射表

%IX	192.0 - 192.7	193.0 - 193.7	194.0 - 194.7	195.0 - 195.7
%IB	192	193	194	195
%IW	96		97	
%ID	48			

【例 3.2】以例 3.1 为基础，读者应该很容易理解如下的地址映射关系。

1）%MX12.0：%MB12 的第 0 位。

2）%IW4：表示输入字单元 4（字节单元 8 和 9）。

3）%IX1.3：表示输入第 1 字节单元的第 3 位。

> **注意**
>
> 这里介绍的计算方法只适用于 CODESYS V3，CODESYS V2.3 的计算方法略有不同，在此不做详细介绍。

3.3　数据类型

无论声明的是变量还是常量，都必须使用数据类型。数据类型的标准化是编程语言开放性的重要标志，CODESYS 的数据类型完全符合 IEC 61131-3 所定义的标准，它将数据类型分为标准数据类型、IEC 61131-3 标准的扩展数据类型和自定义数据类型。数据类型决定了它将占用多大的存储空间及将存储何种类型的值。

3.3.1　标准数据类型

标准数据类型共分为 5 大类，分别为布尔类型、整型类型、实数类型、字符串类型和时间数据类型。表 3.9 列举了支持的标准数据类型。

表 3.9　标准数据类型

数据大类	数据类型	关　键　字	位数	取　值　范　围
布尔	布尔	BOOL	1	FALSE（0）或 TRUE（1）
整型	字节	BYTE	8	0～255
	字	WORD	16	0～65535

续表

数据大类	数据类型	关　键　字	位数	取　值　范　围
整型	双字	DWORD	32	0~4294967295
	长字	LWORD	64	0~（$2^{64}-1$）
	短整型	SINT	8	−128~127
	无符号短整型	USINT	8	0~255
	整型	INT	16	−32768~32767
	无符号整型	UINT	16	0~65535
	双整型	DINT	32	−2147483648~2147483647
	无符号双整型	UDINT	32	0~4294967295
	长整型	LINT	64	-2^{63}~（$2^{63}-1$）
实数	实数	REAL	32	1.175494351e-38~3.402823466e+38
	长实数	LREAL	64	2.2250738585072014e-308~1.7976931348623158e+308
字符串	字符串	STRING	8×N	
时间数据	时间	TIME	32	T#0ms~T#71582m47s295ms
		TIME_OF_DAY		TOD#0:0:0~TOD#1193:02:47.295
		DATE		D#1970-1-1~D#2106-02-06
		DATE_AND_TIME		DT#1970-1-1-0:0:0 ~DT#2106-02-06-06:28:15

1. 布尔

布尔型变量用来表示 TRUE/FALSE 值，一个布尔型变量只有 TRUE 或 FALSE 两种状态，也可以使用 0 或 1 来表示。

类型	内存使用
BOOL	8 位

【例 3.3】将开门信号和取料信号的"与"逻辑结果赋值给布尔型变量 bReady，结构化文本语言代码如下。

```
VAR
    bReady, bDoors_Open, bGrip:BOOL;
END_VAR


bReady:=(bDoors_Open and bGrip);
```

　　CODESYS 允许将相同类型的变量进行统一声明，用"，"进行分隔，这样就可以一次性将多个类型相同的变量进行统一声明。

　　【例 3.4】将十进制数 211 赋值给 bReady 变量，结构化文本语言代码如下：

```
VAR
    bReady:BOOL;
END_VAR

bReady:=211;
```

　　将一个整型数据赋值给布尔型数据，显然这种赋值方式是错误的，通过程序编译后，编译会返回错误提示"C0032:不能将类型'USINT'转化为类型'BOOL'"。

　　布尔型变量是使用最多的变量类型之一，在流程控制语句（如 IF、CASE 和循环）中时常会用到，因此学会正确使用布尔变量至关重要。

> **注意**
>
> 　　1）如果在内存中的最低位被置位（如 2#00000001），则 BOOL 类型变量为"true"（真）。如果内存中最低位没有被置位，则 BOOL 变量为 FALSE，如 2#00000000，所有其他值都不能被正确地进行转换，并显示为（***INVALID:16#xy ***，联机监视时）。类似的问题是可能出现的，如在 PLC 程序中使用了重叠的内存范围。
>
> 　　2）例如，定义了一个布尔数组 A:ARRAY[0..7] OF BOOL，在系统中，它占用的总内存并不是一个 8 位字节，而是占用了 8 个 8 位字节。

2. 整型

　　整型类型代表了没有小数点的整数类型，支持的整型类型如表 3.9 中所示。

　　整型是一个最大的标准类，其成员最多，没有必要将每个类型的关键字"死记硬背"，只要了解其中的规律，就非常容易记忆。下面简单说明整型前缀其中的规律。

- U 表示无符号数据类型，为 Unsigned 的缩写。
- S 表示短数据类型，为 Short 的缩写。
- D 表示双数据类型，为 Double 的缩写。
- L 表示长数据类型，为 Long 的缩写。

　　例如，UINT 表示无符号的整型数，USINT 表示无符号的短整型数，LINT 表示长整型数。

　　【例 3.5】整型举例。

```
VAR
    nValue1:USINT;
```

```
        nValue2:LINT;
        nValue3:WORD;
    END_VAR

    nValue1:=4;
    nValue3:=16;
    nValue2:=nValue1+nValue3;
```

运行程序后，nValue2 最终的输出结果为 20。

无符号（Unsigned）和有符号（Signed）的区别是最高位的区别。无符号类型数据将全部存储空间存储数据本身，没有符号位。例如，UINT 类型将 16 位全部存储数据本身，即 0～65 535。有符号类型数据"牺牲"最高位作为符号位。例如，INT 类型变量"牺牲"最高位作为符号位，剩下 15 位用于数据存储，故该类数据范围为–32 768～32 767。因此，有符号整型变量中可以存放的正数的范围比无符号的整型变量缩小一半。

下面通过两个变量对无符号类型数据和有符号类型数据进行对比，两者数据结构如图 3.12 所示。

```
    nValue1:UINT;
    nValue2:INT;
```

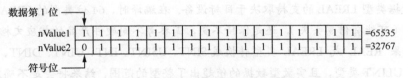

图 3.12　无符号类型数据与有符号类型数据的数据结构

当 nValue2 的值为 2#1111 1111 1111 1111 时，对应的十进制数值为-1。

3. 实数

实数也称为浮点数，用于处理含有小数的数值数据。实数类型包含了 REAL 及 LREAL。REAL 实数占 32 位存储空间，而 LREAL 长实数占 64 位存储空间。在软件中，实数和长实数常量有两种表示形式。

1）十进制小数形式：它由数字和小数点组成，0.123、123.1、0.0 都是十进制小数表现形式。

2）指数形式：如 123e3 或 123E3 都代表 $123×10^3$，注意，字母 e（或 E）之前必须有数字，且 e（或 E）后面的指数必须为整数，例如 e3、2.1e3.5、.e3、e 等都是不合语法的指数形式。

一个实数可以有多种指数表示形式，如 123.456 可以表示为 123.456e0、12.3456e1、1.23456e2 等，其中的 1.23456e2 称为"规范化的指数形式"，即在字母 e（或 E）之前的小数部分中，小数点左边应有一位（且只能有一位）非零的数字。

【例 3.6】将 12.3 赋值给 rRealVar1 变量，结构化文本语言代码如下：

```
VAR
    rRealVar1:REAL;
END_VAR

rRealVar1:=1.23e1;
```

在例 3.6 中，1.23e1 就是 12.3，当然也可以直接通过表达式 rRealVar1:=12.3 实现题目中的要求。此时，如果将要求更换为将 0.123 赋值给 rRealVar1 变量，通过上面提到的规律，只需将表达式更换为：

```
rRealVar1:=1.23e-1;
```

或

```
rRealVar1:=0.123;
```

> **注意**
>
> 1）数据类型 LREAL 的支持取决于目标设备。在编译时，64 位类型的 LREAL 是转换为 REAL（可能有信息丢失），还是保持不变，需参考不同硬件产品的相应文档。
>
> 2）如果 REAL 或 LREAL 类型转换成 SINT、USINT、INT、UINT、DINT、UDINT、LINT 或 ULINT 类型，且实数型数据的值超出了整型的范围，结果将会是不确定的并且该值取决于目标系统。这种情况有可能产生异常！为了获取与目标无关的代码，应由应用程序处理所有值域越界问题。如果 REAL/LREAL 型数据在整型的值域范围内，那么它们之间的转换在所有系统上都可以进行。

4. 字符串

一个字符串是一个字符队列，字符串（STRING）常数使用单引号作为其前缀和后缀，其中可以输入空格和专用字符，这些字符将同所有其他字符一样进行处理。

在 CODESYS 中，字符串类型变量可以包含任意一串字符。使用单引号括起来的字符串，如'Hello'、'How are you'、'CODESYS'、'why?'等都是字符串常量，声明时的大小决定了存储变量所需要的存储空间。这里的存储空间是指字符串中字符的数量，用圆括号或方括号括起来，具体计算及声明方法如下。

1）如果在定义变量时没有指定字符串大小，系统则默认分配 80 个字符给该变量，系统中实际占用存储空间=[80+1]字节=81 字节。

例如，在变量声明中定义的是 Str1:STRING:='a';虽然实际的 Str1 变量初始值只包含一个字符，但由于在声明中未使用括号来限定字符串大小，故 Str1 在系统内占用的内存空间为[80+1]个字节。

2）如果在定义变量时指定了字符串大小，则系统中实际占用存储空间=[空间的大小（指定字符串大小）+1]字节。

CODESYS 中字符串函数只能处理长度在 1～255 个字符之间的字符串。例如，定义两个字符串，其语句如下：

```
Str1:STRING[10]:='a';
Str2:STRING:='a';
```

上述两条声明语句的区别在于是否有一个[10]的存储空间限定。图 3.13 展示了这两种声明方式在程序的内存部分的区别，由于 Str1 限定了大小为 10，故在程序中实际占的字节大小为 10+1，即 11 个，而 Str2 默认分配的是 80 个字符，实际占的大小为 80+1，即 81 个。

通常而言，使用默认的 80 个字符能满足大部分的应用，但是如果应用中有大量的字符串数据，但每个字符串中实际的字符数据却又很小，这样就会造成数据存储区的大量浪费，限定大小后能够节省很多存储空间供其他变量使用。

如果一个变量用字符串初始化，而字符串对于变量的数据类型来说又太长，字符串将会从右至左相应地进行截断。字符串在程序中表示时，为了和普通的变量区分，需要加单引号的形式——'XXX'。

【例 3.7】将字符串'Hello CoDeSys'赋值给 str 变量。

```
VAR
    str:STRING;
    nNum: WORD;
END_VAR

str:='Hello CoDeSys';
nNum:=SIZEOF (str);        (*使用 SIZEOF 指令查看存储空间占用量*)
```

程序运行的结果如图 3.14 所示，'Hello CoDeSys'实际字符数为 13 个字符，占存储空间的大小为 14 字节内存单元，但是使用 SIZEOF 指令看到的输出结果为 81 字节，其原因就是没有指定字符串大小，系统自动分配了 80 个字符给 str 变量。

地址	Str1
1	a
2	
3	
4	
5	
...	
10	
11	

地址	Str2
1	a
2	
3	
4	
5	
...	
80	
81	

图 3.13　字符串的存储方式

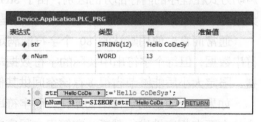

图 3.14　例 3.7 运行结果图

【例 3.8】将字符串'Hello CoDeSys'赋值给 str 变量，str 定义为 12 个字符大小。

```
VAR
    str:STRING[12];
    nNum: WORD;
END_VAR
```

```
str:='Hello CoDeSys';
nNum:=SIZEOF(str);
```

程序实际运行的结果如图 3.15 所示。

从运行的结果来看，str 只显示了'Hello CoDeSy'，缺少了一个's'，即多余部分已被系统自动截断。字符串占用的存储空间为 13 个字节。

图 3.15　例 3.8 运行结果图

5. 时间数据

时间数据类型包括 TIME、TIME_OF_DAY/TOD、DATE 和 DATE_AND_TIME/DT。系统内部处理这些数据的方式与双字（DWORD）类型相似。

1）TIME：时间，精度为毫秒，范围为 0～71582m47s295ms，语法格式如下。

```
t#<时间声明>
```

时间类型总是由一个起始符 T 或 t（或者 TIME 或 time）和一个数字标识符 # 开始，然后是跟随的实际时间声明，包括天（d 标识）、时（h 标识）、分（m 标识）、秒（s 标识）和毫秒（ms 标识）。注意，时间各项必须根据时间长度单元顺序进行设置（d 在 h 之前，h 在 m 之前，m 在 s 之前，s 在 ms 之前），但无须包含所有的时间长度单位。

在结构化文本编程语言的赋值语句中，正确使用时间类型的示例如下：

```
TIME1 := T#14ms;
TIME1 := T#100S12ms;                (*最高单位的值可以超出其限制*)
TIME1 := t#12h34m15s;
```

【例3.9】时间类型变量的定义和使用。

```
VAR
    tTime:TIME;
END_VAR
```

```
tTime:= T#3d19h27m41s1ms;
```

> **注意**
> 时间可以溢出，如小时可以超过24h，在赋值时写入T#3d29h27m41s1ms，系统会自动校正最终输出的结果为T#4d5h27m41s1ms。
> 以下的时间类型赋值是不正确的。
> tTime:= 15ms;   (*缺少T#*)
> tTime:= t#4ms13d;   (*顺序错误*)

2）**TIME_OF_DAY/TOD**：时刻，精度为毫秒，范围为0:0:0～1193:02:47.295。时刻声明时使用"时:分:秒"格式。其语法格式如下。

```
tod#<时刻声明>
```

除了"tod#"，也可以使用"TOD#""time_of_day#""TIME_OF_DAY#"表示。

【例3.10】时刻类型变量的定义和使用。

```
VAR
    tTime_OF_DAY:TIME_OF_DAY;
END_VAR
```

```
tTime_OF_DAY:= TOD#21:32:23.123;
```

表示的时刻为21时32分23秒123毫秒。

3）**DATE**：日期，精度为天，范围为1970-01-01～2106-02-06。日期声明时使用"年-月-日"格式。其语法格式如下。

```
d#<日期声明>
```

除了"d#"，也可以使用"D#""date#""DATE#"表示。

这些常数可用来输入日期。声明一个 DATE 常数时，起始符为 d、D、DATE 或 date 后跟随一个#号，然后可按照"年-月-日"的格式输入日期。

【例 3.11】 日期类型变量的定义和使用。

```
VAR
    tDate:DATE;
END_VAR
```

```
tDate:=D#2014-03-09;
```

表示的日期为 2014 年 3 月 9 日。

4）**DATE_AND_TIME/DT**：日期和时间，精度为秒，范围为 1970-01-01-00:00:00～2106-02-06-06:28:15。日期和时间的声明使用"年-月-日-时:分:秒"的格式，其语法格式如下。

```
dt#<日期和时间声明>
```

除了 "dt#"，也可以使用 "DT#" "date_and_time#" "DATE_AND_TIME#" 表示。

【例 3.12】 日期和时间类型变量的定义和使用。

```
VAR
    tDT:DATE_AND_TIME;
END_VAR
```

```
tDT:=DT#2014-03-09-16:22:31.223;
```

表示的日期和时间为 2014 年 3 月 9 日 16 时 22 分 31 秒 223 毫秒。

3.3.2 标准的扩展数据类型

作为对 IEC 61131-3 标准中数据类型的补充，CODESYS 隐含一些标准的扩展数据类型，有联合体、长时间、宽字节字符串、引用和指针等，见表 3.10。

表 3.10 IEC 61131-3 标准的扩展数据类型

数据大类	数据类型	关 键 字	位 数	取值范围
联合	联合体	UNION		自定义
时间数据	长时间	LTIME	64	纳秒～天
字符串	宽字节字符串	WSTRING	$16 \times (N+1)$	
引用	引用	REFERENCE TO		自定义
指针	指针	POINTER TO		自定义

1.　联合体

有时需要将几种不同类型的变量存放到同一段内存单元中，如可以把一个 INT 型变量、一个 BYTE 型变量和一个 DWORD 型变量放在同一地址开始的内存单元中，见表 3.11，即从同一地址 16#100 开始存放。

表 3.11　联合体内存映射表

	16#100	16#101	16#102	16#103
INT				
BYTE				
DWORD				

表 3.11 中，16#100 ~ 16#103 为覆盖区域，这种使几个不同的变量共占同一段内存的结构称为联合体。

联合体声明的语法如下：

```
TYPE <联合体名>:
    UNION
    <变量的声明 1>
    ⋮
    <变量声明 n>
END_UNION
    END_TYPE
```

【例 3.13】定义一个联合体 NAME，对其中的某一个成员进行赋值，试比较结果。

首先，在数据单元类型中新建一个名为 NAME 的联合体，右键单击"Application"，在弹出的快捷菜单中选择"添加对象"→"DUT"，弹出如图 3.16 所示的"添加 DUT"对话框，输入名称并单击选中"联合"单选按钮，单击"打开"按钮，然后在联合编辑器中输入如下内容。

```
TYPE NAME :
UNION
    var1:STRING(20);
    var2:STRING(20);
    var3:STRING(20);
END_UNION
END_TYPE
```

在程序中编写的代码如下：

```
VAR
    nName:NAME;
END_VAR
```

```
nName.var1:='Zhang San';
```

最终输出的结果如图 3.17 所示，虽然只给了其中的一个成员进行了 **var1** 赋值，但是从结果中可以看到，**nName** 中所有成员的数值都被统一地改为 'Zhang San'。

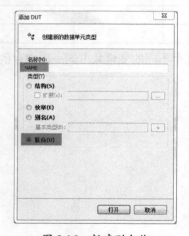

图 3.16　新建联合体

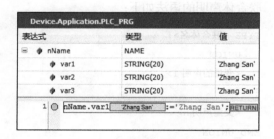

图 3.17　例 3.13 运行结果

此外，联合体内的成员数据类型可以不一样。通过下面的例子，让读者对联合体有更深一步的理解。

【例 3.14】使用联合体实现将 2 字节变量整合成一个字变量的功能。

首先，在数据单元类型中新建一个名为 **Un_WORD** 的联合体，内容如下。

```
TYPE Un_WORD :
    UNION
        nWord:WORD;
        nByte:ARRAY [0..1] OF BYTE;
    END_UNION
    END_TYPE
```

相应程序及声明如下：

```
VAR
UN_Word_test:Un_WORD;
nByte_Low:BYTE:=16#12;
nByte_Hight:BYTE:=16#34;
END_VAR
```

```
UN_Word_test.nByte[0]:=nByte_Hight;
UN_Word_test.nByte[1]:=nByte_Low;
```

运行结果如图 3.18 中的 nWord 所示，虽然程序中只给了 nByte 这个字节数组赋值，但是 nWord 的成员由于联合体的关系，数值也一并被写入。

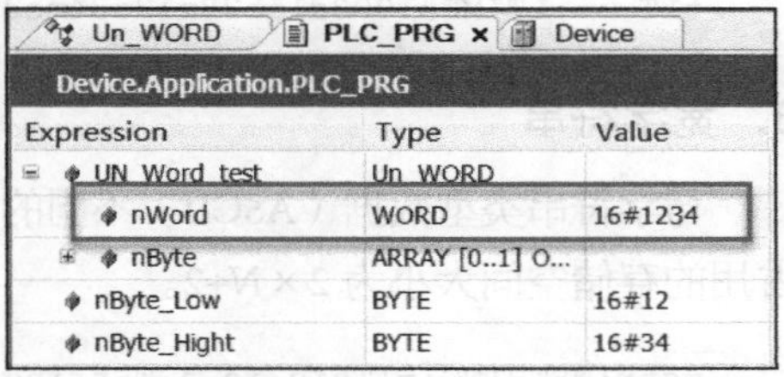

在联合体中使用成员 nWord 作为整合后 WORD 变量存放的地址，由于联合体内所有成员数据结果都一样的特性，决定了 WORD 和数组中 2 个 BYTE 的映射关系，具体映射关系见表 3.12。

Expression	Type	Value
⊟ ◆ UN_Word_test	Un_WORD	
◆ nWord	WORD	16#1234
⊞ ◆ nByte	ARRAY [0..1] O...	
◆ nByte_Low	BYTE	16#12
◆ nByte_Hight	BYTE	16#34

图 3.18　联合实例运行结果图 2

表 3.12　地址映射关系表

变　量	高　位	低　位
nWord	15～8	7～0
nByte[0]		7～0
nByte[1]	15～8	

nByte[1]对应 nWord 的低 8 位，nByte[0]对应 nWord 的高 8 位。因此，只需在程序内分别将两个 BYTE 对应低 8 位和高 8 位，即可实现分别将两个 BYTE 的数值整合在一个 WORD 型变量内的功能。

从图 3.17 中可以看出，给其中的某一个变量 var1 进行赋值，相当于给联合体中所有的变量都进行了赋值。但需要注意的是，在例 3.13 中，NAME 下的 3 个变量类型都定义为 STRING(20)，如果类型不同，首先要确保数据占用存储空间相同；如果使用不当，数据可能会出现错乱。

2. 长时间

提供长时间（LTIME）类型数据作为高精度计时器的时间基量。它与 TIME 类型不同的是，TIME 的长度为 32 位且精度为毫秒(ms)，LTIME 的长度为 64 位且精度为纳秒(ns)。

LTIME：长时间，精度为纳秒。可以用 **LTIME#**表示时间，语法格式如下。

LTIME#<长时间声明>

【例 3.15】长时间类型变量赋值。

```
VAR
    tLT:LTIME;
END_VAR

tLT := LTIME#1000d15h23m12s34ms2us44ns;
```

3. 宽字符串

与字符串类型数据（ASCII）不同的是，这一数据类型由 Unicode 解码。每个字符串占用的存储空间大小为 $2 \times N+2$。

```
wstr:WSTRING:='This is a WString';
```

4. 引用

引用是一个对象的别名，这个别名可以通过变量名读写。它与指针的区别是，引用所指向的数据将被直接改变，因此引用的赋值和所指向的数据是相同的。设置引用的地址时可用一个特定的赋值操作完成。一个引用是否指向一个有效的数据（不等于 0），可以使用一个专门的操作符来检查。可以利用以下语法声明引用，其语法格式如下。

<标识符> : REFERENCE TO <数据类型>

【例 3.16】引用样例程序。

```
VAR
    REF_INT : REFERENCE TO INT;
    Var1: INT;
    Var2 : INT;
END_VAR

REF_INT REF = Var1;        (* 此时 REF_INT 指向 Var1 *)
REF_INT := 12;             (* 此时 Var1 的值为 12 *)
Var2:= REF_INT * 2;        (* 此时 Var2 的值为 24 *)
```

程序最终输出结果如图 **3.19** 所示。

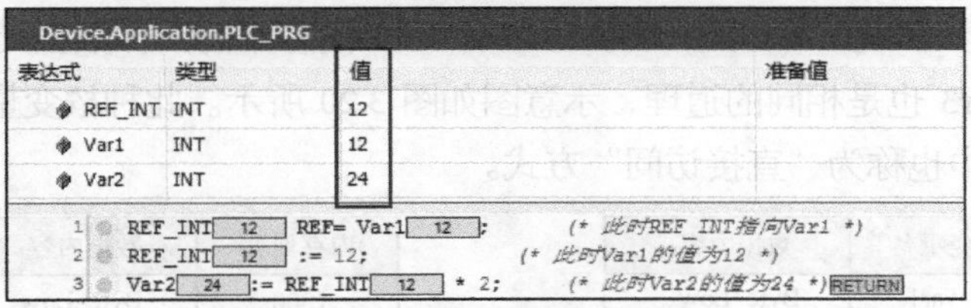

图 3.19　引用样例程序输出结果

此外，可以通过专用指令"__ISVALIDREF"检查变量是否已经被正确引导，具体用法如下：

<布尔变量> := __ISVALIDREF（<数据类型>声明为 REFERENCE 类型）；

如果引用指向一个有效值，则返回值"<布尔变量>"为真（TRUE），否则为假（FALSE）。"<数据类型>"必须声明为引用类型，即为"REFERENCE"，否则该指令无效。

【例 3.17】有效引用检查的样例程序。

```
VAR
    REF_INT : REFERENCE TO INT;
    Var1: INT;
    Var2 : INT;
    bTestRef: BOOL := FALSE;
END_VAR

REF_INT REF= Var1;                      (* 此时 REF_INT 指向 Var1 *)
REF_INT := 12;                          (* 此时 Var1 的值为 12 *)
bTestRef := __ISVALIDREF(REF_INT);      (* 为 TRUE，因为 REF_INT 指向 Var1 *)
```

5. 指针

（1）指针的概念

所谓指针就是一个地址。如果在程序中定义了一个变量，然后对其进行编译，系统则会给这个变量分配相应的内存单元并根据变量的类型分配相应的内存空间，如一个 BYTE 类型变量，系统则为其分配 1 个字节的存储空间，如果是一个 REAL 类型变量，系统则为其分配 4 个字节的内存存储空间。内存以字节为单位，以"地址"进行编号，可以理解为酒店的房间号，地址所标识的内存单元中存放着具体的数据，这就相当于在宾馆中居住的客人。

一般而言，程序都是通过变量名对内存单元进行存储操作的，这是因为程序经过编译后，已经将变量名转换为变量的内存地址，对变量的存储其实都是通过内存地址进行的。假设在程序中定义了 var1、var2 和 var3 这 3 个变量，在声明时将其都定义为 WORD 类型，经过系统编译后，系统分配给 var1 的内存空间为 2 字节，地址分别为 1000 和 1001，var2

为 1002 和 1003，var3 为 1004 和 1005。1000 和 1001 内存中的具体数据则是 var1 内的具体数据，var2 和 var3 也是相同的道理，示意图如图 3.20 所示。此种按变量地址存储数据的方式在高级语言中也称为"直接访问"方式。

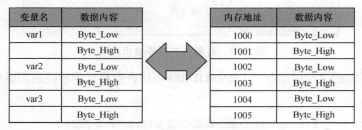

图 3.20　变量名对应内存地址查询变量

（2）指针变量

至此，读者应该对指针有了初步的了解，一个变量的地址称为该变量的"指针"，如地址为 1000 和 1001 的变量是 var1 的指针，如图 3.20 所示。

如果有一个变量专门用来存放另一个变量的地址（指针），此时，我们则称它为"指针变量"。为了更好地理解指针变量的概念，在此举一个例子，打开抽屉 A 有两种方法，一种方法是将钥匙 A 带在身上，需要时直接找出该钥匙打开抽屉，取出所需的东西，也就是之前提到的"直接访问"；还有一种方法，为了安全，可以将钥匙 A 放到另一个抽屉 B 中锁起来，如果需要打开抽屉 A，就需要先找出钥匙 B，打开抽屉 B，取出钥匙 A，再打开抽屉 A，取出物品，这就是所谓的"间接访问"的概念。在 CODESYS 中使用关键字"POINT TO+类型"对指针变量进行声明。类型可以为变量、程序、功能块、方法和函数的内存地址。它可以指向上述的任何一个对象及任意数据类型，包括用户自定义数据类型。

声明指针的语法如下：

<标识符>: POINTER TO <数据类型 | 功能块 | 程序 | 方法 | 函数>;

取指针地址内容即意味着读取指针当前所指地址中存储的数据。通过在指针标识符后添加内容操作符"^"，可以取得指针所指地址的内容。通过下面的例子，希望读者对指针能有更深刻的理解。

【例 3.18】指针示例。

```
VAR
    PointVar:POINTER TO INT;
    var1:INT := 5;
    var2:INT;
END_VAR
```

```
PointVar := ADR(var1);
var2:= PointVar^;
```

程序输出的结果如图 3.21 所示, 在声明中先定义 PointVar 变量为指针变量, 该变量将用于存储地址数据。

程序中使用了 ADR 指令, 该指令是用来获取变量内存地址的操作符, 执行完第一条指令后, PointVar 内就已经获取了 var1 的内存地址信息(十六进制的 13B7143A)。

PointVar^指的是该内存地址中对应的具体数据(16#13B7143A 中的数据), 即 var1 中的 5。第二条指令执行后, 就将 PointVar^赋值给了 var2, 故 var2=5。

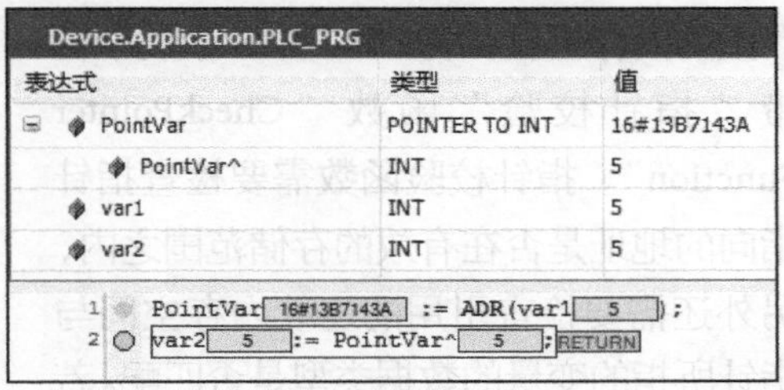

图 3.21　指针示例

【例 3.19】使用指针, 将 INT 型变量 nIntValue 中的低 8 位数据和高 8 位数据分别赋值给 BYTE 型变量 nByte_low 和 nByte_high。

```
VAR
  PointVar_int:POINTER TO INT;
  PointVar_byte_low:POINTER TO BYTE;
  PointVar_byte_High:POINTER TO BYTE;
  nIntValue:INT := 16#1234;
  nByte_low:BYTE;
  nByte_high:BYTE;
END_VAR

PointVar_int := ADR(nIntValue);
PointVar_byte_low:=PointVar_int+1;
PointVar_byte_High:=PointVar_int;
nByte_high:=PointVar_byte_low^;
nByte_low:=PointVar_byte_High^;
```

输出结果如图 3.22 所示, 根据要求得知原变量为 WORD 型, 故可推算出系统分配内存时会分配给它 2 BYTE 的存储空间, 从图 3.22 中可以看出, 该 WORD 变量 nIntValue 的地址为 16#13B71438, 故完整的内存空间应该为 16#13B71438 和 16#13B71439。因此, 在程序中用到低 8 位 BYTE 的地址时, 需要在原地址的基础上加 1, 即"PointVar_byte_low:=

PointVar_int+1;",高 8 位 BYTE 的地址可以直接使用 16#13B71438。最终分别将低 8 位字节的 16#34 赋值给 nByte_low,高 8 位字节的 16#12 赋值给 nByte_high。

（3）指针校验函数

当在程序中大量使用指针时,会涉及大量内存地址数据,如使用不当,将导致严重的内存错误,故 CODESYS 系统中自带"指针校验"函数"CheckPointer Function"。指针校验函数需要检查指针指向的地址是否在有效的存储范围之内,另外还需要检查引用的连续内存空间与指针所指的变量的数据类型是否匹配。若满足上述两个条件,指针校验应当返回这个输入指针。出现错误时,则交由用户进行适当的处理。

表达式	类型	值
PointVar_int	POINTER TO INT	16#13B71438
PointVar_int^	INT	16#1234
PointVar_byte_low	POINTER TO BYTE	16#13B71439
PointVar_byte_low^	BYTE	16#12
PointVar_byte_High	POINTER TO BYTE	16#13B71438
PointVar_byte_Hig...	BYTE	16#34
nIntValue	INT	16#1234
nByte_low	BYTE	16#34
nByte_high	BYTE	16#12

```
1  PointVar_int 16#13B71438 := ADR(nIntValue 16#1234 );
2  PointVar_byte_low 16#13B71439 :=PointVar_int 16#13B71438 +1;
3  PointVar_byte_High 16#13B71438 :=PointVar_int 16#13B71438 ;
4  nByte_high 16#12 :=PointVar_byte_low^ 16#12 ;
5  nByte_low 16#34 :=PointVar_byte_High^ 16#34 ; RETURN
```

图 3.22 指针程序举例

为了在程序运行时检查指针的指向,可以在每次访问指针的地址之前使用隐含的"指针校验"功能。用户可以通过"添加对象"→"用于隐含检查的 POU…"选项向应用程序中添加"用于隐含检查的 POU"对象,如图 3.23（a）所示,弹出的"添加用于隐含检查的 POU"对话框,如图 3.23（b）所示,在该对话框中选中"CheckPointer"复选框,然后单击"打开"按钮。

(a)"用于隐含检查的 POU"选项

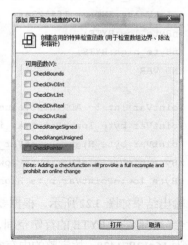

(b) 选中"CheckPointer"复选框

图 3.23 添加"CheckPointer"功能

选择指针校验功能，并选择一种实现语言，确认无误后单击"打开"按钮，校验功能将会在编辑器中以用户选择的语言打开。声明部分是预先设置的，与上述选项的选择无关，并且只有添加了其他局部变量之后才可以更改。与其他校验函数不同的是，它没有提供指针校验函数的默认实现，这一部分需要由用户编写。

3.3.3 自定义数据类型

1. 数组

数组类型在 CODESYS 中被大量使用，使用数组可以有效地处理大批量数据，可以大大提高工作效率。数组是有序数据的结合，其中的每一个元素都拥有相同的数据类型。例如，一台设备共有 20 个需要测量温度的点，如不使用数组，需要声明 nTemp1、nTemp2……nTemp20 共 20 个变量作为测量点对应的具体温度值，而此时，如果使用数组，那么只需定义一个数组 nTemp，将它的成员定义为 20 个，即可完成这 20 个温度变量的定义，具体指令如下所示。

```
nTemp :ARRAY [1..20] OF REAL;
```

中括号内的数据表示定义的 1～20 这 20 个测量点，如 nTemp[17]表示第 17 个测量点的温度值。

在 CODESYS V3 版本中，可以直接定义一维、二维和三维数组作为数据类型。用户可以在 POU 的声明部分或者全局变量表中定义数组，声明数组的语法如下。

```
<数组名>:ARRAY [<ll1>..<ul1>,<ll2>..<ul2>,<ll3>..<ul3>] OF <基本数据类型>
```

ll1、ll2 和 ll3 表示字段范围的最小值，ul1、ul2 和 ul3 表示字段范围的最大值，字段范围必须是整数。

数组的标签描述如图 3.24（a）所示。访问各数组的元素，都具有相同的形式，因此数组特别适合一个对象的多重描述，如图 3.24（b）所示。

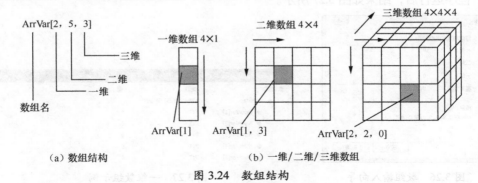

（a）数组结构　　　　　　　　　　　（b）一维／二维／三维数组

图 3.24　数组结构

在定义数组变量时，可以借助程序内部的输入助手以提高效率。在输入助手中，单击 "<u>></u>"，然后单击 "数组向导（A）"，如图 3.25 所示。

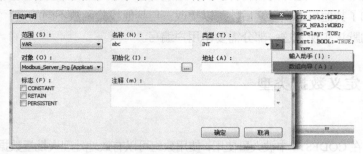

图 3.25　数组自动声明

在定义数组时，需要指定数组中元素的个数，中括号内的常量表达式用来表示元素的个数，即数组长度。例如，a[1..5]，表示 a 数组共有 5 个元素。

> **注意**
> 如果下标在定义时是从 0 开始的，如 a[0..5]，则表示其中的元素有 a[0]、a[1]、a[2]、a[3]、a[4] 和 a[5]。

由于软件最大支持三维数组，因此，在单击 "确定" 按钮后，需在弹出的对话框中输入各维度的上限及下限并且设置基本类型，如图 3.26 所示。

（1）一维数组

一维数组是较常用的一种数据类型，下面通过示例对一维数组进行说明。

```
VAR
NumVar: ARRAY [1..5] OF INT;
END_VAR
```

程序运行后，结果如图 3.27 所示。

图 3.26　数组输入向导

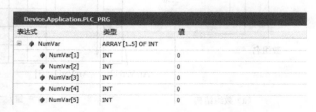

图 3.27　一维数组示例

上例表示了一个元素为 INT 类型的数组,数组名为 NumVar,此数组共有 5 个元素(1~5),成员分别为 NumVar[1]、NumVar[2]、NumVar[3]、NumVar[4]和 NumVar[5]。

定义数组时,需要指定数组中元素的个数,中括号中的常量表达式表示的即为个数,也可以理解为数组的长度,如 NumVar[3]。

（2）二维数组

二维数组可以看做一个特殊的一维数组,它自身的元素可以理解为一个新的一维数组。例如,可以把 a 看做一个一维数组,它有 3 个元素:a[0]、a[1] 及 a[2],而其中的每个元素又包含 4 个元素的一维数组,如图 3.28 所示。

可以把 a[0]、a[1]及 a[2]看做 3 个一维数组的名字。上面定义的二维数组可以理解为定义了 3 个一维数组,相当于:

```
VAR
a[0]: ARRAY [0..3] OF INT;
a[1]: ARRAY [0..3] OF INT;
a[2]: ARRAY [0..3] OF INT;
END_VAR
```

此处,把带有下划线的 a[0]、a[1]和 a[2]看做一维数组名。使用此种方法,在数组初始化和用指针表示时会非常方便。

【例 3.20】二维数组的应用示例。

```
VAR
Card_game: ARRAY [1..2, 1..4] OF INT;
END_VAR
```

如图 3.29 所示,第一维的成员有 2 个,第二维的成员有 4 个,因此,在数学上,相当于绘制了一个 2×4 的二维矩阵表格。

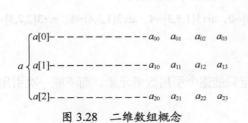

图 3.28　二维数组概念

Device.Application.PLC_PRG		
表达式	类型	值
arr2D	ARRAY [1..2, 1..4] OF INT	
arr2D[1, 1]	INT	0
arr2D[1, 2]	INT	0
arr2D[1, 3]	INT	0
arr2D[1, 4]	INT	0
arr2D[2, 1]	INT	0
arr2D[2, 2]	INT	0
arr2D[2, 3]	INT	0
arr2D[2, 4]	INT	0

图 3.29　二维数组示例

（3）三维数组

有了二维数组的基础，掌握多维数组就不再困难了。下面为三维数组定义的示例。

```
arr3 : ARRAY [1..2,2..3,3..4] OF INT ;
```

（4）数组的初始化

对数组元素的初始化可用以下方法实现。

1）在定义数组时对数组元素赋予初值，例如：

```
arr1 : ARRAY [1..5] OF INT := [1,2,3,4,5];
```

将数组元素的初值依次列举，经过上面的定义和初始化后，arr1[1]=1，arr1[2]=2，arr1[3]=3，arr1[4]=4，arr1[5]=5。

2）只给一部分元素赋值，例如：

```
arr1 : ARRAY [1..5] OF INT := [1,2];
```

定义 arr1 数组有 5 个元素，但中括号中只提供了两个初值，这表示只有前两个元素被赋初值，没有预置的数组元素，则使用其基本类型的默认初始值进行初始化。在本例中，数组成员 arr1[3] ～ arr1[5] 均被初始化为 0。

3）对于重复的初值，可以批量定义，只需在小括号前加上数量，例如：

```
arr1 : ARRAY [1..5] OF INT := [1,2(3)];
```

"2(3)"表示两个 3，经过上述初始化命令后，数组的初值情况为：arr1[1]=1，arr1[2]=3，arr1[3]=3，arr1[4]=0，arr1[5]=0。

4）针对二维/三维数组，可以将所有数据写在中括号内，按数组排列的顺序对各元素赋初值，例如：

```
arr2 : ARRAY [1..2,3..4] OF INT := [1,3(7) ];
```

定义一个二维数组，第一个元素的初值为 1，后 3 个的初值为 7，最终输出的结果为：arr2[1,3]=1，arr2[1,4]=7，arr2[2,3]=7，arr2[2,4]=7。

```
arr3 : ARRAY [1..2,2..3,3..4] OF INT := [2(0),4(4),2,3];
```

最终输出的结果：arr3[1,2,3]=0，arr3[1,2,4]=0，arr3[1,3,3]=4，arr3[1,3,4]=4，arr3[2,2,3]=4，arr3[2,2,4]=4，arr3[2,3,3]=2，arr3[2,3,4]=3。

（5）数组的引用

数组必须先定义再使用。CODESYS 规定只能逐个引用数组元素，而不能一次引用整个数组。

数组的引用形式：

```
<数组名>[Index1,Index2,Index3]
```

下标可以是整型常量也可以是变量表达式，例如：

```
a[i+1,2,2]:= a[0,1,1]+ a[0,0,0]+ a[i,2,2];
```

（6）数组变量的存储结构

程序运行中，要访问数组元素时，首先需要了解数组变量在内存中是如何存储的。

数组变量从字边界开始，也就是说，起始地址为偶数 BYTE 地址。随后，每个结构元素以其声明时的顺序依次存储到内存中。数据类型为 BOOL、BYTE 的结构元素从偶数字节开始存储，其他数据类型的数组元素从字地址开始存储，如图 **3.30** 中一维数组 BYTE 和 WORD 数据类型所示。

二维数组中元素的排列顺序是按行，即在内存中先顺序存放第一行的元素，再存放第二行的元素，依此类推。图 **3.31** 表示了二维数组 a [0..2, 0..3]在内存中的存放顺序。

三维数组在内存中的排列顺序：第一维的下标变化最慢，最右边的下标变化最快。例如，假定有三维数组 a[0..1,0..2,0..3]，其内部的元素的内存排列顺序为：

a[0,0,0] → a[0,0,1] → a[0,0,2] → a[0,0,3] → a[0,1,0] → a[0,1,1] → a[0,1,2] → a[0,1,3] → a[0,2,0] → a[0,2,1] → a[0,2,2] → a[0,2,3] → a[1,0,0] → a[1,0,1] → a[1,0,2] → a[1,0,3] → a[1,1,0] → a[1,1,1] → a[1,1,2] → a[1,1,3] → a[1,2,0] → a[1,2,1] → a[1,2,2] → a[1,2,3]

不同维度的数组的存储结构示例如图 **3.30** 所示。

一维数组 BYTE 数据类型
示例：
ARRAY[1..4]OF BYTE

Byte *n*	Byte1
Byte *n*+1	Byte2
Byte *n*+2	Byte3
Byte *n*+3	Byte4

一维数组 WORD 数据类型
示例：
ARRAY[1..2]OF WORD

Byte *n*	Word1
Byte *n*+1	
Byte *n*+2	Word2
Byte *n*+3	

三维数组
示例：
ARRAY[1..2，1..3，1..2]OF BYTE

Byte *n*	Byte1.1.1
Byte *n*+1	Byte1.1.2
Byte *n*+2	Byte1.2.1
Byte *n*+3	Byte1.2.2
	Byte1.3.1
⋮	Byte1.3.2
	Byte2.1.1
	Byte2.1.2
	Byte2.2.1
	Byte2.2.2
	Byte2.3.1
	Byte2.3.2

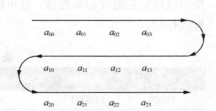

图 3.30　数组变量的存储结构　　　　图 3.31　二维数组变量的存储结构

（7）数组校验函数

在 CODESYS 中，为了保证程序运行时能够正确地访问数组中的元素，可以使用"CheckBounds"函数（见图 3.32），它可以防止数组成员号超边界从而导致严重的系统性故障。

每当向数组类型变量赋值时，该函数就会自动运行。编写程序时，用户唯一要做的就是添加"用于隐含检查的 POU"，接下来的一切交给系统去执行即可。通过如下的例子对该函数进行讲解。

若工程项目中没有上面所述的 CheckBounds 函数，在例子中，A[B]应该为 A[10]，但由于数组 A 的上界值最大为 7，因此超出了数组 A 的上界值，程序运行时就会出错。但如果工程中定义了上面提到的 CheckBounds 函数，在执行相应的程序时，A[B]的实际值为 A[7]，系统会自动分配数组的最大边界。将布尔量 TRUE 赋值给 A[7]，程序运行时也不会出错。

图 3.32　CheckBounds 函数示例

2．结构体

（1）结构体的概念

目前，已经介绍了基本类型的变量（如整型、实数和字符串等），也介绍了数组，数组中的各个元素属于同一个类型。但仅有这些数据类型是不够的，有时需要将不同类型的数据组合成一个整体以便于引用。结构体（Struct）就是由一系列具有相同类型或不同类型的数据构成的数据集合。

例如，一台电机通常都有其对应的信息，如产品型号（Product_ID）、生产厂家（Vendor）、额定电压（Nominal Voltage）、额定电流（Nominal Current）、极对数（Poles），以及是否带刹车（Brake）等信息。这些信息都和这个电机相关联，从表 3.13 可以看出，如果将这些信息分别以独立的变量进行声明，很难反应出它们和电机的内在联系。如果有一种数据类型可以将它们组合起来的话，就可以解决这个问题，在 CODESYS 中，结构体就能起到这样的作用。

表 3.13　电机结构参数

Product_ID	Vendor	Nominal Voltage	Nominal Current	Poles	Brake
11000	FESTO	380	5.2	4	YES

结构体可以包含其他基础数据类型，如 INT、STRING 等。结构体还可以设计成用户

想要的数据类型以便后续的调用。在实际项目中，结构体是大量存在的，工程人员常使用结构体来封装一些属性以组成新的类型。因此，在项目中通过对结构体内部变量的操作将大量的数据存储在内存中，以完成对数据的存储和操作。结构体最主要的作用就是封装，封装的好处就是可以再次利用。

结构体声明的语法如下：

```
TYPE <结构体名>:
    STRUCT
    <变量的声明 1>
    ⋮
    <变量声明 n>
END_STRUCT

END_TYPE
```

<结构体名>是一种可以在整个工程中被识别的数据类型，可以像标准数据类型一样使用。结构体可以实现嵌套，如图 3.33 所示，其中子结构也可以是一个结构体。

图 3.33 展示了结构体的复杂结构，其中包含了多个基本数据类型，并包含了其他子结构体，数据的结构复杂程度从右至左递增。

（2）添加结构体

右键单击 "Application"，在弹出的快捷菜单中依次选择 "添加对象" → "DUT…"，如图 3.34 所示。

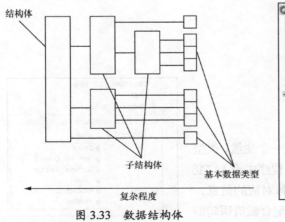

图 3.33　数据结构体

图 3.34　添加 DUT

在 "添加 DUT" 对话框中输入结构体名称，并单击选中 "结构（S）" 单选按钮，然后单击 "打开" 按钮，如图 3.35（a）所示。然后，系统会自动进入 DUT 编辑器，如图 3.35（b）所示。

(a) 创建结构体   (b) DUT 编辑器

图 3.35　结构体的创建

本例在数据单元类型中新建一个名为 **Motor** 的结构体，具体代码如下。

```
TYPE Motor :
STRUCT
Product_ID:DWORD;
Vendor:STRING(20);
Nominal_Voltage:REAL;
Nominal_Current:REAL;
Poles:INT;
Brake:BOOL;
END_STRUCT
END_TYPE
```

建立完结构体后，只需在程序中新建一个变量，类型为刚刚建立的"结构体名"，即 **Motor**。在程序中输入"变量名."后，系统会自动弹出结构体内具体对应的信息，如图 3.36 所示，通过单击鼠标选择，再配合赋值语句即可实现对结构体的读写操作。

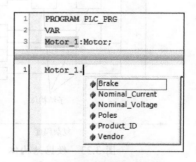

图 3.36　结构体应用示例

【**例 3.21**】根据图 3.36 所示的内容给结构体赋值。

```
VAR
Motor_1:Motor;
END_VAR
```

```
Motor_1.Product_ID:=11000;
Motor_1.Vendor:='FESTO';
Motor_1.Nominal_Voltage:=380;
Motor_1.Nominal_Current:=5.2;
Motor_1.Poles:=4;
Motor_1.Brake:=TRUE;
```

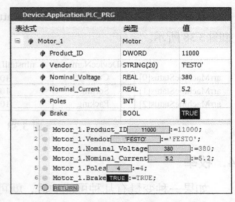

图 3.37 例 3.21 中程序运行结果

运行结果如图 3.37 所示。

（3）结构体变量的存储结构

结构体变量从双字节边界对齐开始，也就是说，起始地址为偶数字节地址。随后，每个结构元素以其声明时的顺序依次存储到内存中。

数据类型为 BOOL、BYTE 的结构体元素从偶数字节开始存储，其他数据类型的数组元素从字地址开始存储。

3．结构体数组

一个结构体变量可以存放一组数据（如一个设备的安装位置、湿度和温度等数据）。如果有 10 个设备的数据需要参加运算，显然应该用数组，这就是结构体数组。结构体数组与以前介绍过的数值型数组不同，每个数组元素都是一个结构体类型的数据，它们都分别包括各个成员（分量）项。

定义结构体数组和定义结构体变量的方法相似，只需要说明其为数组即可，例如：

```
TYPE Machine :
STRUCT
    sDeviceName:STRING;
    nInstallLocation:INT;
    bWorkStatus:BOOL;
    rHumidity:REAL;
    rTemperature:REAL;
END_STRUCT
END_TYPE
```

```
VAR
arrMachineStatus    : array [0..2]of Machine;
END_VAR
```

以上定义了一个数组 **arrMachineStatus**，数组中有 3 个元素，均为 **Machine** 类型数据，如图 3.38 所示。

	sDeviceName	nInstallLocation	bWorkStatus	rHumidity	rTemperature
arrMachineStatus[0]	Cutting	101	TRUE	70	23.3
arrMachineStatus[1]	Sorting	102	FALSE	72	26.1
arrMachineStatus[2]	Packing	103	TRUE	71.5	24.1

图 3.38   结构体数组示例

4．枚举

如果一种变量有几种可能的值，就可以定义为枚举类型。所谓"枚举"是将变量的值一一列举出来，变量的值只能在列举出来的值的范围内。例如，定义一个变量，该变量的值表示一星期中的一天。该变量只能存储 7 个有意义的值。若要定义这些值，可以使用枚举类型。例如，一星期内可能取值的集合为：

```
{Sun,Mon,Tue,Wed,Thu,Fri,Sat}
```

该集合可定义为描述星期的枚举类型，该枚举类型共有 7 个元素，因而用枚举类型定义的枚举变量只能取集合中的某一元素值，枚举类型声明的语法如下：

```
TYPE <标识符>:
(<Enum_0> ,
<Enum_1>,
...,
<Enum_n>) |<基本数据类型>;
END_TYPE
```

<基本数据类型>为可选项，如果不填写数据类型，系统默认为 INT 类型。

Workday 和 **Week-end** 定义为枚举变量，它们的值只能是 **Sun ~ Sat** 之一，例如：

```
Workday:=Mon;
Week-end:=Sun;
```

这些是用户定义的标识符，这些标识符并不自动地表示任何含义。例如，不能因为写成 **Sun**，就自动代表"星期日"。用什么标识符表示什么含义，完全由程序员决定，并在程序中做相应处理。

1）枚举类型的基本数据类型默认是 INT 类型，也可由用户明确指定，例如：

```
TYPE BigEnum : (yellow, blue, green:=16#8000) DINT;
END_TYPE
```

2）枚举值可以直接用来做判断条件，例如：

```
IF nWeekday>5 THEN
    nWeekday:=0;
```

3）整数可以直接赋给一个枚举变量，例如：

```
nWeekday:=10;
```

4）同样的 POU 内，同样的枚举值不得用两次，例如：

```
TRAFFIC_SIGNAL: (red, yellow, green);
COLOR: (blue, white, red);
Error: red may not be used for both TRAFFIC_SIGNAL and COLOR..
```

【例 3.22】使用枚举类型，将一星期中的 7 天按照 Sun、Mon、Tue、Wed、Thu、Fri 和 Sat 的形式显示，并在每个周期变化一次。

```
TYPE Weekday :
    (Sun:=0,
    Mon:=1,
    Tue:=2,
    Wed:=3,
    Thu:=4,
    Fri:=5,
    Sat:=6);
END_TYPE

VAR
 nWeekday:Weekday;
END_VAR

IF nWeekday>5 then
    nWeekday:=0;
```

```
    ELSE
        nWeekday:=nWeekday+1;
    END_IF
```

输出结果如图 **3.39** 所示。该例程序可在
\01 Sample\第 3 章\01_ENUM_Week\中打开。

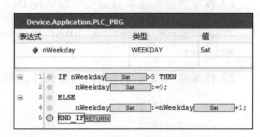

图 3.39　枚举类型变量应用示例

5. 子范围

子范围是一种用户自定义类型，该类型
定义了某种数据类型的取值范围。其值的范
围是基本数据类型的一个子集，如取值为 1 ~ 10 或 100 ~ 1000 等。

声明子范围类型时，先确定基本类型（整型），再提供该类型的两个常数。子范围声
明的语法如下：

<标识符> ：<数据类型> (<下限>..<上限>);

<数据类型>为以下数据类型中的一个：SINT、USINT、INT、UINT、DINT、UDINT、
BYTE、WORD 和 DWORD。

<下限>定义了该数据类型的下限，下限本身也属于这个范围。

<上限>定义了该数据类型的上限，上限本身也属于这个范围。

子范围的实际使用：

```
VAR
    nPosition:INT(0..90);
END_VAR


nPosition:=99;
```

如果使用以上程序进行编译，编译时就会出现错误 "C0032：不能将类型'99'转换为类
型'INT（0..90）'"，因为 99 已经超出所定义的子范围的范围。为了防止这种现象在程序运
行中出现，软件通过对应的范围边界函数来解决。

如果通过一个中间变量进行赋值，将 99 间接地赋值给 nPosition，则编译系统不会报
错，但 99 其实已超过了 nPosition 原始定义的边界，故 CODESYS 为了对数据的边界进行
绝对的保障，防止超限，定义了范围边界校验函数（Range Boundary Checks）对变量的边
界进行校验。

使用此函数需要在项目中"添加对象"，选择"用于隐含检查的 POU"，并选中

"CheckRangeSigned"和"CheckRangeUnsigned"复选框,然后重新编译程序,再登入即可,在此过程中,对新添加的函数不需要进行任何修改。通过下面的例子对该函数进行说明。

```
VAR
    nPosition:INT(0..90);
    nPosition1:INT;
END_VAR

nPosition1:=99;
nPosition:=nPosition1;
```

程序运行后的结果如图 3.40 所示,从结果可以看出,nPosition 的值最后为 90,确保了数据在 0~90 的范围内。

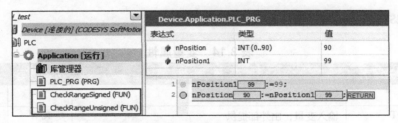

图 3.40　范围边界校验

该数据类型被广泛应用,如在针对模拟量输出模块时,需要对输出电压/电流进行限制,则可以直接采用此数据类型进行声明,可以对数据进行软件有效的钳位。

【例 3.23】通过定义子范围类型变量模拟程序死循环。

```
VAR
    nCounter : UINT (0..10000);
END_VAR

FOR nCounter:=0 TO 10000 DO
...
END_FOR
```

如在项目中已针对 nCounter 设置了"CheckRangeSigned"或"CheckRangeUnsigned",且上限为 10000,那么程序则无法跳出这个 FOR 循环,从而进入死循环状态。原因是 FOR 循环的最终结果应为 10001,但校验函数却限制了变量 nCounter 的值不会超过 10000,所以程序一直停留在 FOR 循环中。该功能类似于 LIMIT 函数。

3.4 变量的类型和初始化

CODESYS 根据 IEC 61131-3 标准对变量定义了属性，通过设置变量属性将它们的有关性能赋予变量。变量可根据其应用范围进行分类，除变量类型之外，CODESYS 还提供了变量的附加属性。

3.4.1 变量的类型

CODESYS 支持的变量属性见表 3.14。

表 3.14　变量属性

变量类型关键字	变 量 属 性	外部读写	内部读写
VAR	局部变量		R/W
VAR_INPUT	输入变量，由外部提供	R/W	R
VAR_OUTPUT	输出变量，由内部变量提供给外部	W	R/W
VAR_IN_OUT	输入-输出变量	R/W	R/W
VAR_GLOBAL	全局变量，能在所有配置、资源内使用	R/W	R/W
VAR_TEMP	临时变量，程序和功能块内部存储使用的变量		R
VAR_STAT	静态变量		
VAR_EXTERNAL	外部变量，能在程序内部修改，但需由全局变量提供	R/W	R/W

VAR、VAR_INPUT、VAR_OUTPUT 和 VAR_IN_OUT 是在程序组织单元（POU）中应用较多的几种变量类型。VAR_GLOBAL 全局变量在实际的工程项目中也需要大量使用。

在 CODESYS 中，变量附加属性见表 3.15。

表 3.15　变量附加属性

变量附加属性关键字	变量附加属性
RETAIN	保持型变量，用于掉电保持
PERSISTENT	保持型变量，用于掉电保持

续表

变量附加属性关键字	变量附加属性
VAR RETAIN PERSISTENT VAR PERSISTENT RETAIN	两者功能一样，皆为保持型变量，用于掉电保持
CONSTANT	常量

（1）RETAIN

以关键字 RETAIN 声明类型变量。RETAIN 型变量在控制器正常关闭、打开（或收到在线命令"热复位"），甚至意外关闭之后仍然能保持原来的值。随着程序重新开始运行，存储的值能继续发挥作用。

RETAIN 类型变量声明格式如下：

```
VAR RETAIN
<标识符>:<数据类型>;
END_VAR
```

但 RETAIN 变量在"初始值复位""冷复位"和程序下载之后将会重新初始化。

内存存储位置：RETAIN 型变量仅仅存储在一个单独的内存区中。

在实际的工程应用中，如生产线上的计件器便是一个典型的例子：电源切断之后，它仍然可以在再次启动时继续计数，而其他所有变量此时都将重新初始化，变为指定初始值或标准初始化的值。

（2）PERSISTENT

目前只有少数 PLC 还保留独立的内存区域用于存放 PERSISTENT 类型数据，在 CODESYS V3 的版本中取消了其原掉电保持的功能，取而代之的是通过 VAR RETAIN PERSISTENT 或 VAR PERSISTENT RETAIN 来实现，两者从功能上完全一样。

PERSISTENT 类型变量声明格式如下：

```
VAR GLOBAL PERSISTENT RETAIN
<标识符>:<数据类型>;
END_VAR
```

内存存储位置：与 RETAIN 变量一样，RETAIN PERSISTENT 和 PERSISTENT RETAIN 变量也存储在一个独立的内存区中。

（3）CONSTANT

在程序运行过程中只能对其读取数据而不能进行修改的量称为常量，关键字为 CONSTANT。可以将常量声明为局部常量，也可以声明为全局常量。

CONSTANT（常量）声明格式如下。

```
VAR CONSTANT
<标识符>:<数据类型> := <初始化值>;
END_VAR
```

在实际应用中，通常可以将一些重要参数或系数设为常量，这样可以有效地避免由于其他变量对其修改最终影响系统整体稳定性及安全性，举例如下。

```
VAR CONSTANT
pi:REAL:= 3.1415926;
END_VAR
```

程序一旦开始运行，通过 CONSTANT 声明的变量在程序运行过程中是不允许被修改的，如果强制修改，系统会出现如图 3.41 所示的系统错误。

图 3.41　常量强制写入数据错误

3.4.2　变量的初始化

在程序中，有时需要对一些变量预先赋予初值，CODESYS 允许在定义变量时对变量进行赋初值处理，在赋值运算符":="的左边是变量及变量类型，该变量接受右边地址或表达式的值，例如：

```
VAR
bBoolValue:BOOL:=TRUE;        (*定义 bBoolValue 为 BOOL 变量，初值为 TRUE*)
rRealValue:REAL:=3.1415926;     (*定义 rRealValue 为 REAL 变量，初值为 3.1415926*)
nIntValue:INT:= 6;           (*定义 nIntValue 为 INT 变量，初值为 6*)
strValue:STRING:='Hello CODESYS'; (*定义 strValue 为 STRING 变量，初值为 Hello CODESYS *)
END_VAR
```

此外，也可以对同一类型的多个变量进行同时赋初值，例如：

```
bBoolValue1,bBoolValue2,bBoolValue3,bBoolValue4:BOOL:=TRUE;
```

上述程序运行后，bBoolValue1、bBoolValue2、bBoolValue3 和 bBoolValue4 这 4 个变量的初值都为 TRUE。

数组、结构体等赋初值相对复杂，其中数组的赋初值示例如下。

```
VAR
arr1 : ARRAY [1..5] OF INT := [1,2,3,4,5];
arr2 : ARRAY [1..2,3..4] OF INT := [1,3(7)];            (*初值为1,7,7,7的缩写形式 *)
arr3 : ARRAY [1..2,2..3,3..4] OF INT := [2(0),4(4),2,3]; (*初值为0,0,4,4,4,4,2,3
的缩写形式 *)
END_VAR
```

结构体可以只对其中的部分成员进行初始化，针对例 3.21 中的结构体，在程序中进行赋值，声明如下：

```
VAR
Motor_1:Motor:=(Vendor:='FESTO',Brake:=TRUE);  (*Vendor 的初值为 FESTO，Brake 的
初值为 TRUE *)
END_VAR
```

用户自定义的初值只在控制器刚启动后的第一个任务周期对该变量写入一次。在程序中，如果直接在变量声明区修改了初始值，"登入到" PLC 后选择"在线修改"并不会对该变量的数据有任何改变，只有在 PLC 复位后重新运行程序才有用。

3.5 变量声明及字段指令

3.5.1 变量匈牙利命名法

匈牙利命名法是一种编程时的命名规范，它是由 1972～1981 年在施乐帕洛阿尔托研究中心工作的程序员查尔斯·西蒙尼发明的，此人后来成为了微软公司的总设计师。匈牙利命名法基本原则：变量名=属性＋类型＋对象描述，其中每一对象的名称都要求有明确含义，可以取对象名字全称或名字的一部分。命名要基于"容易记忆、容易理解"的原则。保证名字的连贯性是非常重要的。

CODESYS 中的所有标准库也采用匈牙利命名法则。在声明变量、用户自定义数据类型和创建 POU（函数、功能块、程序）时定义标识符。为了使标识符的名称尽量不与其他名称重复，除了必须遵守的事项之外，用户可能还需要参考以下一些建议。

1. 变量命名

给应用程序和库中的变量命名时应当尽可能地遵循匈牙利命名法。每一个变量的基本

名字中应该包含一个有意义的简短描述。

基本名字中每一个单词的首字母应当大写，其他字母则为小写，如 FileSize。

再根据变量的数据类型，在基本名字之前加上小写字母前缀。可参考表 3.16 中列出的一些特定数据类型的推荐前缀和其他相关信息。

- 每一个变量的基本名字中应该包含一个有意义的简短描述。
- 基本名字中每一个单词的首字母应当大写，其他字母则为小写。
- 依据变量的数据类型，在基本名字之前加上小写字母前缀。

在嵌套声明中，按照声明顺序连接前缀，例如：

```
pabyTelegramData: POINTER TO ARRAY [0..7] OF BYTE;
```

表 3.16　匈牙利标准类型变量命名法

数 据 类 型	前　　缀	数 据 类 型	前　　缀
BOOL	b	ULINT	uli
BYTE	by	REAL	r
WORD	w	LREAL	lr
DWORD	dw	STRING	s
LWORD	lw	TIME	tim
SINT	si	TIME_OF_DAY	tod
USINT	usi	DATE_AND_TIME	dt
INT	i	DATE	date
UINT	ui	ENUM	e
DINT	di	POINTER	p
UDINT	udi	ARRAY	a
LINT	li	STRUCT	stru

2. 程序、功能块和函数的命名

在软件中，除了有标准变量，还有程序、功能块、函数，以及全局变量列表，它们的命名标准都有供参考的法则。

每种数据的命名（如程序组织单元、数据结构、全局变量列表等）总以它相对应的前缀开始，如程序（Program）以 "PRG_" 前缀开始，功能块（Function Block）以 "FB_" 前缀开始，函数（Function）以 "FUN_" "FC_" 或 "FUNC_" 前缀开始，全局变量列表（List of Global Variables）则以 "GlobVar" 前缀开始，不同的功能逻辑部分用 "_" 进行分隔，具体格式可参考表 3.17。

表 3.17　程序、功能块及函数等的命名法则

	前　　缀	示　　例
Program	PRG_	PRG_ManualControl
Function Block	FB_	FB_VerifyComEdge
Function	FC_、FUN_ 或 FUNC_	FC_Scale
List of Global Variables	GlobVar	GlobVar_IOMapping、GlobVar_Remote

3.5.2　PRAGMA 指令

通过 PRAGMA 指令可以改变一个或几个变量的字段，而这些字段影响着编译和预编译过程，这就意味着 PRAGMA 指令可以影响代码的生成。

例如，它可以决定是否对某个变量进行初始化和监控、是否将其加入参数列表或符号表设置，也可以决定是否令其在库管理器中可见。用户可以令系统在编译过程中输出信息，也可以选择条件 PRAGMA。这些条件 PRAGMA 定义了如何根据各种特定条件来处理变量，用户还可以把这些 PRAGMA 作为"定义"输入到特定对象的编译属性中。

把字段 PRAGMA 指定给签名之后，可以影响编译和预编译（如代码的生成）过程。其语法格式为{attribute '<COMMAND>'}。字段 PRAGMA 命令见表 3.18。

表 3.18　字段 PRAGMA 命令表

命　　令	功　　能	语　　法
Displaymode	修改显示模式	{attribute 'displaymode':= 'hex'| 'dex'| 'bin'}
ExpandFully	展开所有变量	{attribute 'ExpandFully'}
Global_init_slot	全局变量初始化顺序	{attribute 'global_init_slot':= <值>}
Hide	隐藏变量列表	{attribute 'hide'}
Hide_all_locals	隐藏所有变量	{attribute 'hide_all_locals'}
Initialize_on_call	每次调用时恢复初始值	{attribute 'initialize_on_call'}
Init_on_onlchange	每次修改时恢复初始值	{attribute 'init_on_onlchange'}
Instance-path	初始化路径	{attribute 'instance-path'}
Linkalways	装载符号配置并下载	{attribute 'linkalways'}
Monitoring	加载监视变量	{attribute 'monitoring':='variable'}
No_check	禁止程序中的校验函数	{attribute 'no_check'}

续表

命 令	功 能	语 法
No_copy	禁止复制实例化对象	{attribute 'no_copy'}
No-Exit	退出（需配合退出方法）	{attribute 'symbol' := 'no-exit'}
Noinit	隐含初始化	{attribute 'noinit'}
No_virtual_actions	禁止虚拟动作，防止重载	{attribute 'no_virtual_actions'}
Obsolete	用户自定义警告	{attribute 'obsolete' := 'user defined text'}
Pack_mode	定义数据结构的封装模式	{attribute 'pack_mode':= '<Value>'}
Parameterstringof	访问变量实例化名	{attribute 'parameterstringof := ' <variable>'}
Qualified_only	只有加全局变量前缀才能被调用	{attribute 'qualified_only'}
Symbol	修改符号配置的读写属性	{attribute 'symbol':= 'none'| 'read'| 'write'| 'readwrite'}

【例 3.24】使用 Displaymode 指令，将变量 a 使用十六进制的方式显示，将变量 b 使用十进制的方式显示。

```
VAR
    {attribute 'displaymode':='hex'}
a : INT:=44 ;
    {attribute 'displaymode':='dec'}
b : INT:=44;
END_VAR
```

最终运行结果如图 3.42 所示，运行结果同样是 44，只是变量 a 直接用十六进制的方式显示为 16#002C，而变量 b 继续为默认的十进制的显示方式。

Device.Application.PLC_PRG		
表达式	类型	值
🔷 a	INT	16#002C
🔷 b	INT	44

图 3.42　Displaymode 指令示例

通过在监视表中单击鼠标右键也能修改显示模式，但两者的区别是 Displaymode 指令能够将每个独立的变量进行十六/十/二进制显示，而在监视表中修改显示模式则是批量修改，一经修改，整个项目的所有变量都会相应修改。监视表中设置显示模式如图 3.43 所示。

图 3.43　监视表中设置显示模式

【例 3.25】隐含初始化指令示例。

```
VAR
    A : STRING:='Hello';
    B : INT:=9;
    {attribute 'noinit'}
    C : STRING:='Hello';
    {attribute 'noinit'}
    D : INT:=9;
END_VAR
```

当程序运行后，虽然在程序声明中已经赋有初值，但因为有了隐含初始化指令，故最终忽略赋初值指令，最终运行结果如图 3.44 所示。

Device.Application.PLC_PRG		
表达式	类型	值
A	STRING	'Hello'
B	INT	9
C	STRING	''
D	INT	0

图 3.44　隐含初始化指令

第4章
编程语言

本章主要知识点
- 掌握各种语言的编程结构
- 熟悉各种语言的编程语法

　　CODESYS 共支持 6 种不同的编程语言，很多读者在学习的过程中常会问一个问题，哪种编程语言最好？

　　其实本人觉得没有哪种编程语言绝对好或不好，不同的工程应用具有不同的最佳编程方式，每种编程语言都具有其不同的特点，可根据实际工程应用的需求选用合适的编程语言。下面简单介绍一下 CODESYS 支持的 6 种不同编程语言的特点。

　　1）梯形图（LD）：与电气操作原理图相对应，LD 的优点是它的直观性，电气技术人员易于掌握和学习，缺点是在应对复杂的控制系统编程时往往程序描述性不够清晰。梯形图是目前在国内的工业自动化领域使用最多的 PLC 编程语言之一。

　　2）功能块图（FBD）：以功能块为设计单位，FBD 能从控制功能入手，优点是使控制方案的分析和理解变得容易。功能块具有直观性强、容易掌握的特点，有较好的操作性。在应对复杂控制系统时，它仍可用图形方式清晰描述。缺点是每种功能块要占用程序存储空间，并延长程序执行周期。

　　3）指令表（IL）：优点是易于记忆及掌握，与梯形图（LD）有对应关系，便于相互转换和对程序的检查，且编程及调试时不受屏幕大小的限制，输入元素不受限制。缺点和梯形图一样，对复杂系统的程序描述不够清晰。

　　4）结构化文本（ST）：优点是可实现复杂运算控制，缺点是对编程人员的技能要求高，另外，编译时需要将代码转换为机器语言，会导致编译时间长、执行速度慢，且直观性和易操作性差。

　　5）顺序功能图（SFC）：以完成的功能为主线，优点是操作过程条理清楚，便于对程序操作过程的理解和梳理思路；对大型程序可分工设计，采用较灵活的程序结构，节省程序设计时间和调试时间，由于只对活动步进行扫描，因此，可缩短程序执行时间。

6）连续功能图（CFC）：CFC实际上是功能块图（FBD）的另一种形式。在整个程序中，可自定义运算块的计算顺序，易于实现大规模、数量庞大但又不易细分功能的流程运算。在连续控制行业中，得到广泛使用。

编程语言的多样性是CODESYS的一大优点，因此，在实际的工程项目中，从优化程序和编程便利性的角度提出建议：涉及算法部分可选择ST语言，编写的程序往往简洁而高效；涉及流程控制部分，可选择SFC语言，编写的程序会条理清晰，逻辑关系不会混乱；涉及逻辑控制部分，可选择LD语言，编写的联锁、互锁等逻辑简单易懂；涉及功能块部分，可选择CFC或者FBD，编写的程序会形成一个网络清晰的网状电路图，易于读懂。当然，在实际编程时，用户也可以根据自己的使用习惯来选择编程语言，虽然实现的方法不同，但是都能得到同一个结果。

4.1　指令表（IL）

IEC 61131-3中的指令表（Instruction List，IL）语言是一种低级语言，与汇编语言很相似，它是在借鉴、吸收世界范围的PLC厂商的指令表语言的基础上形成的一种标准语言，可用来描述功能、功能块和程序的行为，还能在顺序功能流程图中描述动作和转变的行为。

指令表语言能用于调用，如有条件和无条件地调用功能块和功能，还能执行赋值，以及在区段内执行有条件或无条件的转移。指令表语言不但简单易学，而且非常容易实现，不用编译就可以下载到PLC。指令表编程语言常常作为基础编程语言，其他编程语言能够方便地转换为指令表语言。但是，由于指令表编程语言对大型的复杂控制问题缺少有效的工具，因此，在大型且复杂的控制问题中，通常不采用指令表编程语言。

4.1.1　指令表编程语言简介

1．概述

指令表编程语言是由一系列指令组成的语言。每条指令在新一行开始，一条完整的指令由操作符和紧随其后的操作数组成，操作数是指在IEC 61131-3的"公共元素"中定义的变量和常量。有些操作符可带若干个操作数，这时各个操作数用逗号隔开。指令前可加标签，后面跟冒号，在操作数之后可加注释。指令表（IL）语句结构如图4.1所示。

指令表编程语言的特点如下。

- 指令具有简单易学的特点，适用于小型、较简单控制系统的编程。
- 操作符用于操纵所有基本数据类型的变量、调用函数和功能块。
- 能够直接在 PLC 内部解释的语言，适用于大多数 PLC 制造商。
- 指令表编程语言的编写较难转换到其他编程语言，其他编程语言编写的程序容易转换到指令表编程语言。

2．程序执行顺序

指令表编程语言的执行过程是按从上至下的顺序，如图 4.2 所示。

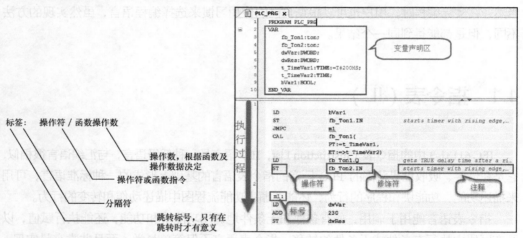

图 4.1　指令表（IL）语句结构　　　　图 4.2　指令表（IL）编辑器中的编程

样例代码可参考样例程序\01 Sample\第 4 章\01 IL_Basic\。

3．指令的格式

在指令表编程语言中，指令具有如下格式：

标号：操作符/函数 操作数 注释

【例 4.1】使用指令表实现电机的启动、保持和停止控制。

本例实现的程序用于对设备中的电机进行启动、保持和停止控制。程序中，标号为 START；第 1 行指令将变量 bStart 的结果存放至累加器中；第 2 行指令将第 1 行指令的结果和 bHold

进行"或"逻辑运算，结果覆盖到累加器中；第 3 行指令用于将第 2 行指令运算结果和停止信号 bStop 进行取反后的逻辑"与"运算，结果仍存放在累加器中；第 4 行指令用于将当前累加器中的结果输出至变量 bDone 中。

4.1.2 连接元素

指令表包含一系列指令，每个指令在新一行开始，包含操作符、操作数，根据操作的类型，一个或多个操作符用逗号分开，操作符可以用修饰符扩展。操作符和修饰符的含义及示例见表 4.1。

表 4.1 操作符和修饰符含义及示例

操作符	修饰符	含　义	示　例
LD	N	将操作数（取反）载入累加器	LD iVar
ST	N	将累加器中的数（取反）存入操作数变量中	ST iErg
S		当累加器中的数为真时，将操作数（布尔型）设为真	S bVar1
R		当累加器中的数为假时，将操作数（布尔型）设为真	R bVar1
AND	N, (	累加器中的数和（取反的）操作数逐位进行"与"运算	AND bVar2
OR	N, (	累加器中的数和（取反的）操作数逐位进行"或"运算	OR xVar
XOR	N, (	累加器中的数和（取反的）操作数逐位进行"异或"运算	XOR N,(bVar1,bVar2)
NOT		累加器中的数逐位取反	
ADD	(	将累加器中的数和操作数相加，其结果复制到累加器中	ADD （iVar1,iVar2）
SUB	(	累加器中的数减去操作数，其结果复制到累加器中	SUB iVar2
MUL	(	累加器中的数和操作数相乘，其结果复制到累加器中	MUL iVar2
DIV	(	累加器中的数除以操作数，其结果复制到累加器中	DIV 44
GT	(	检查累加器中的数是否大于操作数，其结果（布尔型）复制到累加器中；>	GT 23
GE	(	检查累加器中的数是否大于或等于操作数，其结果（布尔型）复制到累加器中；>=	GE iVar2
EQ	(	检查累加器中的数是否等于操作数，其结果（布尔型）复制到累加器中；=	EQ iVar2
NE	(	检查累加器中的数是否不等于操作数，其结果（布尔型）复制到累加器中；<>	NE iVar1
LE	(	检查累加器中的数是否小于或等于操作数，其结果（布尔型）复制到累加器中；<=	LE 5

续表

操作符	修饰符	含　义	示　例
LT	(	检查累加器中的数是否小于操作数，其结果（布尔型）复制到累加器中；<	LT cVar1
JMP	CN		JMPCN next
CAL	CN	（有条件）调用一个程序或功能块（当累加器中的数为正时）	CAL prog1
RET		从当前 POU 中返回，跳回到调用的 POU 中	RET
RET	C	有条件-仅当累加器中的数为真时，从当前 POU 中返回，跳回到调用的 POU 中	RETC
RET	CN	有条件-仅当累加器中的数为假时，从当前 POU 中返回，跳回到调用的 POU 中	RETCN
)		推迟求值的操作数	

> **注意**
> - 累加器总是存储当前值，在有后续操作时产生。
> - CAL 的操作数应是一个被调用的功能块实例名。
> - NOT 操作的结果是当前结果的位取反，修饰符 N 表示取反操作。
> - RET 操作符不需要操作数。
> - 修饰符 C 表示有关指令只有在当前运算的结果是布尔且为 TRUE（或当操作符布尔值为 FALSE，并与 "N" 修饰符结合时）才执行。
> - 操作符可以使用不同的修饰符进行扩展。例如，JMP 操作符可以有 JMP、JMPC、JMPN 3 种格式。

左小括号 "（" 表示操作符的运算被延缓，直到遇到右小括号 "）"。因此，对传统 PLC 中的程序块操作、主控操作等，都可以采用该操作符实现。

1. 操作数

操作数可以直接表示变量或符号的符号变量，如下所示。

1）"LD A" 表示设置当前值等于符号变量 A 所对应的数值。

2）"AND %IX1.3" 表示将当前结果与输入单元 1 的第 3 位进行逻辑 "与" 运算，并将结果作为当前值。

3）"JMPC ABC" 表示当前计算值为布尔值 1 时，从标号 ABC 的位置开始执行。

4）"RET" 是无操作数的操作符，当执行到该指令时，程序将返回到原断点后的指令处执行。断点是由于函数调用、功能块调用或中断子程序等原因造成的。

2．指令

IEC 61131-3 标准的指令表编程语言对传统指令表程序语言进行了总结，取长补短，采用函数和功能块，使用数据类型的过载属性等，使编程语言更简单、灵活。其主要优点如下。

- 可调用函数和功能块。例如，定时器和计数器这种功能块指令可以通过标准库在指令表编程语言中直接调用。
- 数据类型的过载属性使运算变得简单。
- 采用小括号可以方便地将程序块组合，并实现主控等指令。
- 采用边沿检测属性的方法，对信号设置微分功能，简化了指令集。
- 数据传送指令可以直接用赋值函数 MOVE 实现。

3．操作符

在引入操作符的概念之前，需要先介绍另一个概念，即累加器，它在指令表编程语言中尤为重要。

指令表编程语言提供了一个存储当前结果的累加器，与传统的可编程控制器使用的累加器不同，这种标准累加器存储位数是可变的，即标准指令表编程语言提供了一种存储位数可变的虚拟累加器，其存储位数取决于正在处理的操作数和数据类型。同样，虚拟累加器的数据类型也可以发生变化，以适应最新运算结果的操作数的数据类型。

指令执行过程中，数据存储采用的方法如下：

运算结果：=当前运算结果　操作符　操作数

因此，在操作符规定的操作下，当前运算结果与操作数进行由操作符规定的操作运算。运算结果作为新的运算将结果存放回当前运算结果的累加器。

4．修饰符

修饰符有 3 种——"C""N"和"N,（"，如表 4.2 所示。修饰符本身不能独立存在，需要配合之前的操作符才能构成完整的语句。

修饰符 C 表示有关指令只有当运算结果为 TRUE（或当操作符为 FALSE，并与"N"修饰符结合使用时）才执行。修饰符 N 的逻辑与 C 正好相反。

表 4.2 修饰符的使用及功能

修饰符	使 用	功 能
C	结合 JMP、CAL、RET 使用	仅当前面的表达式结果为真时执行
N	结合 JMP、CAL、RET 使用	仅当前面的表达式结果为假时执行
N, (	其他	操作数（而非累加器中的数）取反

【例 4.2】修饰符示例。

首先，将 TRUE 装载至累加器，其次将变量 bVar1 的值取反后和累加器的值进行"与"运算，在此使用了 ANDN 指令，如果使用 AND，则表示直接进行"与"运算。如果结果为 TRUE，则程序跳转至 m1，反之将变量 bVar2 取反后加载至累加器并输出，此条指令使用的是 LDN，也使用了修饰符 N，在此也是取反的意思。

```
1    LD          TRUE
     ANDN        bVar1
     JMPC        m1
     LDN         bVar2
     st          bRes

2    m1:
     ld          bVar2
     st          bRes
```

4.1.3 操作指令

指令表编程语言的操作指令共有 9 大类，其指令说明分别如下。

1. 数据存取类指令

数据存取类指令是读取数据存储单元中内容的操作。标准指令采用 LD 和 LDN 表示存储和存储内容取反指令。编程语言的格式如下：

```
LD  操作数      //将操作数规定的数据存储单元中的内容作为当前结果存储
LDN 操作数      //将操作数规定的数据存储单元中的内容取反后作为当前结果存储
```

LD 是 Load 的缩写，LDN 是 Load Not 的缩写。

数据存取类指令的操作对象，即 LD 或 LDN 的操作对象，是操作数。它是对操作数对应的数据存储单元内容进行的读取操作。读取的数据存放在运算结果累加器，该数据也称为当前值。

对常开触点的数据读取用 LD 指令，对常闭触点的数据读取用 LDN 指令。与继电器逻辑电路相似，对常开触点采用存储 LD 指令。例如，LD %IX0.0 指令执行存取操作数地址为%IX0.0 接点状态的操作。从寄存器看，该操作过程是把地址为%IX0.0 的输入状态传送到了运算结果累加器。图 4.3 为继电器逻辑电路和指令表编程语言指令的示例。

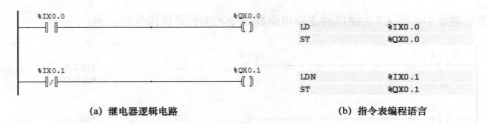

<table>
<tr><td>LD</td><td>%IX0.0</td></tr>
<tr><td>ST</td><td>%QX0.0</td></tr>
<tr><td>LDN</td><td>%IX0.1</td></tr>
<tr><td>ST</td><td>%QX0.1</td></tr>
</table>

(a) 继电器逻辑电路　　　　　　　(b) 指令表编程语言

图 4.3　LD 和 LDN 指令的示例

图 4.4 为数据存取的执行过程。对常闭接点，即动端接点，采用逻辑取反 LDN 指令。例如，LDN %IX0.1 指令执行存取操作数地址为%IX0.1 接点状态的操作。从寄存器看，该

图 4.4　LD 和 LDN 指令的操作过程

操作过程是把地址为%IX0.1 的输入状态寄存器状态取反，并把取反结果传送到运算结果累加器中。表 4.3 是 LD 指令的示例。

表 4.3　LD 指令的示例

指　　令	说　　明	累加器的数据类型
LD　　FALSE	当前值等于 FALSE	布尔量
LD　　TRUE	当前值等于 TRUE	布尔量
LD　　3.14	当前值等于 3.14	实数
LD　　100	当前值等于 100	整数
LD　　T#0.5s	当前值等于时间常数 0.5s	时间数据
LD　　START	当前值等于变量 START 的状态	根据变量 START 的类型而定

2. 输出类指令

输出类指令用于将运算结果累加器中的内容传送到输出状态寄存器。标准指令采用 ST 和 STN 表示存取和存取取反指令，编程语言的格式如下：

```
ST  操作数      //将当前结果存储到操作数规定的数据存储单元
STN 操作数      //将当前结果取反后，存储到操作数规定的数据存储单元
```

需要指出的是，在执行 ST 或 STN 指令后，当前运算结果仍保留在运算结果累加器的存储单元。ST 是 Store 的缩写，STN 是 Store Not 的缩写。

与继电器逻辑电路相似，对线圈用 ST 指令，如 ST %QX0.0 指令执行输出到%QX0.0 的线圈的操作：从寄存器看，该操作过程是把运算结果累加器的状态传送到地址为%QX0.0

的输出地址中。图 4.5 为继电器逻辑电路和指令表编程语言指令的示例。

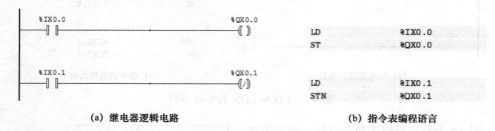

　　(a) 继电器逻辑电路　　　　　　　　　　　　　　　(b) 指令表编程语言

图 4.5　ST 和 STN 指令的示例

　　图 4.6 为程序的执行过程。使用 STN %QX0.1 指令执行输出到%QX0.1 失励线圈的操作；该操作过程是把运算结果累加器的状态取反，并把取反的结果传送至输出为%QX0.1 的地址。

3．置位和复位类指令

　　标准指令采用 S 和 R 指令表示置位和复位类指令，其编程语言的格式如下：

图 4.6　ST 和 STN 指令的操作过程

```
S 操作数      //当前结果为 False 时，将操作数对应的数据存储单元内容设置为 True 并保持
R 操作数      //当前结果为 True 时，将操作数对应的数据存储单元内容设置为 False 并保持
```

　　这类指令具有记忆属性。执行"S 操作数"后，操作数对应的数据存储单元内容设置为 True，并且该数据存储单元内容被记忆和保持到执行"R 操作数"指令，执行"R 操作数"指令使操作数对应的数据存储单元内容设置为 False。同样，该存储单元的内容要保持到执行"S 操作数"的指令，并使其内容设置到 True 为止。

　　S 和 R 指令可以用 SR 和 RS 功能块的调用实现。与功能块比较，其不同点是：S 指令和 R 指令在执行时根据程序中的先后位置确定执行先后次序，因此，优先级的确定和 RS、SR 有所不同。此外，功能块要先设置 S 和 R 端，才能执行调用指令。

　　S 是 Set 的缩写，R 是 Reset 的缩写。表 4.4 是 S 和 R 指令的示例。

表 4.4　S 和 R 指令的示例

指　　令			说　　明
SET:	LD	TRUE	当前值等于 TRUE
	S	START	当前值等于 TRUE，START 变量值置为 TRUE，并保持
	LD	FALSE	当前值等于 FALSE

续表

指　　令		说　　明
	S　　STOP	当前值等于 FALSE，STOP 变量值置为 FALSE，并保持
RESET：	LD　　TRUE	当前值等于 TRUE
	R　　STOP	当前值等于 TRUE，STOP 变量值为 FALSE，并保持

　　S 指令表示有条件地输出 STC 指令，R 指令表示有条件地输出 STCN 指令。因此，当前结果存储器为 TRUE 时，"S 操作数" 指令执行设置输出操作数为置位的操作，同样，"R 操作数" 指令执行设置输出操作数为复位的操作，即置位取反的操作。

4．逻辑运算类指令

逻辑运算类指令有 AND（N）、OR（N）、XOR（N）和 NOT 等。编程语言的格式如下：

逻辑运算操作符　操作数

或

　逻辑运算操作符 N　操作数

- **逻辑运算操作符**：操作数用于将当前结果存储器内容与操作数对应的数据存储单元内容进行规定的逻辑运算，运算结果作为新的当前结果存放在当前结果存储器内。
- **逻辑运算操作符 N**：操作数用于将当前结果存储器内容与操作数对应的数据存储单元内容的取反结果进行规定的逻辑运算，运算结果作为当前结果，存放在当前结果存储器内。

【例 4.3】电机控制程序示例。

```
LD      A        //存取符号变量，启动按钮A的信号
OR      C        //与输出变量C进行或运算，实现触点自保
ANDN    B        //与停止按钮B的取反信号进行与逻辑运算
ST      C        //输出至输出变量C
```

此例为典型的电机控制程序，输入变量 A、B，以及输出变量 C 都是符号变量，必须在声明部分对其实际地址赋值。

5．算术运算类

算术运算类指令包括 ADD、SUB、MUL、DIV 和 MOD 等。编程语言的格式如下：

```
ADD 操作数      //当前结果加上操作数对应的数据存储单元内容，运算结果存在当前结果存储器
SUB 操作数      //当前结果减去操作数对应的数据存储单元内容，运算结果存在当前结果存储器
MUL 操作数      //当前结果乘以操作数对应的数据存储单元内容，运算结果存在当前结果存储器
DIV 操作数      //当前结果除以操作数对应的数据存储单元内容，运算结果（商）存在当前结果存储器
```

```
MOD 操作数          //当前结果与操作数对应的数据存储单元内容进行取模运算（取余数），将运算结果存在
                   //当前结果存储器
```

【例 4.4】温度补偿系数的运算示例。

```
LD          273.15          //存取开尔文零度的温度值，即273.15
ADD         rTem1           //与实数变量rTem1进行加法运算
DIV         373.15          //除以摄氏温度100℃对应的开尔文温度值
ST          rCompensate     //将结果输出至变量rCompensate作为补偿系数
```

例 4.4 所示程序用于对气体流量进行温度补偿，其中 rTem1 是实际温度，单位是℃。该程序在第 1 行读取 273.15；第 2 行将温度实际值 rTem1 与 273.15 进行累加并作为当前值；第 3 行将该当前值除以设计温度值，结果存放在当前值存储器；第 4 行将运算结果作为温度补偿值存放在 rCompensate 中。可以看到，程序中 ADD 和 DIV 的运算都是实数数据类型的运算。该样例代码可参考样例程序\01 Sample\第 4 章\02 IL_Arithmetic\。

6. 比较运算类

比较运算类指令包括：GT（大于）、GE（大于或等于）、EQ（等于）、NE（不等于）、LT（小于）和 LE（小于或等于）。编程语言的格式如下：

```
GT 操作数          //当前操作数大于操作数对应数据存储单元内容，运算结果 TRUE 送当前结果寄存器
GE 操作数          //当前操作数大于或等于操作数对应数据存储单元内容，运算结果 TRUE 送当前结果寄存器
EQ 操作数          //当前操作数等于操作数对应数据存储单元内容，运算结果 TRUE 送当前结果寄存器
NE 操作数          //当前操作数不等于操作数对应数据存储单元内容，运算结果 TRUE 送当前结果寄存器
LT 操作数          //当前操作数小于操作数对应数据存储单元内容，运算结果 TRUE 送当前结果寄存器
LE 操作数          //当前操作数小于或等于操作数对应数据存储单元内容，运算结果 TRUE 送当前结果寄存器
```

这类指令用于将当前结果与操作数对应的数据存储单元内容进行比较，满足操作符规定的比较条件时，当前结果置为 TRUE，反之为 FALSE。比较类指令将当前结果存储器的数据类型改变为布尔数据类型。

> **注意**
> • 比较运算类指令直接将比较结果存放在存储单元，用户可根据存储单元的状态进行后续程序的执行。
> • 比较运算类指令适用于不同数据类型的变量比较，而不局限于单一位的比较，可扩大其应用范围。

【例 4.5】比较运算类指令示例。

```
LD          rRealVar        //读取实数变量rRealVar
GT          50.0            //变量rRealVar与50做大于比较
ST          bRed            //如果大于50，则rRealVar数值超限，bRed为TRUE
STN         bGreen          //不大于50，则绿色bGreen置为TRUE
```

在例 4.5 中，变量 rRealVar 为过程测量值，当其值大于 50 时，表示测量值超限，红色警报灯 bRed 为 TRUE，当 bRealVar 小于等于 50 时，bGreen 为 TRUE。该样例代码可参考样例程序\01 Sample\第 4 章\ 03 IL_Compare\。

7. 跳转与返回指令

跳转指令为 JMP，返回指令为 RET，两者的编程语言格式如下：

```
JMP 标号          //跳转到标号的位置继续执行
RET               //返回到跳转时的断点后继续执行
```

跳转指令的操作数是标号，不是操作数对应的数据存储单元地址。

返回指令是没有操作数的指令，用于调用函数、功能块及程序的返回。

JMP 是 Jump 的缩写。执行该指令时，如果当前结果为 TRUE，则跳转条件满足，程序在该点中断，并跳转到该标号所在的程序行继续执行。它与 RET 指令配合，用于实现子程序的执行。可以带修饰符 C 或 N，表示根据当前结果存储器内容执行或取反。

RET 是 Return 的缩写。执行该指令后，程序返回，并从原断点后第一条指令开始执行。可带修饰符 C 或 N，表示根据当前结果存储器内容执行或取反。

注意

- 跳转指令是从主程序跳转到子程序的指令。子程序不能用跳转指令跳转到主程序，只能用返回指令返回。
- 子程序开始标志是标号，子程序结束标志是 RET 指令。
- 程序中标号具有唯一性。

【例 4.6】跳转指令的示例。

```
LD          AUTO            //存取布尔变量AUTO
JMPC        AUTOPRO         //如果AUTO为TRUE，则程序跳转到AUTOPRO子程序
JMP         MANPRO          //如果为FALSE，则程序跳转到MANPRO子程序
```

例 4.6 用于自动和手动程序的切换控制。当 AUTO 开关切换到自动位置，则 AUTO 为 TRUE，程序则会执行跳转指令 JMPC，因此，程序跳转到 AUTOPRO 子程序，即执行在自动条件下的有关程序。当跳转条件不满足时，执行 JMP 指令，因此，程序跳转到 MANPRO 子程序，即执行手动操作时的有关程序。

在此需要特别注意的是，AUTOPRO 和 MANPRO 为子程序的标号，并非程序名。

8. 调用指令

IEC 61131-3 的标准调用指令为 CAL 指令，其编程语言的格式如下：

```
CAL 操作数        //调用操作数表示的函数、功能块或程序
```

通过执行该指令，可以调用函数、功能块和程序，使程序结构简洁化，程序描述清晰。

CAL 是 Call 的缩写，表示调用。CAL 指令的操作数是函数名或功能块实例名，实例名中的参数用逗号分隔。

9. 小括号指令

IEC 61131-3 标准采用小括号对指令进行修正，即进行优先执行的操作。

左小括号"("用于将当前累加器的内容压入堆栈，并将操作符的操作命令存储，此时，堆栈的其他内容向下移一层。右小括号")"用于将堆栈最上层的内容弹出，并与当前累加器内容进行对应的操作，操作结果放在当前累加器内，此时，堆栈的内容向上移一层。因此，左小括号称为操作延迟，它产生的瞬时结果不影响当前累加器。表 4.5 为小括号指令的表达特性。

表 4.5 小括号指令的表达特性

描　　述	示　　例
小括号作为操作符	AND（ LD %IX0.1 OR %IX0.2 ）
小括号包含整个表达式	AND（LD %IX0.1 OR %IX0.2）

【例 4.7】小括号对算术运算操作的修正。

```
LD      rVar1      //将rVar1的值送入累加器
ADD (   rVar2      //rVar1压入堆栈，进行加法运算，此时累加器内容为rVar2
MUL (   rVar3      //rVar2压入堆栈，进行乘法运算，此时累加器内容为rVar3
ADD     rVar4      //将rVar3加上rVar4
)                  //当前累加器的内容为rVar2*（rVar3+rVar4）
)                  //将rVar2*（rVar3+rVar4）加上rVar1
ST      rVar5      //将rVar1+rVar2*（rVar3+rVar4）的结果送至rVar5
```

在例 4.7 中，其最终实现的算法为 rVar1+rVar2×（rVar3+rVar4），在整个操作过程中，数据类型需要保持一致。此外，数据类型被传递。操作从最里层的圆括号开始，逐层向外操作，直到最外层小括号。该样例代码可参考样例程序\01 Sample\第 4 章\04 IL_Bracket_1\。

【例 4.8】小括号对逻辑运算操作的修正。

```
LD          %IX1.1          //将%IX1.1的内容送至累加器
AND(        %IX1.2          //%IX1.1压入堆栈, 此时累加器的内容为%IX1.2的内容
OR(         %IX1.3          //%IX1.2压入堆栈, 此时累加器的内容为%IX1.3的内容
AND         %IX1.4          //%IX1.3和%IX1.4的"与"运算结果放入累加器
)                           //堆栈原%IX1.2内容与累加器进行"或"运算
)                           //堆栈原%IX1.1内容与累加器进行"或"运算
ST          bOutput         //将累加器内容送至bOutput
```

该样例代码可参考样例程序\01 Sample\第 4 章\05_ IL Bracket_2\。

【例 4.9】小括号在程序串并联中的应用。

```
LD          FALSE           //将FALSE加载至累加器中
OR(         %IX0.0          //读取%IX0.0的数值
AND(        %IX0.1          //与%IX0.1进行"与"运算
)                           //运算结果压入堆栈
OR(         %IX0.2          //读取%IX0.2的值
AND         %IX0.3          //与%IX0.3进行"与"运算
)                           //运算结果与堆栈内容进行"或"运算
ST          bOutput         //最终输出结果放在bOutput中
```

在此示例中，AND 分别串联了%LX0.0，%LX0.1 以及%LX0.2，%LX0.3。最后经"或"运算后，将运算结果存放到 bOutput 变量中。该样例代码可参考样例程序\01 Sample\第 4 章\06 IL_ Bracket_3\。

在数学运算中，小括号具有括号相类似的功能，即括号外的操作被延迟执行。

【例 4.10】小括号的延迟功能。

```
LD          rVar1           //读取变量rVar1的值至累加器
ADD         rVar2           //加rVar2, 将rVar1+rVar2结果存放至累加器
MUL(        rVar3           //对rVar3的乘法操作被延迟, 将rVar3压入堆栈
SUB         rVar4           //将rVar3-rVar4的结果放在堆栈
)                           //之前的乘法运算被执行, 结果放在累加器中
```

在例 4.10 中，其运算结果为（rVar1+ rVar2）×（rVar3–rVar4）。该样例代码可参考样例程序\01 Sample\第 4 章\07 IL_Bracket_4\。

通过如下的示例说明累加器和堆栈之间的关系。

【例 4.11】累加器和堆栈之间的关系示例。

```
LD          rVar1           //读取rVar1的值, 并存在累加器中
ADD(        rVar2           //延迟加, 将rVar2压入堆栈
MUL(        rVar3           //延迟乘, 将rVar3压入堆栈
SUB         rVar4           //进行 rVar3-rVar4运算, 并存回堆栈
)                           //堆栈内数据rVar2弹出, 乘法运算被执行
)                           //当前累加器中的数据与堆栈内数据rVar1弹出, 执行加法运算
```

在例 4.11 中，堆栈内数据和当前累加器数据内容的变化见表 4.6。

表 4.6　堆栈内数据和当前累加器数据内容的变化

指　　令	1	2	3	4	5	6
当前累加器	rVar1	rVar1	rVar1	rVar1	rVar1	rVar1+ rVar2×（rVar3−rVar4）
堆栈 1		rVar2	rVar2	rVar2	rVar2×（rVar3−rVar4）	
堆栈 2			rVar3	rVar3−rVar4		

最终，例 4.11 的运算结果为 rVar1+ rVar2×（rVar3−rVar4）。该样例代码可参考样例程序\01 Sample\第 4 章\08 IL_Bracket_5\。

因此，对较复杂运算关系使用结构化文本或梯形图语言，实现起来较简单。从小括号指令内进行跳转有时会产生不可预测的结果，故在使用时需要谨慎应对。

4.1.4　函数及功能块

1. 函数的调用

在指令表编程语言中，函数的调用相对简单。

（1）函数调用方法

在操作符区输入函数名，第一个输入参数作为 LD 的操作数。如果有更多的参数，下一个必须是在同一行作为函数名输入，之后的参数可以添加到这一行并用逗号隔开或添加到下面的行里，函数返回值将保存在累加器中。需要注意的是，根据 IEC 标准的规定，返回值只能有一个。函数调用的编程格式和示例见表 4.7。

表 4.7　函数调用的编程格式及示例

方式	编　程　格　式		示　　　例		
单参数	LD	参数	LD	0.5	//读取弧度 0.5
	函数名		COS		//调用 COS 函数
	ST	返回值	ST	Var1	//将运算结果 0.87758 存放在变量 Var1 中
双参数	LD	参数 1	LD	Var1	//读取变量 Var1 的值
	函数名	参数 2	ADD	Var2	//与变量 Var2 的值相加
	ST	返回值	ST	Var3	//将运算结果返回值存放在 Var3
多参数	LD	参数 1	LD	Var1	//读取变量 Var1 的值
	函数名	参数 2,…,参数 n	SEL	IN0, IN1	//根据 Var1 的值选择 IN0 或 IN1 作为返回值
	ST	返回值	ST	Var2	//将运算结果返回值存放在 Var2

1）带非形参的函数调用格式

函数名 非形参，非形参，…，非形参

2）带形参的函数调用格式

函数名 （第一形参 := 实参，…，最后形参:=实参）

（2）函数调用示例

下面通过两个示例介绍一下带非形参和带形参的函数调用。

【例 4.12】带非形参的函数调用示例。

```
LD          10              //将10送当前累加器
ADD         10,
            12,
            14              //将10, 12, 14与当前结果存储器内容相加，结果36送当前累加器
ST          iVar1           //当前累加器结果36送变量iVar
```

在例 4.12 中，用 ADD 函数直接实现多个数值的相加运算。因此，与传统 PLC 的加运算比较，程序被简化。注意，一些传统 PLC 产品只允许有一个操作数，如 ADD 10，而在 CODESYS 中可以直接进行叠加。该样例代码可参考样例程序\01 Sample\第 4 章\09 IL_FUN_ADD\。

【例 4.13】带形参的函数调用示例。

```
LD          strVar1         //将strVar1的值送至当前累加器
Right(      strVar1         //右移指令放入堆栈
LEN                         //取变量strVar1的长度
SUB         1               //将strVar1的长度减1
)                           //将 (strVar1) 右移一位
ST          strVar1         //将当前累加器的数值输出至strVar1
```

调用 Right 函数，该函数第一个参数为 LEN，取的是变量 strVar1 的数据长度，第二个参数是 SUB 1，将当前累加器中的数据长度减 1，在函数的功能中表示右移的位数，即每次移 1 位。如果上述程序转换为结构化文本，那么其程序为：

```
strVar1:= RIGHT(strVar1, (LEN(strVar1) - 1));
```

该样例代码可参考样例程序\01 Sample\第 4 章\10 IL_FUN_RIGHT\。

2. 功能块的调用

（1）功能块调用方法

非形参编程语言中，功能块调用有下列两种方式。

1）带形参表的功能块调用，编程语言的格式如下：

CAL 功能块实例名（形参表）

2）带参数读/存储的功能块调用，编程语言的格式如下：

```
CAL 功能块实例名
```

（2）功能块调用示例

下面以调用 TON 功能块为例说明功能块的调用方法。

【例 4.14】带形参表的功能块调用，其程序如下：

```
CAL              fb_Time1(          //带形参表的功能块调用
                 IN:= %IX1.1
                 PT:= t#500ms
                  Q=> bOut
                 ET=> tET)
```

该样例代码可参考样例程序\01 Sample\第 4 章\11 IL_FB_CAL1 \。

【例 4.15】带参数读/存储的功能块调用，其程序如下：

```
LD        %IX1.1            //读取%IX1.1的数据
ST        fb_Timer1.IN      //赋值给功能块TON实例fb_Timer1的IN变量
LD        T#500ms           //读取时间t#500ms
ST        fb_Timer1.PT      //赋值给功能块TON实例fb_Timer1的PT变量
CAL       fb_Timer1         //调用功能块fb_Timer1
```

该样例代码可参考样例程序\01 Sample\第 4 章\12 IL_FB_CAL2\。

4.1.5 应用举例

【例 4.16】称重显示示例。

在实际工业生产中，很多设备拥有称重筛选装置，当实际产品的重量不符合设定值时，需要将该产品作为次品并触发剔除信号将该产品剔除，这种设备中就有称重相关程序。

（1）控制要求

称重装置将物料称重后的毛重数据存储在 PLC 寄存器内，使用称重函数将毛重减去皮重，最终将净重以 REAL 类型变量输出。

假设：毛重变量为 rGrossWeight；皮重变量为 rTareWeigh；净重变量为 rActuallyWeight。

为了控制称重信号的执行，需要设置手动触发信号作为称重命令，使用布尔变量 bStart 作为启动命令。

毛重变量 rGrossWeight、皮重变量 rTareWeight 及净重变量 rActuallyWeight 均为 REAL 数据类型。

（2）编程

编写功能块 FB_Weight。以下部分为功能块声明区域：

```
FUNCTION_BLOCK FB_WEIGHT
VAR_INPUT
    bStart: BOOL;
    rGrossWeight:REAL;
    rTareWeight:REAL;
END_VAR
VAR_OUTPUT
    ENO:BOOL;
    rActuallyWeight:REAL;
END_VAR
VAR
END_VAR
```

以下部分为功能块的逻辑程序部分：

```
LD          bStart              //加载启动信号
ST          ENO                 //将当前运行状态输出
JMPC        WEIGHTING           //如果有启动信号，程序跳转至WEIGHTING
LD          0
ST          rActuallyWeight     //如果没有启动信号，将输出数值情…
RET

WEIGHTING:
LD          rGrossWeight        //称重程序段，装载毛重重量
SUB         rTareWeight         //将毛重减去皮重重量
ST          rActuallyWeight     //将最终的结果输出至净重
```

当功能块部分的程序编写完成后，新添加一个程序，在程序中调用功能块 **FB_Weight** 并填写相应的输入/输出参数，最终的程序如图 4.7 所示。

图 4.7 称重程序示例

例如，当毛重的重量为 5（g）时，皮重设定的值为 1（g），只有当 **bStart** 被触发变为 TRUE 时，最终的净重才会有输出 4（g），否则一直为 0。其样例代码可参考样例程序\01 Sample\第 4 章\13 IL_Weigh\。

【例 4.17】循环计算的示例。

（1）控制要求

编写计算 1~10 的累加和及阶乘的程序，该程序中可以使用 JMPC 跳转指令。

（2）编程

变量声明如下：

```
PROGRAM PLC_PRG
VAR
    diSum,diProduct:DINT;
    i:BYTE;
END_VAR
```

```
LD          1           //读取双整型数据1作为计数值i和乘积值diProduct的初始值
ST          i           //将i置为1
ST          diProduct   //将乘积值diProduct置为1
LD          0           //读取双整型数据0，并作为累加和diSum的初始值
ST          diSum       //将diSum置为0

LOOP:
LD          diSum       //循环开始，读取diSum的当前值
ADD         i           //将i与diSum进行加法运算
ST          diSum       //将累加和返回给变量diSum
LD          diProduct   //进行乘积的循环，读取diProduct的当前数值
MUL         i           //乘以i，进行阶乘运算
ST          diProduct   //将结果返回给变量diProduct
LD          i           //读取i
ADD         1           //将变量i进行递加运算
ST          i           //将加充后的结果返回给变量i
LE          10          //如果当前i的累加值小于等于10，则当前值置1
JMPC        LOOP        //如果值为1，则进行循环，跳转至LOOP处
RET                     //返回
```

上述程序可以简单地进行累加及阶乘运算，运算结果在 diSum 中为 55，在变量 **diProduct** 中为 3628800。需要注意的是，当运算结果大于变量设置的数据类型允许范围时，结果会被置为 0。例如，如果计算 1 ~ 50 的累加和及阶乘，阶乘的结果超过了双整型的允许范围，此时，计算结果被置为 0，为此，可将变量的数据类型改为实数或双精度实数类型。

使用语句表指令配合跳转指令和比较指令也可以实现高级编程语言中的条件语句功能。例 4.17 所示样例代码可参考样例程序\01 Sample\第 4 章\14 IL_LOOP\。

4.2 梯形图（LD）/功能块图（FBD）

4.2.1 梯形图/功能块图编程语言简介

在 IEC 61131-3 标准中，定义了两种图形类编程语言，即梯形图（Ladder Diagram，LD）

编程语言和功能块图（Function Block Diagram，FBD）编程语言。梯形图编程语言用一系列梯级组成梯形图，表示工业控制逻辑系统中各变量之间的关系；功能块图编程语言用一系列功能块的连接表示程序组织单元的本体部分。

1．梯形图（LD）

梯形图来源于美国，它基于图形表示继电器逻辑，是 PLC 编程中广泛使用的一种图形化语言。梯形图程序的左、右两侧有两垂直的电力轨线，左侧的电力轨线名义上为功率流从左向右沿着水平梯级通过各个触点、功能、功能块、线圈等提供能量，功率流的终点是右侧的电力轨线。每一个触点代表了一个布尔变量的状态，每一个线圈代表了一个实际设备的状态。如果触点为"TRUE"状态，则表示梯形图中对应软继电器的线圈"通电"，其常开触点接通，常闭触点断开，称这种状态是该软继电器的"TRUE"或"ON"状态。如果其触点为"FALSE"状态，对应软继电器的线圈和触点的状态与上述的相反，则称该软继电器为"FALSE"或"OFF"状态。

2．功能块图（FBD）

功能块图用来描述函数、功能块和程序的行为特征，还可以在顺序功能图中描述步、动作和转变的行为特征。功能块图与电子线路图中的信号流图非常相似，在程序中，它可看作两个过程元素之间的信息流。功能块图普遍应用在过程控制领域。

功能块用矩形块来表示，每一功能块的左侧有不少于一个的输入端，右侧有不少于一个的输出端，功能块的类型名称通常写在块内，但功能块实例的名称通常写在块的上部，其输入/输出名称写在块内的输入/输出点的相应位置。

3．程序执行顺序

梯形图和功能块图这两种编程语言的执行过程相仿，都是按照从左至右、从上到下的顺序执行，如图 4.8 所示。

（1）执行过程

1）母线：梯形图采用网络结构，一个梯形图的网络以左母线为界。在分析梯形图的逻辑关系时，为了借用继电器电路图的分析方法，可以想象左右两侧母线（左母线和右母线）之间有一个左正右负的直流电源电压，母线之间有"能流"从左向右流动。右母线不显示。

2）节：节是梯形图网络结构中的最小单位，从输入条件开始到一个线圈的有关逻辑网络称为一个节。在编辑器中，节垂直排列。每个节通过左侧的一系列节号表示，包含输入指令和输出指令，由逻辑式、算术表达式、程序、跳转、返回或功能块调用指令构成。

要插入一个节，可以使用命令插入节或从工具箱拖动它。一个节所包含的元素都可以通过在编辑器中拖放来进行复制或移动。

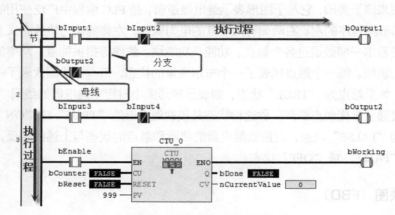

图 4.8　程序执行顺序

梯形图执行时，从标号最小的节开始执行，从左到右确定各元素的状态，并确定其右侧连接元素的状态，逐个向右执行，操作执行的结果由执行控制元素输出，然后进行下一节的执行过程。图 4.8 显示了梯形图的执行过程。

3）能流：图 4.8 中左侧的加粗实色线即为能流，可以理解为一个假想的"概念电流"或"能流"（PowerFlow）从左向右流动，这一方向与执行用户程序时的逻辑运算的顺序是一致的。能流只能从左向右流动。利用能流这一概念，可以帮助我们更好地理解和分析梯形图。

4）分支：当梯形图中有分支出现时，同样依据从上到下、从左至右的执行顺序分析各图形元素的状态，对垂直连接元素根据上述有关规定确定其右侧连接元素的状态，从而逐个从左向右、从上向下执行求值过程。

（2）执行控制

跳转及返回：当满足跳转条件时，程序跳转到 Label 标号的节开始执行，直至该部分程序执行到 RETURN 时，返回原来的节并继续执行。跳转指令执行过程如图 4.9 所示。

当程序执行到图 4.9 左侧的 Label1 时，此时程序开始执行跳转，直接跳转至以 Label1 为标号的程序段并开始执行接下来的程序，然后程序运行至 RETURN，此时跳转程序执行完成并返回到图 4.9 左侧的主程序循环中。

下面通过一个简单的例子来说明在 CODESYS 中如何使用梯形图的跳转指令和返回指令 RETURN。

【例 4.18】使用跳转指令执行程序的示例。

如图 4.10 所示，当 bInput1 被置为 TRUE 时，主程序执行跳转语句，根据标号 Label1，程序跳转至第 3 节的 Label1 程序段，从图中不难看出，尽管第 2 节的 bInput3 被置为 ON，但 bOutput2 始终不会被置为 TRUE，因为程序直接跳过了该语句。只有当 bInput1 为 FALSE，且 bInput3 为 TRUE 时，bOutput2 才会为 TRUE。

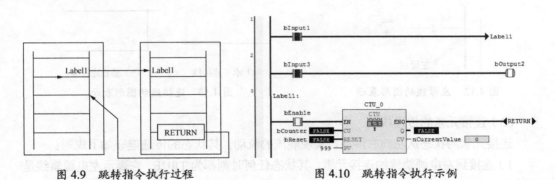

图 4.9 跳转指令执行过程　　　　图 4.10 跳转指令执行示例

4.2.2　连接元素

IEC 61131-3 中的编程语言对各 PLC 厂家的语言合理地进行了吸收、借鉴，语言中的各图形符号与各 PLC 厂家的基本一致。图 4.11 为梯形图编辑器视图。梯形图和功能块图编程语言的连接元素有很多类似之处，在这里进行统一介绍。

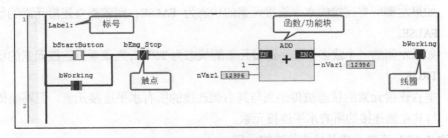

图 4.11 梯形图编辑器

1. 线元素

（1）电源轨线（母线）

梯形图电源轨线（Power Rail）的图形元素亦称为母线。其图形表示位于梯形图左侧，也可称其为左母线。图 4.12 为左母线的图形表示。

（2）连接线

在梯形图中，各图形符号用连接线连接，连接线分为水平连接线和垂直连接线，如图 4.13 所示，它是构成梯形图的基本元素。

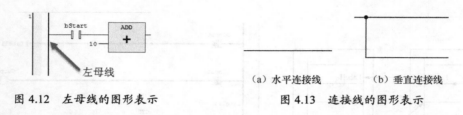

图 4.12　左母线的图形表示　　　　图 4.13　连接线的图形表示

（3）连接元素的传递规则

连接元素的状态从左向右传递，实现能流的流动，其状态的传递遵守如下规则：

1）连接到左电源轨线的连接元素，其状态任何时刻都为 TRUE，它表示左电源轨线是能流的起点。右电源轨线类似于电气图中的零电位。

2）水平连接元素用水平连接线表示，水平连接元素从它紧靠左侧的图形开始将图形元素的状态传递到它右侧的图形元素。

3）垂直连接元素总是与一个或多个水平连接元素连接，即它由一个或多个水平连接元素在每一侧与垂直线相交组成。垂直连接元素的状态根据与其连接的各左侧水平连接元素的状态进行"或"运算确定。

因此，垂直连接元素的状态根据下列规则确定。

- 如果左侧所有连接的水平连接元素的状态为 FALSE，则该垂直连接元素的状态为 FALSE。
- 如果左侧的一个或多个水平连接元素的状态为 TRUE，则该垂直连接元素的状态为 TRUE。
- 垂直连接元素的状态被传递到与其右侧连接的所有水平连接元素，但不能传递到与其左侧连接的所有水平连接元素。

【例 4.19】连接元素及状态传递的示例。

图 4.14 是连接元素及状态传递的示例。连接元素 1 与左电源轨线连接，其状态为 TRUE；

连接元素 2 与连接元素 1 相连，其状态从连接元素 1 传递，因此，其状态为 TRUE；连接元素 3 是垂直连接元素，它与水平连接元素 1 连接，其状态为 TRUE；连接元素 2 和连接元素 3 分别传递图形元素 4 和图形元素 5，由于图形元素 4 和图形元素 5 对应的变量 bInput2 和

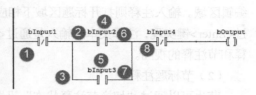

图 4.14　连接元素及状态的示例

bInput3 分别为常开触点，因此连接元素 6 和连接元素 7 的状态经图形元素的传递而成为 FALSE；因此，连接元素 8 的左侧所有的状态都为 FALSE。

4）连接元素的输入和输出数据类型必须相同。标准中，触点和线圈等图形元素的数据类型并不局限于布尔类型。因此，连接元素的输入/输出数据类型相同才能保证状态正确传递。

2．节

节是 LD 和 FBD 的基本实体，在 LD/FBD 编辑器中，节是按数值顺序安排的。每个节在左侧开始有一个节编号，并有一个由逻辑或算术表达式，程序，函数，功能块调用，跳转或返回指令组成的结构。节如图 4.15 所示，序号按顺序依次排列。

（1）节注释

一个节同时还可以分配一个标题、注释和标号。可以通过依次选择"选项"→"FBD、LD 和 IL 编辑器"，在出现的"FBD、LD 和 IL 编辑器"对话框的"常规"选项卡的视图区域中确定是否插入节标题和显示节注释，如图 4.16 所示。

图 4.15　节视图　　　　　　　图 4.16　插入节标题和显示节注释

如果上述选项被激活，用户可通过鼠标单击节的上边界的下方区域，为标题打开一个

编辑区域。输入注释则打开标题区域下相应的编辑区域。注释可以是多行的。换行可以通过<Enter>键实现，注释文本的输入是通过<Ctrl +Enter>组合键终止的。图 4.17 为节标题注释和节注释的视图。

（2）节标题注释

节也可以通过"切换节注释状态"设置为"注释状态"，设置后该节会像注释一样显示，不会被执行。

（3）节分支

通过从工具箱中插入" 匸 分支 "来创建 "子节"，如图 4.18 中使用了分支功能。

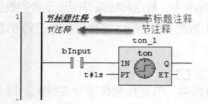

图 4.17　节标题注释与节注释

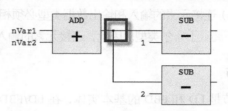

图 4.18　通过分支功能创建子节

3. 标号

标号是一个可选的标识符，并且当定义 "跳转" 时，可以确定其地址，它可以包含任何字符。

在节区域下，每个 FBD 或 LD 节都有一个文本输入区域来定义一个标号。标号是节的一个选择性辨识符，可以在定义跳转时寻址到，它可以包含任意顺序的字符。

在节的空白处右击，在弹出的快捷菜单中选择 "插入标号"，然后会弹出 "Label："的标号，用户可以对其进行编辑，如图 4.19 所示。

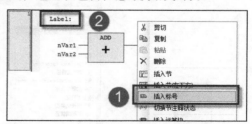

图 4.19　在节中添加标号

4. 触点

（1）触点类型

触点（Contact）是梯形图的图形元素，梯形图的触点沿用了电气逻辑图的触点术语，用于表示布尔型变量的状态变化。触点是向其右侧水平连接元素传递一个状态的梯形图元素。

触点可以分为常开触点（Normally Open Contact，NO）和常闭触点（Normally Closed Contact，NC）。常开触点指在正常工况下，触点断开，其状态为 FALSE。常闭触点指在正常工况下，触点闭合，其状态为 TRUE。表 4.8 列出了 CODESYS 梯形图中常用的触点图形符号及说明。

表 4.8　触点元素的图形符号与说明

类　型	图形符号	说　明
常开触点	‖	如果该触点对应当前布尔变量值为 TRUE 时，则该触点吸合，如触点左侧连接元素的状态为 TRUE 时，则状态 TRUE 被传递至该触点右侧，使右侧连接元素的状态为 TRUE。反之，当布尔变量值为 FALSE 时，右侧连接元素状态为 FALSE
常闭触点	⫽	如果该触点对应当前布尔变量值为 FALSE，则该常闭触点处于吸合状态，如触点左侧连接元素的状态为 TRUE 时，则状态 TRUE 被传递至该触点右侧，使右侧连接元素的状态为 TRUE。反之，当布尔变量值为 TRUE 时，触点断开，则右侧连接元素状态为 FALSE
插入右触点		可以进行多个触点的串联，在右侧插入触点。多个串联的触点都为吸合状态时，最后一个触点才能传输 TRUE
插入并联下常开触点		可以进行多个触点的并联，在触点下侧并联插入常开触点。两个并联触点中只需一个触点为 TRUE，则平行线传输 TRUE
插入并联下常闭触点		可以进行多个触点的并联，在触点下侧并联插入常闭触点。常闭触点默认为吸合状态，如该触点对应当前布尔变量值为 FALSE，左侧连接元素的状态为 TRUE，则该并联触点右侧传输 TRUE
插入并联上常开触点		可以进行多个触点的并联，在触点上侧并联插入常开触点。两个并联触点中只需一个触点为 TRUE，则平行线传输 TRUE

（2）状态传递规则

根据触点的状态和该触点连接的左侧连接元素的状态，按下列规则确定其右侧图形符号的状态。

1）当触点左侧图形元素状态为 TRUE 时，才能将其状态传递到触点右侧图形元素，根据下列原则进行传递。

- 如触点状态为 TRUE，则该触点右侧图形元素的状态为 TRUE。
- 如触点状态为 FALSE，则该触点右侧图形元素的状态为 FALSE。

2）当触点左侧图形元素状态为 FALSE 时，无论触点的状态如何，都不能将其状态传递到触点右侧图形元素，即右侧图形元素的状态为 FALSE。

3）触点左侧图形元素状态由 FALSE → TRUE 时，其有关变量也从 FALSE 变为 TRUE，则该触点的右侧图形状态从 FALSE 变为 TRUE，并保持一个周期，然后变为 FALSE，这称为上升沿触发。

4）触点左侧图形元素状态由 TRUE → FALSE 时，其有关变量也从 TRUE 变为 FALSE，则该触点的右侧图形状态从 TRUE 变为 FALSE，并保持一个周期，然后变为 TRUE，这称为下降沿触发。

5．线圈

（1）线圈类型

线圈是梯形图的图形元素，梯形图中的线圈沿用了电气逻辑图的线圈术语，用于表示布尔型变量的状态变化。

根据线圈的不同特性，可以分为瞬时线圈和锁存线圈，其中锁存线圈又分为置位线圈和复位线圈。表 4.9 列出了梯形图中常用的线圈图形符号及说明。

表 4.9　线圈元素的图形符号与说明

类　　型	图形符号	说　　明
瞬时线圈	-( )-	左侧连接元素的状态被传递到有关的布尔变量和右侧连接元素，如果线圈左侧连接元素的状态为 TRUE，则线圈的布尔变量为 TRUE，反之，线圈为 FALSE
置位线圈	-(S)-	线圈中有一个 S。当左侧连接元素的状态为 TRUE 时，该线圈的布尔变量被置位并且保持，直到由 Reset（复位）线圈的复位
复位线圈	-(R)-	线圈中有一个 R。当左侧连接元素的状态为 TRUE 时，该线圈的布尔变量被复位并且保持，直到由 Set（置位）线圈的置位

（2）线圈的传递规则

线圈是将左侧水平或垂直连接元素的状态毫无改变地传递到其右侧水平连接元素的梯形图元素。在传递过程中，将左侧连接的有关变量和直接地址的状态存储到合适的布尔变量中。相反，取反线圈是将其左侧水平或垂直连接元素的状态取反后传递到其右侧水平连接元素的梯形图元素。

置位线圈和复位线圈将左侧水平连接元素状态从 FALSE 至 TRUE 和从 TRUE 至 FALSE 的瞬间保持一个求值周期，其他时间将其左侧水平连接元素状态传递至右侧水平连接元素。

上升沿和下降沿跳变线圈在其左侧水平连接元素状态从 FALSE 至 TRUE 和从 TRUE 至 FALSE 的瞬间，将有关线圈的变量保持一个求值周期，其他时间将其左侧水平连接元素状态传递至其右侧连接水平元素。

在右侧没有规定只能连接一个元素，因此，用户可在右侧进行扩展，从而达到简化程序的目的。例如，可以在右侧并联其他线圈，如例 4.20 所示。

【例 4.20】线圈状态的传递。

图 4.20 显示了线圈状态的传递过程。当触点 bInput 闭合时，其触点右侧的连接元素状态也为 TRUE，分别经过水平和垂直连接元素后连接到线圈 bOutputVar1 和 bOutputVar2，并将其状态也置为 TRUE。

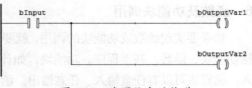

图 4.20　线圈状态的传递

（3）双线圈

所谓双线圈就是在用户程序中，同一个线圈使用了两次或两次以上，该现象称为双线圈输出。图 4.21（a）中有输出变量"bOutputVar1"两个线圈，在同一个扫描周期，两个线圈的逻辑运算结果可能刚好相反，即变量 bOutputVar1 的线圈一个可能"通电"，另外一个可能"断电"。对于变量 bOutputVar1 控制来说，真正起作用的是最后一个 bOutputVar1 的线圈的状态。

bOutputVar1 的线圈的通/断状态除了对外部负载起作用外，通过它的触点还可能对程序中别的变量的状态产生影响。因此，一般应避免出现双线圈输出现象，尽量使用图 4.21（b）中的并联方式来解决双线圈问题。

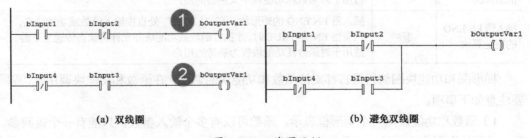

(a) 双线圈　　　　　　　　　　　　　　　　(b) 避免双线圈

图 4.21　双线圈示例

只要能保证在同一扫描周期内只执行其中一个线圈对应的逻辑运算，这样的双线圈输出就是允许的。下列 3 种情况允许双线圈输出。

- 在判断条件相反的两个程序段（如自动程序和手动程序）中，允许出现双线圈输出，即同一变量的线圈可以在两个程序段中分别出现一次。实际上，PLC 只执行正在处理的程序段中双线圈元件的一个线圈输出指令。
- 在调用条件相反的两个子程序（如自动程序和手动程序）中，允许出现双线圈现象，即同一变量的线圈可以在两个子程序中分别出现一次。子程序中的指令只是在该子程序被调用时才执行，没有调用时不执行。
- 为了避免双线圈输出，针对同一变量可以多次使用置位/复位指令。

6．函数及功能块调用

如果要实现函数或功能块的调用，就要用到运算块。运算块可以代表所有的 POU，包括功能块、函数，其至程序。功能块，如计时器、计数器等，可以在 FBD、LD 的节中插入。运算块可以有任意输入、任意输出。函数及功能块的图形符号与说明见表 4.10。

与触点和线圈一样，用户也可以在程序中插入功能块和函数。在网络中，它们必须有带布尔值的一个输入和一个输出，并可在相同位置上像触点那样使用，也就是在 LD 网络的左侧。

表 4.10　函数及功能块图形符号与说明

类　　型	图形符号	说　　明
插入运算块	📟	插入函数或功能块，根据弹出的对话框，通过鼠标选择想要使用的函数及功能块。适用于对函数和功能块不太熟悉的用户
插入空运算块	📟	直接插入矩形块，在"？？？"处直接输入函数或功能块名，适用于对函数及功能块较为熟悉的用户
插入带 EN/ENO 的运算块	📟	只有当 EN 为 TRUE 时，才执行函数或功能块并允许将状态传递至下游。适用于对函数和功能块不太熟悉的用户
插入带 EN/ENO 的空运算块	📟	插入带 EN/ENO 的矩形块，在"？？？"处直接输入函数或功能块名，只有当 EN 为 TRUE 时，才执行函数或功能块并允许将状态传递至下游。适用于对函数及功能块较为熟悉的用户

梯形图和功能块图编程语言都支持函数和功能块的调用，在函数和功能块调用时，需要注意如下事项。

1）函数和功能块用一个矩形框表示。函数可以有多个输入参数但只能有一个返回参数。功能块可以有多个输入参数和多个输出参数。

2）输入列于矩形框的左侧，输出列于矩形框的右侧。

3）函数和功能块的名称显示在框内的上中部，功能块需要将其实例化，实例名列于框外的上中部。用功能块的实例名作为其在项目中的唯一标识。

4）为了保证能流可以通过函数或功能块，每个被调用的函数或功能块至少应有一个输入和输出参数。为了使被连接的功能块执行，至少应有一个布尔输入经水平梯级连接到垂直的左电源轨线。

5）功能块调用时，可以直接将实际参数值填写在该内部形参变量名的功能块外部连接线处。

【例 4.21】调用功能块时实参的设置。

如图 4.22 所示，调用 TON 延时 ON 功能块，TON_1 为功能块 TON 实例化后的实例名。功能块的输入形参 PT 设置为 t#5s。输出形参 Q 及 ET，当不需要输出形参，如示例中的 ET 时，可以不连接变量。

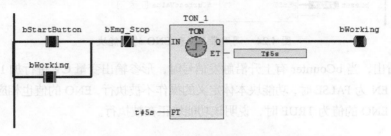

图 4.22 调用功能块时实参的设置

可以看到，功能块 TON 的输出 Q 连接到了线圈 bWorking，表示当触点 bStartButton 为 TRUE 且 bEmg_Stop 为 FALSE，持续时间超过 5s 后，bWorking 为 TRUE。当 bEmg_Stop 断开，即为 TRUE 时，bWorking 为 FALSE。

6）如果没有 EN 和 ENO 的专用输入/输出参数，则函数和功能块会自动执行，且将状态传递至下游。图 4.23 中，调用了带 EN 和 ENO 的功能块。

在工具箱中，可以选择插入标准运算块 "▥ 运算块"，或插入带有 EN/ENO 的功能块 "▥ 带有EN/ENO的功能块"。在编辑器中可以对功能块进行拖曳、释放、移动或复制。图 4.23 为标准的运算块与带有 EN/ENO 的运算块的比较。

(a) 标准的运算块   (b) 带有 EN/ENO 的功能块

图 4.23 FBD 中两种运算块比较

在图 4.23a 中，只要前端条件满足，该功能块就会被直接执行，而在图 4.23b 中，功能块只有当 EN 为 TRUE 时，该功能块才会被执行，否则，即使前端条件全部满足，该功能块也不会被程序执行。如果将图 4.23b 中的 EN 的输入信号置为常数 "TRUE"，此时图 4.23a 和图 4.23b 的作用是完全一致的。

【例 4.22】调用带 EN 和 ENO 的功能块。

图 4.24 为调用带 EN 和 ENO 的功能块，布尔输入量 bEnable 用于计数器功能块 CTU_0 的启动，bWorking 作为该功能块被启用的状态变量信号。

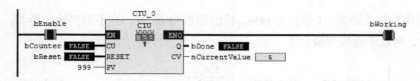

图 4.24　调用带 EN 和 ENO 的功能块

可以看出，当 bCounter 有上升沿触发信号时，形参输出变量 CV 进行加 1 计算。

- 当 EN 为 FALSE 时，功能块本体定义的操作不被执行，ENO 的值也相应为 FALSE。
- 当 ENO 的值为 TRUE 时，说明该功能块正在被执行。

7. 分配

可以将分配功能理解为运算块分配输入/输出。在工具箱中可以选择插入" -var 分配"
工具，将其拖曳至程序的编辑区中，此时编辑区中的运算块对应的输入/输出接口处会出现
灰色的菱形小图案，用户可以直接将其拖曳至接口处，插入之后，文本字符串 "???" 可
以用要分配的变量的名字替换，或使用 图标按钮调用"输入助手"，此时已完成了对运
算块输入/输出接口变量的分配。分配视图如图 4.25 所示。

8. 跳转执行

（1）跳转执行控制元素

跳转（Jump）执行控制元素用终止与双箭头的布尔
信号线表示。跳转信号线开始于一个布尔变量、一个函数或功能块的布尔输出或梯形图的
能流线。

图 4.25　分配视图

跳转分为有条件跳转和无条件跳转。

当跳转信号开始于一个布尔变量、函数或功能块输出时，该跳转是条件跳转。只有程
序控制执行到特定网络标号的跳转信号线及该布尔值为 TRUE 时才发生跳转。

无条件跳转，如跳转信号线开始于梯形图的左电源轨线时，该跳转是无条件的。在功
能块图编程语言中，如果开始于布尔常数 TRUE，该跳转也是无条件的。跳转执行控制元
素图形见表 4.11。

表 4.11　跳转执行控制元素的图形符号

跳转执行控制类型		执行控制元素的图形符号	说　明
无条件跳转	LD 语言	──▶ Label	直接无条件跳转至 Label
	FBD 语言	TRUE ──▶ Label	

续表

跳转执行控制类型		执行控制元素的图形符号	说　明
条件跳转	LD 语言	bInput ──┤├──▶Label	当 bInput 为 1 时，条件跳转至 Label
	FBD 语言	bInput ──▶Label	
条件跳转返回	LD 语言	bInput ──┤├──◀RETURN▷	当 bInput 为 1 时，条件跳转返回
	FBD 语言	bInput ──◀RETURN▷	

（2）跳转目标

在程序组织单元中，跳转目标是发生跳转的该程序组织单元内的一个标号。它表示跳转发生后，程序将从该目标开始执行。

（3）跳转返回

跳转返回（Return）可分为条件跳转返回和无条件跳转返回两类。

跳转返回适用于从函数、功能块的条件返回，当条件跳转返回的布尔输入量为 TRUE 时，程序执行将跳转返回到调用的实体，当布尔输入量为 FALSE 时，程序执行将继续以正常方式进行，无条件跳转返回由函数或功能块的物理结束来提供。如表 4.11 所示，将 RETURN 语句直接连接到左电源轨线表示无条件返回。

（4）跳转执行的组态

在工具箱中插入" ⇥ 跳转 "，插入之后，自动输入的"???"，跳转目标的标号替换。

可以直接输入目标的标号或者通过单击"⇥| ▭ "按钮使用输入助手进行选择，如图 4.26 所示，系统会自动筛选可以使用的标号供用户选择。

【例 4.23】跳转语句示例。

在气缸控制中，控制气缸电磁阀的伸出信号为 bExtrent，如果发出伸出信号 bExtrent 后 5s 内没有收到伸出传感器的反馈信号 bExtrented_Sensor1，则跳转至报警程序 Alarm。变量声明及程序如下：

```
PROGRAM PLC_PRG
VAR
    bExtrent:BOOL;
    bExtrented_Sensor1:BOOL;
    fb_TON:ton;
END_VAR
```

图 4.27 为跳转语句的示例程序，最终，当 **fb_TON** 功能块的输出信号 **Q** 和 **bExtrent** 信号同时满足时，"与"逻辑的输出信号 Alarm 被置为 TRUE。该样例代码可参考样例程序 \01 Sample\第 4 章\15 PRG_AlarmJump \。

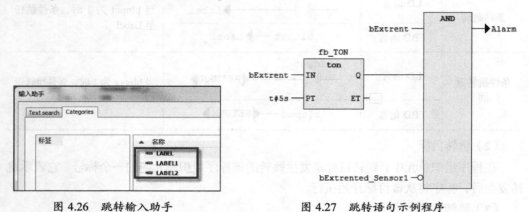

图 4.26 跳转输入助手   图 4.27 跳转语句示例程序

4.2.3 应用举例

【例 4.24】信号闪烁灯。

（1）控制要求

使用定时器和逻辑函数构成信号闪烁灯系统。该线路输出可使信号灯按一定的周期开（ON）和关（OFF）。

（2）编程

程序通过 **bLamp** 和 **bLamp1** 的交替开（ON）和关（OFF）实现信号闪烁灯的控制要求。程序以如图 4.28 所示的梯形图来实现。

用户可以通过 **t_SetValue** 来设定开（ON）和关（OFF）切换的时间，程序中将其设定为 500ms。具体变量的定义如下所示：

```
PROGRAM PLC_PRG
VAR
    fb_TON:ton;                      //TimeDelay
    t_SetValue:TIME:=t#500ms;        //SetTime
    bLamp AT%QX0.0:BOOL;             //Output0
    bLamp1 AT%QX0.1:BOOL;            //Output1
END_VAR
```

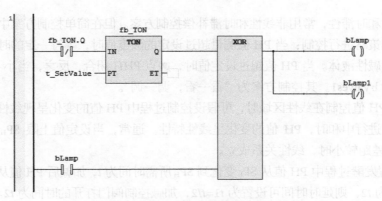

图 4.28　信号闪烁灯的梯形图程序

信号闪烁灯的输出效果如图 4.29 所示，bLamp 与 bLamp1 的输出曲线正好相反，其状态切换的时间正好为 1s。完整的样例代码可参考样例程序\01 Sample\第 4 章\16 PRG_SignalBlink\。

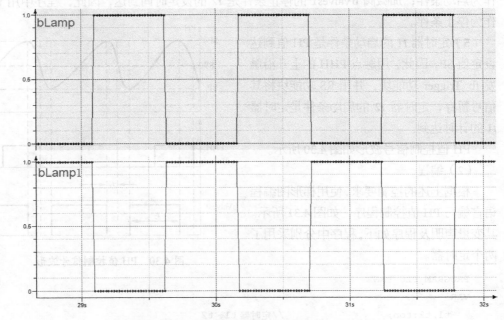

图 4.29　信号闪烁灯的输出图形

【例 4.25】PH 值控制系统。

（1）控制要求

在废水处理或者发酵的过程中常常需要采用 PH 值控制。PH 值控制系统的被控对象具有非线性和时滞性，常用非线性和时滞补偿控制方案。但在简单控制方案中也可以采用如下的控制策略进行控制：当 PH 值测量超过设定的酸度值时，等待一定的时间然后加入一定时间的碱性液体。当 PH 值超过设定值时，触点 PHH 闭合，反之，当小于设定值时，其加碱阀为 bValves1。其控制方案为"看一看，调一调"。

1）当 PH 值控制在线性区域时，可假设控制过程中 PH 值的变化呈现线性特性，即加碱液或酸液进行中和时，PH 值的变化呈线性特性。通常，当设定值上限 SP_H 和设定值下限 SP_L 之间差距较小时，线性关系成立。

2）设置发酵过程中 PH 值从 SP_L 变化到 SP_H 所需时间为 t，加碱后 PH 值从 SP_H 变化到 SP_L 的时间为 $t2$，则延时时间可设置为 $t1=t/2$，加碱控制阀门打开的时间为 $t2$。

3）实际 PH 值控制的设定值 $SP=(SP_H+SP_L)/2$。减少 SP_H 和 SP_L 之间的差值有利于提高控制精度。

4）加碱阀 bValves1 的启动条件是定时器 $t1$ 的设定时间到达，因此，程序中用 $t1.Q$ 作为启动条件；加碱阀 bValves1 的停止条件是 $t2$ 的设定时间到达，因此，程序中用 $t2.Q$ 作为停止条件。

5）定时器 $t1$ 的启动条件是 PH 值到达设定值 SP，因此，用触点 PHH 的上升沿触发 fb_Trigger 功能块，并用 RS 功能块将其信号暂存，定时器 $t2$ 的启动条件是定时器 $t1$ 的计时达到。

PH 值控制信号波形如图 4.30 所示。

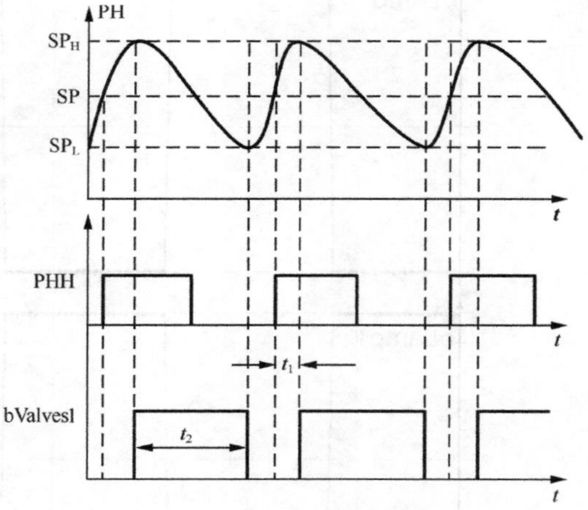

（2）编程

根据上述的控制要求，使用梯形图编程语言编写 PH 值控制程序，如图 4.31 所示。其变量声明及程序如下，程序中分别采用了两个定时器。

图 4.30　PH 值控制信号波形

```
PROGRAM PLC_PRG
VAR
    t1,t2:ton;                  //定时器t1、t2
    PHH:BOOL;                   //超过设定值信号
    bValves1 AT%QX0.0 :BOOL;    //加碱阀
    fb_R_Trig:R_Trig;
    fb_RS_0,fb_RS_1:RS;
END_VAR
```

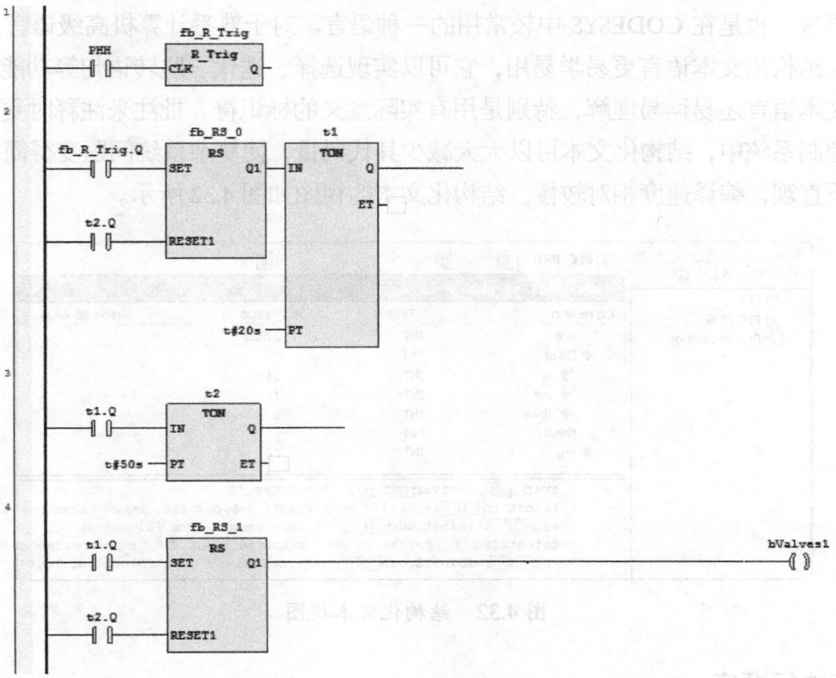

图 4.31　PH 值控制梯形图程序

在图 4.31 中，程序将定时器 *t1* 的时间设定为 20s，将定时器 *t2* 的时间设定为 50s。当 *t1* 的时间到达后马上触发 *t2* 定时器并打开加碱阀降低酸度，当 *t2* 定时时间到达后，关闭加碱阀。完整的样例代码可参考样例程序\01 Sample\第 4 章\17 PRG_pHControl\。

4.3　结构化文本（ST）

4.3.1　结构化文本编程语言简介

1．简介

结构化文本（ST）是一种高级的文本语言，可以用来描述功能、功能块和程序的行为，还可以在顺序功能图中描述步、动作和转变的行为。

结构化文本编程语言是一种高级语言，类似于 Pascal，是一种特别为工业控制应用而开发的语言，也是在 CODESYS 中较常用的一种语言。对于熟悉计算机高级语言开发的人员来说，结构化文本语言更易学易用，它可以实现选择、迭代、跳转语句等功能。此外，结构化文本语言还易读易理解，特别是用有实际意义的标识符、批注来注释时更加如此。在复杂控制系统中，结构化文本可以大大减少其代码量，使复杂系统问题变得简单，缺点是调试不直观，编译速度相对较慢。结构化文本的视图如图 4.32 所示。

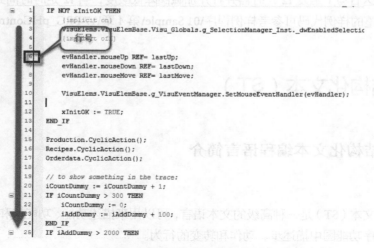

图 4.32　结构化文本视图

2．程序执行顺序

使用结构化文本的程序的执行顺序是根据"行号"从上至下，如图 4.33 所示，每个周期开始，先执行行号较小的程序行。

```
1   IF NOT xInitOK THEN
2       {implicit on}
3       VisuElems.VisuElemBase.Visu_Globals.g_SelectionManager_Inst._dwEnabledSelectic
4       {implicit off}
5
6       evHandler.mouseUp REF= lastUp;
7       evHandler.mouseDown REF= lastDown;
8       evHandler.mouseMove REF= lastMove;
9
10      VisuElems.VisuElemBase.g_VisuEventManager.SetMouseEventHandler(evHandler);
11
12      xInitOK := TRUE;
13  END_IF
14
15  Production.CyclicAction();
16  Recipes.CyclicAction();
17  Orderdata.CyclicAction();
18
19  // to show something in the trace:
20  iCountDummy := iCountDummy + 1;
21  IF iCountDummy > 300 THEN
22      iCountDummy := 0;
23      iAddDummy := iAddDummy + 100;
24  END_IF
25  IF iAddDummy > 2000 THEN
```

图 4.33　结构化文本程序执行顺序

3. 表达式执行顺序

表达式中包括操作符和操作数，操作数按照操作符指定的规则进行运算，得到结果并返回。操作数可以为变量、常量、寄存器地址和函数等。

【例4.26】表达式示例。

```
a+b+c;
3.14*R*R;
ABS(-10)+var1;
```

如果在表达式中有若干个操作符，则操作符会按照约定的优先级顺序执行：先执行优先级高的操作符运算，再顺序执行优先级低的操作符运算。如果在表达式中具有优先级相同的操作符，则这些操作符按照书写顺序从左至右执行。操作符的优先级见表4.12。

表 4.12　操作符优先级

操 作 符	符 号	优 先 级
小括号	（　）	最高
函数调用	Function name（Parameter list）	
求幂	EXPT	
取反	NOT	
乘法除法取模	* / MOD	
加法减法	+ -	
比较	<、>、<=、>=	
等于不等于	= <>	
逻辑"与"	AND	
逻辑"异或"	XOR	
逻辑"或"	OR	最低

4.3.2　指令语句

结构化文本语句主要有 5 种类型，即赋值语句、函数和功能块控制语句、选择语句、迭代（循环）语句、跳转语句。表 4.13 列举了所有结构化文本用到的语句。

表 4.13　结构化文本语句

语 句 类 型	表 示 形 式	示　例
赋值语句	:=	bFan:= TRUE;
函数及功能块控制语句	功能块/函数名（）；	
选择语句	IF	IF <布尔表达式> THEN <语句内容>； END_IF
	CASE	CASE <条件变量> OF <数值 1>: <语句内容 1>； … <数值 n>: <语句内容 n>； ELSE 　<ELSE 语句内容>； END_CASE;
迭代（循环）语句	FOR	FOR <变量> := <初始值> TO <目标值> {BY <步长>} DO <语句内容> END_FOR;
	WHILE	WHILE <布尔表达式> <语句内容>； END_WHILE;
	REPEAT	REPEAT <语句内容> UNTIL <布尔表达式> END_REPEAT;
跳转语句	EXIT	EXIT;
	CONTINUE	CONTINUE;
	JMP	<标识符>: … JMP <标识符>;
	RETURN	RETURN;
空语句	;	

1. 赋值语句

（1）格式及功能

赋值语句是结构化文本中最常用的语句之一，作用是将其右侧表达式产生的值赋给左侧的操作数（变量或地址），使用"`:=`"表示，具体格式如下：

```
<变量>:=<表达式>;
```

【例 4.27】分别给两个布尔型变量赋值，bFan 置为 TRUE，bHeater 置为 FALSE。

```
VAR
    bFan: BOOL;
    bHeater:BOOL;
END_VAR

bFan:= TRUE;
bHeater:= FALSE;
```

通过使用"`:=`"实现赋值功能。

（2）使用时的注意事项

1）数据类型的匹配。如果赋值操作符的两侧数据类型不同，那么应调用数据类型转换函数。例如，rVar1 是 REAL（实数）类型，iVar1 是 INT（整数）类型，当 iVar1 赋值给 rVar1 时，应调用 INT_TO_REAL 转换函数。例如：

```
rVar1:= INT_TO_REAL(iVar1);
```

2）一行中语句可以有多个，如"**arrData[1]:=3; arrData[2]:=12;**"，这两句语句写在了一行。

【例 4.28】一行中可有多条语句。

```
arrData1[i]:=iDataInLine1; arrData2[j]:= iDataInLine2;
```

3）函数调用时，函数返回值作为表达式的值，它应是最新的求值结果。

【例 4.29】函数调用的返回值作为表达式的值。

```
Str1:=INSERT(IN1:='CoDe', IN2:='Sys' ,P:=2);
```

2. 函数及功能块控制语句

函数及功能块控制语句用于调用函数和功能块。

（1）函数控制语句

函数调用后直接将返回值作为表达式的值赋给变量。例如，在"rVar1:=SIN（rData1）;"

语句中，调用正弦函数 SIN，并将返回值赋值给变量 rVar1。函数控制语句格式如下：

> 变量:=函数名（参数表）;

【例 4.30】函数控制语句示例。

```
rResult:=ADD (rData1, rData2); //使用 ADD 函数，将 rData1 加 rData2 的结果赋值给变量
                              //rResult
```

（2）功能块控制语句

在功能块调用中，采用将功能块名进行实例化方式来实现调用，如 Timer 为 TON 功能块的实例名。功能块控制语句格式如下：

> 功能块实例名（功能块参数）;

如果需要在结构化文本中调用功能块，那么可直接输入功能块的实例名称，并在随后的括号中给功能块的各参数分配数值或变量，参数之间以逗号隔开，功能块调用以分号结束。

例如，在结构化文本中调用功能块 TON 定时器，假设其实例名为 TON1，具体实现如图 4.34 所示。

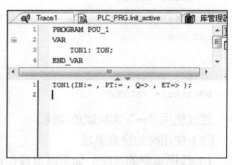

图 4.34　结构化文本调用功能块

3．选择语句

选择语句是根据规定的条件选择表达式来确定执行它所组成的语句，可分为 IF 和 CASE 两类。

（1）IF 语句

用 IF 语句实现单分支选择结构，基本格式如下。

```
IF <布尔表达式> THEN
    <语句内容>;
END_IF
```

使用上述格式时，只有<布尔表达式>结果为 TRUE，才执行<语句内容>，否则不执行 IF 语句的<语句内容>。<语句内容>可以为一条语句、并列的多条语句，甚至可以为空语句。 IF 语句执行流程如图 4.35 所示。

【例 4.31】使用 PLC 判断当前温度是否超过了 60℃，如果超过，始终打开风扇进行散热处理。具体实现代码如下：

```
VAR
    nTemp:BYTE;        (*当前温度状态信号*)
    bFan:BOOL;         (*风扇开关控制信号*)
END_VAR

nTemp:=80;
IF nTemp>60 THEN
    bFan:=TRUE;
END_IF
```

（2）IF...ELSE 语句

用 IF...ELSE 语句实现双分支选择结构，基本格式如下：

```
IF <布尔表达式> THEN
    <语句内容 1>;
ELSE
    <语句内容 2>;
END_IF
```

上述语句结构先判断<布尔表达式>的值，如果为 TRUE，则执行<语句内容 1>；如果为 FALSE，则执行<语句内容 2>。IF...ELSE 语句执行流程如图 4.36 所示。

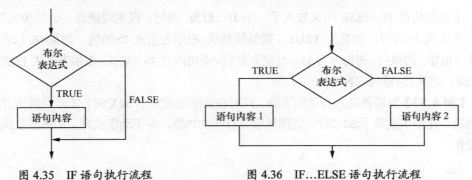

图 4.35　IF 语句执行流程　　　　　图 4.36　IF...ELSE 语句执行流程

【例 4.32】使用 PLC 进行温度判断，当温度小于 20℃时，开启加热设备，否则（温度大于或等于 20℃）加热设备转为断开状态。

```
VAR
    nTemp:BYTE;        (*当前温度状态信号*)
    bHeating:BOOL;     (*加热器开关控制信号*)
```

```
END_VAR

IF nTemp<20 THEN
    bHeating:=TRUE;
ELSE
    bHeating:=FALSE;
END_IF
```

当程序的条件判断不止一个时，需要嵌套 IF…ELSE 语句，即多分支选择结构，基本格式如下。

```
IF <布尔表达式 1> THEN
    IF <布尔表达式 2> THEN
     <语句内容 1>;
ELSE
     <语句内容 2>;
END_IF
ELSE
    <语句内容 3>;
END_IF
```

上述结构在 IF…ELSE 中又放入了一个 IF…ELSE 语句，以实现嵌套。该结构先判断<布尔表达式 1>的值，如果为 TRUE，则继续判断<布尔表达式 2>的值，如果<布尔表达式 2>为 TRUE，则执行<语句内容 1>，反之则执行<语句内容 2>，如果<布尔表达式 1>的值为 FALSE，则执行<语句内容 3>。

【例 4.33】当设备进入自动模式后，只有在实际温度大于 50℃时，才开启风扇并关闭加热器，在小于或等于 50℃时，关闭风扇并打开加热器。在手动模式时，加热器及风扇均不动作。

```
VAR
    bAutoMode: BOOL;     (*手动/自动模式状态信号*)
    nTemp:BYTE;          (*当前温度状态信号*)
    bFan:BOOL;           (*风扇开关控制信号*)
    bHeating:BOOL;       (*加热器开关控制信号*)
END_VAR
```

```
IF bAutoMode=TRUE THEN
    IF nTemp>50 THEN
        bFan:=TRUE;
        bHeating:=FALSE;
    ELSE
        bFan:= FALSE;
        bHeating:= TRUE;
END_IF
ELSE
    bFan:= FALSE;
    bHeating:=FALSE;
END_IF
```

（3）IF...ELSIF...ELSE 语句

此外，多分支选择结构还能通过如下方式来呈现，具体格式如下：

```
IF <布尔表达式 1> THEN
    <语句内容 1>;
ELSIF <布尔表达式 2> THEN
    <语句内容 2>;
ELSIF <布尔表达式 3> THEN
    <语句内容 3>;
...
ELSE
    <语句内容 n>;
END_IF
```

如果表达式<布尔表达式 1>为 TRUE，那么只执行<语句内容 1>，不执行其他指令。否则，从<布尔表达式 2>开始进行判断，直到其中的一个布尔表达式为 TRUE，然后执行与此布尔表达式对应的语句内容。如果布尔表达式的值都不为 TRUE，则只执行<语句内容 n>。IF...ELSIF...ELSE 语句执行流程如图 4.37 所示。

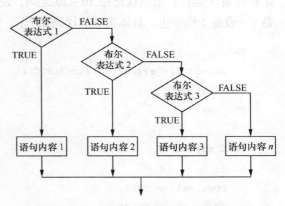

图 4.37 IF...ELSIF...ELSE 语句执行流程

（4）CASE 语句

CASE 语句也是多分支选择语句，它根据表达式的值来使程序从多个分支中选择一个用于执行的分支，基本格式如下：

```
CASE <条件变量> OF
    <数值 1>: <语句内容 1>;
    <数值 2>: <语句内容 2>;
    <数值 3，数值 4，数值 5>: <语句内容 3>;
    <数值 6 .. 数值 10>: <语句内容 4>;
    ...
    <数值 n>: <语句内容 n>;
ELSE
    <ELSE 语句内容>;
END_CASE;
```

CASE 语句按照下面的模式执行。

- 如果<条件变量>的值为<数值 i>，则执行对应的指令<语句内容 i>。
- 如果<条件变量>没有任何指定的值，则执行指令< ELSE 语句内容>。
- 如果条件变量的几个值都需要执行相同的指令，那么可以把这几个值相继写在一起，并且用逗号分开，这样，共同的指令被执行，如上述基本格式第 4 行。
- 如果需要条件变量在一定的范围内执行相同的指令，那么可以分别写入初值、终值，中间以两个点分隔，这样，共同的指令被执行，如上述基本格式第 5 行。

【例 4.34】当前状态为 1 或 5 时，设备 1 运行和设备 3 停止；状态为 2 时，设备 2 停止和设备 3 运行；当前状态在 10～20 之间，设备 1 和设备 3 均运行，其他情况时要求设备 1～设备 3 均停止。具体实现的代码如下：

```
VAR
    nDevice1,nDevice2,nDevice3:BOOL;    (*设备 1～设备 3 开关控制信号*)
    nState:BYTE;                        (*当前状态信号*)
END_VAR

CASE nState OF
1, 5:
    nDevice1 := TRUE;
    nDevice3 := FALSE;
```

```
2:
    nDevice 2 := FALSE;
    nDevice 3 := TRUE;
10..20:
    nDevice 1 := TRUE;
    nDevice 3:= TRUE;
ELSE
    nDevice 1 := FALSE;
    nDevice 2 := FALSE;
    nDevice 3 := FALSE;
END_CASE;
```

上述代码的流程图如图 4.38 所示，当 nState 为 1 或者 5 时，设备 1 运行，设备 3 停止；当 nState 为 2 时，设备 2 停止，设备 3 运行；当 nState 为 10～20 时，设备 1 和设备 3 均运行；其他情况则设备 1～设备 3 均停止。

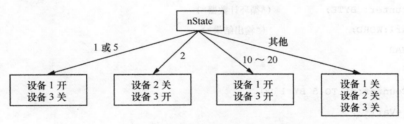

图 4.38　CASE 语句示例流程图

4. 迭代（循环）语句

迭代（循环）语句主要用于重复执行的程序，在 CODESYS 中，常见的迭代（循环）语句有 FOR、REPEAT 及 WHILE。下面对这类语句进行详细介绍。

（1）FOR 循环

FOR 循环语句用于计算一个初始化序列，当某个条件为 TRUE 时，重复执行嵌套语句并计算一个迭代表达式序列，如果为 FALSE，则终止循环，具体格式如下：

```
FOR <变量> := <初始值> TO <目标值> {BY <步长>} DO
    <语句内容>
END_FOR;
```

FOR 循环的执行顺序如下。

- 判断<变量>是否在<初始值>与<目标值>的范围内。
- 当<变量>在<初始值>与<目标值>范围之内时，执行<语句内容>。
- 当<变量>不在<初始值>与<目标值>范围之内时，则不会执行<语句内容>。
- 在每次执行<语句内容>时，<变量>总是按照指定的步长增加其值。步长可以是任意的整数值。如果不指定步长，则其默认值是 1。当<变量>大于<目标值>时，退出循环。

从某种意义上理解，FOR 循环的原理就像复印机，在复印机上先预设要复印的份数，在此即循环的条件，当条件满足时，即复印的张数等于设置的张数，停止复印。

FOR 循环是循环语句中较常用的一种，它体现了一种规定次数、逐次反复的功能，但由于代码编写方式不同，也可以实现其他循环功能。下面通过示例演示如何使用 FOR 循环。

【例 4.35】 使用 FOR 循环实现 2 的 5 次方计算。

```
VAR
    Counter: BYTE;           (*循环计数器*)
    Var1:WORD;               (*输出结果*)
END_VAR


FOR Counter:=1 TO 5 BY 1 DO
Var1:=Var1*2;
END_FOR;
```

假设 Var1 的初始值是 1，那么循环结束后，Var1 的值为 32。

注意

如果<目标值>等于<变量>的极限值，则会进入"死循环"。假设【例 4.35】中的计数变量 Counter 的类型为 SINT（范围为−128 ~ 127），若将<目标值>设定为 127，控制器就会进入"死循环"。因此，不能对<目标值>设置极限值。

（2）WHILE 循环

WHILE 循环与 FOR 循环使用方法类似，二者的不同之处是，WHILE 循环的结束条件可以是任意的逻辑表达式。WHILE 循环可以指定一个条件，当满足该条件时，执行循环，具体格式如下。

```
WHILE <布尔表达式>
<语句内容> ;
END_WHILE;
```

WHILE 循环的执行顺序如下。

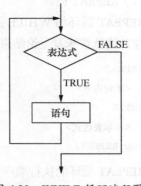

图 4.39 WHILE 循环流程图

- 计算<布尔表达式>的返回值。
- 当<布尔表达式>的值为 TRUE 时，重复执行<语句内容>。
- 当<布尔表达式>的值为 FALSE 时，<语句内容>不会被执行，将跳转至 WHILE 语句的结尾。WHILE 循环流程图如图 4.39 所示。

> **注意**
>
> 如果<布尔表达式>的值始终为 TRUE，那么将会产生"死循环"，应当避免"死循环"的产生。可以通过改变循环指令的条件来避免"死循环"的产生。例如，利用可增减的计数器避免"死循环"的产生。

WHILE 循环像在工程中控制一台电机，当按下"启动"按钮时（布尔表达式为 TRUE 时），电机不停旋转，当按下"停止"按钮后（布尔表达式为 FALSE 时），电机也立即停止。下面通过示例演示如何使用 WHILE 循环。

【例 4.36】只要计数器不为零，就始终执行循环体内的程序。

```
VAR
    Counter: BYTE;              (*计数器*)
    Var1:WORD;
END_VAR

WHILE Counter<>0 DO
Var1 := Var1*2;
Counter := Counter-1;
END_WHILE
```

在一定的意义上，WHILE 循环比 FOR 循环的功能更加强大，这是因为在执行循环之前，WHILE 循环不需要知道循环的次数。因此，在有些情况下，只使用 WHILE 循环就可以了。然而，如果清楚地知道了循环的次数，那么 FOR 循环更好，因为 FOR 循环可以避免产生"死循环"。

（3）REPEAT 循环

REPEAT 循环与 WHILE 循环不同，因为只有在指令执行以后，REPEAT 循环才检查结束条件，这就意味着无论结束条件如何，循环至少执行一次。其具体格式如下：

```
REPEAT
    <语句内容>
UNTIL
    <布尔表达式>
END_REPEAT;
```

REPEAT 循环的执行顺序如下。

- 当<布尔表达式>的值为 FALSE 时，执行<语句内容>。
- 当<布尔表达式>的值为 TRUE 时，停止执行<语句内容>。
- 在第一次执行<语句内容>后，如果<布尔表达式>的值为 TRUE，那么<语句内容>只被执行一次。

> **注意**
>
> 如果<布尔表达式>的值始终为 FALSE，那么将会产生"死循环"，应当避免"死循环"的产生。可以通过改变循环指令部分的条件来避免"死循环"的产生。例如，利用可增减的计数器避免"死循环"的产生。

下面通过示例演示如何使用 REPEAT 循环。

【例 4.37】利用 REPEAT 循环，当计数器为 0 时，停止循环。

```
VAR
    Counter: BYTE;
END_VAR

REPEAT
Counter := Counter+1;
UNTIL
Counter=0
END_REPEAT;
```

此例的结果为，每个程序周期都进入该 REPEAT 循环，Counter 为 BYTE（0 ~ 255），即每个周期内都进行了 256 次自加 1 计算。

因为之前提到过"无论结束条件如何，循环至少执行一次"，所以每当进入该 REPEAT 语句时，Counter 先为 1，每个周期内都执行了 256 次"Counter := Counter+1"指令，直到将 Counter 变量累加至溢出为 0，跳出循环。然后再次被加到溢出，如此往复。

5. 跳转语句

（1）EXIT 语句

如果 FOR、WHILE 和 REPEAT 循环中使用了 EXIT 指令，那么无论结束条件如何，内循环立即停止，具体格式如下。

```
EXIT;
```

【例 4.38】使用 EXIT 指令避免在使用迭代（循环）语句时出现除零情况。

```
FOR Counter:=1 TO 5 BY 1 DO
INT1:= INT1/2;
IF INT1=0 THEN
EXIT;            (* 避免程序出现除零情况*)
END_IF
Var1:=Var1/INT1;
END_FOR
```

当 INT1 等于 0 时，FOR 循环结束。

（2）CONTINUE 语句

CONTINUE 指令为 IEC 61131-3 标准的扩展指令，它可以在 FOR、WHILE 和 REPEAT 循环中使用。

CONTINUE 语句中断本次循环，忽略位于它后面的代码而直接开始一次新的循环。当多个循环嵌套时，CONTINUE 语句只能使直接包含它的循环语句开始一次新的循环，具体格式如下。

```
CONTINUE;
```

【例 4.39】使用 CONTINUE 指令避免在使用迭代（循环）语句时出现除零情况。

```
VAR
    Counter: BYTE;      (*循环计数器*)
    INT1,Var1: INT;     (*中间变量*)
    Erg: INT;           (*输出结果*)
END_VAR
FOR Counter:=1 TO 5 BY 1 DO
```

```
    INT1:= INT1/2;
  IF INT1=0 THEN
        CONTINUE;        (*避免出现除零情况 *)
  END_IF
    Var1:=Var1/INT1;    (*只有在 INT1 不等于 0 的情况下才执行*)
END_FOR;
Erg:=Var1;
```

（3）JMP 语句

JMP 跳转指令可以用于无条件跳转到使用跳转标记的代码行，具体格式如下。

```
<标识符>:
…
JMP <标识符>;
```

<标识符>可以是任意的标识符，它被放置在程序行的开始。JMP 指令后面为跳转目的地，即一个预先定义的标识符。当执行到 JMP 指令时，将跳转到标识符所对应的程序行。

> **注意**
> 必须避免出现"死循环"，可以配合 IF 条件语句控制跳转指令。

【例 4.40】使用 JMP 语句实现计数器在 0 ~ 10 范围内循环。

```
VAR
    nCounter: BYTE;
END_VAR

Label1:nCounter:=0;
Label2:nCounter:=nCounter+1;

IF nCounter<10 THEN
    JMP Label2;
ELSE
    JMP Label1;
END_IF
```

上例中的 Label1 和 Label2 属于标识符，不属于变量，故在程序中不需要进行变量声明。

通过 IF 语句判断计数器是否在 0 ~ 10 的范围内，如果在范围内，则执行语句"JMP Label2;"，程序会在下一个周期跳转至 Label2，执行代码"nCounter:=nCounter+1;"，将计数器进行自加 1，反之，则会跳转至 Label1，执行代码"nCounter:=0;"，将计数器清零。

此例中展示的功能同样可以通过使用 FOR、WHILE 或者 REPEAT 循环实现。通常情况下，应该避免使用 JMP 跳转指令，因为这样降低了代码的可读性和可靠性。

（4）RETURN 指令

RETURN 指令是返回指令，用于退出程序组织单元（POU），具体格式如下。

```
RETURN;
```

【例 4.41】使用 IF 语句作为判断，当条件满足时，立即终止执行本程序。

```
VAR
    nCounter: BYTE;
    bSwitch: BOOL;            (*开关信号*)
END_VAR

IF bSwitch=TRUE THEN
RETURN;
END_IF;
nCounter:= nCounter +1;
```

当 bSwitch 为 FALSE 时，nCounter 始终执行自加 1，而当 bSwitch 为 TRUE 时，nCounter 保持上一周期的数值，并立刻退出此程序组织单元（POU）。

6. 空语句

空语句表示什么内容都不执行，其具体格式如下。

```
;
```

7. 注释

注释是程序中非常重要的组成部分，它使程序更具可读性，同时不会影响程序的执行。在结构化文本编辑器的声明部分或执行部分的任何地方，都可以添加注释。

在结构化文本语言中，有以下两种注释方法。

1）多行注释，以（* 开始，以 *）结束。这种注释方法允许注释出现在多行，如图 4.40（a）所示。

2）单行注释，以"//"开始，一直到本行结束。单行注释的示例，如图 4.40（b）所示。注意，CODESYS V2 版本暂不支持此种注释方式。

```
(*                                              // gesture handling:
    bOperationActive:=FALSE;                    // only when mouseup was done
    bOrderActive:=FALSE;                        IF xRight AND bDragCanStart = FALSE THEN
    bRecipeActive:=FALSE;                            xRight := FALSE;
    bInfoActive:=FALSE;                             IF iMainAreaIndex < MAX_MODULES-1 THEN
    bServiceActive:=FALSE;                              iMainAreaIndex := iMainAreaIndex + 1;
    bSimulationActive:=FALSE;                           bIndexChanged := TRUE;
*)                                                   END_IF
    IF iMainAreaIndex = 0 THEN                  END_IF
        bOperationActive:=TRUE;
    ELSIF iMainAreaIndex = 1 THEN
        bOrderActive:=TRUE;
```

(a) 多行注释　　　　　　　　　　　(b) 单行注释

图 4.40　结构化文本语言注释

4.3.3　应用举例

【例 4.42】磁滞功能块 FB_Hysteresis。

（1）控制要求

该功能块有 3 个输入信号，分别为当前实时值输入信号、比较设定值输入信号和偏差值输入信号。此外，需要有一个输出值，当输出信号为 TRUE 时，只有在输入信号 IN1 小于 VAL-HYS 时，输出才切换到 FALSE；当输出信号为 FALSE 时，只有当输入信号 IN1 大于 VAL+HYS 时，输出才切换到 TRUE。

功能块 FB_Hysteresis 的输入/输出变量定义如下。

```
FUNCTION_BLOCK FB_Hysteresis
VAR_INPUT
    IN1:REAL;              //输入信号
    VAL:REAL;              //比较信号
    HYS:REAL;              //磁滞偏差信号
END_VAR
VAR_OUTPUT
    Q:BOOL;
END_VAR
```

图 4.41 所示为磁滞过程的示意图及功能块图形的示意图。

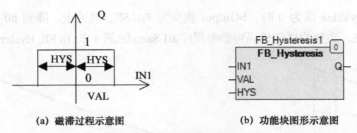

（a）磁滞过程示意图　　　　　　　（b）功能块图形示意图

图 4.41　磁滞功能块

（2）功能块编程

功能块本体用于判断输入信号的程序如下。

```
IF Q THEN
    IF IN1<(VAL-HYS) THEN
        Q:=FALSE;            //IN1 减小
    END_IF
ELSIF IN1>(VAL+HYS) THEN
    Q:=TRUE;                 //IN1 增加
END_IF
```

（3）功能块应用

FB_Hysteresis 功能块可以用于位信号控制，其中 **IN1** 连接过程变量 rActuallyValue，VAL 连接过程设定值 rSetValue，rTolerance 为所需的控制偏差，程序的声明部分如下：

```
PROGRAM POU
VAR
    fbHysteresis:FB_Hysteresis;    //fbHysteresis 是 FB_Hysteresis 功能块的实例
    rActuallyValue:REAL;           //实际测量值
    rSetValue:REAL;                //过程设定值
    rTolerance:REAL;               //偏差设定值
    bOutput AT%QX0.0:BOOL;         //位信号输出
END_VAR
```

程序的本体如下：

```
fbHysteresis(IN1:=rActuallyValue , VAL:=rSetValue , HYS:=rTolerance , Q=>bOutput );
```

上述的程序部分同样也可以用如下的程序表示，其结果是一样的。

```
fbHysteresis(IN1:=rActuallyValue , VAL:=rSetValue , HYS:=rTolerance);
bOutput:=fbHysteresis.Q;
```

图 4.42 所示为实际程序运行的结果图，程序中将 rSetValue 设定为 100，rTolerance 设定为 20。当 rActuallyValue 的数值由 0 开始递增，达到 120 时，bOutput 信号被置为 TRUE，

随后在 rActuallyValue 降为 0 时，bOutput 也变为 FALSE，理论上，降到 80 时，bOutput 就会变为 FALSE。完整的样例代码可参考程序\01 Sample\第 4 章\18 FB_Hysteresis\。

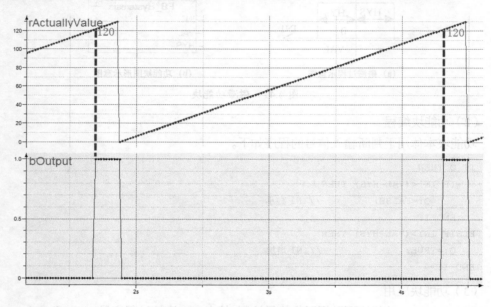

图 4.42　磁滞功能块程序运行结果

【例 4.43】时滞功能块 FB_Delay。

功能块 FB_Delay 是时滞功能块，它与 FB_Hysteresis 磁滞功能块不同。输出信号在时间上滞后输入信号的时间称为时滞。生产过程的被控对象常用一阶滤波环节加时滞描述。这里只介绍时滞功能块，不对一阶滤波做过多介绍。

时滞环节的传递函数是：

$$Y(s)=e^{-st}X(s)$$

假设采样周期为 T_s，则离散化后，得到，

$$Y(k)=X(k-N)$$

X 是时滞环节的输入信号；Y 是时滞环节的输出信号。设离散化所采用的采样周期是 T_s，则时滞 t 与采样周期之比为滞后拍数 N。

程序中采用数组存储输入信号，数组中存储不同时刻的采样数据，即第 1 单元存储时刻 $1 \times T_s$ 的采样值，第 i 单元存储时刻 $i \times T_s$ 的采样值。时滞时间与采样周期之比的整数值是 N（N 的小数部分去除后，用 N 表示）。因此，如果某时刻，输入信号存储在第 N 单元，则经时滞的输出信号应从第 1 存储单元输出。

（1）功能块 FB_Delay 的变量声明

```
FUNCTION_BLOCK FB_Delay
VAR_INPUT
    IN:REAL;                              //输入信号
    bAuto: BOOL;                          //自动/手动标志信号
    tCycleTime:TIME;                      //采样周期
    tDelayTime:TIME;                      //时滞时间
END_VAR
VAR_OUTPUT
    rOutValue:REAL;                       //经过时滞环节处理后的输出
END_VAR
VAR
    N:INT;                                //滞后拍数
    arrValue:ARRAY[0..2047] OF REAL;      //先进先出的数组堆栈
    i:INT;                                //数组的下标，用于输入
    j:INT;                                //数组的下标，用于输出
    fbTrig:R_TRIG;                        //将自动信号转化为脉冲
    fbTon:TON;
END_VAR
```

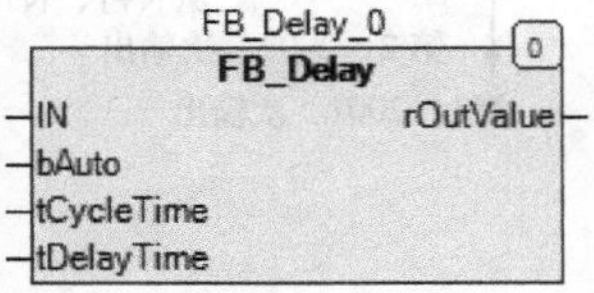

当填写完上述输入/输出参数后，通过图形化编程语言调用该功能块图可以看到图 4.43 所示的效果示意图。

图 4.43　FB_Delay 功能块图形示意图

（2）功能块 FB_Delay 的程序本体

```
N:=TIME_TO_INT(tDelayTime)/TIME_TO_INT(tCycleTime);
fbTrig(CLK:= bAuto);

IF fbTrig.Q THEN
    i:=N;
    j:=0;
END_IF
fbTon(IN:= NOT fbTon.Q , PT:=tCycleTime);
IF fbTon.Q AND bAuto THEN
    i:=(i+1)MOD 2000;
    arrValue[i]:=i;
    j:=(j+1)MOD 2000;
    rOutValue:=arrValue[j];
END_IF
```

功能块本体采用两个下标窗口来管理输入和输出信号的存放和输出。输入信号数据存放在数组 X 的 i 下标地址，初始值等于滞后拍数。输出信号在数组 X 的 j 下标地址，输出

初始值等于 0。采用取模的方法确定每次的存放和输出的地址，并在每次执行操作后，将原地址进行加 1 运算。保证在下次执行操作时，存放该次的输入和前 N 次输入信号作为该次输出。完整的样例代码可参考程序\01 Sample\第 4 章\ 19 FB_Delay\。

数组存储单元的数量由时滞大小和采样周期决定。当时滞越大，采样周期越小时，所需的存储单元越多。

在该例中，滞后拍数 N 为 2000。此外，数组的存储单元从 0 地址开始，实际应用从地址 0 开始。图 4.44 显示了输入窗口和输出窗口的关系。

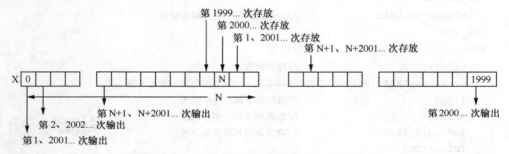

图 4.44　输入窗口和输出窗口的关系图

（3）使用功能块 FB_Delay 注意事项

滞后拍数 N 与时滞、采样周期有关，程序中用运行状态切换到自动状态的信号作为初始值设定的脉冲信号。

该功能块可与一阶滤波环节组合，用于模拟实际生产过程，进行控制系统仿真研究。

【例 4.44】计算最大值、最小值和平均值。

在一些工业控制中，常常需要计算若干测量值的平均值、最大值及最小值。下面使用结构化文本编程语言实现此类应用。

（1）控制要求

有一个窑炉，其内共有 32 个点需要测量温度值，分别将这 32 个点的最大值、最小值及平均值计算出来。

（2）程序编写

程序中分别定义最大值、最小值、累计总和及平均值，具体变量的定义如下所示：

```
PROGRAM PLC_PRG
VAR
    rMaxValue:REAL;                    //最大值
    rMinValue:REAL;                    //最小值
```

```
        rSumValue:LREAL;                          //总和
        rAvgValue:REAL;                           //平均值
        arrInputBuffer AT%IW100 :ARRAY[1..32] OF REAL;      //输入源数据
        i:INT;
    END_VAR
```

主体程序如下：

```
rSumValue:=0;
FOR i:=1 TO 32 BY 1 DO
rSumValue:=REAL_TO_LREAL(arrInputBuffer[i])+rSumValue;
    IF arrInputBuffer[i]> rMaxValue THEN
            rMaxValue:=arrInputBuffer[i];
    END_IF
    IF arrInputBuffer[i]< rMinValue THEN
            rMinValue:=arrInputBuffer[i];
    END_IF
END_FOR;
rAvgValue:=rSumValue/32;
```

使用 FOR…DO 语句扫描所有输入通道，计算平均值、最大值和最小值，此外计算总和。该样例代码可参考程序\01 Sample\第 4 章\20 PRG_MaxMinAvg\。

4.4 顺序功能图（SFC）

顺序功能图编程语言是为了满足顺序逻辑控制而设计的编程语言。在编程时，将顺序流程动作的过程分成步和转移条件，根据转移条件对控制系统的功能流程顺序进行分配，一步步地按照顺序动作，图 4.45 就是一个例子。每一步则代表一个控制功能任务，用方框表示。在方框内含有用于完成相应控制功能任务的控制逻辑。这种编程语言使程序结构清晰，易于阅读及维护，可以大大减少编程的工作量，缩短编程和调试时间，用于系统的规模较大、程序关系较复杂的场合。它的特点：以功能为主线，按照功能流程的顺序分配，条理清楚，便于对用户程序进行理解。

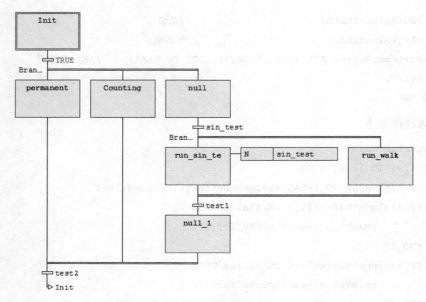

图 4.45　顺序功能图编程语言示例

4.4.1　顺序功能图编程语言简介

1. 基本结构

在 SFC 程序中，从初始步开始，当转移条件成立时，按顺序执行转移条件的下一个步，通过 END 步结束一系列的动作，其完整过程如图 4.46 所示。

1）如果启动了 SFC 程序，那么首先执行初始步，即图 4.46 中的步 0（S_0）；在初始步的执行过程中，程序将检查初始步的下一个转移条件，即判断图 4.46 中的"转移条件 0（t_0）"是否成立，如果成立，程序则跳转至下一个步，否则将会停留在这一步。

2）在"转移条件 0（t_0）"成立之前，仅执行初始步；当它成立时，将停止初始步的执行，执行初始步的下一个步"步 1（S_1）"，在执行"步 1（S_1）"

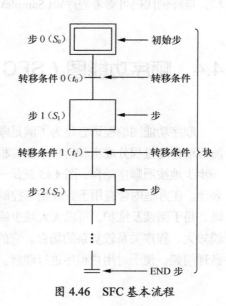

图 4.46　SFC 基本流程

的过程中，将检查"步 1(S_1)"的下一个转移条件，即检查图 4.46 中的"转移条件 1（t_1）"是否成立。

3）当"转移条件 1（t_1）"成立时，将停止"步 1(S_1)"的执行，执行"步 2（S_2）"。

4）按照转移条件的成立顺序依次执行下一个步，当执行 END 步时，相应块将结束。

2．程序特点

- 执行顺控的最佳选择。将自动运行的顺序照原样转换成图形描述即可，因此便于编程及理解程序。
- 易于理解的结构化程序。可采用图形进行层次化和模块化的编写，以便于试运行及维护。如图 4.47 所示，图的左边是设备运行的流程图，SFC 能够直接将左边的流程图转换为程序，编程人员只需在每个动作中加入相应的逻辑及适当的转移条件即可。
- 工序（步）间不需要互锁。使用 SFC 时并不需要考虑互锁，因为在前后步条件不满足的情况下，程序并不会执行其他步，所以不需要在触点互锁这方面考虑太多。
- 在多个工序中可使用同一线圈。由于 CPU 只对动作中的步进行运算，因此，即使在没有动作的步中存在相同的线圈，也不会被作为双线圈处理。

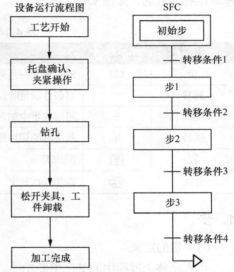

图 4.47 结构化的 SFC 程序

- 用图形监控动作状态。机械设备因为故障而停机时，通过监控，可以在画面上显示当前停止中的步，从而在第一时间查找出停机的原因，便于排除故障。
- 按工序进行运算处理。由于 CPU 只对动作中的步进行运算，因此使用适当的编程方法可以缩短扫描时间。
- 更容易设计和维护系统。因为整个系统和各个站以及机器本身的控制都是在一对一的基础上与 SFC 程序和步对应，所以即使顺控程序经验较少的人也可以设计和维护系统。此外，其他程序员也使用该格式设计的程序，相比其他编程语言，可读性更高。

4.4.2　SFC 的结构

　　在 SFC 编程语言的"工具箱"中可以添加 SFC 中
的工具，具体类型见表 4.14。其中，SFC 的基本元素
是步配合转移条件，整合各基本元素形成了几种基本
结构，任何一个复杂的或简单的 SFC 结构都是以这些
基本结构构成的，如图 4.48 所示。

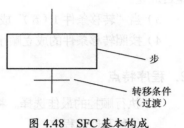

图 4.48　SFC 基本构成

表 4.14　SFC 工具箱

类　　型	图形符号	说　　　明
步	中	SFC 包含一系列的步，这些步通过有向的连接彼此联系
转移	✛	当条件满足时，执行下一个步，否则循环执行前一个步
动作	a	可以在步中加入入口动作和出口动作
跳转	↳	步之间的切换称为跳转，只有当步的转移条件为真时，步的跳转才进行
宏	申	添加宏
分支	中中	添加并行分支

1. 步

　　（1）步的定义

　　步表示整个过程中的某个主要功能。它可以是特定的时间、特定的阶段或者几个设备
执行的动作。步属于执行体，所有执行的逻辑代码都包含在其中，转移条件则是决定步的
状态，当上一步的转移条件成立时，则该步被激活，被激活的步将进入执行的状态。

　　在被激活期间，这个步会被反复扫描，直至转移条件成立，步的激活被解除，退出并
执行到下一个步，下一个步则被激活。

　　（2）步的组态

　　步分为两种：初始步和普通步。

　　• 初始步

　　初始步表示各个块开始的步，见表 4.15。可以选中对应的"步"，单击鼠标右键，选
择"初始步"或通过快捷菜单中的"申"图标按钮进行初始步的设定。如图 4.49（a）所
示，初始步的视图和普通步略有不同，初始步为双矩形方框（被一个双边线包围）的视图。
通过鼠标右键可以进行初始步的设定，如图 4.49（b）所示。

表 4.15 初始步

类型	图形符号	说　　明
初始步	🔲	用于将当前 SFC 编辑器中选中的步设置为初始步

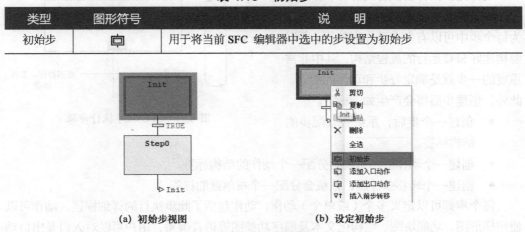

(a) 初始步视图　　　　　　　(b) 设定初始步

图 4.49　设定初始步

- 普通步

当前正在被执行的"普通步"也称为"活动步"。在线模式下，"活动步"填充成蓝色。

每步包括一个动作和一个标记，这个标记用来表示此步是否激活。如果单步动作正在执行，那么所在的步就会显示为蓝色的框，如图 4.50 所示。

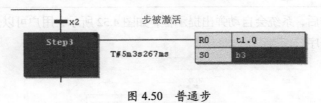

图 4.50　普通步

在一个控制循环中，活动步的所有动作都将执行。因此，当活动步之后的转移条件为 TRUE 时，它之后的步被激活，当前激活的步将在下个循环中再执行。

2．动作

（1）动作的定义

在上文中提到过，SFC 的执行过程最基本的结构就是步配合转移条件，每当步被激活时，将执行步的操作，直到转移条件成立才转至下一步。下一步被激活后开始新的执行动作，直到自己的转移条件成立才离开，按如此顺序往下执行。图 4.51 所示为一个 SFC 程序，可以看到步及转移条件在其中起到的作用。

动作是步具体要执行的操作，如阀门的开启、电机的起停或滑块的移动等。因为每个步中可以有多个动作在执行，所以要构建好 SFC 运行的流程结构，其中非常重要的一步就是确定好步和动作的组态。此外，创建步后将会产生如下标签。

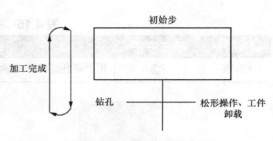

图 4.51　SFC 程序执行步骤

- 创建一个步后，系统会分配步的结构标签。
- 创建一个动作后，系统会分配一个动作的结构标签。
- 创建一个转移条件后，系统会分配一个布尔量的标签。

每个步都可以定义多个（或单个）动作，动作包括了此步执行的详细描述，动作可以使用梯形图、功能块图、结构化文本及顺序功能图等语言编写，用户可以对入口及出口动作进行编辑，其编辑动作的元素见表 4.16。

表 4.16　步的动作类型

类　型	图形符号	说　明
添加入口动作	🔲	步激活前执行的动作
添加出口动作	🔲	这个动作会在步执行完的下一周期执行

选择添加动作后，系统会自动弹出提示框，如图 4.52 所示，用户可以选择想要的编程语言来编写动作程序。

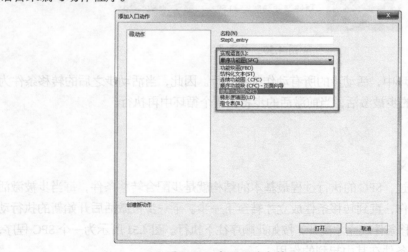

图 4.52　步的动作支持的编程语言

（2）限定符

限定符用来配置一个动作将以什么样的方式与 IEC 步相关联。限定符被插入到一个动作元素的限定符区域内，这些限定符由 IecSfc.library 的 SFCActionControl 功能块进行处理，并通过 SFC 插件 IecSfc.library 自动插入到项目中。SFC 限定符见表 4.17。

表 4.17 限定符

限定符	名 称	说 明
N	Non-stored	只要步激活，动作就激活
S_0	Set（Stored）	当步激活时，动作启动，步失效时，仍继续，直到动作重启
R0	Overriding Reset	动作失效
L	Time Limited	当步激活时，动作启动，动作会继续，直到步不活跃或设定时间已到
D	Time Delayed	激活后，延时器启动。延时后，如果步仍激活，动作开始，直到步失效
P	Pulse	当步激活/失效时，动作开始执行，且只执行一遍
SD	Stored and Time Delayed	延时后，动作开始，它会继续，直到重启
DS	Delayed and Stored	具体设定的时间延时之后，如果步仍激活，动作开始并继续，直到重启
SL	Stored and Time Limited	步激活后，动作开始，并继续一定时间或重启

当使用限定符 L、D、SD、DS 或 SL 时，需要定义一个时间值，格式为 TIME 类型。

【例 4.45】限定符 N 的应用示例。

如表 4.17 中的说明，限定符"N"的作用：只要对应的步被激活，则相应连接的变量也被激活。如图 4.53 中的 bVar2，每次 Step0 被执行，bVar2 就会被置位 ON，反之为 OFF。该限定符可以用于监控步的执行状态。

限定符 L、D、SD、DS 和 SL 需要一个时间常量格式的时间值，其格式为 T#+（数值）+（单位），如 5 秒的表示为：T#5s。

（3）动作的组态

用户可以在设备树中找到 POU，鼠标右键单击"添加对象"，选择"动作..."，

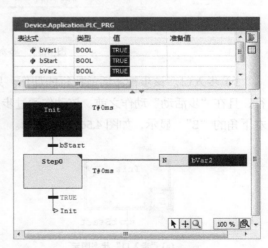

图 4.53 动作限定符 N

如图 4.54（a）所示，或者可以直接在工具栏中选择" ₐ 行为 "进行行为的添加，工具

栏如图 4.54（b）所示。

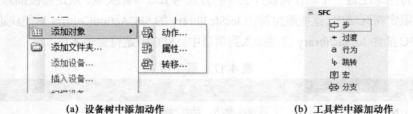

(a) 设备树中添加动作   (b) 工具栏中添加动作

图 4.54　添加"动作"方式

使用第 2 种方式，在工具栏中选择"行为"，将其拖曳至步的上方后，会显示图 4.55 左侧的 4 个灰色方框，可以将动作拖曳至对应的方框中，拖曳后会在步对应的"步属性"中也添加相应的设置，如图 4.55 右侧部分所示。

图 4.55 中的"1"处为 IEC 标准步的动作，CODESYS 扩展了 IEC 标准的动作，额外加入了"步入口"、"步出口"和"步活动"3 个动作，3 种扩展动作分别为图 4.55 中的"2"~"4"处。

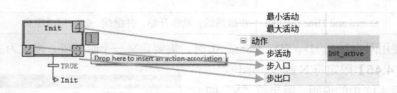

图 4.55　添加"动作"

1）步入口。该步被激活前执行的动作。只要该步被程序激活，这些步动作就会被执行，且在"步活动"动作之前。该动作通过步属性的"步入口"区域关联到步。它通过步左下角的"E"显示，如图 4.56（a）所示。

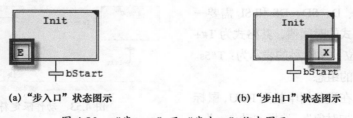

(a)"步入口"状态图示   (b)"步出口"状态图示

图 4.56　"步入口"及"步出口"状态图示

2）步出口。这个动作会在步执行完的下一周期执行，当步无效时，它会被执行一遍，但不会在同一个周期执行，而放在下一步执行周期的开始。动作通过步属性的"步出口"区域关联到步。它通过步右下角的"X"显示，如图 4.56（b）所示。

3）步活动。步激活时，步动作才会被执行。动作通过步属性的"步活动"区域入口关联到步。它通过步右上角的小三角显示，如图 4.57（a）所示。

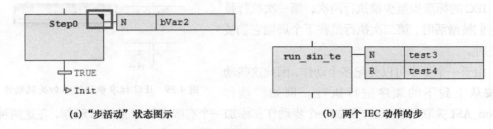

(a)"步活动"状态图示　　　　　　　　　　**(b) 两个 IEC 动作的步**

图 4.57　"步活动"及两个 IEC 动作的步

包含两个 IEC 动作的步如图 4.57（b）所示。在图 4.58 中，使用了限定符 D，该示例对应的程序变量声明如下所示：

```
PROGRAM PLC_PRG
VAR
    b1,b2,b3: BOOL;
    X1, X2: BOOL;
    Time1:TIME:=T#5S;
END_VAR
```

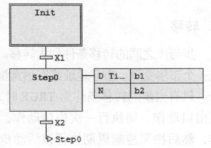

图 4.58　限定符 D 示例

当转移条件变量 X1 为 TRUE 后，程序会执行步 Step0，与此同时，对应的步激活状态变量 b2 为 TRUE。由于 b1 对应的限定符为 D，而具体的时间在程序的声明区定义的是变量 Time1，即为 5s，因此，当 Step0 执行 5s 后，b1 变量由 FALSE 置为 TRUE。

（4）步关联动作

步关联动作分为插入前关联动作和插入后关联动作，见表 4.18。使用当前步时，先用鼠标选中步，如 Step0，然后选择菜单栏中的"SFC"→"插入前关联动作"命令，将 IEC 步动作与步进行关联，一个步可以关联一个或多个动作。新动作的位置由当前光标位置及使用的命令决定，动作必须在工程内是可用的，并且被插入时必须采用一个唯一的动作名称，如图 4.59 所示。

表 4.18　步关联动作

类　　型	图 形 符 号	说　　明
插入前关联动作	⬛↑	在步中添加前关联动作
插入后关联动作	⬛↓	在步中添加后关联动作

　　IEC 的标准步至少被执行两次，第一次执行是在它们被激活时，第二次执行是在下个周期它们被禁止时。

　　由于一个步中可以分配多个动作，因此这些动作按从上到下的顺序进行执行。例如，动作

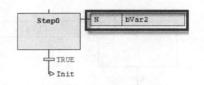

图 4.59　IEC 标准步动作添加关联动作

Action_AS1 关联到步 AS1，添加一个步动作和添加一个有限定符 N 的 IEC 动作，在这两种情况下，假设转移条件都已经满足，初始步再次到达需要花费 2 个循环周期的时间。假设，一个变量 iCounter 在 Action_AS1 中增加，再次激活步 Init 之后，步动作例子中的 iCounter 值为 1，而拥有限定符 N 的 IEC 动作的 iCounter 的值却是 2。

3．转移

　　步与步之间的转移条件称为转移。转移条件的值必须是 TRUE 或 FALSE，因而它可以是一个布尔变量、布尔地址或布尔常量。

　　只有当步的转移条件为 TRUE 时，步的转换才能进行。前步的动作执行完后，如果有出口动作，则执行一次出口动作，如果后步有入口动作，则执行一次后步入口的动作，然后按照控制周期执行该活动步的所有动作。顺序功能图中和步转移相关的操作见表 4.19。

表 4.19　SFC 中的转移操作

类　　型	图 形 符 号	说　　明
插入前步转移	ꁢ↑	在步之前插入转移条件
插入后步转移	ꁢ↓	在步之后插入转移条件

　　通常而言，转移拥有不同的方式，下面介绍顺序功能图中常会用到的几种转移方式。

（1）串行转移

　　串行转移是指通过转移条件成立而转移至串行连接的下一步执行处理的方法，这是最常用的转移方式。

如图 4.60 所示，执行步 n 的动作输出[A]时，如果转移条件 b 为 TRUE，程序执行步（n+1）动作输出[B]。

（2）选择转移

选择转移是指在并列连接的多个步中，仅执行最先成立的转移条件的步的方式。

1）选择分支转移示意图如图 4.61 所示。

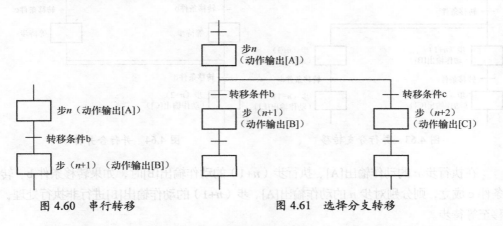

图 4.60 串行转移   图 4.61 选择分支转移

在执行步 n 的动作输出[A]时，选择转移条件 b 或 c 中最先成立的条件的步[步（n+1）或步（n+2）]，执行该步的动作输出（[B]或[C]）。转移条件同时成立时，左侧的转移条件优先。对步 n 的动作输出[A]进行非执行处理。选择后，依次执行所选列的各个步，直至进行合并为止。

2）选择合并转移示意图如图 4.62 所示。

如果分支中执行步的转移条件（b 或 c）成立，则对执行步的动作输出（[A] 或者[B]）进行非执行处理，执行步（n+2）的动作输出[C]。

（3）并行转移

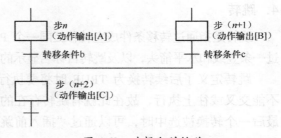

图 4.62 选择合并转移

并行转移是指，通过转移条件成立，同时执行并行连接的多个步的方式。

1）并行分支转移如图 4.63 所示。

执行步 n 的动作输出[A]，如果转移条件 b 成立，则同时执行步（n+1）的动作输出[B]、步（n+3）的动作输出[D]。

转移条件 **c** 成立时，转移执行步（*n*+2），转移条件 **d** 成立时，转移执行步（*n*+4）。

2）并行合并转移示意图如图 4.64 所示。

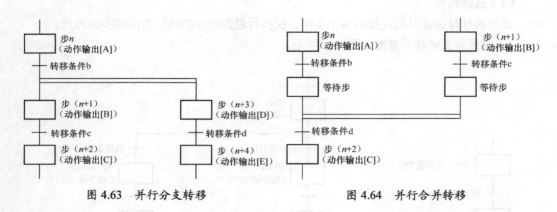

图 4.63　并行分支转移　　　　　　　图 4.64　并行合并转移

在执行步 *n* 的动作输出[A]、执行步（*n*+1）的动作输出[B]时，如果转移条件 b、转移条件 c 成立，则分别对步 *n* 的动作输出[A]、步（*n*+1）的动作输出[B]进行非执行处理，转移至等待步。

等待步是用于使并行处理的步同步的步，通过将并行处理的所有的步转移至等待步，对转移条件 d 进行检查，如果转移条件 d 成立，则执行步（*n*+2）的动作输出[C]。等待步被作为虚拟步，即使没有动作输出也没有关系。

4．跳转

跳转是指通过转移条件成立转移至同一个 POU 内的指定步的执行处理方式。它是通过一条竖线和水平箭头，以及跳转目标名显示的，如"⌐▷Step0"。

跳转定义了后续转换为 TRUE 时将要执行的步。因为按照程序的执行顺序，程序不能交叉或往上执行，故在此就有跳转存在的必要了。跳转只能用在分支的最后。当最后一个转换被选中时，可以通过"插入前跳转"命令插入。跳转的可执行的操作见表 4.20。

表 4.20　SFC 中的跳转元素

类　型	图形符号	说　明
插入前跳转	⌐↑	在步前添加跳转
插入后跳转	⌐↓	在步后添加跳转

跳转的目标可以通过关联的文本字符串给定，它可以是一个步名或平行分支的标签，如图 4.65 所示。

执行步 *n* 的动作输出[A]时，如果转移条件 b 成立，则对动作输出[A]进行非执行处理，执行步 *m* 的动作输出[B]。

在并行转移内进行跳转时，只能在分支的各个纵方向进行跳转。例如，从分支起至合并为止的纵方向内的跳转程序，如图 4.66 所示。

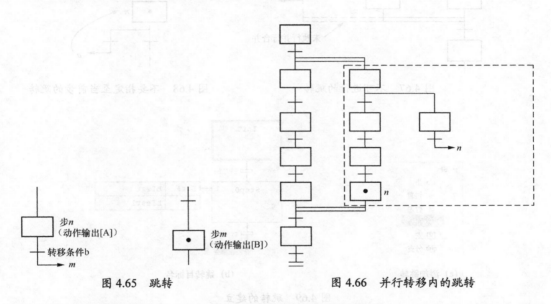

图 4.65　跳转　　　　　　　　　　　图 4.66　并行转移内的跳转

不能创建的跳转程序：向分支内的其他纵向梯形图的跳转，向并行分支外部的跳转及从并行分支外部向并行分支内的跳转。例如，向并行分支外部的跳转程序，如图 4.67 所示。

例如，如图 4.68 所示的转移条件成立时，不要指定至当前步的跳转。如果指定了至当前步的跳转，则无法正常动作。

建立跳转的步骤如下：

在工具箱中找到"跳转"即可实现跳转的插入，如图 4.69a 所示。添加后，输入跳转目标名，如图 4.69b 所示，如跳转的目标是 Step0，就直接写入 Step0 即可。

图 4.70 所示的是跳转指令的一个典型应用，如当跳转指令 t42 条件满足后，根据程序则会自动跳转至 step1，并重新进入程序循环。

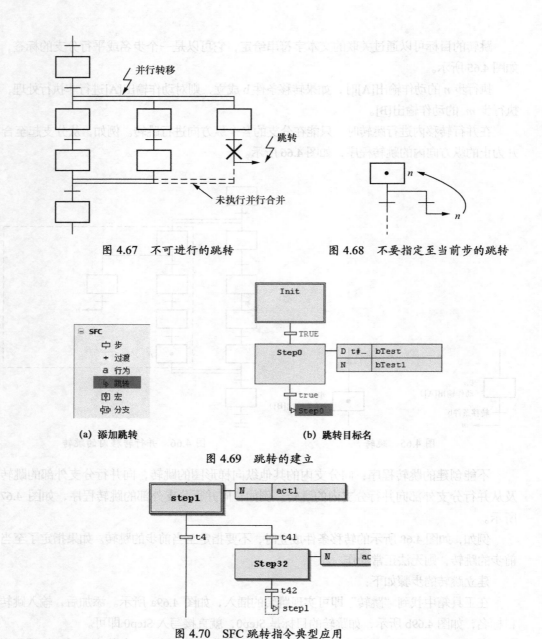

图 4.67　不可进行的跳转　　　　图 4.68　不要指定至当前步的跳转

(a) 添加跳转　　　　　　(b) 跳转目标名

图 4.69　跳转的建立

图 4.70　SFC 跳转指令典型应用

5. 宏

同其他软件对宏的定义一样，SFC 程序中的宏的主要功能也是为了避免很多重复性的工作，用户只需提前将宏定义好，随后在程序中对其调用即可。对宏常见的操作见表 4.21。

表 4.21 SFC 中的宏元素

类　型	图形符号	说　明
插入宏	舀↑	插入宏
添加宏	舀↓	添加宏
进入宏	▷	即打开宏编辑器视图
退出宏	◁	可以返回到 SFC 标准视图

6. 隐含变量

每个 SFC 步和 IEC 动作提供隐含变量供监视步和动作时所用，此外还可以定义变量来监视和控制 SFC 执行。这些隐含变量的类型在库 **IecSFC.library** 中定义。SFC 对象添加时库会自动被添加。

在 SFC 编程语言里有些隐含变量可以外部调用，正常情况下这些变量不显示出来。若要使用这些变量，需要对 SFC 属性做设置。右击 SFC 语言的 POU 并选择"属性"，在弹出的属性对话框中单击"SFC 设置"选项卡，选中需要使用的变量前的复选框，如图 4.71 所示。

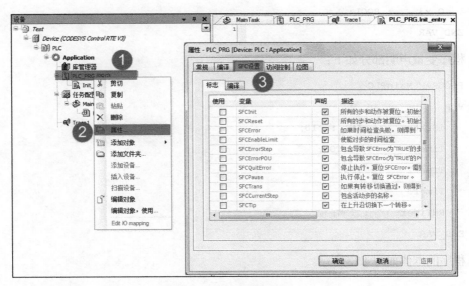

图 4.71 SFC 隐含变量

为了访问这些标识使它们工作，必须声明和激活，这可在"SFC 设置"选项卡中设置。如果需使用该变量，则必须选中变量前的"使用"复选框，该变量在其描述中也说明了其具体的使用方法。

4.4.3 应用举例

【例 4.46】流水灯 PRG_FlowingLights。

（1）控制要求

使用 SFC 编程语言实现 3 个灯泡的流水灯功能，切换时间由定时器 TON 确定。

（2）编程

全局变量声明部分如下：

```
VAR_GLOBAL
// Inputs
    I_xSwitch : BOOL;
// Outputs
    O_x1     : BOOL;
    O_x2     : BOOL;
    O_x3     : BOOL;
END_VAR
```

程序变量声明部分如下：

```
PROGRAM MainPLC
VAR
    iState    : INT := 10;
    Timer1    : TON;
    Timer2    : TON;
    Timer3    : TON;
    RdTimer   : TON;
END_VAR
```

程序的本体如图 4.72 所示。

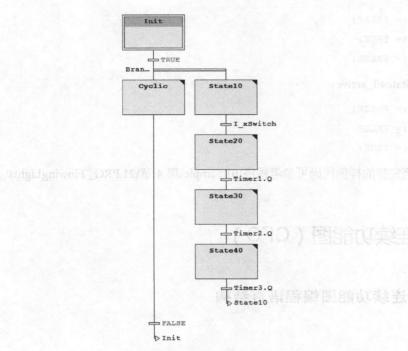

图 4.72 程序本体

动作 Cyclic_active：

```
Timer1(IN:= O_x1, PT:= T#2S, Q=> , ET=> );
Timer2(IN:= O_x2, PT:= T#3S, Q=> , ET=> );
Timer3(IN:= O_x3, PT:= T#8S, Q=> , ET=> );
```

动作 State10_active：

```
O_x1 := FALSE;
O_x2 := FALSE;
O_x3 := FALSE;
```

动作 State20_active：

```
O_x1 := TRUE;
O_x2 := FALSE;
O_x3 := FALSE;
```

动作 State30_active：

```
O_x1 := FALSE;
O_x2 := TRUE;
O_x3 := FALSE;
```

动作 State40_active：

```
O_x1 := FALSE;
O_x2 := FALSE;
O_x3 := TRUE;
```

该示例完整的样例代码可参考程序\01 Sample\第 4 章\21 PRG_ FlowingLights\。

4.5 连续功能图（CFC）

4.5.1 连续功能图编程语言结构

1．简介

连续功能图（CFC）实际上是功能块图（FBD）的另一种形式。在整个程序中，可以自定义运算块的顺序，易于实现流程运算，它用于描述资源的顶层结构，以及程序和功能块对任务的分配。

连续功能图和功能块图之间的主要区别是资源和任务分配的不同。每一功能用任务的名称来描述。如果一个程序内的功能块像它的父程序一样在相同的任务下执行，任务关联是隐含的。连续功能图示意图如图 4.73 所示。

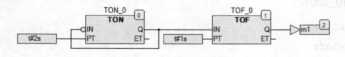

图 4.73 连续功能图示意图

2．执行顺序

在 CFC 编程语言里，元素右上角的数字显示了在线模式下 CFC 中元素的执行顺序。执行流程从编号为 0 的元素开始，在每个 PLC 运算周期内，0 号元素总是第一个被执行，如图 4.74 所示。当手动移动该元素时，它的编号仍保持不变。当添加一个新元素时，系统自动按照拓扑序列（从左到右、从上到下）向它赋予一个编号。

CFC 编程语言中运算块、输出、跳转、返回和标签元素的右上角的数字，显示了在线模式下 CFC 中元素的执行顺序。考虑到执行顺序会影响结果，在一定情况下可以改变执行顺序。通过菜单"CFC"下"执行顺序"中的子菜单命令可以改变元素的执行顺序。

执行顺序包含的选项有：置首、置尾、向上移动、向下移动、设置执行顺序、按照数据流排序和按拓扑排序，如图 4.75 所示。

图 4.74　CFC 编程语言顺序编号

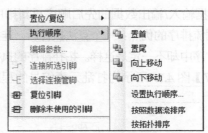

图 4.75　CFC 顺序编排

1）置首

把选中元素移到执行顺序的首端。如果选中多个元素执行这个命令时，选中元素的原有的内部顺序保持不变；未选中元素的内部顺序也保持不变。

2）置尾

把所有选中元素移到执行顺序的末端。选中元素的内部顺序保持不变；未选中元素的内部顺序也保持不变。

3）向上移动

把所有选中元素（如果某个元素已在执行顺序的首端，那么除去该元素）在执行顺序上向前移动一位。例如，选中 3 号元素执行"向上移动"命令，结果是 2 号元素与 3 号元素的执行顺序互换了一下，其余都不变。

4）向下移动

把所有选中元素（如果某个元素已在执行顺序的末端，那么除去该元素）在执行顺序上向后移动一位。

5）设置执行顺序

该命令可以对选中元素重新编号，调整元素的执行顺序。执行"设置执行顺序"命令后，会打开"设置处理顺序"对话框，在"当前处理顺序"区域显示当前单元编号，用户可以在"新处理顺序"文本框中输入需要的单元编号，括弧内的值为可选值，如图 4.76 所示。

图 4.76　设置执行顺序

6）按照数据流排序

表示各个元素按照数据流顺序执行，而不是依照元素所在位置（拓扑）决定执行顺序。执行"按照数据流排序"命令后，CFC 编辑器内部做如下操作。

- 按照拓扑对所有元素进行排序。
- 创建一个新的执行顺序链表。
- 再根据输入/输出数据的先后顺序重新排序。

按照数据流排序的优点：一个算法执行后，连接到它的输出引脚上的算法块会立刻执行；但是在拓扑排序中却不一定是这样。拓扑排序的执行结果可能和数据流排序的执行结果不同。

【例 4.47】图 4.77 所示为打乱元素编号的程序，使用"按照数据流排序"的排序方法查看结果。

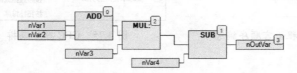

图 4.77　按照数据流排序之前

选中全部元素后执行"按照数据流排序"，结果如图 4.78 所示。

图 4.78　按照数据流排序之后

元素的编号按照数据流的流向重新编排，函数 MUL 和 SUB 的执行顺序较之前有了改变。

7）按拓扑排序

按拓扑排序表示各个元素按照拓扑顺序执行，而不是按照元素数据流决定执行顺序。按拓扑排序后，元素按照从左到右，从上到下的顺序执行，即左边的元素的执行顺序编号小于右边的元素，上边的小于下边的。按拓扑排序依据的是元素的位置坐标，与连线位置无关。

【例 4.48】图 4.79 所示为打乱元素编号的程序，使用"按拓扑排序"的排序方法查看结果。

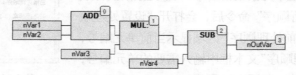

图 4.79　使用按拓扑排序之前

选中 SUB 函数，执行"按拓扑排序"命令后，结果如图 4.80 所示。

4.5.2 连接元素

CFC 的元素包括指针、输入、输出、跳转、标签、返回和注释等，如图 4.81 所示，具体描述见表 4.22。

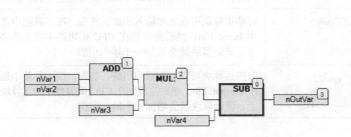

图 4.80 使用按拓扑排序之后

图 4.81 CFC 的元素

表 4.22 CFC 插入元素一览

插入图标	类型	图形符号	说　明
▶	指针		默认在工具箱最上方。一旦这个条目被选中，光标变成箭头形状，可以选择编辑窗口中的元素来放置并编辑它
▭	输入	???	通过"???"选择变量或常量
▭	输出	???	通过"???"选择变量或常量
▦	运算块	???	运算块可以代表操作符、函数、功能块或程序。"???"代表的文本可以选中并替换为操作符、函数、功能块或程序名 插入功能块后，另一个"???"会出现在运算块的上方，必须用功能块实例的名字代替它
▭	跳转	???	跳转元素用来指示程序从哪里继续。通过修改标签名"???"进行设定
▭	标签	???	标签标记了程序可以跳转的位置

插入图标	类型	图形符号	说　明
	返回	RETURN	注意，在在线模式中，返回元素是自动在第一列及最后一个元素后的。在运行步骤中，离开 POU 前自动执行
	合成器	???	用来处理一个运算块的一种结构体类型的输入变量
	选择器	???	选择器同合成器相反，是用来处理运算块的输出的一类结构体的
	注释	<在此处添加注释>	用该元素可以为图表添加注释。选中文本，即可以输入注释。用户可以用<Ctrl+Enter>组合键在注释中换行
	输入引脚	ADD	有些运算块可以增加输入引脚。首先，在工具箱中选中 Input Pin，然后拖放到在 CFC 编辑器中的运算块上，该运算块就会增加一个输入引脚
	输出引脚	???	有些运算块可以增加输出引脚。首先，在工具箱中选中 Output Pin，然后拖放到在 CFC 编辑器中的运算块上，该运算块就会增加一个输出引脚

1．输入/输出

（1）输入

在 CFC 工具箱中，插入 "■" 符号可以添加输入功能。在 CFC 编辑器中插入后的图示为 " ??? "。

选中 "**???**" 文本，然后修改为变量或者常量。通过输入助手，可以选择一个有效标识符。

（2）输出

在 CFC 工具箱中，插入 "■" 符号可以添加输出功能。在 CFC 编辑器中插入后的图示为 " ??? 0 "。

选中 "**???**" 文本，然后修改为变量或者常量。通过输入助手，可以选择一个有效标识符。

2．运算块

在 CFC 工具箱中，插入 "■" 符号可以添加运算块功能。在 CFC 编辑器中插入后的图示为 " ??? 0 "。

运算块可用来表示操作符、函数、功能块和程序。插入运算块后，选中运算块的 "**???**"

文本框，可以将其修改为操作符名、函数名、功能块名或者程序名。或者，可以通过"输入助手"选择输入一个有效的对象。

【例 4.49】通过运算块，在 CFC 编程语言中调用定时器功能块。

新建 POU，使用 CFC 编程语言，添加"运算块"，单击"???"输入"F2"，弹出输入助手，在其中选择功能块，找到定时器功能块，如图 4.82 所示。

图 4.82　CFC 输入助手工具

例如，在连续功能图中调用功能块 TON 定时器，假设其实例名为 TON1，具体实现如图 4.83 所示。

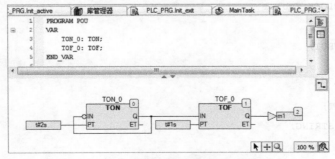

图 4.83　连续功能图调用功能块

在例子中，当插入一个功能块时，随即运算块上出现另一个 "???"，这时要把 "???"
修改为功能块实例名，在本例中实例名为 TON_0 和 TOF_0。

若运算块被修改为另一个运算块（通过修改运算块名），而且新运算块的最大输入或
输出引脚数，或者最小输入或输出引脚数与前者不同，运算块的引脚会自动做相应的调整。
若要删除引脚，则首先删除最下面的引脚。

3．合成器

合成器用于结构体类型的运算块输入。合成器会显示结构体的所有成员，以方便编程
人员使用它们。

在 CFC 工具箱中，插入 "▥" 符号可以添加合成器功能。在 CFC 编辑器中插入后的
图示为 "▢ ???⁰"。

使用方法：首先增加一个合成器到编辑器中，修改 "???" 为要使用的结构体名字，然
后连接合成器的输出引脚和运算块的输入引脚。

【例 4.50】CFC 程序 CFC_PRG 处理一个功能块实例 fublo1，它有一个 stru1 结构类
型输入变量 struvar。通过使用合成器元素，结构体变量可以访问。

结构体 stru1 定义：

```
TYPE stru1 :
STRUCT
ivar:INT;
strvar:STRING:='hallo';
END_STRUCT
END_TYPE
```

功能块 fublo1 的声明和实现：

```
FUNCTION_BLOCK fublo1
VAR_INPUT
struvar:STRU1;
END_VAR
VAR_OUTPUT
fbout_i:INT;
fbout_str:STRING;
END_VAR
VAR
```

```
fbvar:STRING:='world';
END_VAR

fbout_i:=struvar.ivar+2;
fbout_str:=CONCAT (struvar.strvar,fbvar);
```

程序 CFC_PRG 的声明和实现：

```
PROGRAM PLC_PRG
VAR
intvar: INT;
stringvar: STRING;
fbinst: fublo1;
erg1: INT;
erg2: STRING;
END_VAR
```

程序如图 4.84 所示，①为合成器，②为含有结构体输入变量的 stru1，实现了结构体类型的输入块运算。

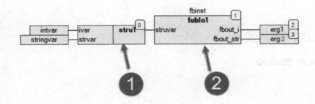

图 4.84　合成器的应用

最终的程序运行结果如图 4.85 所示。

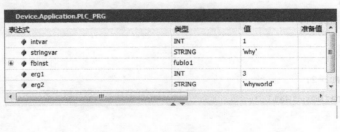

图 4.85　CFC 合成器示例运行结果

4. 选择器

选择器用于结构体类型的运算块输出。选择器会显示结构体的所有成员，以方便编程人员使用它们。

在 CFC 工具箱中，插入"▆▆"符号可以添加选择器功能。在 CFC 编辑器中插入后的图示为"┤??? | ├"。

使用方法：首先增加一个选择器到编辑器中，修改"???"为要使用的结构体名字，然后连接选择器的输出引脚和运算块的输出引脚。

【例 4.51】CFC 程序 CFC_PRG 处理功能块实例 fublo2，它有一个 stru1 结构体类型的输出变量 fbout。通过选择器，结构体成员变量可以被访问。

结构体 stru1 定义：

```
TYPE stru1 :
STRUCT
ivar:INT;
strvar:STRING:='hallo';
END_STRUCT
END_TYPE
```

功能块 fublo2 的声明与实现：

```
FUNCTION_BLOCK fublo2
VAR_INPUT
  fbin : INT;
  fbin2:STRING;
END_VAR
VAR_OUTPUT
  fbout : stru1;
END_VAR
VAR
  fbvar:INT:=2;
  fbin3:STRING:='Hallo';
END_VAR
```

程序 PLC_PRG_ 的声明与实现：

```
PROGRAM PLC_PRG_1
VAR
```

```
    intvar: INT;
    stringvar: STRING;
    fbinst: fublo2;
    erg1: INT;
    erg2: STRING;
    fbinst2: fublo2;
END_VAR
```

程序如图 4.86 所示，①为拥有 **stru1** 结构体类型输出变量 **fbout** 的功能块，②为选择器。

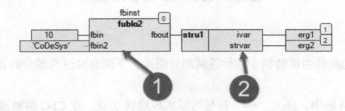

图 4.86　选择器的应用

最终的程序运行结果如图 4.87 所示。完整的样例代码请参考样例程序\01 Sample\第 4 章\22 CFC_PRG\。

表达式	类型	值	准备值	Address
intvar	INT	0		
stringvar	STRING	''		
fbinst	fublo2			
erg1	INT	102		
erg2	STRING	'CoDeSysHallo'		
fbinst2	fublo2			

图 4.87　CFC 选择器示例运行结果

5.　注释

在 CFC 工具箱中，插入"▭"符号可以实现添加注释功能。在 CFC 编辑器中插入后的图示为" <在此处添加注释> "。

通过添加该元素，可以在 CFC 程序中为图表添加注释。选中文本，直接输入注释即可。如果需要换行，输入<Ctrl+Enter>组合键即可。图 4.88 所示为 CFC 中的注释视图。

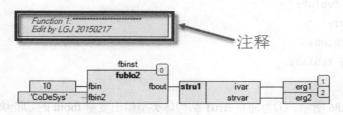

图 4.88　CFC 中插入注释的视图

6．跳转

CFC 程序的跳转由跳转指令和标签两部分组成，下面会对这两部分做详细介绍。

（1）跳转

在 CFC 工具箱中，插入"▰"符号可以实现跳转功能。在 CFC 编辑器中插入后的图示为"▷ ??? 0"。

跳转用来指示程序下一步执行到哪里，具体去处由"标签"定义，下面会介绍"标签"的使用方法。插入一个新跳转后，要用跳转名替代"???"。

（2）标签

在 CFC 工具箱中，插入"▰"符号可以添加标签。在 CFC 编辑器中插入后的图示为"??? 0"。

"标签"可以标识程序跳转的位置，在在线模式下，如果跳转被激活，则可以进入跳转对应的标签，如此循环执行。

标签名不属于变量，故在程序声明区中不需要对其定义。【例 4.52】说明了如何正确使用跳转指令和标签。

【例 4.52】CFC 跳转指令和标签功能示例。

如图 4.89 所示，程序启动后，当输入值 nInput 大于 10 且小于 100 时，程序执行跳转功能，转至标签 Label1，由于 Label1 的执行序号为 0，故在该程序中执行的顺序为 4→0→1→2→3→4，如此循环执行。

由于在此程序中还有自加 1 的功能，但执行序号为 5 和 6，故当跳转指令被执行时，该自累加功能不会被程序执行，反之 nCounter 则进行自累加。

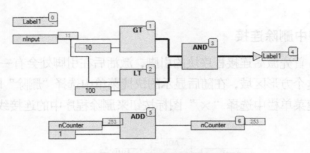

图 4.89 CFC 跳转功能示例

7. 返回

在 CFC 工具箱中，插入"⬤"符号可以实现返回功能。在 CFC 编辑器中插入后的图示为"⊲ RETURN 0"。

需要特别注意该执行顺序号，当条件满足时，则会直接返回程序。

注意，在在线模式下，带 RETURN 名字的跳转标签自动插入到第一列和编辑器最后元素的后面，在分支中，它自动跳转到执行将离开 POU。

RETURN 指令是返回指令，用于退出程序组织单元（POU）。

> **注意**
>
> 在线模式下，RETURN 自动插入到编辑器最后那个元素之后。在单步调试中，在离开该 POU 之前，会自动跳转到该 RETURN。

4.5.3 CFC 的组态

1. 在 CFC 程序中添加连接

添加连接时，首先激活连接程序块的引脚，激活后在引脚处会有一个方形区域出现，鼠标左键选中这个方形区域，如图 4.90 中的①所示，按住鼠标左键并移动至要连接的另一个连接点处松开鼠标左键，即连接至图 4.90 中的②处，就完成了两部分的连接。

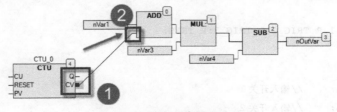

图 4.90 CFC 程序添加连接

2. 在 CFC 程序中删除连接

删除连接时，首先激活连接程序块的引脚，激活后在引脚处会有一个方形区域出现，用鼠标右键单击这个方形区域，在随后显示的快捷菜单中选择"删除"即可，如图 4.91 所示。也可以在快捷菜单栏中选择"×"图标按钮来删除程序中的连接线。

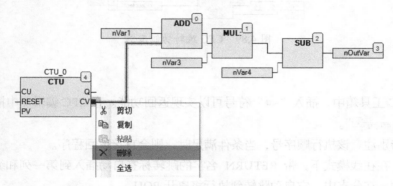

图 4.91　CFC 程序删除连接

4.5.4　应用举例

【例 4.53】模拟量分辨率选择。

（1）控制要求

有 3 个输入选择信号用来选择对应不同的模拟量分辨率以配合不同的传感器类型，当输入信号 1 ON 时，对应 256，输入信号 2 ON 时对应 1024，输入信号 3ON 时为 4096。通过程序实现上述功能，并在程序内进行互锁。

（2）编程

程序变量声明部分如下：

```
PROGRAM PLC_PRG
VAR
    R_TRIG_1,R_TRIG_2,R_TRIG_3:R_TRIG;
END_VAR
VAR_INPUT
    S1:BOOL;      //输入开关 1
    S2:BOOL;      //输入开关 2
```

```
    S3:BOOL;      //输入开关 3
END_VAR
VAR_OUTPUT
    AnaOut:INT;   //输出
END_VAR
```

程序本体如图 4.92 所示，完整的样例代码可参考程序\01 Sample\第 4 章\23 AnalogSelects\。

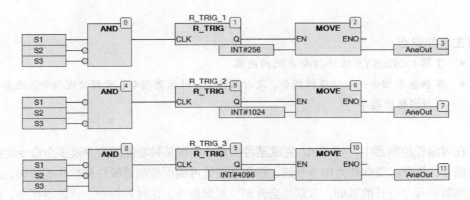

图 4.92 模拟量分辨率选择示例

第5章
指令系统

本章主要知识点

- 了解 CODESYS 软件指令系统的内容
- 掌握基本指令——位逻辑指令、定时器指令、计数器指令、数据处理指令、运算指令和数据转换指令

在可编程控制器中，使 CPU 完成某种操作或实现某种功能的命令及多个命令的组合称为指令，指令的集合称为指令系统。指令系统是可编程控制器硬件和软件的桥梁，是可编程控制器程序设计的基础。本章将会介绍位逻辑指令、定时器指令、计数器指令、数据处理指令、运算指令和数据转换指令。

5.1 位逻辑指令

位逻辑指令处理布尔值 "1" 和 "0" 的逻辑变化。CODESYS 提供的位逻辑指令包括基本的逻辑运算、置位/复位优先触发器及上升/下降沿检测指令，见表 5.1。

表 5.1 位逻辑指令的图形化与文本化指令表

	图形化语言	文本化语言	说 明
位逻辑指令		AND	与
		OR	或
		NOT	非
		XOR	异或
		SR	置位优先触发器

续表

	图形化语言	文本化语言	说　明
位逻辑指令	📇	RS	复位优先触发器
	📇	R_TRIG	上升沿触发
	📇	F_TRIG	下降沿触发

5.1.1　基本位逻辑指令

基本位逻辑指令包括"与"、"或"、"非"、"异或"。从功能上划分，可以分为：按位逻辑运算及布尔逻辑运算。

- 按位逻辑运算：对两个整型数据的位逐一进行布尔逻辑运算，并返回兼容的整数结果。
- 布尔逻辑运算：对两个布尔类型数据执行逻辑运算。

1. 按位"与"

功能：按位"与"运算指令是比较两个整数的相应位。当两个数的相应位都是"1"时，返回相应的结果位是"1"；当两个整数的相应位都是"0"或者其中一个位是"0"时，则返回相应的结果位是"0"。"与"指令逻辑关系见表5.2。

表 5.2　"与"指令逻辑关系表

输入 1	输入 2	结果
0	0	0
0	1	0
1	0	0
1	1	1

【例 5.1】创建一个 POU，声明两个整型变量 iVar1 和 iVar2，分别对其进行赋值 1 和 85，并对这两个变量进行按位"与"运算，输出结果至 iResult，变量声明如下所示，CFC 程序如图 5.1 所示。

```
VAR
    iVar1:INT:=1;
    iVar2:INT:=85;
    iResult:INT;
END_VAR
```

十进制数 1 对应的二进制数为 0000 0001，十进制数 85 对应的二进制数为 0101 0101。根据按位"与"运算的定义，将每一个独立位逐一进行"与"运算，得出最终的结果为 0000 0001，即十进制数值 1，如图 5.2 所示。

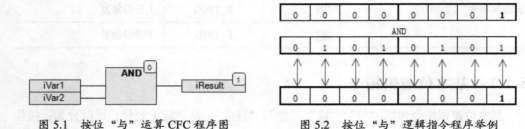

图 5.1　按位"与"运算 CFC 程序图　　　　图 5.2　按位"与"逻辑指令程序举例

2. 布尔"与"

功能：布尔"与"运算用于计算两个布尔表达式的"与"结果。当两个布尔表达式的结果都为真时，则返回为真，其中只要有一个为假，则返回为假。

【例 5.2】创建一个 POU，利用布尔"与"运算，判断运算返回值，程序如图 5.3 所示。

```
VAR
    bResult:BOOL;
    iVar1:INT:=30;
bVar1:BOOL:=FALSE;
END_VAR
```

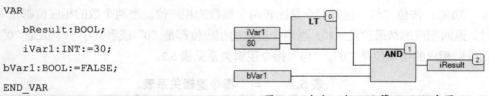

图 5.3　布尔"与"运算 CFC 程序图

由于 30 的确小于 80，故程序上半部条件为真，但是 bVar1 的默认值为 FALSE，故 0 与 1 的布尔"与"运算结果为 0，程序的运行结果是 bResult 为 FALSE。

3. 按位"或"

功能：按位"或"运算指令是比较两个整数的相应位。当两个数的相应位有一个是"1"或者都是"1"时，返回相应的结果位为"1"。当两个整数的相应位都是"0"时，则返回相应的结果位是"0"。"或"指令逻辑关系见表 5.3。

表 5.3　"或"指令逻辑关系表

输　入　1	输　入　2	结　果
0	0	0
0	1	1

续表

输 入 1	输 入 2	结 果
1	0	1
1	1	1

【例 5.3】创建一个 POU，对变量 iVar1 和 iVar2 进行按位"或"运算，并输出结果至 iResult，具体实现程序如图 5.4 所示。

```
VAR
    iVar1:INT:=1;
    iVar2:INT:=85;
    iResult:INT;
END_VAR
```

程序的最终运行结果为 85。

4. 布尔"或"

功能：布尔"或"运算指令用于计算两个布尔表达式的"或"结果。当两个布尔表达式中有一个表达式返回为真时，则结果为真；当两个布尔表达式的结果都是假时，则结果为假。

【例 5.4】创建一个 POU，利用布尔"或"运算，判断运算返回值，程序如图 5.5 所示。

```
VAR
    iResult:BOOL;
    bVar1:BOOL;
    iVar1:INT:=30;
END_VAR
```

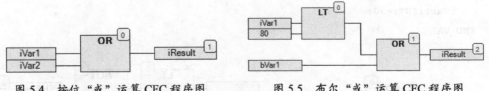

图 5.4　按位"或"运算 CFC 程序图　　　　图 5.5　布尔"或"运算 CFC 程序图

由于 iVar1 的初始值为 30，故 iVar1<80 条件为真，而 bVar1 的初始值为"0"，故为假，"1"和"0"最终的"或"逻辑结果可根据表 5.3 得出，即为"1"。因此，程序的运行结果是 bResult 为 TRUE。

5. 按位"非"

功能：按逻辑进行取反，将当前的值由"0"变为"1"，或由"1"变为"0"。按位"非"运算指令是将变量或常量逐一取非。"非"指令逻辑关系见表 5.4。

表 5.4 "非"指令逻辑关系表

输　　入	结　　果
0	1
1	0

【例 5.5】 创建一个 POU，用按位"非"运算判断运算返回值，程序如图 5.6 所示。

```
VAR
    byVar1:BYTE:=1;
    byVar2:BYTE;
END_VAR
```

由于 **byVar1** 的值为 1，将其转换为二进制后为 0000 0001，进行按位取反后，结果为 1111 1110。最终的输出结果为 254。

6. 布尔"非"

功能：布尔"非"运算指令用于计算单个布尔表达式的结果。当输入为真时，结果为假；当输入为假时，结果为真。

【例 5.6】 创建一个 POU，利用布尔"非"运算，判断运算返回值，程序如图 5.7 所示。

```
VAR
    bResult:BOOL;
    bVar1:BOOL;
    iVar1:INT:=30;
END_VAR
```

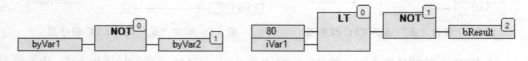

图 5.6　按位"非"运算 CFC 程序图　　　　图 5.7　布尔"非"运算 CFC 程序图

由于"80<30"命题为假，因此使用 NOT 指令对该布尔表达式取反后，得到的结果为

真，最后 bResult 的结果为 TRUE。

7.按位"异或"

功能：按位"异或"运算指令比较两个整数的相应位。

当两个整数的相应位一个是"1"而另一个是"0"时，返回相应的结果位是"1"。当两个整数的相应位都是"1"或都是"0"时，则返回相应的结果位是"0"。

【**例 5.7**】创建一个 POU，对变量 iVar1 和 iVar2 进行按位"异或"运算，并输出结果，具体程序如图 5.8 所示。

```
VAR
    iVar1:INT:=1;
    iVar2:INT:=85;
    iResult:INT;
END_VAR
```

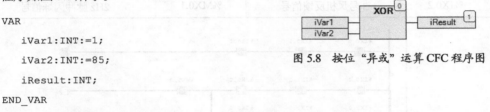

图 5.8　按位"异或"运算 CFC 程序图

十进制数 1 对应的二进制数是 0000 0001，十进制数 85 对应的二进制数是 0101 0101。根据按位"异或"运算指令的定义，其结果为 84。

基本位逻辑指令时序图如图 5.9 所示。

【**例 5.8**】装修卧室时，通常都会选择安装双控开关面板。例如，进卧室时，在门口按开关 IX0.1 打开灯具，上床后不想起来，在床头也有一个开关 IX0.2 控制卧室的灯 QX0.1，卧室门口的开关和床头的开关同时都可以独立地开关卧室的灯，使用"异或"逻辑指令实现此功能。

程序如图 5.10 所示，也可参考样例程序\01 Sample\第 5 章\01 BitLogic_XOR\。

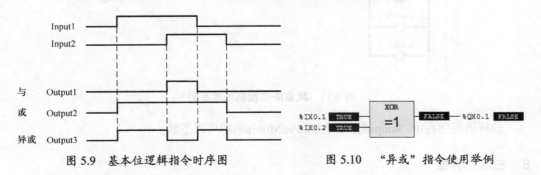

图 5.9　基本位逻辑指令时序图　　　　图 5.10　"异或"指令使用举例

【**例 5.9**】某设备工作时有 3 台风机降温散热。当设备处于运行状态时，若有 3 台风机正常转动，则设备降温状态指示灯常亮；当其中任意两台风机转动时，则设备降温状态指示灯以 2Hz 的频率闪烁；当只有一台风机转动时，则设备降温状态指示灯以 0.5Hz 的频率闪烁；若 3 台风机都不转动，则设备降温状态指示灯不亮。I/O 地址分配表见表 5.5，控制程序如图 5.11 所示。

表 5.5　I/O 地址分配表

地　　址	说　　明	地　　址	说　　明
%IX0.0	1 号风机反馈信号	%QX0.0	设备降温状态指示灯
%IX0.1	2 号风机反馈信号	%MX0.0	0.5Hz 脉冲闪烁信号
%IX0.2	3 号风机反馈信号	%MX0.1	2Hz 脉冲闪烁信号

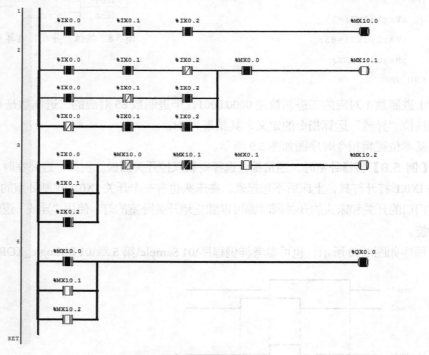

图 5.11　风扇降温控制程序举例

该样例程序在\01 Sample\第 5 章\02 FanMonitor\中可以下载。

8. 布尔"异或"

功能：布尔"异或"运算指令用于计算两个布尔表达式的结果，只有当其中一个表达式是真，另一个表达式为假时，该表达式返回的结果才是真；当两个表达式的计算结果都是真或都是假时，则返回的结果为假。

【例 5.10】创建一个 POU，利用布尔"异或"运算指令，判断返回值是 TRUE 还是 FALSE，具体程序如图 5.12 所示。

```
VAR
    bResult:BOOL;
    bVar1:BOOL;
    iVar1:INT:=30;
END_VAR
```

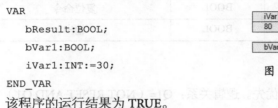

图 5.12 布尔"异或"运算 CFC 程序图

该程序的运行结果为 TRUE。

5.1.2 置位优先与复位优先触发器指令

在继电器系统中，一个继电器的若干对触点是同时动作的，而在 PLC 中，指令是一条一条按顺序执行的，指令的执行是有先后次序的，没有绝对的"同时"执行的指令。

线圈格式的置位、复位指令有优先级。置位优先（SR）触发器与复位优先（RS）触发器的置位输入和复位输入在同一条指令里，置位和复位输入谁在指令输入端的下面谁后执行。

SR 触发器为"置位优先"型触发器，当置位信号（SET1）和复位信号（RESET）同时为 1 时，触发器最终为置位状态；RS 触发器为"复位优先"型触发器，当置位信号（SET）和复位信号（RESET1）同时为 1 时，触发器最终为复位状态。置位优先与复位优先触发器指令见表 5.6，指令参数详见表 5.7。

表 5.6　置位优先与复位优先触发器指令

功能名	图形化语言	文本化语言	说　明
置位优先与复位优先触发器		SR	置位优先触发器
		RS	复位优先触发器

表 5.7　置位优先与复位优先触发器指令参数

名　称	定　义	数据类型	说　明
SET1	输入变量	BOOL	置位优先命令
SET	输入变量	BOOL	置位命令

续表

名　称	定　义	数据类型	说　明
RESET1	输入变量	BOOL	复位优先命令
RESET	输入变量	BOOL	复位命令
Q1	输出变量	BOOL	输出

1. 置位优先触发器

功能：置位双稳态触发器，置位优先。逻辑关系：Q1=（NOT RESET AND Q1）OR SET1，其中 SET1 为置位信号，RESET 为复位信号。

语法：当 SET1 为"1"时，无论 RESET 是否为"1"，Q1 输出都为"1"。当 SET1 为"0"时，如果 Q1 输出为"1"，一旦 RESET 为"1"，Q1 输出立刻复位为"0"；如果 Q1 输出为"0"，无论 RESET 为"1"还是"0"，Q1 输出保持为"0"。置位优先触发器时序图如图 5.13a 所示，对应的状态表如图 5.13b 所示。

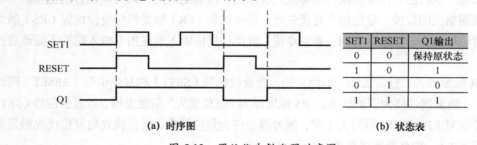

SET1	RESET	Q1输出
0	0	保持原状态
1	0	1
0	1	0
1	1	1

(a) 时序图　　　　　　　　　　**(b) 状态表**

图 5.13　置位优先触发器时序图

【例 5.11】 某系统需要一个停机信号，并要求系统出现故障后马上停机，控制设备停机的输出信号为 bStopMachine，如该变量被置位"1"，需要让系统安全停机。否则，可以正常运行。

设备的运行信号为 bRun，当系统中出现任一故障，bError 会被置位"1"。具体变量分配表见表 5.8，程序如图 5.14 所示。因为 bError 的优先级高于 bRun，故 bError 需要对应置位优先。只有在没有故障时，bRun 为 ON 才有意义。

表 5.8　变量分配表

变　量　名	说　明
bRun	系统运行
bError	系统故障
bStopMachine	停机命令

2. 复位优先触发器

功能：复位双稳态触发器，复位优先。

逻辑关系：Q1=NOT RESET1 AND（Q1 OR SET），其中 SET 为置位信号，RESET1 为复位信号。

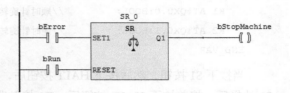

图 5.14　置位优先触发器程序举例

语法：当 RESET1 为 "1" 时，无论 SET 是否为 "1"，Q1 输出都为 "0"。当 RESET1 为 "0" 时，如果 Q1 输出为 "0"，一旦 SET 为 "1"，Q1 输出立刻置位为 "1"；如果 Q1 输出为 "1"，无论 SET 为 "1" 或者 "0"，Q1 输出保持为 "1"。复位优先触发器时序图如图 5.15（a）所示，对应的状态表如图 5.15（b）所示。

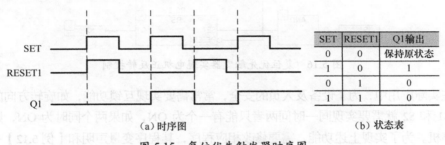

SET	RESET1	Q1输出
0	0	保持原状态
1	0	1
0	1	0
1	1	0

（a）时序图　　　　　　　（b）状态表

图 5.15　复位优先触发器时序图

【例 5.12】控制电机正反转，旋转的方向通过按钮 S1 和 S2 来进行切换。当确认完方向后，按下 HALT 按钮，电机开始运转。使用复位优先触发器来实现此功能。

方向选择按钮 S1 为电机顺时针旋转方向，S2 为逆时针旋转方向。程序声明及实现如下所示。

```
PROGRAM PLC_PRG
VAR_INPUT
    S1 AT %IX0.1: BOOL;        //电机顺时针旋转按钮
    S2 AT %IX0.2: BOOL;        //电机逆时针旋转按钮
    HALT AT %IX0.0: BOOL;      //电机 HALT 按钮
END_VAR
VAR
    RS_1,RS_2: RS;             //复位优先触发器
END_VAR
VAR_OUTPUT
```

```
    K1 AT%QX0.0:BOOL;           //顺时针旋转
    K2 AT%QX0.1:BOOL;           //逆时针旋转
END_VAR
```

当按下 S1 按钮，然后按下 HALT 按钮后，K1 接触器动作，电机顺时针旋转；当按下
S2 选择后，接着按下 HALT 按钮后，K2 接触器动作，从而使电机进行逆时针旋转，程序
如图 5.16 所示。该样例程序位于\01 Sample\第 5 章\02 RS_MotorControl\。

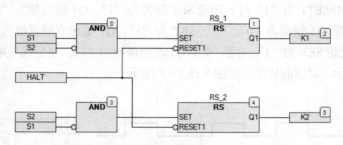

图 5.16　复位优先触发器实现电机正反转控制

在实际应用中，为了设备及人员的安全，常常需要实现互锁功能，如旋转方向的控制
按钮 S1 和 S2 就需要实现同一时间两者只能有一个为 ON，如果两个同时为 ON，则需要
马上停机。为了实现上述功能，需要修改相应程序，其程序变量声明和【例 5.12】一致，
具体实现程序如图 5.17 所示。

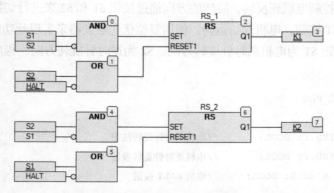

图 5.17　带互锁功能的复位优先触发器实现电机正反转控制

通过上述程序可有效地实现程序的互锁，一旦 S1 和 S2 同时为 ON，马上停止输出，实现
对设备及人员的保护。该样例程序在\01 Sample\第 5 章\03 RS_MotorControlWithInterLock\中可以
查看。

5.1.3 边沿检测指令

边沿检测指令用来检测 BOOL 信号的上升沿（信号由 0→1）和下降沿（信号由 1→0）的变化，如图 5.18 所示。在每个扫描周期中，

图 5.18 边沿检测信号

把信号状态和它在前一个扫描周期的状态进行比较，若不同，则表明有一个跳变沿。因此，前一个周期里的信号状态必须被存储，以便能和新的信号状态相比较。边沿检测指令见表 5.9，其对应参数见表 5.10。

表 5.9 边沿检测指令

功能名	图形化语言	文本化语言	说 明
边沿检测	R_TRIG	R_TRIG	上升沿检测
	F_TRIG	F_TRIG	下降沿检测

表 5.10 边沿检测指令参数

名 称	定 义	数 据 类 型	说 明
CLK	输入变量	BOOL	被检测信号输入
Q	输出变量	BOOL	触发器状态输出

1. 上升沿检测 R_TRIG

功能：用于检测上升沿。

语法：当 CLK 从 "0" 变为 "1" 时，该上升沿检测器开始启动，Q 输出先为 "1" 然后输出变为 "0"，持续一个 PLC 运算周期；如果 CLK 持续保持为 "1" 或者 "0"，Q 输出一直保持为 "0"。

采集 bInput 信号的上升沿，程序如图 5.19a 所示，其时序图如图 5.19b 所示。详细程序可参考样例程序\01 Sample\第 5 章\04 R_TRIG\。

【例 5.13】在实际项目中常会使用报警显示，使用上升沿触发指令检测报警信号源，通过置位/复位功能控制报警显示，变量分配见表 5.11，程序如图 5.20 所示，也可参考样例程序\01 Sample\第 5 章\05 AlarmTrig\。

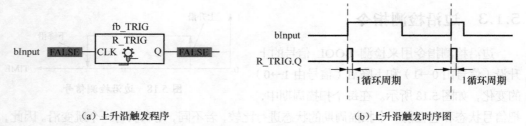

（a）上升沿触发程序　　　　　　　　　　　　　　（b）上升沿触发时序图

图 5.19　上升沿触发程序及时序图

表 5.11　变量分配表

变 量 名	说　　明	变 量 名	说　　明
bAlarm1	报警信号源 1	bAlarm4	报警信号源 4
bAlarm2	报警信号源 2	bReset	复位按钮
bAlarm3	报警信号源 3	bTowerLightRed	报警红色显示灯

程序变量声明如下：

```
PROGRAM PLC_PRG
VAR
    RS_0:RS;
    bAlarm1,bAlarm2,bAlarm3,bAlarm4:BOOL;
    R_TRIG_0:R_TRIG;
    R_TRIG_1: R_TRIG;
    bReset:BOOL;
    bTowerLightRed:BOOL;
END_VAR
```

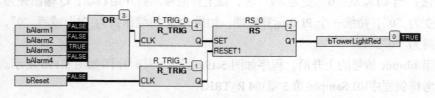

图 5.20　报警复位 CFC 程序举例

2. 下降沿检测 F_TRIG

功能：用于检测下降沿。

语法：当 CLK 从 "1" 变为 "0" 时，该下降沿检测器开始启动，Q 输出先为 "1" 然后输出变为 "0"，持续一个 PLC 运算周期；如果 CLK 持续保持为 "1" 或者 "0"，Q 输出一直保持为 "0"。

【**例 5.14**】采集 bInput 信号的下降沿，当 bInput 由 TRUE 变为 FALSE 时，功能块 F_TRIG.Q 会根据下降沿的触发事件给出相应输出，输出时间维持在一个周期。程序如图 5.21 所示，可参考样例程序\01 Sample\第 5 章\06 F_TRIG\。

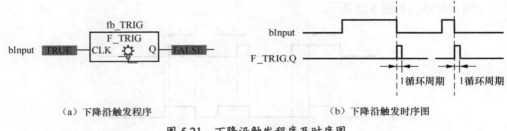

（a）下降沿触发程序　　　　　　　　（b）下降沿触发时序图

图 5.21　下降沿触发程序及时序图

5.2　定时器指令

定时器采用 IEC 61131-3 标准的定时器，分为脉冲定时器（TP）、通电延时定时器（TON）、断电延时定时器（TOF）和实时时钟（RTC），见表 5.12，其指令参数见表 5.13。

表 5.12　定时器

	图形化语言	文本化语言	说　明
定时器	TP IN BOOL　BOOL Q PT TIME　TIME ET	TP	脉冲定时器
	TON IN BOOL　BOOL Q PT TIME　TIME ET	TON	通电延时定时器
	TOF IN BOOL　BOOL Q PT TIME　TIME ET	TOF	断电延时定时器
	RTC EN BOOL　BOOL Q PDT DATE_AND_TIME　DATE_AND_TIME CDT	RTC	实时时钟

表 5.13　定时器指令参数

名　称	定　义	数据类型	说　明
IN	输入变量	BOOL	启动输入
PT	输入变量	TIME	延时时间
Q	输出变量	BOOL	定时器输出
ET	输出变量	TIME	当前定时时间

定时器时序图如图 5.22 所示。

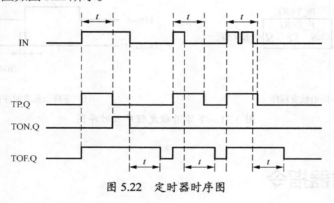

图 5.22　定时器时序图

1. 脉冲定时器（TP）

功能： 脉冲定时。

语法： 在定时器的输入端 IN 从 "0" 变为 "1" 时，定时器启动，无论定时器输入端 IN 如何变化，定时器的实际运行时间都是用户所定义的 PT 时间，在定时器运行时，其输出端 Q 的输出信号为 "1"。

输出端 ET 为输出端 Q 提供定时时间。定时从 T#0s 开始，到设置的 PT 时间结束。当 PT 时间到时，ET 会保持定时时间直到 IN 变为 "0"。如果在达到 PT 定时时间之前输入 IN 已经变成 "0"，那么输出 ET 变成 T#0s，即 PT 定时的时刻。为了复位该定时器，只需要设置 PT=T#0s。

【例 5.15】 使用脉冲定时器制作一个指示灯闪烁程序，ON 维持时间为 1s，OFF 维持时间为 5s。

程序中使用两个脉冲定时器，控制定时器 ON 维持 1s 的输入，通过 OFF 定时器的输出信号取反作为控制。变量分配表见表 5.14，程序如图 5.23 所示，也可参考样例程序\01 Sample\第 5 章\07 Sample_TP\。

表 5.14 变量分配表

变 量 名	说 明
bTowerLightGreen	输出指示灯

2. 通电延时定时器（TON）

功能：通电延时定时。

在定时器的输入端 IN 从"0"变为"1"时，定时器启动，当到达定时时间 PT 且输入端的信号 IN 始终维持在"1"时，其输出端 Q 的输出信号为"1"，如果在定时器的定时时间到达之前，输入端 IN 信号由"1"变为"0"，则定时器复位，下一个 IN 信号的上升沿定时器重启。

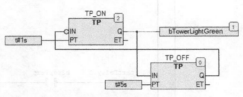

图 5.23 脉冲定时器示例程序

输出端 ET 提供定时时间，延时从 T#0s 开始，到设置的 PT 时间结束。PT 到达时，ET 将会保持定时时间直到 IN 变为"0"为止。如果在达到 PT 定时时间之前，输入 IN 变为"0"，输出 ET 立即变为 T#0s。为了重启定时器，可以将 T#0s 写入 PT，也可以将 IN 置为 FALSE。

【例 5.16】 假设有两台电机 M1、M2，要求当启动时按下启动按钮 DI_bStart 后，M1 启动，20s 后 M2 启动；当需要停车时，按下停止按钮 DI_bStop，M2 停车，10s 后 M1 停车。每台电机都有过载保护，当任一台电机过载时，两台电机同时停车。变量分配表见表 5.15。

表 5.15 变量分配表

变 量 名	说 明
DI_bStart	启动按钮
DI_bStop	停止按钮
DI_bFuse1	M1 过载保护
DI_bFuse2	M2 过载保护
DO_KM_M1	启动 M1
DO_KM_M2	启动 M2

当按下启动按钮 DI_bStart 时，马上置 DO_KM_M1 为"1"，并通过自锁信号触发 M2 电机启动延时，达到 20s 后，定时器 M2_StartDelay.Q 被置为"1"，通过此信号启动 M2 电机。

当需要停止时，按下停止按钮 DI_bStop 后，置中间变量 bStopTemp 为"1"，且马上停止 M2 电机，并通过该中间变量启动 M1 电机的停止延时定时器 M1_StopDelay，到达设

定时间 10s 后，M1 也停止。程序如图 5.24 所示，也可参考样例程序\01 Sample\第 5 章\08
MotorStartStopDelay\。

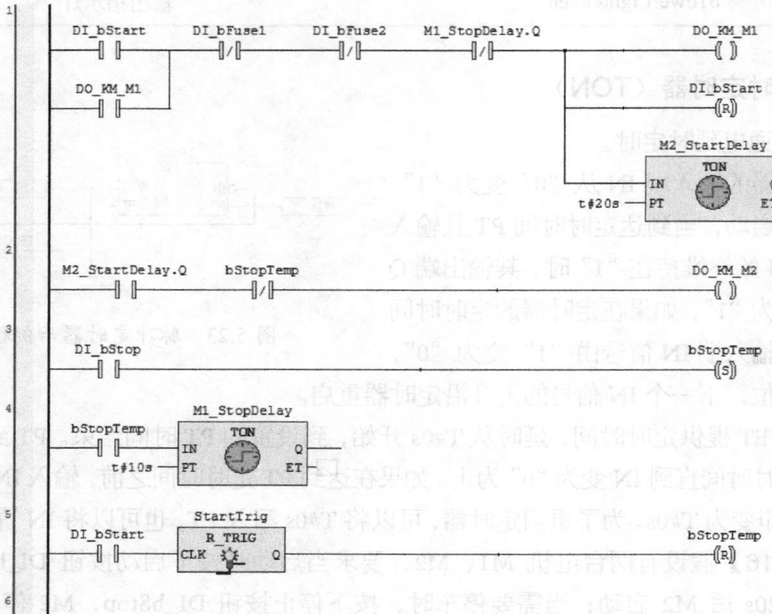

图 5.24　电机延时启动程序举例

3．断电延时定时器（TOF）

功能：断电延时定时。

在定时器的输入端 IN 从 "1" 变为 "0" 时，定时器的 Q 输出信号为 "1"，定时器的
启动输入端变为 "0" 时，定时器启动，只要定时器在运行，其输出 Q 就一直为 "1"，当
到达定时时间时，输出端 Q 复位，在到达定时时间之前，如果定时器的输入端返回为 "1"，
则定时器复位，输出端的 Q 输出信号保持为 "1"。

输出端 ET 提供定时时间，延时从 T#0s 开始到设置的定时时间 PT 结束。当 PT 时间
到时，ET 将保持定时时间直到输入 IN 返回 "1" 为止。如果在达到 PT 定时时间之前，输
入 IN 变为 "1"，输出 ET 立即变为 T#0s。为了复位定时器，可以设置 PT=T#0s。

【例 5.17】在车内灯光控制中，打开车门时，车内灯会点亮，关上车门 10s 内，车内
的灯还会继续亮着。此种控制用的就是定时器断开延时动作模式，可通过 PLC 程序实现。

汽车车内灯控制程序时序图如图 5.25 所示，当车门打开时，bDI_Door 门锁信号为 "1"，

关闭时为"0"。该程序如图 5.26 所示,其变量分配表见表 5.16。完整样例程序见\01 Sample\第 5 章\09 TOF_ CarIndoorLight\。

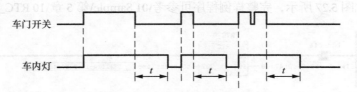

图 5.25 汽车车内灯控制程序时序图

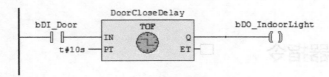

图 5.26 汽车车内灯控制程序

表 5.16 变量分配表

变 量 名	说 明
bDI_Door	车门门锁信号
bDO_IndoorLight	车内灯

4. 实时时钟 (RTC)

功能:在给定时间启动,返回当前日期和时间。

语法:RTC (EN, PDT, Q, CDT),当 EN 为 "0",输出变量 Q 以及 CDT 为 "0" 时,相关时间为 DT#1970-01-01-00:00:00;当 EN 为 "1" 时,PDT 给予的时间将会被设置,并且将会以秒进行计数;当 EN 为 TRUE 时,将返回 CDT;当 EN 复位为 FALSE 时,CDT 将会复位为初始值 DT#1970-01-01-00:00:00。注意,PDT 时间只在上升沿有效。实时时钟指令参数见表 5.17。

表 5.17 实时时钟指令参数

名 称	定 义	数据类型	说 明
EN	输入变量	BOOL	启动使能
PDT	输入变量	DATE_AND_TIME	设置将要启动的时间和日期
Q	输出变量	BOOL	状态输出
CDT	输出变量	DATE_AND_TIME	当前计数时间和日期的状态

【例 5.18】创建一个 POU，使用 RTC 指令，为其设定初始时间，并当 bEnable 变量为 ON 后，返回 ON 后的当前日期和时间。

该程序如图 5.27 所示，完整样例程序可参考\01 Sample\第 5 章\10 RTC_Timer\。

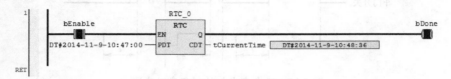

图 5.27 RTC 指令应用举例

5.3 计数器指令

CODESYS 标准功能库中提供了加、减计数功能块，系统提供了增计数器（CTU）、减计数器（CTD）和增/减双向计数器（CTUD）3 个功能块，见表 5.18，其指令参数见表 5.19。

表 5.18 计数器

图形化语言	文本化语言	说　明
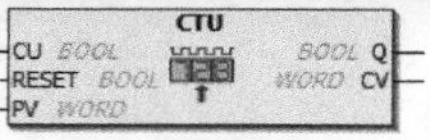 **CTU** CU BOOL　　BOOL Q RESET BOOL　WORD CV PV WORD	CTU	增计数器
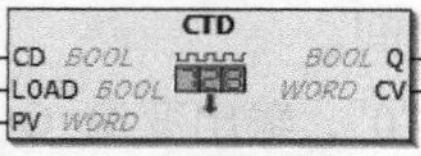 **CTD** CD BOOL　　BOOL Q LOAD BOOL　WORD CV PV WORD	CTD	减计数器
CTUD CU BOOL　　BOOL QU CD BOOL　　BOOL QD RESET BOOL　WORD CV LOAD BOOL PV WORD	CTUD	增/减双向计数器

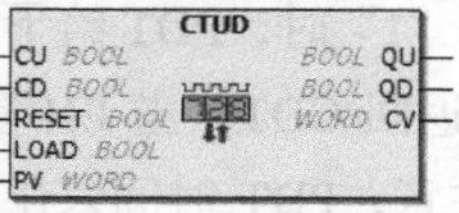

（左侧行标题）计数器

表 5.19 计数器指令参数

名　称	定　义	数据类型	说　明
CU	输入变量	BOOL	检测上升沿的信号输入触发输出 CV 递增
CD	输入变量	BOOL	检测上升沿的信号输入触发输出 CV 递减
RESET	输入变量	BOOL	复位计数器
LOAD	输入变量	BOOL	加载计数器
Q	输出变量	BOOL	CV 递增到计数上限 PV 时，输出 TRUE

续表

名 称	定 义	数据类型	说 明
QU	输出变量	BOOL	CV 递增到计数上限 PV 时，则 QU 输出 TRUE
QD	输出变量	BOOL	输出 CV 递减到 0 时，则 QD 输出 TRUE
CV	输出变量	WORD	当前计数值

1．增计数器（CTU）

当计数器输入端 CU 的信号从状态"0"变为状态"1"时，当前计算值加 1，并通过输出端 CV 进行显示，第一次调用时（复位输入 RESET 信号状态为"0"），输入端 PV 的计数为默认值，当计数达到上限 32767 后，计数器将不会再增加，CU 也不会再起作用。

当复位输入端 RESET 的信号状态为"1"时，计数器的 CV 和 Q 都为"0"，只要输入端 RESET 状态为"1"，上升沿对 CU 就不再起作用。当 CV 值大于或等于 PV 时，输出端 Q 为"1"。此时 CV 仍可继续累加，输出端 Q 继续输出"1"。

增计数器（CTU）指令示例如图 5.28 所示，时序图如图 5.29 所示。

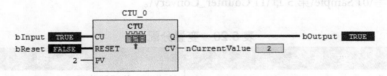

图 5.28　增计数器（CTU）指令示例

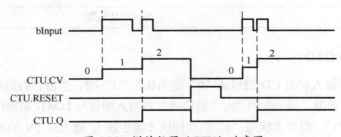

图 5.29　增计数器（CTU）时序图

输入变量 CU 和复位 RESET，以及输出变量 Q 是布尔类型的，输入变量 PV 和输出变量 CV 是 WORD 类型。

CV 将被初始化为 0，如果复位 RESET 是 TRUE 真的。如果 CU 有一个上升沿从 FALSE 变为 TRUE，CV 提升 1，Q 将返回 TRUE，如此 CV 将大于或等于上限 PV。

【**例 5.19**】某工厂要实现每天的产量计数,每个产品出厂前都会经过流水线,流水线上有一个光电传感器,当产品经过时,该信号会被置为"1",应用示意图如图 5.30(a)所示。通过计数器指令,使用程序计算输出的总产量。

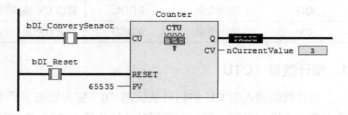

(a) 应用示意图 (b) 程序梯形图

图 5.30 增计数器(CTU)使用举例

变量分配表见表 5.20。当流水线上有产品流经时,bDI_ConverySensor 的感应状态对应为"1",无产品时为"0",故可直接使用此信号作为增计数器(CTU)的 CU 输入信号,当前实时值通过 nCurrentValue 进行显示。bDI_Reset 作为清零信号清除当前值。完整的样例程序可参考\01 Sample\第 5 章\11 Counter_Convery\。

表 5.20　变量分配表

变　量　名	说　　明
bDI_ConverySensor	流水线上传感器信号
bDI_Reset	计数器复位按钮
nCurrentValue	当前产品总数

2. 减计数器(CTD)

当减计数器输入端的 CD 信号从"0"变为状态"1"时,当前计数值减 1,并在输出端 CV 上显示当前值,第一次调用时(需要将加载输入端信号 LOAD 初始化,需要将其从"0"变为状态"1",再变为状态"0"后功能块才能生效),输入端 PV 的计数为默认值,当计数达到 0 后,计数值将不再减少,CD 也不再起作用。

当加载输入端信号 LOAD 为"1"时,计数值将设定成 PV 默认值,只要加载输入端信号 LOAD 状态为"1",输入端的 CD 上升沿就不起作用。当 CV 值小于或等于 0 时,输出端 Q 为"1"。减计数器(CTD)指令示例如图 5.31 所示,其时序图如图 5.32 所示。

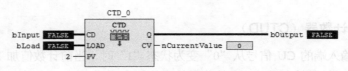

图 5.31 减计数器（CTD）指令示例

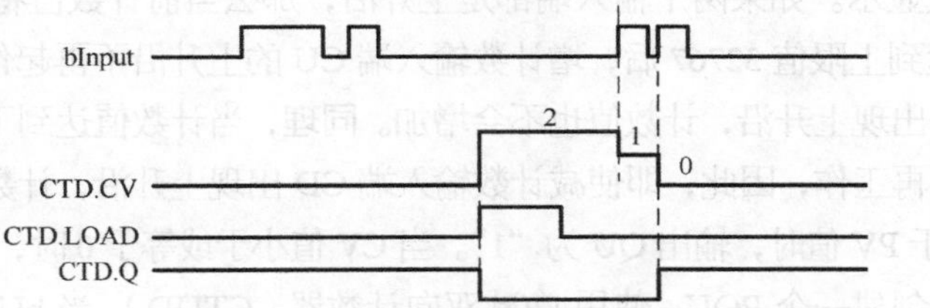

图 5.32 减计数器（CTD）时序图

【例 5.20】某工厂生产的产品每 25 个可以装一箱，流经流水线后，每次满箱都需要输出一个 3s 的延时指示 bPackingDone 信号，流水线上装有光电传感器，通过 bDI_ConverySensor 信号反馈给 PLC。此外，需要统计当日生产的总箱数 nPackageQTY。

变量分配表见表 5.21，使用流水线上的 bDI_ConverySensor 传感器信号作为 CTD 功能块的 CD 源信号，PV 给定 25，当满 25 个时，Counter_Down.Q 输出一个高电平脉冲作为满箱的 BOOL 信号。同时，将此信号作为累计箱数的 Package_Counter 计数器的 CU 源信号，nPackageQTY 为当日的生产总箱数。满箱指示灯通过使用 TP 功能块做延时输出。该例程序如图 5.33 所示。完整样例程序可参考\01 Sample\第 5 章\12 CTD_Packing\。

表 5.21 变量分配表

变 量 名	说 明
bDI_ConverySensor	流水线上传感器信号
bPackingDone	满箱指示灯
nPackageQTY	当日生产总箱数

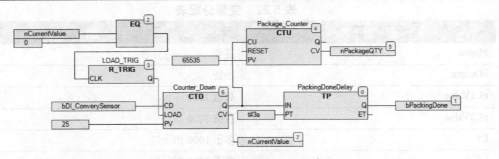

图 5.33 减计数器（CTD）程序举例

3. 增/减双向计数器（CTUD）

当增计数输入端的 CU 信号从"0"变为状态"1"时，当前计数值加 1，并在输出端 CV 上显示。当减计数输入端的 CD 的信号状态从"0"变为"1"时，当前计数值减 1，并在输出端 CV 上显示。如果两个输入端都是上升沿，那么当前计数值将保持不变。

当计数值达到上限值 32767 后，增计数输入端 CU 的上升沿不再起作用。因此，即使增计数输入端 CU 出现上升沿，计数值也不会增加。同理，当计数值达到下限值 0 后，减计数输入端 CD 也不再工作，因此，即使减计数输入端 CD 出现上升沿，计数值也不会减少。当 CV 值大于或等于 PV 值时，输出 QU 为"1"。当 CV 值小于或等于 0 时，输出 QD 为"1"。

【例 5.21】创建一个 POU，使用增/减双向计数器（CTUD），当 bUp 有上升沿信号时，计数值增加，当 bDown 有上升沿信号时，计数值减小。bReset 用于数据复位，具体代码如下，程序如图 5.34 所示。

```
VAR
    bUp: BOOL;
    bDown: BOOL;
    bReset: BOOL;
    bLoad: BOOL;
    CTUD_0: CTUD;
END_VAR
```

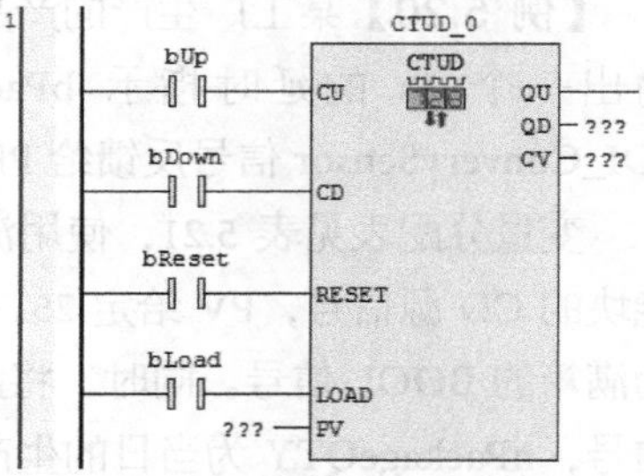

图 5.34　增/减双向计数器
（CTUD）使用举例

```
CTUD_0(CU:= bUp,CD:= bDown,RESET:=bReset ,LOAD:= bLoad, PV:= ,QU=> ,QD=> ,CV=> );
```

【例 5.22】某自动仓库存放某种货物，最多 6000 箱，需对所存的货物进出计数。当货物多于 1000 箱时，灯 L1 亮；当货物多于 5000 箱时，灯 L2 亮。进货的输入信号为 bInput，出货对应的输入信号为 bOutput。具体变量分配见表 5.22。

表 5.22　变量分配表

变 量 名	说 明
bInput	进货
bOutput	出货
nL1Value	数值 1000
nL2Value	数值 5000
L1	多于 1000 指示灯
L2	多于 5000 指示灯

使用 CTUD 指令，当进货时，bInput 连接双向计数器的 CU 信号进行数值累加；当出货时，bOutput 连接双向计数器的 CD 信号进行数值递减。当前数值用 FB_FTUD.CV 进行表示。输出采用比较指令，当前计数数值大于 nL1Value，L1 为 ON；当前计数数值大于 nL2Value，L2 为 ON；该示例程序如图 5.35 所示。完整样例程序可参考\01 Sample\第 5 章\13 AutoWarehouse\。

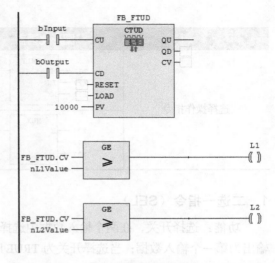

图 5.35　自动仓库进出货计数功能举例

5.4　数据处理指令

CODESYS 标准功能库中提供的数据处理指令包括选择操作指令、比较指令和移位指令等，下面将对这些指令进行详细说明。

5.4.1　选择操作指令

在实际的应用中，常会进行一些数据的选择和筛选，下面介绍几种常见的选择操作指令，见表 5.23。

表 5.23　选择操作指令

	图形化语言	文本化语言	说　明
选择操作指令	SEL ??? — G ??? — IN0 ??? — IN1	SEL	二选一指令
	MAX ??? — ??? —	MAX	取最大值
	MIN ??? — ??? —	MIN	取最小值

续表

图形化语言	文本化语言	说　　明
选择操作指令	LIMIT	限制值
	MUX	多选一

(LIMIT 功能块：MN / IN / MX，输入端标注 ???)

(MUX 功能块：K，输入端标注 ???)

1. 二选一指令（SEL）

功能：选择开关，在两个输入数据中选择一个作为输出。当选择开关为 FALSE 时，输出为第一个输入数据；当选择开关为 TRUE 时，输出为第二个输入数据。

语法：文本化语言语法格式如下。

```
OUT := SEL(G, IN0, IN1)
```

参数 G 必须是布尔变量。如果 G 是 FALSE，则返回值的结果是 IN0；如果 G 是 TRUE，则返回值的结果为 IN1。二选一指令（SEL）参数说明见表 5.24。

表 5.24　二选一指令（SEL）参数说明

名　　称	定　　义	数 据 类 型	说　　明
G	输入变量	BOOL	输入选择位
IN0	输入变量	任何类型	输入数据 0
IN1	输入变量	任何类型	输入数据 1
返回值	输出变量	任何类型	输出数据

【例 5.23】 创建一个 POU，当输入值 bInput 为 FALSE 时，输出为 3；当输入值 bInput 为 TRUE 时，输出为 4，具体实现程序如下。

```
VAR
    iVar1:INT:=3;
    iVar2:INT:=4;
    iOutVar: INT;
    bInput: BOOL;
END_VAR

iOutVar:=SEL(bInput,iVar1,iVar2);
```

2．取最大值（MAX）

功能：最大值函数。在多个输入数据中选择最大值作为输出。

语法：文本化语言语法格式如下所示。

```
OUT := MAX(IN0, …,INn)
```

取最大值（MAX）参数说明见表 5.25。

表 5.25　取最大值（MAX）参数说明

名　　称	定　　义	数　据　类　型	说　　明
IN0	输入变量	任何类型	输入数据 0
INn	输入变量	任何类型	输入数据 n
返回值	输出变量	任何类型	输出数据

【例 5.24】创建一个 POU，iOutVar 的输入值为 iVar1 和 iVar2 中的较大者，具体实现程序如下。

```
VAR
    iVar1:INT:=30;
    iVar2:INT:=60;
    iOutVar: INT;
END_VAR

iOutVar:=MAX(iVar1,iVar2);
```

程序运行后，输出结果为 60。

3．取最小值（MIN）

功能：最小值函数。在多个输入数据中选择最小值作为输出。

语法：文本化语言语法格式如下所示。

```
OUT := MIN(IN0, …,INn)
```

"IN0, …, Inn" 及 OUT 可以是任何数据类型。取最小值（MIN）参数说明见表 5.26。

表 5.26　取最小值（MIN）参数说明

名　称	定　义	数 据 类 型	说　明
IN0	输入变量	任何类型	输入数据 0
INn	输入变量	任何类型	输入数据 n
返回值	输出变量	任何类型	输出数据

【例 5.25】创建一个 POU，iOutVar 的输入值为 iVar1 和 iVar2 中的较小者，具体实现程序如下。

```
VAR
    iVar1:INT:=30;
    iVar2:INT:=60;
    iOutVar: INT;
END_VAR
```

```
iOutVar:=MIN(iVar1,iVar2);
```

程序运行后，输出结果为 30。

4. 限制值（LIMIT）

功能：限制值输出。首先判断输入数据是否在最小值和最大值范围内，若输入数据在两者之间，则直接把输入数据作为输出数据进行输出；若输入数据大于最大值，则把最大值作为输出值；若输入数据小于最小值，则把最小值作为输出值。

语法：文本化语言语法格式如下。

```
OUT := LIMIT(Min, IN, Max)
```

IN、Min、Max 及返回值可以是任何数据类型，详见表 5.27。

表 5.27　限制值（LIMIT）参数说明

名　称	定　义	数 据 类 型	说　明
Min	输入变量	任何类型	最小值
IN	输入变量	任何类型	输入数据
Max	输入变量	任何类型	最大值
返回值	输出变量	任何类型	输出数据

【例 5.26】创建一个 POU，使用限制值指令，无论输入为何值，确保输出值在 30～

80 范围内，具体实现程序如下。

```
VAR
    iVar:INT:=90;
    iOutVar: INT;
END_VAR

iOutVar:=limit(30,iVar,80);
```

最小输入值为 30，最大输入值为 80，而实际输入值为 90，90 大于最大输入值 80，故最终输出为最大输入值 80，即最终结果为 80。

5. 多选一（MUX）

功能：多路器操作。通过控制数在多个输入数据中选择一个作为输出。
语法：文本化语言语法格式如下。

```
OUT := MUX(K, IN0,...,INn)
```

"IN0,...,INn" 及返回值可以是任何变量类型，但 K 必须为 BYTE、WORD、DWORD、LWORD、SINT、USINT、INT、UINT、DINT、LINT、ULINT 或 UDINT。MUX 从变量组中选择第 K 个数据输出。多选一（MUX）参数说明见表 5.28。

表 5.28 多选一（MUX）参数说明

名　　称	定　　义	数 据 类 型	说　　明
K	输入变量	整数类型	控制数
IN0	输入变量	任何类型	输入数据 0
INn	输入变量	任何类型	输入数据 n
返回值	输出变量	任何类型	输出数据

【例 5.27】 创建一个 POU，使用多选一指令，根据输入控制数 iVar 选择最终要输出的数据，具体实现程序如下。

```
VAR
    iVar:INT:=1;
    iOutVar: INT;
END_VAR

iOutVar:=MUX(iVar,30,40,50,60,70,80);
```

最终输出结果为 40，因为数据排序是从第 0 个元素开始累积。

如果数据超出范围，那么最终数据按最后一个数据为输出，如【例 5.27】中，若将 iVar 的值设定为 5，那么最终的输出结果为 80。如果 iVar 为–1，那么最终输出值还是 80。

5.4.2　比较指令

比较指令用于两个相同数据类型的有符号数或无符号数 IN1 和 IN2 的比较判断操作，涉及的运算有：=、>=、<=、>、<和<>。在图形化语言中，比较指令是以动合触点的形式编程的，在动合触点的中间注明比较参数和比较运算符。当比较的结果为真时，该动合触点闭合。在文本化语言中，比较指令可以用符号直接表示，当比较结果为真时，PLC 将运算结果置为 TRUE。比较指令见表 5.29。

表 5.29　比较指令

	图形化语言	文本化语言	说　明
比较指令	EQ =	=	等于
	NE ≠	<>	不等于
	GT >	>	大于
	GE ≥	>=	大于或等于
	LT <	<	小于
	LE ≤	<=	小于或等于

1. 大于

功能：当第一个操作数大于第二个操作数时，布尔运算符返回值是 TRUE。操作数类型为 BOOL、BYTE、WORD、DWORD、SINT、USINT、INT、UINT、DINT、UDINT、

REAL、LREAL、TIME、DATE、TIME_OF_DAY、DATE_AND_TIME 和 STRING。

语法：文本化语言语法格式如下。

```
bResult := bVar1 >bVar2;
```

【例 5.28】 由于 INT 类型的变量其数值有效范围为-32768～32767，该类型存在正负，在实际的应用中常常需要判断其符号。如果数值为负数，该变量的最高位为 1，如可以使用 32766 作为界定线，一旦当前的数值大于 32766，即可以判断当前的数值为负值，从而进行下一步动作。该判断程序的声明部分如下所示，具体程序如图 5.36 所示。

```
PROGRAM PLC_PRG
VAR_INPUT
    nValue:INT;//输入值
END_VAR
VAR_OUTPUT
    bOverFlow AT%QX0.0: BOOL;//符号位溢出
END_VAR
```

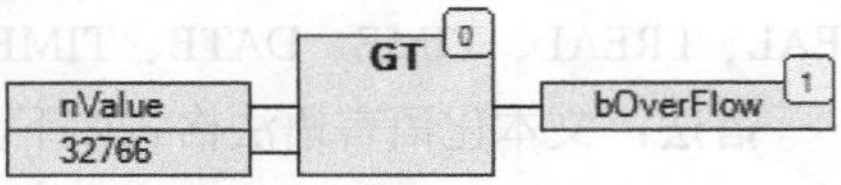

图 5.36 大于函数 CFC 程序应用举例

当 **nValue** 的数值大于 32766 时，**bOverFlow** 会被置为 TRUE，故可通过该位来判断当前数值是正值还是负值。详细程序可以参考\01 Sample\第 5 章\14 GreatThan\中的样例程序。

2. 大于或等于

功能：当第一个操作数大于或等于第二个操作数时，布尔运算符返回值是 TRUE。操作数类型为 BOOL、BYTE、WORD、DWORD、SINT、USINT、INT、UINT、DINT、UDINT、REAL、LREAL、TIME、DATE、TIME_OF_DAY，DATE_AND_TIME 和 STRING。

语法：文本化语言语法格式如下。

```
bResult := bVar1 >=bVar2;
```

【例 5.29】 UINT 类型的变量其数值有效范围为 0～65535，如果数值超过该范围，则会有溢出，为了防止此现象，在程序中可以设计一个溢出警告，当数值大于或等于 65530 时，即给出警告信息提醒将数据清零。该判断程序的声明部分如下所示，具体程序如图 5.37 所示。

```
PROGRAM PLC_PRG
VAR_INPUT
    nValue:UINT;//输入值
END_VAR
VAR_OUTPUT
```

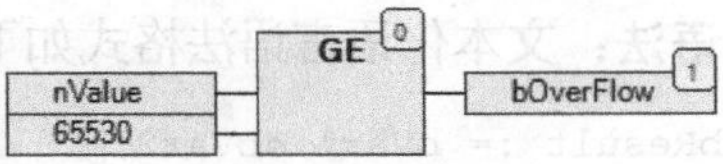

图 5.37 大于或等于函数 CFC 程序应用举例

```
      bOverFlow AT%QX0.0: BOOL;//溢出警告
   END_VAR
```

当 nValue 的数值大于或等于 65530 时，bOverFlow 会被置为 TRUE。详细程序可以参考\01 Sample\第 5 章\15 GreatEqual\中的样例程序。

3. 等于

功能：当第一个操作数等于第二个操作数时，布尔运算符返回值是 TRUE。操作数类型为 BOOL、BYTE、WORD、DWORD、SINT、USINT、INT、UINT、DINT、UDINT、REAL、LREAL、TIME、DATE、TIME_OF_DAY、DATE_AND_TIME 和 STRING。

语法：文本化语言语法格式如下。

```
bResult := bVar1 =bVar2;
```

【例 5.30】 判断 S1 按钮和 S2 按钮。如果两个按钮状态相同，则 K1 输出为 ON，否则输出为 FALSE。判断程序的声明部分如下所示，具体程序如图 5.38 所示。

```
PROGRAM PLC_PRG
VAR_INPUT
   S1 AT%IX0.0:BOOL;//输入按钮 1
   S2 AT%IX0.1:BOOL;//输入按钮 2
END_VAR
VAR_OUTPUT
   K1 AT%QX0.0:BOOL;//输出指示灯
END_VAR
```

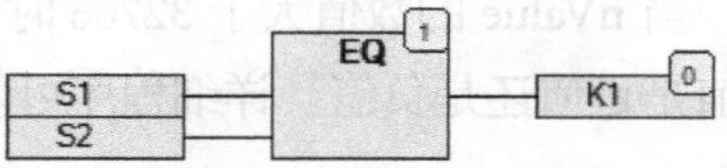

图 5.38 等于函数 CFC 程序应用举例

按钮 S1 与 S2 为两个输入按钮，当两个同时为 ON 或者同时为 OFF 时，K1 输出 ON 信号。详细程序可以参考\01 Sample\第 5 章\16 Equal\中的样例程序。

4. 小于

功能：当第一个操作数小于第二个操作数时，布尔运算符返回值是 TRUE。操作数类型为 BOOL、BYTE、WORD、DWORD、SINT、USINT、INT、UINT、DINT、UDINT、REAL、LREAL、TIME、DATE、TIME_OF_DAY、DATE_AND_TIME 和 STRING。

语法：文本化语言语法格式如下。

```
bResult := bVar1 <bVar2;
```

【例 5.31】 如果输入数值 nVar1 小于输入数值 nVar2，则 K1 有输出。该判断程序的声明部分如下所示，具体程序如图 5.39 所示。

```
PROGRAM PLC_PRG
VAR_INPUT
    nVar1 :WORD;//输入数值 1
    nVar2 :WORD;//输入数值 2
END_VAR
VAR_OUTPUT
    K1 AT%QX0.0:BOOL;//输出指示
END_VAR
```

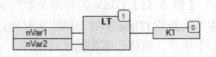

图 5.39　小于函数 CFC 程序应用举例

详细程序可以参考\01 Sample\第 5 章\17 LessThan\中的样例程序。

5. 小于或等于

功能：当第一个操作数小于或等于第二个操作数时，布尔运算符返回值是 TRUE。操作数类型为 BOOL、BYTE、WORD、DWORD、SINT、USINT、INT、UINT、DINT、UDINT、REAL、LREAL、TIME、DATE、TIME_OF_DAY、DATE_AND_TIME 和 STRING。

语法：文本化语言语法格式如下。

```
bResult := bVar1 <= bVar2;
```

【例 5.32】byVar1 为 WORD 类型变量，如果其实际值小于等于 255，那么程序输出警告 K1。该判断程序的声明部分如下所示，具体程序如图 5.40 所示。

```
PROGRAM PLC_PRG
VAR_INPUT
    byVar1 :WORD;//输入数值 1
END_VAR
VAR_OUTPUT
    K1 AT%QX0.0:BOOL;//输出指示
END_VAR
```

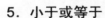

图 5.40　小于或等于函数 CFC 程序应用举例

详细程序可以参考\01 Sample\第 5 章\18 LessEqual\中的样例程序。

6. 不等于

功能：当第一个操作数不等于第二个操作数时，布尔运算符返回值是 TRUE。操作数类型为 BOOL、BYTE、WORD、DWORD、SINT、USINT、INT、UINT、DINT、UDINT、REAL、LREAL、TIME、DATE、TIME_OF_DAY、DATE_AND_TIME 和 STRING。

语法：文本化语言语法格式如下。

```
bResult := bVar1<> bVar2;
```

【例 5.33】tTime 为时间类型变量，将其与固定数值 1 小时 20 分 10 秒进行比较，如果当前数值 tTime 不等于该固定时间，那么程序输出运行信号 K1。该判断程序的声明部分如下所示，具体程序如图 5.41 所示。

```
PROGRAM PLC_PRG
VAR_INPUT
    tTime :TIME;//输入时间数值1
END_VAR
VAR_OUTPUT
    K1 AT%QX0.0:BOOL;//输出指示
END_VAR
```

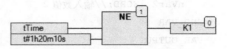

图 5.41 不等于函数 CFC 程序应用举例

详细程序可以参考\01 Sample\第 5 章\19 UnEqual\中的样例程序。

【例 5.34】某风力发电设备需要对发电机温度进行实时监控，要求程序能够在发电机温度大于或等于 90℃，并且时间维持在 60 秒以上时，发出发电机过热警告；当温度小于或等于 60℃，并且时间维持在 60 秒以上时，发出发电机温度过低警告。该例变量分配表见表 5.30。

表 5.30 变量分配表

变 量 名	说 明
AI_rGenTemperature	发电机温度
bTempHighAlarm	温度过高报警
bTempLowAlarm	温度过低报警

程序通过 GE 与 LE 指令对输入温度 AI_rGenTemperature 进行比较。输出结果直接赋值给定时器的输入端 IN。程序如图 5.42 所示，完整样例程序可参考\01 Sample\第 5 章\20 Temp_CMP\。

5.4.3 移位指令

移位操作指令是常使用的指令，它分为按位移位指令、循环移位指令两大类。其功能为将操作数的所有位按操作指令规定的方式移动 n 位移动，将其结

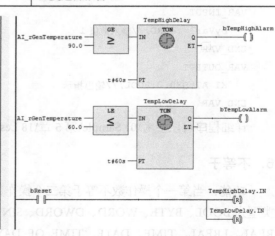

图 5.42 发电机温度报警程序举例

果送入返回值。移位指令见表 5.31。

表 5.31 移位指令

图形化语言	文本化语言	说 明
移位指令	SHL	按位左移
	SHR	按位右移
	ROL	循环左移
	ROR	循环右移

1. 按位左移（SHL）

功能：对操作数进行按位左移，左边移出位不做处理，右边空位自动补 0。

语法：SHL 指令可以将输入 IN 中的数据左移 n 位，输出结果赋值至 OUT，二进制数左移一位相当于将原数乘以 2。如果 n 大于数据类型宽度，那么 BYTE、WORD 和 DWORD 值将填补为 0。文本化语言语法格式如下所示：

```
OUT:= SHL (IN, n);
```

【例 5.35】利用按位左移指令实现 WORD 类型输入变量 wWord1 当前值左移 4 位，程序如图 5.43 所示，样例程序可参考\01 Sample\第 5 章\21 SHL\。

wWord1 为十六进制的 0001，经过按位向左移动 4 位后，最终输出结果为 16#0010，其过程如图 5.44 所示，低 4 位的空位补 0。

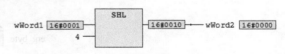

图 5.43 按位左移程序举例

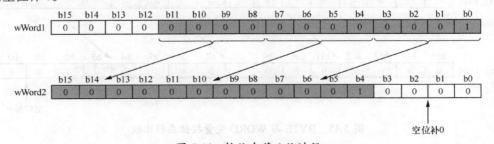

图 5.44 按位左移 4 位过程

移位运算的总位数会受到输入变量的数据类型的影响。如果输入变量是常量，将会取长度最小的数据类型。而输出变量的数据类型则不会对算术运算产生影响。可通过如下例子理解两者之间的区别。

【例 5.36】比较下面十六进制数的按位左移的运算，尽管 BYTE 和 WORD 形式的输入变量值相等，但由于输入变量的数据类型不同（BYTE 或 WORD），erg_byte 和 erg_word 将得到不同的结果。

```
VAR
in_byte : BYTE:=16#45;
in_word : WORD:=16#45;
erg_byte : BYTE;
erg_word : WORD;
n: BYTE :=2;
END_VAR

erg_byte:=SHL(in_byte,n); (* 结果为 16#14 *)
erg_word:=SHL(in_word;n); (* 结果为 16#0114 *)
```

因为 BYTE 类型变量 b6 和 b7 位左移 2 位后溢出，所以最终的数据为十六进制的 14。而当 WORD 类型变量的 b6 和 b7 位左移两位后，进入高字节的 b8 和 b9 位，该位会继续保留，因此，最终的结果为十六进制的 114。其过程如图 5.45 所示。

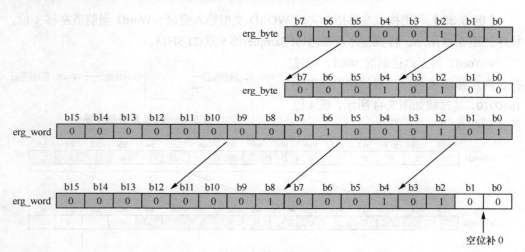

图 5.45　BYTE 与 WORD 变量按位左移比较

2. 按位右移（SHR）

功能：对操作数进行按位右移，右边移出位不做处理，左边空位自动补 0。

语法：SHR 指令可以将输入 IN 中的数据右移 n 位，输出结果赋值至 OUT，二进制数右移一位相当于将原数除以 2。如果 n 大于数据类型宽度，那么 BYTE、WORD 和 DWORD 值将填为 0。如果使用带符号数据类型，则最高位补符号位。文本化语言语法格式如下所示。

```
OUT:= SHR (IN, n);
```

【**例 5.37**】利用按位右移指令完成 WORD 类型输入变量 wWord1 的当前值右移 5 位，输出结果赋值给 wWord2，程序如图 5.46 所示，完整样例程序可参考 \01 Sample\第 5 章\22 SHR_WORD\。

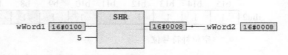

图 5.46 按位右移程序举例

wWord1 为十六进制的 0100，经过向右移动 5 位后，最终输出结果为 16#0008。由于 WORD 类型变量属于无符号数据类型，有效值范围为 0~65535，故右移 5 位后，没有符号位，高 5 位补 0。移位过程如图 5.47 所示。

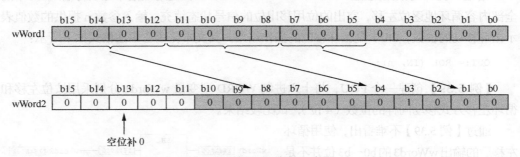

图 5.47 按位右移 5 位过程

【例 5.37】为无符号位的数据右移。如果遇到有符号整型数据，那么高位右移需要补符号位，如【例 5.38】所示。

【**例 5.38**】利用按位右移指令完成 INT 类型输入变量 iInt1 的当前值右移 4 位，输出结果赋值给 iInt2，程序如图 5.48 所示，完整样例程序可参考\01 Sample\第 5 章\23 SHR_INT\。

INT 类型数据为有符号位数据，有效值范围为 –32768~32767。iInt1 为十六进制有

图 5.48 带符号位的数据按位右移程序举例

符号数据 F100，最高位 b15 为符号位，经过向右移动 4 位后，空位需要补符号位，由于源数据符号位为 1，故高 4 位补 4 个 1，程序运行最终结果为 16#FF10。具体移位过程如图 5.49 所示。

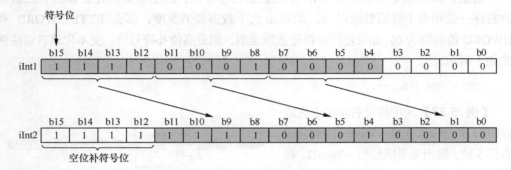

图 5.49　带符号位的数据按位右移 4 位过程

3. 循环左移（ROL）

功能：对操作数进行按位循环左移，左边移出的位直接补充到右边的最低位。

语法：允许的数据类型：BYTE、WORD、DWORD，使用该指令可以将输入 IN 中的全部内容循环地逐位左移，空出的位用移出位的信号状态填充。输入参数 n 提供的数值表示循环移动的位数，OUT 是循环移位的操作结果。其文本化语言语法格式如下所示：

```
OUT:= ROL (IN, n);
```

【例 5.39】创建一个 POU，将十六进制 WORD 型变量 wWord1 分别采用按位左移和循环左移方式移动同样的位数（4 位），试比较结果。

通过【例 5.39】不难看出，使用循环左移后的输出 wWord3 的 b0～b3 位并不是将空位补 0，而是将输入数据 wWord1 中的 b12～b15 位中的 1010 补到 b0～b3 位。按位左移与循环左移比较程序如图 5.50 所示。其中循环左移 4 位过程如图 5.51 所示。

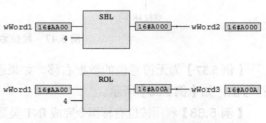

图 5.50　按位左移与循环左移比较程序举例

循环移位指令的总位数同样也会受到输入变量的数据类型的影响。如果输入变量是常量，那么将会取长度最小的数据类型。而输出变量的数据类型则不会对算术运算产生影响，可通过【例 5.40】加以理解。

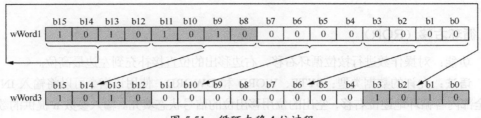

图 5.51 循环左移 4 位过程

【例 5.40】本例比较不同数据类型十六进制数的循环左移运算。尽管 BYTE 和 WORD 类型的输入变量值相等，但由于输入变量的数据类型不同（BYTE 或 WORD），因此 erg_byte 和 erg_word 将得到不同的结果。

```
VAR
in_byte: BYTE:=16#45;
in_word: WORD:=16#45;
erg_byte : BYTE;
erg_word : WORD;
n: BYTE :=2;
END_VAR
```

```
erg_byte:=ROL(in_byte,n); (* 结果为16#15 *)
erg_word:=ROL(in_word,n); (* 结果为16#0114 *)
```

如图 5.52 所示，当 BYTE 类型变量的 b6 和 b7 位左移 2 位后，将会移至输出数据中的 b0 和 b1 位，最终的结果数据为十六进制的 15。而当 WORD 类型变量的 b6 和 b7 位左移两位后，将会移至输出数据中的 b8 和 b9 位，原数据的 b14 和 b15 位为 0，左移两位后，将会移至输出数据的 b0 和 b1 位，故最终的结果为十六进制的 114。

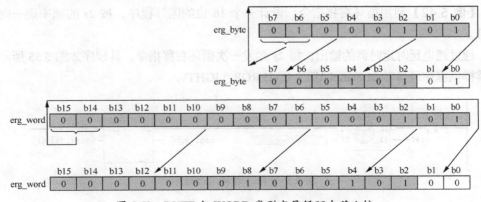

图 5.52 BYTE 与 WORD 类型变量循环左移比较

4．循环右移（ROR）

功能：对操作数进行按位循环右移，右边移出的位直接补充到左边最高位。

语法：允许的数据类型：BYTE、WORD 和 DWORD。使用该指令可以将输入 IN 中的全部内容循环地逐位右移，空出的位用移出位的信号状态填充。输入参数 n 提供的数值表示循环移动的位数，OUT 是循环移位的操作结果。其文本化语言语法格式如下所示：

```
OUT: = ROR (IN, n);
```

【例 5.41】利用循环右移指令实现 WORD 类型输入变量 wWord1 的当前值循环右移 5 位，输出结果赋值给 wWord2，程序如图 5.53 所示，完整样例程序可参考\01 Sample\第 5 章\24 ROR_WORD\。

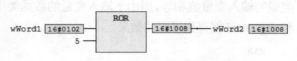

图 5.53　循环右移程序举例

最终程序的运行结果为十六进制的 1008，程序将原来 wWord1 的低 5 位 b4～b0 移至 wWord2 中的 b15～b11，其程序移位过程如图 5.54 所示。

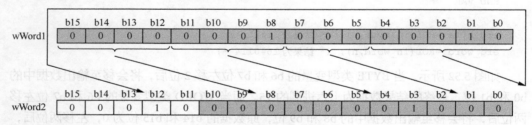

图 5.54　循环右移 5 位过程

【例 5.42】利用循环右移指令，设计一个 16 位的闪灯程序，按 2s 的频率逐一向右闪烁。

通过通电延时定时器的输出，每 2s 触发一次循环右移指令，其程序如图 5.55 所示，完整样例程序可参考\01 Sample\第 5 章\25 ROR_LIGHT\。

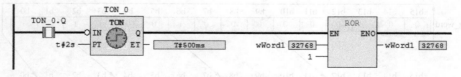

图 5.55　循环右移闪灯程序

5.5 运算指令

运算指令针对操作数进行运算，同时产生运算结果。运算指令是一种专门处理数据运算的特殊符号，数据变量结合运算指令形成完整的程序运算语句。本节将针对常用的运算指令做详细介绍，包括赋值指令、算术运算指令、数学运算指令和地址运算指令。

5.5.1 赋值指令

在实际应用中，它实现的功能是将一个变量的数据传送给另外一个变量。

赋值指令（MOVE）功能：将一个常量或者变量的值赋给另外一个变量。

赋值指令的图形化及文本化语言见表 5.32。

表 5.32 赋值指令

	图形化语言	文本化语言	说　明
赋值指令	??? — MOVE	:=	赋值

【例 5.43】创建一个 POU，将 WORD 类型变量 nVar1 中的数据赋值给 nVar2，具体实现程序如图 5.56 所示。

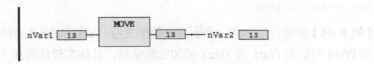

图 5.56　MOVE 指令程序举例

如果使用 ST 指令，那么实现【例 5.43】功能的代码为：

```
nVar2:=nVar1;
```

5.5.2 算术运算指令

+、-、*、/、MOD 运算指令属于算术运算指令，分别用于进行加、减、乘、除和求余数运算，详见表 5.33。

表 5.33　算术运算指令

图形化语言	文本化语言	说　明
算术运算指令 ADD + ??? ???	+	加法
SUB − ??? ???	-	减法
MUL × ??? ???	*	乘法
DIV / ??? ???	/	除法
MOD ??? ???	MOD	求余数

1. 加法运算（ADD）

功能：加法运算指令，两个（或者多个）变量或常量相加。两个时间变量也可相加，结果是另一个时间变量。

语法：加法运算指令可以将输入变量 IN0 ~ INn 的值做加法运算，并将其结果赋值给 OUT。加法运算指令支持如下的变量类型：BYTE、WORD、DWORD、SINT、USINT、INT、UINT、DINT、UDINT、（L）REAL、TIME，以及常数。其文本化语言语法格式如下所示：

```
OUT := IN0 +…+INn;
```

【例 5.44】创建一个 POU，声明两个整型变量 iVar1 和 iVar2，并将 iVar1 赋值为 2014，然后使 iVar2 的值为 iVar1 与 iVar1 相加后的结果，具体实现代码如下：

```
VAR
    iVar1:INT: =2014;
    iVar2:INT;
END_VAR

iVar2:=iVar1+iVar1;
```

程序的运行结果为 iVar2 等于 4028。

【例 5.45】在实际工程中，经常需要记录操作的次数，此时可以使用 ST 编程语言，当数字累加到 10 时，将该累计变量清零。

下面的程序通过 ST 编程语言实现。通过上升沿触发功能块对被加数 **iCounter** 进行累加。

```
VAR
    bCalStart: BOOL;
    FB_StartTrigR_TRIG:R_TRIG;
    iCounter:word;
END_VAR

FB_StartTrigR_TRIG(CLK:=bCalStart);
IF FB_StartTrigR_TRIG.Q THEN
    iCounter:=iCounter+1;
END_IF
IF iCounter=10 THEN
    iCounter:=0;
END_IF
```

该例样例程序可参考\01 Sample\第 5 章\26 ADD\。

> **注意**
> - TIME 类型变量也可使用加法功能，两个 TIME 类型变量相加得到一个新的时间，如 t#45s + t#50s = t#1m35 s
> - 被选择的输出数据类型应可存储输出结果，否则可能引起数据错误。

2．减法运算（SUB）

功能：减法运算指令，两个变量或常量相减。

语法：减法运算指令可以将输入变量 IN0 的值减去 IN1 的值,并将其结果赋值给 OUT。减法运算指令支持如下的变量类型：BYTE、WORD、DWORD、SINT、USINT、INT、UINT、DINT、UDINT、REAL、（L）REAL、TIME，以及常数。其文本化语言语法格式如下所示：

```
OUT := IN0 -IN1;
```

【例 5.46】 创建一个 POU，声明两个浮点数变量 **rVar1** 和 **rVar2**，分别赋值为 3.14 和 10，此外，再声明一个 **rResult** 变量，其值为 rVar2 减去 rVar1 之后得到的结果，具体代码如下。

```
VAR
    rVar1:REAL:=3.14;
    rVar2:REAL:=10;
    rResult:REAL;
```

```
END_VAR
```

```
rResult:=rVar2-rVar1;
```

程序的运行结果为 rResult 等于 6.86。

> **注意**
> - TIME 类型变量也可使用减法功能，两个 TIME 类型变量相减得到一个新的时间，如 t#1m35s - t#50s = t#45s ，但时间结果不能为负值。
> - TOD 类型变量也可使用减法功能，两个 TOD 类型变量相减得到一个新的 TIME 类型数据，如 TOD#45:40:30- TOD#22:30:20=T#1390m10s0ms ，但时间结果不能为负值。

3．乘法运算（MUL）

功能：乘法运算指令，两个（或者多个）变量或常量相乘。

语法：乘法运算指令可以将输入变量 IN0 ~ INn 的值做乘法运算，并将其乘积赋值给 OUT。乘法运算指令支持如下的变量类型：BYTE、WORD、DWORD、SINT、USINT、INT、UINT、DINT、UDINT、（L）REAL、TIME、TOD，以及常数。其文本化语言语法格式如下所示：

```
OUT := IN0 *…*INn;
```

【例 5.47】 创建一个 POU，声明两个整型变量 iVar1 和 iVar2，并分别赋值为 10 和 2，再声明一个整型变量 iResult，使其结果为 iVar1 和 iVar2 的乘积，具体实现代码如下。

```
VAR
    iVar1:INT:=10;
    iVar2:INT:=2;
    iResult:INT;
END_VAR
```

```
iResult:=iVar1*iVar2;
```

程序的运行结果为 iResult 等于 20。

4．除法运算（DIV）

功能：除法运算指令，两个变量或常量相除。

语法：除法运算指令可以将输入变量 IN0 的值除以 IN1 的值，并将得到的商值赋值给 OUT。除法运算指令支持如下的变量类型：BYTE、WORD、DWORD、SINT、USINT、INT、

UINT、DINT、UDINT、REAL、LREAL，以及常数。其文本化语言语法格式如下所示：

```
OUT := IN0 / IN1;
```

【例 5.48】创建一个 POU，声明两个整型变量 iVar1 和 iVar2，并分别赋值为 10 和 2，再声明一个整型变量 iResult，使其值为 iVar1 除以 iVar2 得到的结果，具体实现代码如下。

```
VAR
    iVar1:INT:=10;
    iVar2:INT:=2;
    iResult:INT;
END_VAR

iResult:=iVar1/iVar2;
```

程序的运行结果为 iResult 等于 5。

> **注意**
>
> 在工程中使用 DIV 指令时，可使用 CheckDivByte、CheckDivWord、CheckDivDWord 和 CheckDivReal 等指令检查除数是否为零，从而避免除数为零的现象。

5．求余数运算（MOD）

功能：变量或常量相除取余，结果为两数相除后的余数，是一个整型数据。

语法：求余数运算指令（MOD 指令）可以将输入变量 IN0 与 IN1 相除的余数赋值给 OUT，通常使用该运算指令创建余数在特定范围内的等式。求余数运算指令支持如下的变量类型如 BYTE、WORD、DWORD、SINT、USINT、INT、UINT、DINT、UDINT、REAL、LREAL，以及常数。其文本化语言语法格式如下所示。

```
OUT := IN0 MOD IN1;
```

【例 5.49】创建一个 POU，声明两个整型变量 iVar1 和 iVar2，并分别赋值为 44 和 9，再声明一个整型变量 iResult，使其值为 iVar1 与 iVar2 求余运算之后的结果，具体实现代码如下。

```
VAR
    iVar1:INT:=44;
    iVar2:INT:=9;
    iResult:INT;
END_VAR

iResult:=iVar1 MOD iVar2;
```

程序的运行结果为 iResult 等于 8。

5.5.3 数学运算指令

数学运算指令包括三角函数运算指令和高级算术指令，相关指令见表 5.34。

表 5.34 数学运算指令

	图形化语言	文本化语言	说　明
数学运算指令	??? ─ ABS ─	ABS	绝对值指令
	??? ─ SQRT ─	SQRT	平方根指令
	??? ─ EXP ─	EXP	指数指令
	??? ─ LN ─	LN	自然对数指令
	??? ─ LOG ─	LOG	常用对数指令
	??? ─ SIN ─	SIN	正弦指令
	??? ─ COS ─	COS	余弦指令
	??? ─ ACOS ─	ACOS	反余弦指令
	??? ─ ASIN ─	ASIN	反正弦指令
	??? ─ TAN ─	TAN	正切指令
	??? ─ ATAN ─	ATAN	反正切指令

1. 绝对值（ABS）

功能：绝对值函数指令可用来计算一个数的绝对值。

语法：绝对值运算指令支持的变量类型如 BYTE、WORD、DWORD、SINT、USINT、INT、UINT、DINT、UDINT、REAL、LREAL 以及常数。其文本化语言语法格式如下所示。

```
OUT := ABS (IN);
```

【例 5.50】ABS 函数示例。

```
VAR
    iVar1:INT:=-44;
    iResult:INT;
END_VAR


iResult:=abs(iVar1);
```

程序的运行结果为 iResult 等于 44。

2. 平方根（SQRT）

功能：非负实数的平方根。

语法：输入变量 IN 可以是 BYTE、WORD、DWORD、SINT、USINT、INT、UINT、DINT、UDINT、REAL、LREAL 和常数，但输出必须是 REAL 或 LREAL 类型。其文本化语言语法格式如下所示。

```
OUT := SQRT(IN);
```

【例 5.51】SQRT 函数示例。

```
VAR
    rVar1:REAL:=16;
    rResult:REAL;
END_VAR


rResult:=SQRT(rVar1);
```

程序的运行结果为 rResult 等于 4。

3. 指数函数（EXP）

功能：返回 e（自然对数的底）的幂次方，e 是一个为 2.71828 的常数。

语法：输入变量 IN 可以是 BYTE、WORD、DWORD、SINT、USINT、INT、UINT、DINT、UDINT、REAL、LREAL 和常数，但输出必须是 REAL 或 LREAL 类型。其文本化语言语法格式如下所示。

```
OUT := EXP(IN);
```

【例 5.52】EXP 函数示例。

```
VAR
    rVar1:REAL:=2;
    rResult:REAL;
END_VAR

rResult:=EXP(rVar1);
```

程序的运行结果为 rResult 等于 7.389056。

4. 自然对数（LN）

功能：返回一个数的自然对数。自然对数以常数项 e （2.71828）为底。

语法：输入变量 IN 可以是 BYTE、WORD、DWORD、SINT、USINT、INT、UINT、DINT、UDINT、REAL、LREAL 和常数，但输出必须是 REAL 或 LREAL 类型。其文本化语言语法格式如下所示。

```
OUT := LN (IN);
```

【例 5.53】 LN 函数示例。

```
VAR
    rVar1:REAL:=45;
    rResult:REAL;
END_VAR

rResult:=LN(rVar1);
```

程序的运行结果为 rResult 等于 3.80666。

5. 以 10 为底的对数（LOG）

功能：返回以底为 10 的对数。

语法：输入变量 IN 可以是 BYTE、WORD、DWORD、SINT、USINT、INT、UINT、DINT、UDINT、REAL、LREAL 和常数，但输出必须是 REAL 或 LREAL 类型。其文本化语言语法格式如下所示。

```
OUT := LOG(IN);
```

【例 5.54】 LOG 函数示例。

```
VAR
    rVar1:REAL:=314.5;
```

```
    rResult:REAL;
END_VAR

rResult:=LOG(rVar1);
```

程序的运行结果为 **rResult** 等于 **2.49762**。

6. 正弦函数（SIN）

功能：正弦函数。

语法：输入变量 IN 可以是 BYTE、WORD、DWORD、SINT、USINT、INT、UINT、DINT、UDINT、REAL、LREAL 和常数，但输出必须是 REAL 或 LREAL 类型。其文本化语言语法格式如下所示。

```
OUT := SIN(IN);
```

【**例 5.55**】SIN 函数示例。

```
VAR
    rVar1:REAL:=0.5;
    rResult:REAL;
END_VAR

rResult:=SIN(rVar1);
```

程序的运行结果为 **rResult** 等于 **0.479426**。

【**例 5.56**】如图 5.57 所示，通过算术指令完成某角度的正弦值运算。在使用三角函数指令之前，先将角度值换算成弧度值，然后利用 SIN 指令求正弦值。

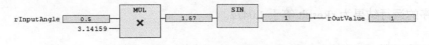

图 5.57　正弦（SIN）指令程序示例

7. 余弦函数（COS）

功能：余弦函数。

语法：输入变量 IN 可以是 BYTE、WORD、DWORD、SINT、USINT、INT、UINT、DINT、UDINT、REAL、LREAL 和常数，但输出必须是 REAL 或 LREAL 类型。其文本化语言语法格式如下所示。

```
OUT := COS(IN);
```

【例 5.57】COS 函数示例。

```
VAR
    rVar1:REAL:=0.5;
    rResult:REAL;
END_VAR

rResult:=COS(rVar1);
```

程序的运行结果为 **rResult** 等于 0.877583。

8. 反余弦函数（ACOS）

功能：余弦弧度（反余弦函数）。

语法：输入变量 IN 可以是 BYTE、WORD、DWORD、SINT、USINT、INT、UINT、DINT、UDINT、REAL、LREAL 和常数，但输出必须是 REAL 或 LREAL 类型。其文本化语言语法格式如下所示。

```
OUT := ACOS(IN);
```

【例 5.58】ACOS 函数示例。

```
VAR
    rVar1:REAL:=0.5;
    rResult:REAL;
END_VAR

rResult:=ACOS(rVar1);
```

程序的运行结果为 **rResult** 等于 1.0472。

9. 反正弦函数（ASIN）

功能：正弦弧度（反正弦函数）。

语法：输入变量 IN 可以是 BYTE、WORD、DWORD、SINT、USINT、INT、UINT、DINT、UDINT、REAL、LREAL 和常数，但输出必须是 REAL 或 LREAL 类型。其文本化语言语法格式如下所示。

```
OUT := ASIN(IN);
```

【例 5.59】ASIN 函数示例。

```
VAR
    rVar1:REAL:=0.5;
    rResult:REAL;
END_VAR
```

```
rResult:=ASIN(rVar1);
```

程序的运行结果为 rResult 等于 0.523599。

10. 正切函数（TAN）

功能：正切函数。

语法：输入变量 IN 可以是 BYTE、WORD、DWORD、SINT、USINT、INT、UINT、DINT、UDINT、REAL、LREAL 和常数，但输出必须是 REAL 或 LREAL 类型。其文本化语言语法格式如下所示。

```
OUT := TAN(IN);
```

【例 5.60】 TAN 函数示例。

```
VAR
    rVar1:REAL:=0.5;
    rResult:REAL;
END_VAR
```

```
rResult:= TAN (rVar1);
```

程序的运行结果为 rResult 等于 0.546302。

11. 反正切函数（ATAN）

功能：正切弧度（反正切函数）。

语法：输入变量 IN 可以是 BYTE、WORD、DWORD、SINT、USINT、INT、UINT、DINT、UDINT、REAL、LREAL 和常数，但输出必须是 REAL 或 LREAL 类型。其文本化语言语法格式如下所示。

```
OUT := ATAN(IN);
```

【例 5.61】 ATAN 函数示例。

```
VAR
    rVar1:REAL:=0.5;
```

```
    rResult:REAL;
END_VAR

rResult:= ATAN (rVar1);
```

程序的运行结果为 **rResult** 等于 **0.463648**。

5.5.4 地址运算指令

在实际应用中，有很多情况涉及内存地址的指令，如取数组的内存首地址，需要了解该数组在内存中占了多少个字节等相关信息，所涉及的指令见表 5.35。

表 5.35 地址运算指令

	图形化语言	文本化语言	说 明
地址运算指令	??? — [SIZEOF]	SIZEOF	数据类型大小
	??? — [ADR]	ADR	地址操作符
	??? — [BITADR]	BITADR	位地址操作符

1. 数据类型大小（SIZEOF）

功能：数据类型大小功能可以确定给出的数据类型所需要的字节数量。简单来说，其作用就是返回一个对象或者类型所占的内存字节数。

语法：SIZEOF 的返回值是一个无符号值，类型的返回值将会用于查找变量 IN0 的大小，OUT 输出值的单位为字节，IN0 可以为任何数据类型。其文本化语言语法格式如下所示。返回值的类型是隐式数据类型，它会根据实际数据值来决定，详见表 5.36。

```
OUT := SIZEOF(IN0);
```

表 5.36 SIZEOF 的返回数据类型

SIZEOF 的返回值 x	隐式数据类型
0 <= size of x < 256	USINT
256 <= size of x < 65536	UINT
65536 <= size of x < 4294967296	UDINT
4294967296 <= size of x	ULINT

【例 5.62】使用 SIZEOF 指令确定数组占用内存大小，程序如下所示。

ST 编程语言的示例：

```
VAR
arr1:ARRAY[0..4] OF INT;
var1:INT;
END_VAR

var1 := SIZEOF(arr1);
```

IL 编程语言的示例：

```
LD      arr1
SIZEOF
ST      var1
```

程序将结果赋值给 **var1**，最终 **var1** 等于 10，因为 **arr1** 数组由 5 个 INT 整型元素构成，SIZEOF 的结果单元为 BYTE，故最终程序运行结果为共有 10 个 BYTE，表示 **arr1** 占用 10 个字节的内存。

2．地址操作符（ADR）

功能：取得输入变量的内存地址并输出，该地址既可以在程序内当做指针使用，又可以作为指针传递给函数。

语法：ADR 操作符其返回值为一个 DWORD 类型的地址变量，IN0 可以为任何数据类型。其文本化语言语法格式如下所示。

```
OUT :=ADR(IN0);
```

ADR 的返回值仅是变量的内存地址，该地址可存放的数据长度为 1 个 BYTE。通过内容操作符"^"提取对应地址中的内容，如需获取 **var_int1** 的内存地址，将其地址赋值给指针变量，再将其对应地址中的具体内容通过"^"操作符提取出来并赋值给 **var_int2**，实现程序如下所示：

```
pt := ADR(var_int1);
var_int2:= pt^;
```

【例 5.63】使用 ADR 指令取数组内存地址的举例，程序如下所示。

ST 编程语言的示例：

```
VAR
arr1:ARRAY[0..4] OF INT;
```

```
dwVar:DWORD;
END_VAR

dwVar:=ADR(arr1);
```

IL 编程语言的示例：

```
LD      arr1
ADR
ST      dwVar
```

【例 5.64】使用 ADR 与指针命令提取变量中的数值，程序如下所示。

ST 编程语言的示例：

```
VAR
pt:POINTER TO INT;
var_int1:INT;
var_int2:INT;
END_VAR

pt := ADR(var_int1);
var_int2:=pt^;
```

3. 位地址操作符（BITADR）

功能： 返回分配变量的位地址信息偏移量。

语法： BITADR 操作符其返回值为一个 DWORD 的地址变量，IN0 可以为任何数据类型。其文本化语言语法格式如下所示。

```
OUT :=BITADR(IN0);
```

BITADR 以 DWORD 变量类型返回位偏移数值地址。注意，偏移值取决于选项类型地址是否可以从目标系统中获得。BITADR 各地址区偏移地址见表 5.37。

表 5.37   BITADR 各地址区偏移地址

地 址 区	起 始 地 址	说 明
Memory	16x40000000	%M
Input	16x80000000	%I
Output	16xC0000000	%Q

【例 5.65】使用 BITADR 指令获取位地址偏移量信息，程序如下所示。

ST 编程语言的示例：

```
VAR
        var1 AT %IX2.3:BOOL;
        bitoffset: DWORD;
END_VAR

bitoffset:=BITADR(var1);
```

IL 编程语言的示例：

```
LD        var1
BITADR
ST        bitoffset
```

该例程序运行结果为十六进制的 80000013。%IX2.3 中的 "2" 为两个字节，".3" 为第 4 个位，其地址等于 2 × 8+4=20。将十进制的 20 转换为十六进制的 14，又因为对应 I 区的首地址是从 80000000 开始存放的，故十六进制的 14 对应的实际地址是 16#80000013，如图 5.58 所示。

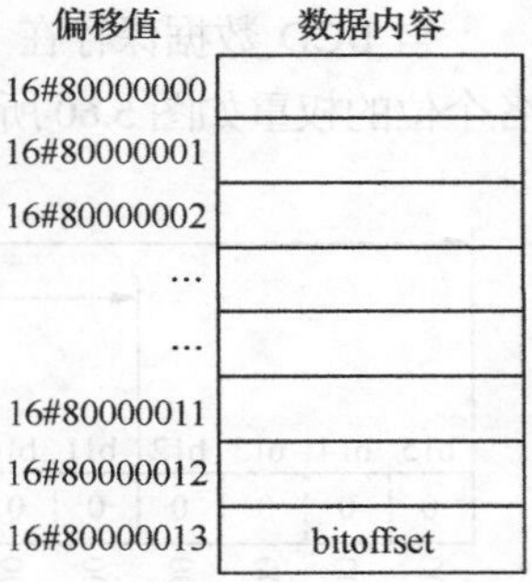

偏移值	数据内容
16#80000000	
16#80000001	
16#80000002	
...	
...	
16#80000011	
16#80000012	
16#80000013	bitoffset

图 5.58　BITADR 示例原理图

5.6 数据转换指令

数据转换指令语法：

```
<TYPE1>_TO_<TYPE2>
```

一般不建议将"较大的"数据类型隐含地转换为"较小的"数据类型，因为从较大数据类型转换为较小数据类型时，可能会造成数据丢失的现象。

如果被转换的值超出目标数据类型的存储范围，则这个数的高字节将被忽略。例如，将 INT 类型转换为 BYTE 类型，或将 DINT 类型转换为 WORD 类型。

在 <TYPE>_TO_STRING 的转换中，字符串是从左边开始生成的。如果定义的字符串长度小于 <TYPE> 的长度，那么右边部分会被截去。

1. BCD 码与整型数据相互转换

BCD（Binary Coded Decimal）用 4 位二进制数来并列表示十进制数中各个位数的值。例如，在 BIN 数据中，按照图 5.59 所示的方式用 BCD 数据 0000 0001 0101 0111（343）来表示十进制数 "157"。

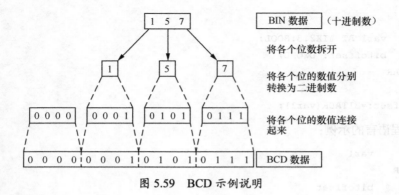

图 5.59　BCD 示例说明

当 BCD 数据保存在 16 位存储器内时，可以处理 0～9999（4 位的最大值）的数值，各个位的权重如图 5.60 所示。

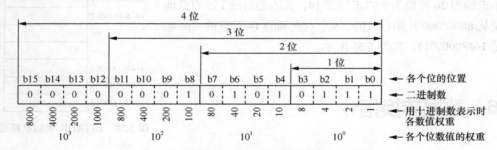

图 5.60　BCD 用十进制表示时的各数值权重

BCD 码与整型数据的互相转换指令见表 5.38，需要注意的是，使用该转换函数前需要先添加 util.library 库。

表 5.38　BCD 码与整型数据的互相转换指令

转换指令	图形化语言	文本化语言	说　明
BCD 码与整型数据的互相转换指令	BCD_TO_BYTE B *BYTE*　　*BYTE* BCD_TO_BYTE	BCD_TO_BYTE	BCD 转换为 BYTE
	BCD_TO_DWORD X *DWORD*　　*DWORD* BCD_TO_DWORD	BCD_TO_DWORD	BCD 转换为 DWORD
	BCD_TO_INT B *BYTE*　　*INT* BCD_TO_INT	BCD_TO_INT	BCD 转换为 INT
	BCD_TO_WORD W *WORD*　　*WORD* BCD_TO_WORD	BCD_TO_WORD	BCD 转换为 WORD

续表

转换指令	图形化语言	文本化语言	说　明
BCD码与整型数据的互相转换指令	 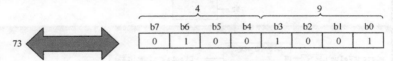 BYTE_TO_BCD	BYTE_TO_BCD	BYTE 转换为 BCD
	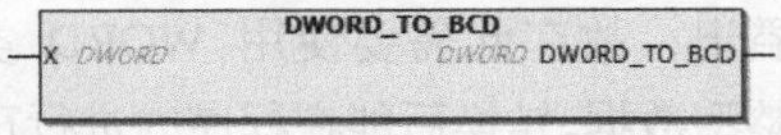 DWORD_TO_BCD	DWORD_TO_BCD	DWORD 转换为 BCD
	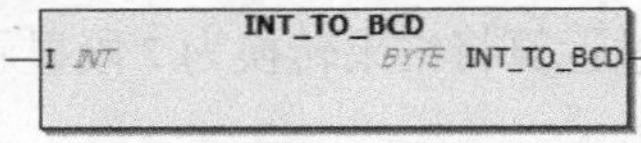 INT_TO_BCD	INT_TO_BCD	INT 转换为 BCD
	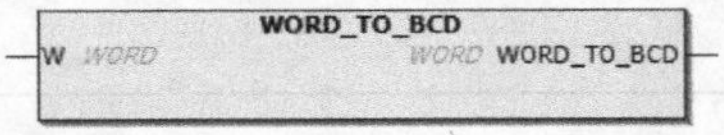 WORD_TO_BCD	WORD_TO_BCD	WORD 转换为 BCD

【例 5.66】使用 ST 编程语言，将 BCD 码 73 转换为 INT 整型数据。

```
i:=BCD_TO_INT(73);
```

如图 5.61 所示，使用 BCD_TO_INT 指令进行转换，因为 BCD 码 73 转换为二进制后的结果为 0100 1001，故将其转换为 INT 类型后的结果为 49。

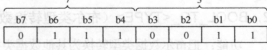

图 5.61　BCD 转换为 INT 类型应用举例

【例 5.67】使用 ST 编程语言，将 INT 整型数据 73 转换为 BCD 码。

```
i:=INT_TO_BCD(73);
```

如图 5.62 所示，采用 INT_TO_BCD 指令进行转换。程序将十进制的 73 转换为 BCD 码后的结果为 0111 0011，即该 BCD 码对应十进制的结果为 115。

图 5.62　INT 转换为 BCD 应用举例

【例 5.68】工业控制中经常会遇到数据设定及数据显示的情况，此时通常需要通过 BCD 码与整型数据转换来实现。如图 5.63 所示，用户利用数字输入按钮输入数据 1942，程序内需要将该数进行加法计算，加 752，并将结果显示在 7 段码数据显示窗中。

(a) 数字输入开关的输入信号　　　(b) 7 段显示器（数字显示器）的输出信号

图 5.63　输入信号与输出显示

该示例程序如图 5.64 所示，主要程序在框内，梯形图中第 1 句和第 3 句是为了便于理解，实际应用中不需要这些转换指令。

当用户通过拨码开关键入 1942 时，在程序内实际收到对应的 BCD 数据为 6466，故需要将 6466 转换为实际整型数据进行逻辑运算。由于 BCD_TO_BYTE 输出的是 BYTE 类型变量，如使用 6466 转换，会使数据溢出，故在此需要使用 WORD 类型的输出指令 BCD_TO_WORD 将其 BCD 数据还原成整型数据。转换后能在程序内进行正常的逻辑运算，在此进行了加法运算，还原有效数据，通过运算将结果转换为 7 段显示器能识别的 BCD 数据并最终输出。

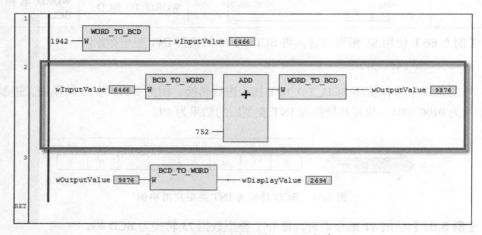

图 5.64　输入信号与输出显示程序举例

完整样例程序可参考\01 Sample\第 5 章\27 BCD_TO_INT\。

2. BOOL_TO_<TYPE>（布尔类型转换数据）

功能：把布尔数据类型转换为其他数据类型。

支持数据类型：BYTE、WORD、DWORD、SINT、USINT、INT、UINT、DINT、UDINT、REAL、TIME、DATE、TOD、DT 和 STRING。

在输出为数字类型时，如果输入是 TRUE，则输出为 1；如果输入是 FALSE，则输出为 0。在输出为字符串类型时，如果输入是 TRUE，则输出字符串'TRUE'；如果输入是 FALSE，则输出字符串'FALSE'。

【例 5.69】BOOL_TO_<TYPE>转换示例见表 5.39。

表 5.39 BOOL_TO_<TYPE>转换示例（梯形图指令）

转换指令	图形化语言	文本化语言	结 果
BOOL_TO_<TYPE>	TRUE — BOOL TO INT — i	i:=BOOL_TO_INT(TRUE);	1
	TRUE — BOOL TO STRING — str	str:=BOOL_TO_STRING(TRUE);	'TRUE'
	TRUE — BOOL TO TIME — t	t:=BOOL_TO_TIME(TRUE);	T#1ms
	TRUE — BOOL TO TOD — tof	tof:=BOOL_TO_TOD(TRUE);	TOD#00:00:00.001
	FALSE — BOOL TO DATE — t	dat:=BOOL_TO_DATE(FALSE);	D#1970
	TRUE — BOOL TO DT — dandt	dandt:=BOOL_TO_DT(TRUE);	DT#1970-01-01-00:00:01

3. BYTE_TO_<TYPE>（字节类型转换数据）

功能：把字节类型转换为其他数据类型。

支持数据类型：BOOL、WORD、DWORD、SINT、USINT、INT、UINT、DINT、UDINT、REAL、TIME、DATE、TOD、DT 和 STRING。

- 输出为 BOOL 时：如果输入不等于 0，输出为 TRUE；如果输入等于 0，输出为 FALSE。
- 输出为 TIME 或 TOD 时：输入将以毫秒为单位进行转换。
- 输出为 DATE 或 DT 时：输入将以秒为单位进行转换。

【例 5.70】BYTE_TO_<TYPE>转换示例见表 5.40。

表 5.40 BYTE_TO_<TYPE>转换示例（梯形图指令）

转换指令	图形化语言	文本化语言	结果
BYTE_TO_<TYPE>	255 — BYTE_TO_BOOL — bVarbool	bVarbool:= BYTE_TO_BOOL(255);	TRUE
	255 — BYTE_TO_INT — iVarint	iVarint:= BYTE_TO_INT(255);	255
	255 — BYTE_TO_TIME — tVartime	tVartime:= BYTE_TO_TIME(255);	T#255ms
	255 — BYTE_TO_DT — dtVardt	dtVardt:= BYTE_TO_DT(255);	DT#1970-01-01-00:04:15
	255 — BYTE_TO_REAL — rVarreal	rVarreal:= BYTE_TO_REAL(255);	255
	255 — BYTE_TO_STRING — stVarstring	stVarstring:=BYTE_TO_STRING(255);	'255'

4. <整型数据>_TO_<TYPE>（整型数据转换指令）

功能：把整型数据转换为其他数据类型。

支持数据类型：BOOL、BYTE、SINT、WORD、DWORD、USINT、INT、UINT、DINT、UDINT、REAL、TIME、DATE、TOD、DT 和 STRING。

- 输出为 BOOL 时：如果输入不等于 0，输出为 TRUE；如果输入等于 0，输出为 FALSE。
- 输出为 TIME 或 TOD 时：输入将以毫秒为单位进行转换。
- 输出为 DATE 或 DT 时：输入将以秒为单位进行转换。

【例 5.71】 由于整数类型很多，且转换过程相似，故以 WORD_TO_<TYPE>举例，见表 5.41。

表 5.41　WORD_TO_<TYPE>转换示例（梯形图指令）

转换指令	图形化语言	文本化语言	结果
WORD_TO _<TYPE>	4836 — [WORD_TO_USINT] — iVarsint	iVarsint:=WORD_TO_USINT(4836);	255
	4836 — [WORD_TO_TIME] — tVartime	tVartime:=WORD_TO_TIME(4836);	T#4s863ms
	4836 — [WORD_TO_DT] — dtVardt	dtVardt:= WORD_TO_DT(4836);	DT#1970-01 -01-01:21:03

5. REAL_TO_<TYPE>（实数类型转换指令）

功能：把实数转换为其他类型数据。把实数转换为其他类型数据时，先将值四舍五入成整数值，然后转换成新的类型。

支持数据类型：BOOL、BYTE、WORD、DWORD、SINT、USINT、INT、UINT、DINT、UDINT、REAL、TIME、DATE、TOD、DT 和 STRING。

- 输出为 BOOL 时：如果输入不等于 0，输出为 TRUE；如果输入等于 0，输出为 FALSE。
- 输出为 TIME 或 TOD 时：输入将以毫秒为单位进行转换。
- 输出为 DATE 或 DT 时：输入将以秒为单位进行转换。

【例 5.72】 REAL_TO_<TYPE>转换示例见表 5.42。

表 5.42　REAL_TO_<TYPE>转换示例（梯形图指令）

转换指令	图形化语言	文本化语言	结果
REAL_TO_ <TYPE>	1.5 — [REAL_TO_INT] — iVarint	iVarint:= REAL_TO_INT(1.5);	2

6. TIME_TO_<TYPE>（时间类型转换指令）

功能：把时间型数据转换为其他类型数据，时间在内部以毫秒为单位存储成 DWORD 类型（对于 TIME_OF_DAY 变量，从凌晨 00：00 开始）。

支持数据类型：BOOL、BYTE、WORD、DWORD、SINT、USINT、INT、UINT、DINT、UDINT、REAL、TIME、DATE、TOD、DT 和 STRING。

在输出为 BOOL 时，如果输入不等于 0，输出为 TRUE；如果输入等于 0，输出为 FALSE。

【例 5.73】TIME_TO_<TYPE>转换示例见表 5.43。

表 5.43　TIME_TO_<TYPE>转换示例（梯形图指令）

转换指令	图形化语言	文本化语言	结果
TIME_TO_<TYPE>	t#12ms — [TIME_TO_STRING] — sVarstring	sVarstring:= TIME_TO_STRING(t#12ms);	'T#12ms'
	t#5m — [TIME_TO_DWORD] — dVardword	dVardword:= TIME_TO_DWORD(t#5m);	300000

7. DATE_TO_<TYPE>（日期类型转换指令）

功能：把日期型数据转换为其他类型数据，日期在内部以秒为单位存储，从 1970 年 1 月 1 日开始。

支持数据类型：BOOL、BYTE、WORD、DWORD、SINT、USINT、INT、UINT、DINT、UDINT、REAL、TIME、DATE、TOD、DT 和 STRING。

在输出为 BOOL 时，如果输入不等于 0，输出为 TRUE；如果输入等于 0，输出为 FALSE。

【例 5.74】DATE_TO_<TYPE>转换示例见表 5.44。

表 5.44　DATE_TO_<TYPE>转换示例（梯形图指令）

转换指令	图形化语言	文本化语言	结果
DATE_TO_<TYPE>	D#1970-01-01 — [DATE_TO_STRING] — sVarstring	sVarstring:= DATE_TO_STRING (D#1970-01-01);	'D#1970-01-01'
	D#1970-01-15 — [DATE_TO_INT] — iVarint	iVarint:= DATE_TO_INT(D#1970-01-01);	29952

8. DT_TO_<TYPE>（日期时间类型转换指令）

功能：把日期时间型数据转换为其他类型数据，日期时间在内部以秒为单位存储，从 1970 年 1 月 1 日的 0:0:00 开始。

支持数据类型：BOOL、BYTE、WORD、DWORD、SINT、USINT、INT、UINT、DINT、UDINT、REAL、TIME、DATE、TOD、DT 和 STRING。

在输出为 BOOL 时，如果输入不等于 0，输出为 TRUE；如果输入等于 0，输出为 FALSE。

【例 5.75】DT_TO_<TYPE>转换示例见表 5.45。

表 5.45　DT_TO_<TYPE>转换示例（梯形图指令）

转换指令	图形化语言	文本化语言	结果
DT_TO_<TYPE>	DT#1970-01-15-05:05:05 — DT_TO_BYTE — byVarbyte	byVarbyte:= DT_TO_BYTE (DT#1970-01-15-05:05:05);	129
	DT#1998-02-13-05:05:06 — DT_TO_STRING — sVarstr	sVarstr:= DT_TO_ STRING (DT#1998-02-13-05:05:06);	'DT#1998-02-13-05:05:06'

9．TOD_TO_<TYPE>（时间类型转换指令）

功能：把时间型数据转换为其他类型数据，内部以毫秒为单位进行存储。

支持数据类型：BOOL、BYTE、WORD、DWORD、SINT、USINT、INT、UINT、DINT、UDINT、REAL、TIME、DATE、TOD、DT 和 STRING。

在输出为 BOOL 时，如果输入不等于 0，输出为 TRUE；如果输入等于 0，输出为 FALSE。

【例 5.76】TOD_TO_<TYPE>转换示例见表 5.46。

表 5.46　TOD_TO_<TYPE>转换示例（梯形图指令）

转换指令	图形化语言	文本化语言	结果
TOD_TO_<TYPE>	TOD#10:11:40 — TOD_TO_USINT — iVarusint	iVarusint:=TOD_TO_USINT（TOD#10:11:40）;	96
	TOD#10:11:40 — TOD_TO_TIME — tVartime	tVartime:=TOD_TO_TIME（TOD#10:11:40）;	T#611m40s0ms
	TOD#10:11:40 — TOD_TO_DT — dtVardt	dtVardt:=TOD_TO_DT（TOD#10:11:40）;	DT#1970-01-01-10:11:40
	TOD#10:11:40 — TOD_TO_REAL — rVarreal	rVarreal:=TOD_TO_REAL（TOD#10:11:40）	3.67e+007

10．STRING_TO_<TYPE>（字符串类型转换指令）

功能：把字符串转换为其他类型数据，字符串型变量必须包含一个有效的目标变量值，否则转换结果为 0。

支持数据类型：BOOL、BYTE、WORD、DWORD、SINT、USINT、INT、UINT、

DINT、UDINT、REAL、TIME、DATE、TOD、DT 和 STRING。

【例 5.77】STRING_TO_<TYPE>转换示例见表 5.47。

表 5.47　STRING_TO_<TYPE>转换示例（梯形图指令）

转换指令	图形化语言		文本化语言	结果
STRING_TO_ <TYPE>	'CoDeSys' — [STRING_TO_WORD] — wVarword		wVarword:=STRING_TO_ WORD（'CoDeSys'）;	0
	'T#128ms' — [STRING_TO_TIME] — tVartime		tVartime:=STRING_TO_ TIME（'T#128ms'）;	T#128ms

11. 取整（TRUNC）

功能：将数据截去小数部分，只保留整数部分。

支持数据类型：输入为 REAL 型，输出为 INT、WORD、DWORD 型。

【例 5.78】TRUNC 取整指令示例见表 5.48。

表 5.48　取整指令示例

取整指令	图形化语言	文本化语言	说明
TRUNC	1.7 — [TRUNC] — iVarint	iVarint：=TRUNC（1.7）	1
	-1.2 — [TRUNC] — iVarint	iVarint：=TRUNC（-1.2）	-1

> **注意**
> - 当从较大数据类型转换为较小数据类型时，有可能丢失信息。
> - 取整指令只是截取整数部分，如果想以四舍五入的方式取整，那么可使用 REAL_TO_INT 指令。

第6章
基础编程

本章主要知识点

- 新建项目、程序下载
- 程序的调试和断点的使用
- 程序监控及程序仿真

6.1　基本编程操作

编程操作是编程软件最基本的功能，一般来说，前期工作都是离线完成的，当有了系统的整体控制方案后，首先要离线为控制器创建项目，建立相应的数据和 I/O 的组态，其次，控制工艺的逻辑程序，最后，在线调试，将项目程序下载至控制器。

本节将会介绍如何创建一个自己的项目。

6.1.1　启动 CODESYS

1. 设置管理员权限

在 Windows 7 系统下以管理员权限打开软件，在默认安装路径下找到 CODESYS.EXE 文件，选中该文件后单击鼠标右键，选择属性，然后在"CODESYS.exe Properties"对话框的"Compatibility"选项卡中，选中"Run this program as an administrator"复选框，单击"OK"按钮确认，如图 6.1 所示。

确认后，每次运行 CODESYS，系统就会默认以管理员权限自动进入。

2. 启动 CODESYS

在"开始"菜单中依次选择程序→3S CODESYS→CODESYS→CODESYS V3.5，或直接

双击桌面上的图标  CoDeSys V3. <version> 启动。

3．创建工程项目

在文件菜单中选择新建工程命令，创建一个新的工程。

（1）选择项目

用户可以选择新建库项目、空项目及标准程序项目，并为工程文件输入名称及路径，然后单击"确定"按钮，如图 6.2 所示。

图 6.1　设置管理员权限

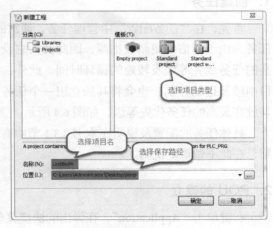

图 6.2　新建工程

（2）选择目标设备及编程语言

确认完项目名及安装路径后，根据向导对话框，选择目标设备及主程序 PLC_PRG 的编程语言，如图 6.3 所示。

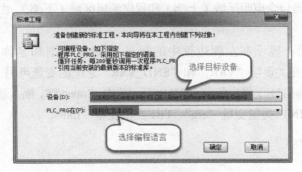

图 6.3　选择目标设备及编程语言

6.1.2　PLC 程序文件的建立

PLC 程序文件的建立，是运行结构的运行顺序的建立，也是编程模式的建立。在建立程序文件之前，应当对运行结构进行详细划分，确定连续型、周期型和时间触发型任务，并对周期型和事件触发型任务安排优先级别。

新建一个项目后，系统会自动生成一个默认的连续性任务，任务中包含有一个默认的程序为 PLC_PRG。

1．创建任务

首先，在"任务配置"中管理任务，通常的项目应用中，可以分为主逻辑任务、通信任务，由于通信要更新数据源，因此会为它设置比较高的任务优先等级及较短的循环时间。此外，如果项目中涉及运动控制，也会将其独立出一个任务，并将其放在最高的任务优先等级，如图 6.4 所示。

具体任务的配置及说明在本书 2.3.1 节中有详细介绍，在此不做重复说明。

图 6.4　任务管理

2．POU 的建立

右键单击"Application"，在弹出的快捷菜单中选择"添加对象"→"程序组织单元"，进行 POU 的添加。

（1）声明变量

在设备界面中，默认 POU 为"PLC_PRG"，双击设备树中的"PLC_PRG"，自动在用户界面中部的 ST 编程语言编辑器中打开。

编程语言编辑器包含声明区域（上部）和程序编辑区域（下部），由一个可调的分隔线分开。

声明区域包括：显示在左侧边框中的行号、POU 类型和名称（如"PROGRAM PLC_PRG"），以及在关键字"VAR"和"END_VAR"之间的变量声明，如图 6.5 所示。

在编辑器的声明部分，将光标移到 VAR 后，单击<Enter>键，插入新的空行，声明 INT 类型变量"ivar"、INT 类型变量"erg"、FB1 类型变量"fbinst"。

```
PROGRAM PLC_PRG
VAR
ivar:     INT;
```

```
fbinst:   FB1;
erg:      INT;
END_VAR
```

另外，也可以使用自动声明功能，在编辑器程序区域直接输入指令。

（2）输入程序

在声明区域下的程序编辑区域输入如下代码。

```
ivar := ivar+1;                  // 计数
fbinst (in:=11, out=>erg);  // 调用功能块，类型为 FB1
```

（3）自定义函数/功能块

在声明区域可以看到，调用了功能块"FB1"，但"FB1"并不是标准功能块，故需要用户自定义功能块。

该功能块的主要作用是在输入变量"in"的基础上加"2"并赋值给输出"out"。

具体操作步骤：右键单击"Application"，在弹出的快捷菜单中选择"添加对象"→"程序组织单元"，在弹出的"添加程序组织单元"对话框中，在"名称"文本框中，输入名称"FB1"，在"类型"区域中单击"功能块"单选按钮，在"实现语言"下拉列表中选择"结构化文本（ST）"，然后单击"打开"按钮确认设置，如图 6.6 所示。

图 6.5　声明区域和程序编辑区域　　　　　　图 6.6　新建功能块

新功能块 FB1 在编辑窗口打开，与 PLC_PRG 的变量声明一样，在声明区域对以下变量进行声明：

```
FUNCTION_BLOCK FB1
VAR_INPUT
in:INT;
END_VAR
VAR_OUTPUT
out:INT;
END_VAR
VAR
ivar:INT:=2;
END_VAR
```

在程序编辑区域输入以下内容：

```
out:= in+ivar ;
```

完成上述步骤后，功能块即创建完成。

3．变量的自动声明

如果在"选项"对话框的"编码助手"中选中"自动声明未知的变量（自动声明）"复选框，如图 6.7 所示，那么在程序编辑区域中输入一个没有定义过的变量后，系统会弹出一个对话框，在该对话框的帮助下可以自动声明变量，有效地避免了每个变量都需要自己输入变量类型的麻烦，提高了编程效率。

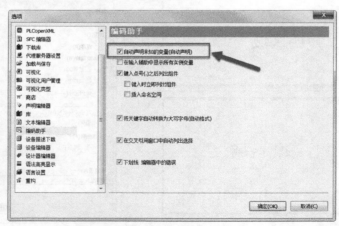

图 6.7　自动声明选项

（1）"自动声明"对话框

图 6.8 所示为变量的"自动声明"对话框，其中"范围"下拉列表框中包含局部变量（VAR）、

输入变量（VAR_INPUT）、输出变量（VAR_OUTPUT）、输入/输出变量（VAR_INOUT）和全局变量（VAR_GLOBAL），在"类型"下拉列表框中可以选择项目中需要用到的变量类型。

在"标志"区域可以设置 CONSTANT、RETAIN 及 PERSISTENT 类型变量。在程序编辑区域中输入的变量名添加到了"名称"区域，RS 已位于"类型"区域。" > "用来打开"输入助手"或"数组向导"对话框，如图 6.9 所示。

在"地址"区域中可以绑定声明到 IEC 地址的变量。此外，可以针对变量输入一个注释，注释可以通过使用<Ctrl + Enter>组合键来形成换行格式。

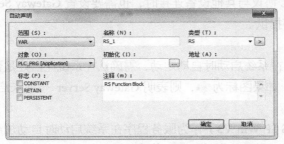

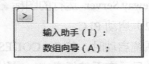

图 6.8　"自动声明"对话框　　　　图 6.9　扩展选项

（2）数组的声明

如果需要声明的变量类型为数组，则需要在如图 6.9 所示的界面中选择"数组向导"，当选择后，系统会自动弹出"数组"对话框，如图 6.10 所示，当输入对应的参数后，系统会自动生成声明的结果。

在数组"初始化值"对话框中，出现一列数组元素，在"初始值"列中可以编辑元素的初始化值，如图 6.11 所示。

图 6.10　"数组"对话框

图 6.11　数组类型变量赋初始值

简单变量（VAR_INPUT）、输出变量（VAR_OUTPUT）、输入输出变量（VAR_INOUT）和
全局变量（VAR_GLOBAL）等类型。除此之外，还可以对这些变量项目根据其属性设置其是否
具有"常量"（CONSTANT、RETAIN & PERSISTENT）等属性。

6.2　通信参数设置

Gateway Server 主要起到通信网关的作用，在下载程序之前，必须先使用 Gateway
Server，此外，当 PLC 通过如 OPC 协议与其他设备连接时，也需要设置 Gateway Server。
该服务程序由 CODESYS 安装程序提供。

（1）启动 Gateway Server

Gateway Server 作为服务程序在系统启动时自动启动，需确认在系统托盘处是否有指
示 Gateway Server 运行的图标●。如果图标为●，则表明 Gateway Server 当前未启动。

（2）启动 PLC

系统启动时，PLC（CODESYS SP Win V3）作为服务程序在系统启动时自动加载。其
图标会显示在系统托盘中，▥代表"停止"状态，▥ 代表"运行"状态。若系统许可，
PLC 服务程序将在系统启动时自动启动。否则，需要右键单击图标，在弹出的快捷菜单中选
择"启动 PLC"命令启动服务。

1．激活"Application"

单击"任务配置"中的"MainTask"，打开包含任务设置的编辑器视图，如图 6.12 所
示。

在设备界面中，"Application"显示为黑色字体，表明该应用处于激活状态，如图 6.12
中的①所示。在 CODESYS SP7 版本后，一个项目中能添加多个设备，但是同时只能有一
个设备被激活，可以通过右键单击"Application"并在弹出的快捷菜单中选择"设置当前
的应用"来切换。

2．网关组态

网关（Gateway）的作用：提供了应用者使用计算机进入控制器网络的功能。通常接
入的是本地主设备并且可以扫描接入主设备的所有其他设备，如图 6.13 所示。

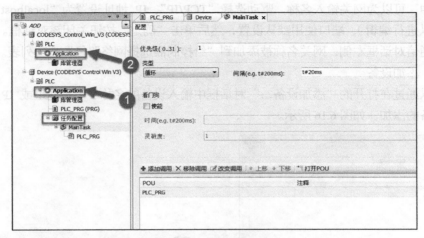

图 6.12　MainTask 设置

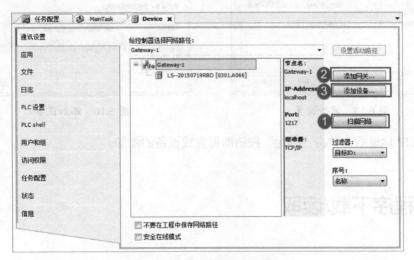

图 6.13　网关组态界面

（1）扫描网络

可以通过"扫描网络"搜索在同一网段内的
PLC，找到后单击确定，如图 6.14 中的 PLC 的设
备名为"LS-20150719RBD"。

（2）添加网关

网关组态的视图如图 6.15 所示。在"网关"

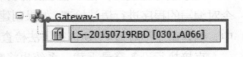

图 6.14　选择找到的 PLC

对话框中，可以为网关输入名称，驱动选择"TCP/IP"，IP 地址设置为"localhost"（鼠标双击可以进行编辑），端口使用默认设置，然后单击"确定"按钮关闭该对话框。网关被添加到通信对话框左侧，网关名称被添加到"给控制器选择网络路径"选项列表。

（3）添加设备

可以通过在打开的"添加设备…"对话框中输入设备的名称、节点地址或 IP 地址来进行设备的添加，如图 6.16 所示。

图 6.15 网关设置

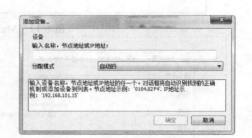

图 6.16 添加设备

输入 IP 地址后，单击"确定"按钮即可完成设备的添加。

6.3 程序下载/读取

6.3.1 编译

程序编写完成后，在下载之前需要对程序进行编译。编译命令对编写的程序进行语法检查，如果创建的 POU 没有添加到任务中，编译命令不对该 POU 进行语法检查。

直接执行设备登录下载，系统也将默认执行编译指令（等同于先手动执行编译命令），在编译检查没有语法错误后，执行连接登录指令。CODESYS"编译"菜单如图 6.17 所示。

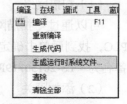

图 6.17 "编译"菜单

1）编译：对当前的应用进行编译。

2）重新编译：如果需要对已经编译过的应用再次编译，那么可以通过"重新编译"指令进行。

3）生成代码：执行此命令后生成当前应用的机器代码，执行登录命令时，生成代码默认执行。

4）清除：删除当前应用的编译信息，如果再次登录设备，则需要重新生成编译信息。

5）清除全部：删除工程中所有的编译信息。

执行编译命令后可以看到，添加到任务里面的"PLC_PRG（PRG）"显示为蓝色，没有添加到任务里面的则显示为灰色，如图 6.18 所示。编译指令不会对灰色的 POU 进行语法检查，因为该程序单元没有处于活动状态。编译指令只针对于处于活动状态的 POU 进行语法检查。

如果在编译的过程中发现需要运行的程序单元显示为灰色，那么可以检查该程序单元是否已经被成功地添加到了所需要运行的任务当中。

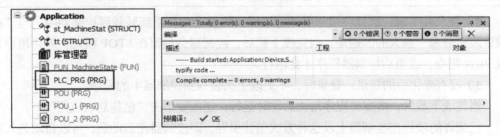

图 6.18 编译信息

编译命令执行完成之后，可以在消息栏看到编译生成的信息，其中可以看到编译的程序是否有错误或者警告，以及错误和警告的数量。如果有错误和警告产生，就可以通过消息窗口进行查看和查找，根据提示信息对程序进行修改。

6.3.2 登录及下载

1. 登录

登录使应用程序与目标设备建立起连接，并进入在线状态。正确登录的前提条件是正确配置设备的通信设置并且应用程序必须是无编译错误的。

对于以当前活动应用登录，生成的代码必须没有错误和设备通信设置必须配置正确。登录后，系统会自动选择程序下载。

2．下载

下载命令，仅在在线模式下有效。它包括对当前应用程序的编译和生成目标代码两部分。除了语法检查（编译处理）外，还生成应用目标代码并装载到 PLC。当执行下载命令后，系统会自动弹出对话框，如图 6.19 所示。

图 6.19　下载对话框

1）在线修改后登录：用户选择此选项后，项目的更改部分被装载到控制器中。使用"在线修改后登录"操作，可以防止控制器进入 STOP 状态。

> **注意**
> ● 用户之前至少执行过一次完整的下载。
> ● 指针数据会更新最近一个周期的数值，如果改变了原变量的数据类型，那么无法确保数据的准确性，此时，需要重新分配指针数据。

2）登录并下载：选择"登录并下载"后，将整个项目重新装载到控制器中。与"在线修改后登录"最大的区别是，当完成下载后，控制器会停留在 STOP 模式，等待用户发送 RUN 指令，或重启控制器程序才会运行。

3）没有变化后的登录：登录时，不更改上次装载到控制器中的程序。

当完成下载后，需要将程序每次启动时运行，还需要单击"创建启动应用"。

已编译的项目在控制器上以这种方式创建引导，即控制器在启动后，可以自动装入项目程序运行。引导项目的存储方式不同，取决于目标系统。

> **注意**
> 下载命令使得除持续型变量之外的所有变量都将被重新初始化。

4）细节：通过"细节"按钮可以获得项目中改变的变量数量及具体清单，如图 6.20 所示。

3．创建启动应用

创建启动应用命令是在"在线"或者"离线"状态下创建启动工程，也称为"创建启动应用"。启动工程为 PLC 中运行应用提供服务，当 PLC 启动时，自动装载程序。否则，重启控制器后，之前下载的程序会丢失。选择"在线"→"创建启动应用"，系统会自动将程序写入控制器的 FLASH ROM 区域，如图 6.21 所示。

图 6.20　在线改变细节视图

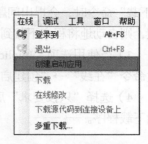

图 6.21　创建启动应用

此外，用户也可以设置自动下载启动应用，每一次更新程序，下载至控制器后，都会自动完成启动应用的下载。具体步骤：右键单击"Application"，在弹出的快捷菜单中选择"属性…"，在弹出对话框的"启动应用设置"选项卡中，选中"下载创建默认应用"复选框，然后单击"确定"按钮，如图 6.22 所示。

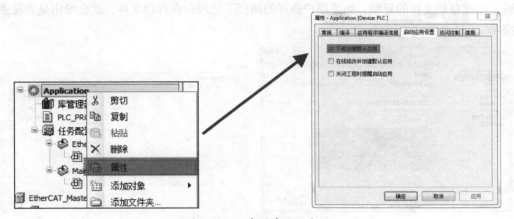

图 6.22　下载创建默认应用

4．源代码下载

出于对程序员源代码的保护，下载时默认不自动下载源代码，如果需下载源代码，则需要进行手动设置，即选择"在线"→"下载源代码到连接设备上"。

用户也可以在"工程"→"工程设置"→"下载源代码"→"计时"选项中对该属性进行设置，如图 6.23 所示。

1）使用选项"隐含在程序下载中"，可以使所选择的文件范围通过命令"在线"→"下载"自动地装载到控制系统内。

2）使用选项"在程序下载时提示"时，会提供一个对话框，当使用命令"在线"→"下载"命令时，会提出问题"你是否需要将源代码装载到控制系统内？"，若按"是"按钮，则自动地将程序下载到控制系统内；若按"否"按钮，则退出下载。

3）当使用选项"Implicitly at creating bootproject, download and online change"时，通过命令"在线"→"创建启动应用"能够允许选择的文件自动装载到控制系统内。

4）选择"只按要求"后，只有通过命令"在线"→"下载源代码到连接设备上"才能下载程序。

5. 读取程序

通过"文件"→"源上传"命令打开一个设备选择对话框，用户可选择连接 PLC 的网络路径，单击"确定"按钮，如图 6.24 所示。

此时出现工程存档文件对话框，用户可以选择文件的哪些内容需要解压并上传，并选择要复制文件的路径。此对话框是进行工程存档/解压存档文件的。单击"确定"按钮确认后，完成存档文件的复制。如果用户选择的路径下已经存在存档文件，就会给出是否覆盖提示。

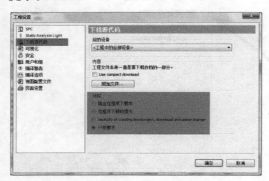

图 6.23　下载源代码　　　　　图 6.24　"选择设备"对话框

这里需要注意的是，在读取程序之前需要确保在前一次的下载过程中已经进行过"下载源代码到连接设备上"。否则，不能读出控制器中的数据。

6.3.3　在线监视

使用以下 3 种方法，可以在线监视应用程序中的变量：

1）POU 的在线监视。

2）特殊变量的在线视图。

3）写入和强制变量。

1. POU 的在线监视

POU 的示例视图提供了该示例的所有监视表达式，并在声明部分以表格显示，若激活"在线监视"功能，在程序实现部分也同样会显示。

双击在设备窗口里的执行程序"PLC_PRG"，或右键单击该项，然后在弹出的快捷菜单中选择"编辑对象"命令，如图 6.25 所示，打开在线视图，出现相应的对话框，这里，可以选择 POU 以在线模式或离线模式进行查看。程序在双击的默认以在线模式登录。

如图 6.26 所示的 PLC_PRG 在线视图被打开：上半部分显示对应于 PLC_PRG 中变量表达式的状态，以表格的形式显示；下半部分显示 PLC_PRG 的监视表达式，也是程序的逻辑主体，由每一个变量后的内部监视窗口显示实际的值。

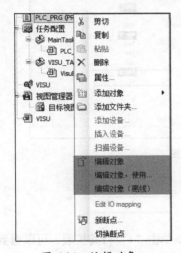

图 6.25 编辑对象

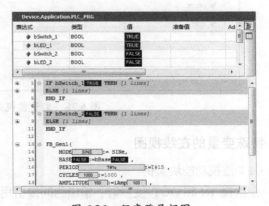

图 6.26 程序登录视图

此外，如果用户想要同时监视多个 POU，那么可以自行配置观察表，把需要在同一情况下要观察的变量集合起来，一并进行比较，如图 6.27（a）所示，在"视图"中找到"监视"，在其中可以配置 4 个监视列表，如单击"监视 1"，则程序自动建立监视 1 列表。

打开监视 1 后，单击表达式下的空栏，会出现"输入助手"选项，如图 6.27（b）所示。通过输入助手可选择要监视的变量并组成列表。在线登录控制器后，就可对变量进行监视，如图 6.28 所示。

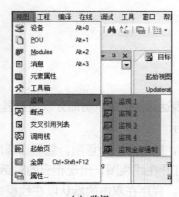

(a) 监视

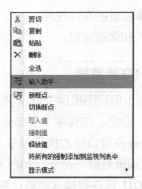

(b) 输入助手

图 6.27 创建监视列表

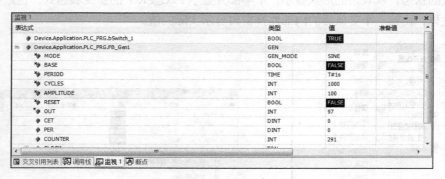

图 6.28 变量监视列表视图

2. 特殊变量的在线视图

（1）监视功能块实例

在监视 IN 和 OUT 变量时，输出为间接引用的值。单击"+"将其扩展，可以看到功能块实例内所有变量的具体数值，如图 6.29 所示。

（2）监视指针变量

在监视指针变量时，将在声明部分输出指针和间接引用的值。在程序部分，则只有指针输出。

另外，还相应地显示间接引用值的指针。单击"+"将其扩展，可以看到指针所指向地址里的具体数值，如图 6.30 所示。

图 6.29 功能块在线监视视图

（3）监视数组变量

除了以常数索引数组部件外，还可显示由变量索引的部件，如图 6.31 所示。

⊟ ◈ pVar1	POINTER TO INT	16#0928F9CE
◈ pVar1^	INT	33

图 6.30 指针变量在线监视视图

⊟ ◈ arrIntValue	ARRAY [0..2] OF INT		
◈ arrIntValue[0]	INT		0
◈ arrIntValue[1]	INT		0
◈ arrIntValue[2]	INT		0

图 6.31 数组变量在线监视视图

> **注意**
> 若索引表达式由变量加运算表达式，如 [i+j] 或 [i+1]组成，则不能显示部件。

3. 写入/强制变量赋值

CODESYS 中有两种强制赋值的方式供选择，一种为"写入值"，另一种是"强制值"。

1）写入值：只下一周期将变量改为准备值中的数据。如果该变量未被其他程序赋值，则保持该数据，否则变量根据实际程序里的赋值语句进行执行。通过"写入值"赋值的数据显示正常的黑色或蓝色。

2）强制值：从下一周期开始，在每个循环后再次设定为某个强制值。如果系统中有程序给该变量赋值，那么该变量仍为强制的数据，"强制值"优先级较高。通过该方式写入的数值在变量列表中可以见到其左侧有红色的" Ⓕ "标识，如图 6.32 所示。强制值可以通过"调试"→"释放值"命令将其释放还原。

常用的写入/强制变量的快捷组合
键如下所示。

- 写入值：<Ctrl+F7>
- 强制值：<F7>
- 释放值：<Alt +F7>

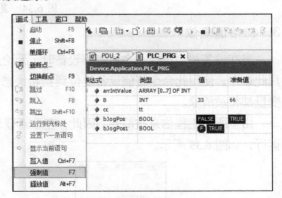

图 6.32 强制变量

6.4 程序调试

6.4.1 复位功能

程序复位有如下 3 种方式，可在"在线"菜单中进行选择，如图 6.33 所示。

1. 热复位

热复位后，除了持续型变量（PERSISTENT 和 RETAIN 变量）外，其他当前的应用的

变量都被重新初始化。对于设置了初始值的变量，热复位后这些变
量值还原为设定的初始值，否则变量都会被置为标准初始值 0。

　　为了安全起见，在所有变量初始化之前，系统会给出提示，提
示用户是否确认执行热复位操作，如图 6.34（a）所示。此情形只有
在程序正在运行时断电，或者通过控制开关关闭控制器，然后再打
开（热复位）时出现。

图 6.33　复位选项

2．冷复位

　　与"热复位'"不同的是，"冷复位"命令不但将普通变量的值设置为当前活动应用程
序的初始值，而且能将持续型变量的值也设置为初始值 0。冷复位发生在程序下载到 PLC
之后，运行之前（冷启动），同样，执行冷复位命令之前，出于安全考虑，系统也会弹出
提示框，如图 6.34（b）所示。

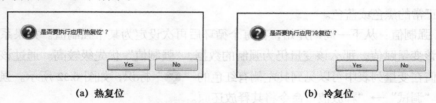

（a）热复位　　　　　　　　　　　　　　　（b）冷复位

图 6.34　复位

3．初始值复位

　　当在设备树中选择一个可编程设备时，无论是处于离线状态还是在线状态，都可以使
用此命令。使用此命令将使设备复位到初始状态，即设备中的任何应用、引导工程和剩余
变量都将被清除。

　　由于所有工程信息被清除，因此，在重新登录后，需要重新"下载"程序，并"启动"
运行，如图 6.35 所示。

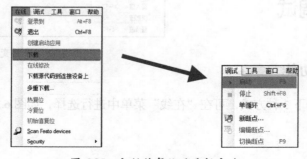

图 6.35　初始值复位后重新启动

6.4.2　调试工具

"调试"菜单的视图如图 6.36 所示，主要的操作涉及断点设置、单步执行及单循环。

1．断点设置

断点是程序内处理停止的功能，当程序停止后，程序研发人员可以借此观察程序到断点位置时变量的状态，有助于深入了解程序运行的机制，发现及排除程序故障。

在 ST 编程语言中，断点设置在行上；在 FBD 和 LD 编程语言中，断点设置在网络号上；而在 SFC 编程语言中，断点设置在步上。

IL 中断点位置的几行代码在内部被组合成一个单行的 C 代码，断点不能在每个行都进行设置。断点位置可以包括在一个程序内的所有变量值可以改变的位置，或者在程序流程分支闭合处。

结构化文本（ST）允许在以下位置设置断点。

- 在每个赋值处。
- 在每个 RETURN 和 EXIT 指令处。
- 正在评估的条件处（WHILE、IF、REPEAT）。
- 在 POU 结束处。

在一个项目中，只能设置一个断点任务，断点参数通过"调试"→"切换断点"进行设置，或通过"新断点"对话框进行设置，如图 6.37 所示。

图 6.36　"调试"菜单

图 6.37　新断点设置界面

1）设置断点：为了设置一个断点，需要在设置断点的行中单击行号字段。如果所选择的字段恰好是一个断点位置，那么单击菜单选项"调试"→"切换断点"即可完成，也可以使用快捷键<F9>，或使用工具栏中的图表来完成。然后，该行号字段的颜色就会从深灰色变成浅蓝色，并在 PLC 中被激活。

2）删除断点：想要删除一个断点，可以在需要删除断点的行号字段上单击。设置和删除断点还可以通过菜单选项"调试"→"切换断点"完成，也可以使用快捷键<F9>或使用工具条中的"切换断点"符号。

3）在断点处发生了什么：如果 PLC 程序到达一个断点，则在屏幕上显示相应行的断点，PLC 会处于停止模式，并且 PLC 确定的行号字段将显示为红色，具体的状态见表 6.1。

表 6.1 ST 中断点状态显示

模式下有效断点的图标	无效断点的图标	程序停在断点处时的图标
1 ldl(); 2● erg 0 :=fbins1 3 IF hvarFALSE THEI	1 ldl(); 2○ erg 0 :=fbins 3 IF hvarFALSE THEI	1 ldl(); 2◐ erg 0 :=fbinst 3 IF hvarFALSE THEI

如果 PLC 中的用户程序被停止，该程序处于断点位置，那么可以通过先删除断点，再通过"调试"→"切换断点"选项释放该过程。

连续功能图（CFC）允许在以下位置设置断点：

在 POU 中，变量值能发生变化的地方或者程序运行到其他的 POU 分支，如图 6.38 中实心点的位置。

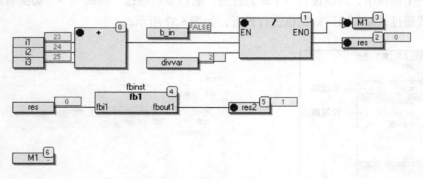

图 6.38 CFC 程序中的断点设置

> **注意**
> - 在函数/功能块中不能设置断点。
> - 设置断点时，需要针对任务，断点只能针对一个任务进行设置。

2. 单步执行

设置断点后，可以单步执行程序，该功能可以让程序一步一步地运行，方便编程人员进行调试，以便检查程序中的逻辑错误。单步执行指令如图 6.39 所示。

（1）跳过

该命令会执行程序中当前的一条指令，执行完停止。在不调用 POU 时，跳过和跳入命令效果是一样的。但如果是调用 POU，那么跳过不会进入这个 POU，而是把这个 POU 调用当做完整的一步，一次执行完；跳入则会进入该 POU。如果用的是 SFC 编程语言，那么跳过会把一个动作当做完整的一步，一次执行完。如果想要实现跳到被调用的 POU 中单步调试，就必须用跳入。

（2）跳入

执行时，当前的指令位置由一个黄色箭头表示。如果当前指令没有调用 POU，那么使用该命令和使用跳过命令的效果一样。

（3）跳出

当正在一个 POU 中单步调试时，用跳出会把这个 POU 剩下的指令一次执行完，然后返回到这个 POU 被调用处的下一条指令。因此，如果是一层一层地向下调用 POU，那么跳出就会一层一层地向上返回，每次返回一层。

如果程序中不包含任何 POU 调用，那么跳出无法向上层返回，就会返回到程序的开头处。

3. 单循环

在"调试"中选择"单循环"，如图 6.40 所示，这样程序进行单步运行。即每进行一次运行操作，程序执行一个周期即停止并等待下一次运行指令。也可使用<Ctrl+F5>组合键进行程序运行。如果不单击"启动"，则程序一直处于停止模式。

图 6.39 单步执行指令　　　图 6.40 单循环启用菜单

通过不断使用该功能，使之一步一步地执行以查看程序是否按照设计进行工作。如图 6.41 所示，程序有一个表达式为"cnt:= cnt+1;"，每次执行单循环指令后，cnt 的数值则会逐渐累加。

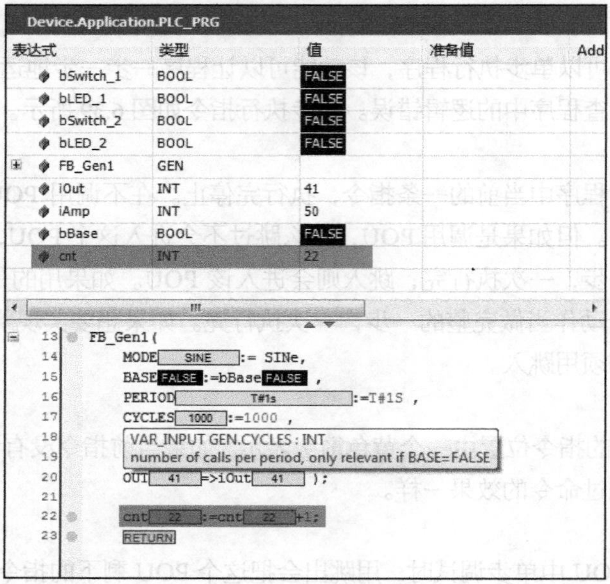

图 6.41　单循环执行效果

6.5　仿真

CODESYS 编程软件集成了 PLC 的仿真功能，可以实现使用 PC 仿真实际的 PLC 程序，应用在现场安装前，就可以进行完整的测试，可以及早发现程序中的逻辑错误，提高开发效率，缩短程序的开发周期。仿真过程中，不需要提供 PLC 实际硬件，只需一台安装有 CODESYS 的个人计算机即可。

1．打开离线仿真

在菜单"在线"中选择"仿真"，便进入了仿真模式下的程序运行过程。确认选项"仿真"前已打上 ✓ 后，编译程序，没有错误后，即可进入仿真模式，如图 6.42 所示。

进入仿真界面，启动 PLC 程序运行仿真，确认图 6.43 中框出部分显示状态为"仿真"时，此时可以直接下载程序，单击菜单中的"调试"→"启动"即可。

图 6.42 仿真模式开启

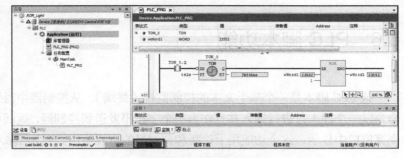

图 6.43 仿真模式视图

2. 示例

开始下载时，出现对话框提示仿真器中没有程序，单击"是"按钮继续，如图 6.44 所示。

程序体上方的变量声明部分在仿真在线时，作为程序准备、修改、强制变量的部分，是调试程序中使用最多的功能。常用的功能包括变量采用修改值"写入值"，组合键为<Ctrl+F7>，对输入点变量采用"强

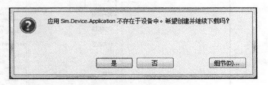

图 6.44 提示没有程序

制值"，快捷键为<F7>，强制变量后"取消强制"。程序编写部分在线后成为在线程序显示区，程序中的布尔变量会显示运行时的实际值，如 TRUE 或 FALSE，数值型变量或枚举型变量会显示当前值，如图 6.45 所示。

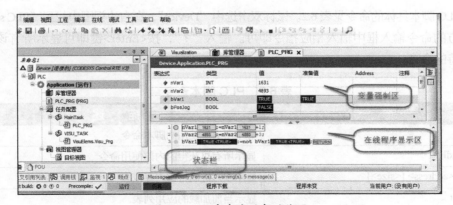

图 6.45 程序在线后各功能区

6.6　PLC 脚本功能

该 PLC 脚本是一个基于文本的控制监视（终端）。从控制器中得到的具有特定信息的命令以一个输入行进行输入并且作为一个字符串发送到控制器，返回相关的字符串在脚本浏览窗口中显示，这个功能用于诊断和调试目的，其使用界面如图 6.46 所示。

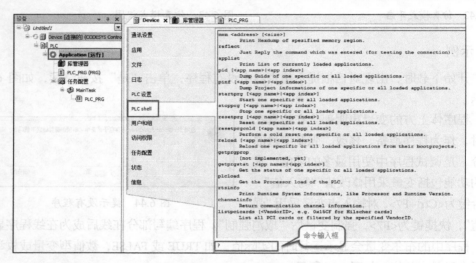

图 6.46　脚本界面

PLC 脚本具体的命令见表 6.2。鼠标双击选中"Device"，在右边视图中找到"PLC shell"，在下方的命令输入框中输入相应指令即可。输入"**?**"，按<Enter>键即可显示所有该控制器支持的命令。

表 6.2　PLC 脚本命令

命　　令	描　　述
?	显示所有可使用的脚本命令
getcmdlist	显示所有可获得的内部使用命令
mem <address> [<size>]	显示十六进制特定内存范围
applist	显示当前加载的应用列表
pid [<app name>|<app index>]	一个特定的跳转或者所有加载的应用

续表

命 令	描 述
pinf [<app name>|<app index>]	一个特定的跳转工程信息或者所有加载的应用
startprg [<app name>|<app index>]	启动一个特定的或者所有的应用程序
stopprg [<app name>|<app index>]	停止一个特定的或者所有的应用程序
resetprg [<app name>|<app index>]	复位一个特定的或者所有的应用程序
resetprgcold [<app name>|<app index>]	针对特定的或者加载的应用执行冷复位
reload[<app name>|<app index>]	重新加载一个特定的或者从启动工程中加载的应用
getprgstat [<app name>|<app index>]	获得一个特定或者加载应用的状态
plcload	获得加载到 PLC 中的负载率
rtsinfo	显示实时核运行系统信息

> **注意**
> 如果需要使用脚本功能，必须先登录 PLC 才能使用相应指令。

【例 6.1】使用 PLC 脚本指令查看 PLC 的运行负载率。

例如，使用 PLC 脚本指令"plcload"来显示实时的 PLC 负载率。

如图 6.47 所示，得到的 5%则为当前实时的 PLC 负载率。通常，建议将 PLC 的负载率控制在 80%以下，如果超出该百分比，那么建议优化程序。

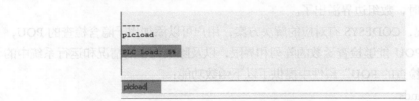

图 6.47 plcload 示例

【例 6.2】启动/停止应用中的程序。

实现此类功能需要使用 startprg 和 stopprg 命令，在命令输入框输入"?"，根据提示，按照指令格式输入"命令+应用程序的名字"，如下所示：

```
startprg [application]
stopprg [application]
```

执行上述两条命令后的结果如图 6.48 所示，分别对该应用程序执行了启动和停止程序的操作。

图 6.48　脚本命令执行启动/停止程序操作

6.7　程序隐含检查功能

在程序的编写过程中，可能会发生如下几种情况：

- 除法运算的除数在某些情况下会为零。
- 指针在赋值的过程中可能不小心指向空地址。
- 调用数组时，数组边界溢出了。

针对上述情况，CODESYS 有对应的解决方案，用户可以添加用于隐含检查的 POU，用于隐含检查的 POU 能够检查函数的阵列和界限，以及除数为零的情况和运行系统中的指针。"用于隐含检查的 POU"属性中提供了以下函数功能：

- CheckBounds
- CheckDivDInt /CheckDivLInt/CheckDivReal/CheckDivLReal
- CheckRangeSigned/CheckRangeUnsigned
- CheckPointer

在 POU 中添加一个检查之后，将会按照选定的编程语言方式打开，系统默认的编程环境是 ST 编程语言编辑器。

用户可以右键单击"Application"，在弹出的快捷菜单中选择"添加对象"，然后选择"用于隐含检查的 POU..."，随后系统会弹出"添加用于隐含检查的 POU"对话框，如图 6.49 所示。下面会对几种常用的函数进行介绍。

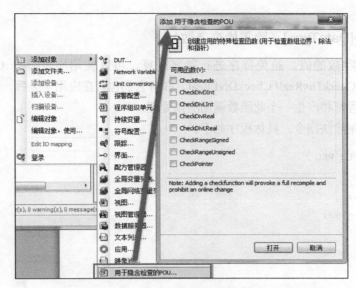

图 6.49　"添加用于隐含检查的 POU"对话框

1. CheckBounds（数组边界检查函数）

此函数检查数组的边界是否超出，通常应用在存在可变数组类型的应用中使用，使用该隐藏函数可以用有效地保证函数边界不会超出。

例如，在程序中，其数组类型变量"a"超出上限，程序如下：

```
PROGRAM PLC_PRG
VAR a: ARRAY[0..7] OF BOOL;
b: INT:=10;
END_VAR


a[b]:=TRUE;
```

在程序之初，数组 a 只有 0～7 这 8 个成员，而在实际的程序中，a 数组的第 b 个成员为 TRUE，而 b 在程序定义时却为 10，程序想表达的意思是 a[10]:=TRUE，但数组变量 a 在定义之初却只有 8 个元素，10 已经超出了其定义范围。

针对上述示例可能会产生的情况，可以使用 CheckBounds 函数，使用了之后，程序将会自动把该索引值从"0"限制至上限"7"。因此，同样的表达式 a[b]:=TRUE 最终会被限制为 a[7] :=TRUE，而非 a[10]:=TRUE。

2．CheckDiv[DataType]（除零检查函数）

为了检查除数的值，避免程序进行除零运算，可以使用检查函数 CheckDivDInt/ CheckDivLInt/ CheckDivReal/ CheckDivLReal。在将它们包含在应用中之后，每个相关代码发生的除法过程都将产生一个此函数调用的预处理。

例如，使用除法指令，具体程序如下：

```
PROGRAM PLC_PRG
VAR
 erg:REAL;
 v1:REAL:=799;
 d:REAL;
END_VAR
```

```
erg:= v1 / d;
```

在上例中，erg 等于 v1 除以 d，而 d 在变量定义之初并没有赋予初值，故其初值为 0，在程序中，如果直接将数除以 0，系统会出错。但是，如果在指令中经过了指向除法运算检查的 CheckDivReal 函数之后，除数"d"的值在初始化的时候变为"1"。因此，除法最终结果为 799，能够有效地避免控制器异常出错。

3．CheckRangeSigned/CheckRangeUnsigned（域边界检查函数）

为了在运行过程中检查域的限制情况，用户可以使用函数 CheckRangeSigned 或 CheckRange Unsigned。

此检查功能的目的是恰当地进行子集违规处理（如设置一个检测到的错误旗帜或改变值）。当一个变量的子集类型被确认后，这个功能将被隐藏访问。当访问这个功能时，得到以下输入参数。

- 值：域类型被分配的值。
- 低：域的下限。
- 高：域的上限。

如果被分配的值是在有效的域内，它将作为功能中的返回值被使用。否则，对应超过范围的数值，其上限或下限的值将被返回。

例如，分配 i:=10*y 将被隐性替代为

```
i := CheckRangeSigned(10*y, -4095, 4095);
```

如果 y 的值为 1000，那么变量 i 将不会分配到原始执行提供的 10×1000=10000，取而代之的是 4095，因为函数设定的上限值为 4095。

例如：

```
VAR
ui : UINT (0..10000);
END_VAR


FOR ui:=0 TO 10000 DO
...
END_FOR
```

FOR 循环永远不会退出，因为检查功能"制止"了 ui 值超过 10 000。

> **注意**
>
> 使用 CheckRangeSigned 和 CheckRangeUnsigned，可能会导致无限循环，如一个子界类型被用作循环不匹配子范围的增量。

4．CheckPointer（指针检查函数）

函数 CheckPointer 用来检查地址的指针引用是否都在有效的内存范围内。在运行过程中，用户可以在每个指针操作都使用 CheckPointer 来进行指针访问的检查。它可以用来检查地址指针引用是否均在有效的内存范围。此外，还可以用来检测指向的内存区与变量的数据类型是否匹配。如果两个条件都满足，那么 CheckPointer 会输出指针地址。

当调用函数时，需要输入如下参数。

ptToTest：指针的目标地址。

iSize：引用变量的型号；型号的数据类型必须是整数兼容的，并且变量的大小，其对应的数据类型必须是 INT 整型的倍数，且必须为指针地址中可能的最大数据长度。

iGran：访问的间隔，为参考变量中最大的非标准类型数据长度，其对应的数据类型必须是 INT 整型的倍数。

bWrite：访问的类型（TRUE=写入访问，FALSE=读入访问）。

第7章
可视化界面创建及应用

本章主要知识点

- 可视化界面的介绍
- 可视化界面的编辑
- 可视化界面的实际应用

当我们在编辑一些复杂程序，但对程序或功能块的执行结果还不一定有把握时，可以先不用编辑复杂的程序，而使用可视化界面来操作功能块或程序。使用可视化界面来观察执行状态，可以达到验证操作的目的。该功能能够让调试人员减少调试时间，提高效率。

可视化对象可以在对象管理器的"可视化界面"中进行管理，它包含可视化元件的管理并且对不同的对象可以根据个人需要进行管理。一个工程文件中可以包含一个或多个可视化对象，并且相互之间可以进行通信连接。

通过图形编辑器，可以把程序内部变量的数值实时地显示在界面中，如图 7.1 所示，通过这些变量在图形中的变化，能直观地观察到程序运行的状况。

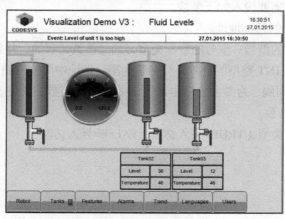

图 7.1 CODESYS 可视化界面

7.1 可视化界面

采用可视化编辑器，可以把内部变量的数值动态地显示在界面中，如图 7.2（a）所示，通过这些变量在图形中的变化，就能直观地观察到程序运行的状况。此外，软件还在特定的库文件中提供了一些专用的模板，如 **PLCopen** 的可视化界面，如图 7.2（b）所示。

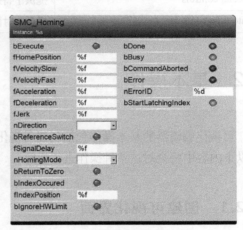

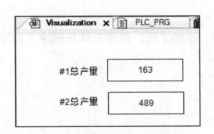

(a) 可视化界面简单应用　　　　　　　　(b) PLCopen 可视化界面模板

图 7.2　可视化界面视图

如上所示的这些界面的编辑都是通过系统自带的工具箱来完成的，其工具箱视图如图 7.3 所示。

在工具箱界面内，可以看到六大类工具，分别为基本工具、通用控制、报警管理、测量控制、灯/开关/位图、特殊控制和日期/时间控制，各类作用见表 7.1。可以通过鼠标将这 7 大类下的元素拖曳至编辑区，即可打开这个元素的属性编辑框来编辑各种属性。

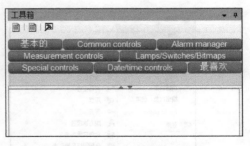

图 7.3　可视化界面编辑工具箱

表 7.1 常用工具的作用

工 具 分 类	描 述
基本工具	提供了矩形框、圆框等
Common Controls（通用控制）	通用控制工具
Alarm manager（报警管理）	报警显示工具
Measurement Controls（测量控制）	提供了电位器、液位表等显示工具
Lamp/Switches/Bitmaps（灯/开关/位图）	提供了指示灯及不同类型的开关按钮工具
Special controls	提供了特殊控制工具，如趋势图、ActiveX 插件等
Date/time controls	提供了时间、日历等工具

7.2 基本操作

可视化编辑器的基本操作包括创建可视化界面、添加工具、对齐工具及删除工具等，在以下内容中将会对这几种操作进行讲解。

7.2.1 创建可视化界面

依次选择"添加对象"→"视图"，如图 7.4（a）所示，然后在弹出的"添加视图"对话框中输入可视化视图名称，如"Visualization"，如图 7.4（b）所示，最后单击"打开"按钮即可。

(a) 添加对象

(b) 输入视图名称

图 7.4 创建视图

7.2.2 添加工具

可以通过"编辑区直接绘制工具"及"将工具拖曳到编辑区上"这两种方式添加工具。

1．编辑区直接绘制工具

在工具箱中选择要添加的工具，然后在画面编辑区选择要放置的位置，工件按指定的大小和位置添加到画面编辑区中。

2．将工具拖曳到编辑区上

在工具箱中单击要添加的工具并将其拖曳至画面编辑区上，工具以其默认大小添加到画面编辑区指定区域。

7.2.3 对齐工具

选定一组工具，这些工具需要对齐。在执行对齐之前，首先选定主导工具（首先被选定的工具就是主导工具）。最终位置取决于主导工具的位置，再选择菜单中的对齐方式，如图 7.5 所示。

- 左对齐：将选定的工具沿它们的左边对齐。
- 水平居中对齐：将选定的工具沿它们的中心点水平对齐。
- 右对齐：将选定的工具沿它们的右边对齐。
- 顶对齐：将选定的工具沿它们的顶边对齐。
- 垂直居中对齐：将选定的工具沿它们的中心点垂直对齐。
- 底对齐：将选定的工具沿它们的底边对齐。

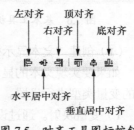

图 7.5 对齐工具图标按钮

7.2.4 删除工具

删除工具的使用方法很简单，可以选中相应工具，单击鼠标右键，在弹出的快捷菜单中选择"删除"，或者直接选中，按下 <Delete> 键即可。

7.3 工具

7.3.1 基本工具

基本工具主要包括一些常用的图形制作工具,可以用这些工具制作文本输入框/文本显示框、颜色显示框及图形等。基本工具视图如图 7.6 所示。

1. 文本输入框/文本显示框

在 CODESYS 中没有独立的文本输入框/文本显示框,如果需要制作文本或者数值的显示/输入框,那么可以通过添加"矩形/圆角矩形/椭圆"框来实现,如图 7.7 所示。

图 7.6　基本工具视图

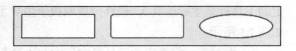

图 7.7　矩形/圆角矩形/椭圆

（1）创建"文本显示框"

如果要实现文本的显示,那么需要两个步骤:第一,建立变量映射关系;第二,对显示的变量类型进行设置。

1）变量映射。通过设置属性中的"文本变量",单击"输入助手"图标按钮进行相关变量的映射,设置完成后确认即可,如图 7.8 所示。

2）显示类型。如果在文本中包含"%s",当进入在线模式时,该位置将会以"文本"（String）类型的方式显示数据。除了"s"之外,还可以使用标准 C 库函数 sprintf 中其他的格式化输出命令,见表 7.2。

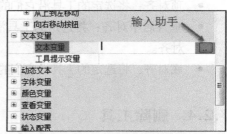

图 7.8　变量映射

表 7.2 格式化输出命令

格式化输出命令	描 述
d、i	十进制数
o	无符号八进制数
x	无符号十六进制数
u	无符号十进制数
c	单个字符
s	字符串
f	实数，%<对齐格式><最小宽度>、<精度>f，精度定义了小数点之后的个数（默认值：6）

> **注意**
>
> 如果想显示一个百分号（%）并与上面提到的格式化输出命令进行组合，则必须输入"%%"，如输入"Rate in %%:%s"，则在线模式时，将显示"Rate in %:12"（关联文本显示的变量当前值为"12"）。

【例 7.1】创建一个文本显示框，用于显示室内的实际温度。

首先添加矩形并设置变量映射。如需要映射的变量在主程序 PLC_PRG 中，名为 rActuallyTemperature，具体设置如图 7.9 所示。

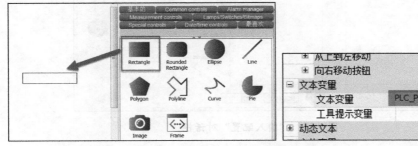
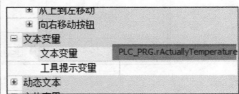

图 7.9 设置映射变量

其次，在属性的"文本"项中输入"Temperature：%4.2f　deg"，如图 7.10 所示。"%4.2f"是为变量的显示所进行的设置，根据表 7.2 所示，%4.2 表示保留宽度为 4 位、小数点后为 2 位的实数，其余的均为固定文本。

设置完成后运行程序，最终的显示结果如图 7.11 所示。

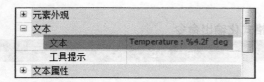

图 7.10　设置文本显示类型

图 7.11　实际运行结果

（2）创建"文本输入框"

同文本显示一样，也需要设置"变量映射"和"显示类型"，此外，还需要额外增加一个步骤，即设置事件触发。在属性的"输入配置"中单击"配置…"进行事件触发设置，如图 7.12 所示。

当单击"配置…"后，系统自动弹出如图 7.13 所示的"输入配置"对话框，可按如下步骤进行设置。

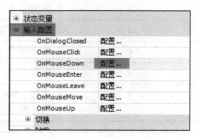

图 7.12　设置事件触发

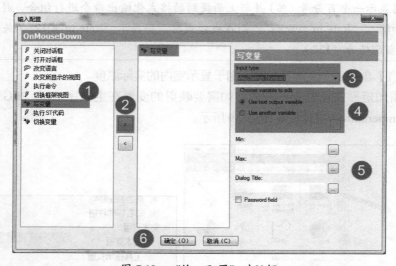

图 7.13　"输入配置"对话框

1）选择触发的类型，在此需要触发后对变量进行写操作，即"写变量"。

2）单击图 7.13 中按钮"2"，将"写变量"添加至右边。

3）设置输入类型，可以直接使用键盘输入或者可以通过虚拟全键盘及虚拟数字小键盘等，如图 7.14 所示。

4）选择相关联的输入变量，可以是当前输出显示的变量，也可以再重新关联其他变量。

5）出于设备安全因素的考虑，设计人员可以在此设置输入值的上限值/下限值。

6）设置完成后，单击"确定"按钮。

(a) 虚拟数字小键盘　　　　　　　　　　(b) 虚拟全键盘

图 7.14　虚拟键盘

上述样例程序详见\01 Sample\第 7 章\ 01 VISU_Display_Input\。

2．颜色显示框

基本工具不仅能作为文本输入及显示使用，此外，还能设计成简易的颜色指示框作为指示灯。当程序内对应的变量为 ON 后，可以通过修改颜色指示框的报警填充颜色从而实现颜色指示框变色的效果。

【例 7.2】创建一个图形框，用红、黄、绿 3 种不同的颜色代表交通信号灯的不同状态。

先创建一个可视化界面，用交通灯表示。

（1）创建交通信号灯图形

首先，分别添加"矩形"、"圆角矩形"和"椭圆"工具插件，并按图 7.15 的方式进行排布。

（2）变量映射及设置

通过设置属性中的"文本变量"，单击"输入助手"图标进行相关变量的映射，设置完成后确认即可。

图 7.15　创建交通信号灯图形

程序运行后最终的效果是要当对应的变量置位 ON 后，相应的指示灯显示相应的颜色。

首先，在属性中设置触发填充颜色变化的变量，如图 7.16（a）所示，如将中间的圆形图案的触发变量设置为 PLC_PRG.b_YE 后，当该变量在程序中被置位 ON 后，则会根据

5）由于信号灯为红色，这时只人可以在灯变成红色后，

如图 7.16（b）设置的是其报警状态的填充颜色，所谓报警状态即当变量变为 1 的状态。在此应用中，由于需要在 PLC_PRG.b_YE 置为 ON 后，显示黄色，因此在"填充颜色"中将其设置为黄色。

根据上述步骤，对 3 个信号灯依次进行设置。当运行程序后，分别将程序中的 3 个变量置为 ON，图 7.17 所示为实际运行后的结果。

(a) 设置触发颜色

(b) 设置报警状态填充颜色

图 7.16　设置颜色变量

图 7.17　交通信号灯

上述样例程序详见\01 Sample\第 7 章\ 02 VISU_TrafficLight\。

7.3.2　通用控制工具

通用控制工具主要包括一些常用的图形制作工具，可以用这些工具制作标签、组合框、表格控制和按钮等。通用控制工具如图 7.18 所示，下文会对这些工具进行逐一讲解。

1．标签（Label）

标签控件主要用于显示用户不能编辑的文本、标识窗体上的对象（如给文本框、列表框等添加描述信息）。在工具箱中找到 **T**，可以添加标签。

（1）设置标签文件

直接在标签控件（Label 控件）的属性面板中设置"Text"属性，如图 7.19 所示。

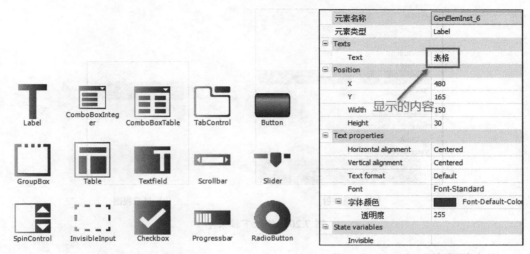

图 7.18 通用控制工具　　　　　　图 7.19 标签属性

（2）显示/隐藏控件

可以通过调整"Invisible"(不可见)选项来设置显示/隐藏标签控件，如果"Invisible"对应的变量属性为 True，则隐藏控件；如果为 False，则显示控件。

2. 组合框整数（ComboBoxInteger）

组合框分为组合框整数和组合框表格两种，下文会对这两种组合框依次进行介绍。

组合框整数允许用户根据下拉菜单选择想要写入的整型数据，该数据最终会被写入到变量中。

（1）建立整型数据

在 POU 程序中，首先建立一个整型数据，具体内容如下：

```
PROGRAM PLC_PRG
VAR
iAmp:BYTE;
END_VAR
```

（2）创建组合框整数

在可视化编辑画面区打开工具箱，找到　"通用控制"大类，添加其中的" 📋 "。

通过设置"Variable"，如图 7.20（a）所示，映射最终写入程序的整型数据，可以通过输入助手进行编辑。此外，可以通过设置"Minimum value"和"Maximum value"来选择输入数据的范围，效果如图 7.20（b）所示。

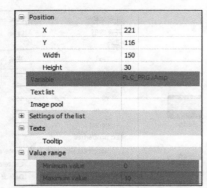
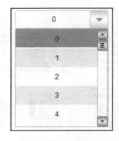

(a) 变量映射　　　　　　(b) 显示视图

图 7.20　整数下拉菜单

3．组合框表格（ComboBoxTable）

组合框表格允许用户选择数组列表中的数据，选中后会将数组中的行数据写入到该组合框映射的变量中。

【例 7.3】定义一个二维数组，通过在可视化界面中选择相应的行，将该行数据写入程序中。

（1）建立数组数据

在 POU 程序中，首先建立一个二维数组变量，并赋予相应初值，并建立对应写入的行数据整型变量，具体内容如下。

```
PROGRAM PLC_PRG
VAR
iFactor:BYTE;
arrFactor: ARRAY [0..2, 0..4] OF STRING := ['BMW','Audi','Mercedes','VW','Fiat',
'150','150','150','150','100','blau','grau','silber','blau','rot'];
END_VAR
```

（2）创建组合框组

在可视化编辑画面区打开工具箱，找到"通用控制"大类，添加其中的""。然后，设置数组变量映射及行信息变量的映射关系。

1）变量映射。通过设置属性中的"Data array"将数组变量的映射关系建立起来，"Variable"为最终写入程序的行数据，如图 7.21 所示。这两个属性都可以通过输入助手进行编辑。

2）设置数组列。"Columns"属性可以自动根据所链接的数组来判断有多少个列，并将每个列的属性逐一显示，可以将其都使能。打开扩展符号"+"，可以设置其宽度等相关信息，如图 7.22 所示。

属性	值
元素名称	GenElemInst_1
元素类型	ComboBoxTable
⊟ Position	
X	143
Y	119
Width	150
Height	30
Variable	PLC_PRG.iFactor
Data array	PLC_PRG.arrFactor

图 7.21　组合框变量映射

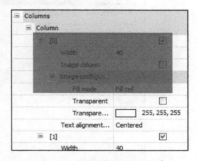

图 7.22　设置列显示信息

（3）程序运行

完成上述步骤后，所有设置已完成，可执行程序，在可视化界面中选择"Fiat,100,rot"这一组数据，相对应数组是第 5 行元素，但由于数组定义是从 0 开始的，因此对应实际数组号是 4，最终结果如图 7.23 所示。

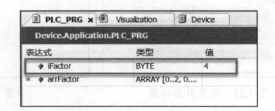

图 7.23　数组框数组元素选择

上述样例程序详见\01 Sample\第 7 章\ 03 VISU_BoxTable\。

4. 制表控制（TabControl）

制表控制可以添加多个选项卡，然后在选项卡上添加子控件，这样就可以把窗体设计成多页。制表控制中可包含图片或其他控件。

添加该工具后，可以配置其属性，配置界面如图 7.24 所示，可使用该工具调用其他可视化界面。

修改属性中的"Heading"，可更改可视化界面中标题的名称，如图 7.25 所示。

设置完成后，即可直接运行程序，图 7.26 即为实际的运行结果，可以通过在左上角选择不同的选项卡从而实现画面的切换功能。

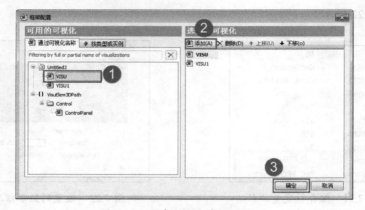

图 7.24　制表控制框架配置界面

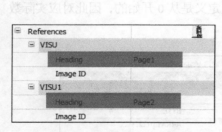

图 7.25　设置引用标题

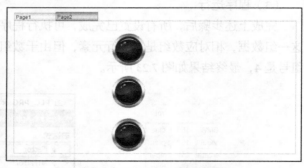

图 7.26　制表控制运行效果

上述样例程序详见\01 Sample\第 7 章\ 04 VISU_TabControl\。

5．按钮（Button）

按钮控件允许用户通过单击来执行操作。按钮控件既可以显示文本，又可以显示图像。当该控件被单击时，可以通过属性选择其触发方式。在工具箱中，找到"通用控制"，然后找到其中的"Button"，并将其添加至可视化编辑区。打开按钮的输入配置属性，如图 7.27 所示。

下面介绍按钮控件常用的设置。

（1）响应按钮的事件触发

【例 7.4】创建一个按钮，当单击按钮控件时，执行一段特定的 ST 代码。

在按钮属性中选择"输入配置",然后找到"OnMouseDown",如图 7.28 所示,即设置当鼠标单击此元素时,执行相应事件。

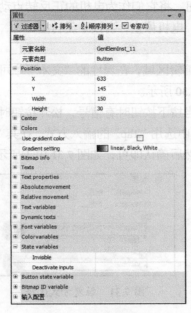

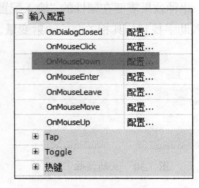

图 7.27　按钮属性　　　　　　　　图 7.28　输入配置

单击"配置...",弹出如图 7.29 所示的"输入配置"对话框,添加"执行 ST 代码"选项,并在右侧输入对应的 ST 代码。

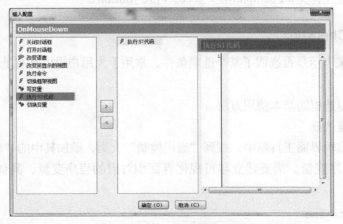

图 7.29　设置按钮触发事件

（2）将按钮设置为"点动"或"触发"型按钮

通过设置按钮的"切换"或"触发"属性，可以将其设置为点动或触发型按钮。

【例 7.5】在可视化界面中，创建两个按钮，将它们作为电机的正反转点动按钮。当按下正转按钮时，电机进行正转，释放按钮时，电机停止；当按下反转按钮时，电机进行反转，释放按钮时，电机停止。

从工具栏中添加两个按钮至可视化界面的编辑区域，在属性的"文本"中可编辑在按钮上需要显示的标记，如"+"或"−"，如图 7.30 所示。

根据要求，最终要实现的效果为点动，即当按下按钮时有信号，松开按钮时，该信号自动消失，此种效果需要在属性的"输入配置"中选用"Tap"的输入方式，在其"Variable"中通过输入助手找到与其相关联的映射变量，然后确认即可，如图 7.31 中①所示。

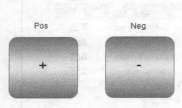

图 7.30　点动按钮

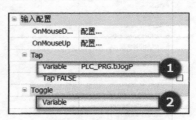

图 7.31　触发方式选择

如果想要换一种按钮的触发方式，即当按钮被按下时，该变量一直被置为 ON，如果想要让它变为 FALSE，需要手动再触发一下按钮。此时，需要对其"Toggle"属性进行设置，在其子索引下的"Variable"中与想要的变量关联即可。

上述样例程序详见\01 Sample\第 7 章\ 05 VISU_Button\。

6．复选框（Checkbox）

复选框用来表示是否选取了某个选项条件，常用于为用户提供具有是/否或真/假值的选项。

下面介绍复选框的基本使用方法。

（1）创建复选框

在可视化编辑界面工具箱中，找到"通用控制"大类，添加其中的" ✓ "。

1）创建程序变量。需要建立与可视化界面相对应的程序变量，具体变量定义如下所示：

```
PROGRAM PLC_PRG
VAR
```

```
    bBool1,bBool2,bBool3:BOOL;
END_VAR
```

2）变量映射。在可视化界面的编辑区选中复选框，通过设置其属性中的"Variable"（变量）建立与程序的映射关系，映射最终写入程序的布尔变量数据，变量映射如图 7.32 所示。

属性	值
元素名称	GenElemInst_19
元素类型	Checkbox
⊟ Position	
X	689
Y	202
Width	150
Height	30
Variable	PLC_PRG.bBool1
Frame size	格式风格

图 7.32 设置映射变量

（2）程序运行

将上述的 3 个变量与可视化界面中的 3 个复选框连接，选中 Var1 前的复选框后，程序中对应的布尔变量也被置为 TRUE，如图 7.33 所示。

✓ Var1			
☐ Var2	◆ bBool1	BOOL	TRUE
☐ Var3	◆ bBool2	BOOL	FALSE
	◆ bBool3	BOOL	FALSE

图 7.33 复选框示例

上述样例程序详见\01 Sample\第 7 章\ 06 VISU_Checkbox\。

7. 单选按钮（RadioButton）

单选按钮为用户提供由两个或多个互斥选项组成的选项集，用户选中某个单选按钮时，同一组中的其他单选按钮将不能被同时选择。

下面介绍单选按钮的基本使用方法。

（1）创建单选按钮

在可视化编辑界面工具箱中，找到"通用控制"大类，添加""，添加后在编辑区的视图如图 7.34 所示。

1）创建程序变量。需要建立与可视化界面相对应的程序变量，具体变量定义如下所示：

```
PROGRAM PLC_PRG
VAR
    nSelect:INT;
END_VAR
```

2）变量映射。单击选中"单选按钮"，打开其属性，如图 7.35 所示。

首先，与程序中的变量进行映射，该变量的类型为整型，使用输入助手映射相应变量后，单击"确定"按钮。

然后，确定实际需要添加多少个单选按钮。最后，可在添加的单选按钮的"Text"选项中更改名称。

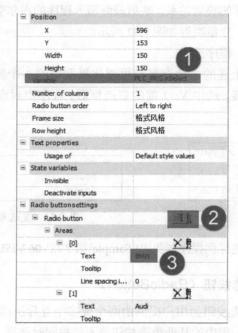

图 7.34　添加单选按钮

图 7.35　设置单选按钮映射变量

（2）程序运行

如图 7.36（a）所示，共有 5 个选项，任一时刻只能选中其中的一个，如果程序运行后选中"Mercedes"，程序中将自动将其对应为 2（该计数从 0 开始）；如果选择"VW"，则"nSelect"为 3。

⊞ ◈ arrFactor	ARRAY [0..4, 0..4] O...	
◈ bBool1	BOOL	FALSE
◈ bBool2	BOOL	FALSE
◈ bBool3	BOOL	FALSE
◈ nSelect	INT	2

○ BMW
○ Audi
◉ Mercedes
○ VW
○ Fiat

(a) 单选按钮选择　　　　　　　　　(b) 程序对应变量状态

图 7.36　单选按钮示例

8. 数值调节钮控件（SpinControl）

数值调节钮控件是一个显示和输入数值的控件。该控件提供上下箭头按钮，用户可以单击上下箭头按钮选择数值，也可以直接输入。该控件的属性可以设置最大值，如果输入的数值大于这个属性的值，则自动把数值改为设置的最大值。反之，如果输入的数值小于这个属性的值，则自动把数值改为设置的最小值。

下面介绍数值调节钮控件的基本使用方法。

（1）创建数值调节钮

在可视化编辑界面工具箱中，找到 "通用控制"大类，添加"  数值调节钮控件"。添加后在编辑区的视图如图7.37所示。

1）创建程序变量。需要建立与可视化界面相对应的程序变量，具体变量定义如下所示：

图7.37 添加数值调节钮

```
PROGRAM PLC_PRG
VAR
    nSelect:INT;
END_VAR
```

2）变量映射。先与程序中的变量进行映射，该变量的类型为整型，使用输入助手选择需要映射的变量，变量映射的设置如图7.38所示。

（2）创建事件触发

也可以通过单击数值框直接输入具体数值来实现更改程序内的数据，但需要通过设置属性中的事件触发来实现此功能，如图7.39所示，首先选择"输入配置"中的"OnMouseDown"，单击"配置…"，连接最终的变量，并可以设置允许的最大值及最小值。

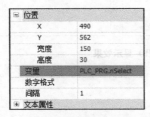

图7.38 添加数值调节钮变量映射

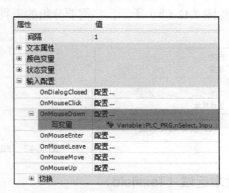

图7.39 添加触发事件

（3）程序运行

如图 7.40（a）所示，可以通过上下箭头按钮进行程序内的数值更改，修改完后，程序内的变量也会做相应的更改，如图 7.40（b）所示。

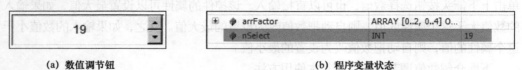

(a) 数值调节钮　　　　　　　　　　　　(b) 程序变量状态

图 7.40　数值调节钮控件示例

此外，也可以单击空白处的数值显示框进行设置，由于已经设置了事件触发，因此，当按下鼠标后，系统会自动弹出数值键盘，可在其中输入具体数值，如图 7.41 所示。

上述样例程序详见\01 Sample\第 7 章\ 07 VISU_SpinControl\。

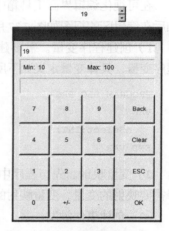

图 7.41　数值输入

9. 组块（GroupBox）

组块工具主要是为其他工具提供分组，按照工具的分组来细分可视化界面的功能。在其所包含的工具集周围显示边框，并且可以显示标题，但是组块工具中不能使用滚动条，图 7.42（b）为组块工具的视图。

新建一个分组框控件，在工具箱中找到 "组块" 工具，并将其添加至画面编辑区域，鼠标选中该工具，在属性的 "文本" 中可以更改名字，如图 7.42（a）所示，最终运行结果如图 7.42（b）所示。将需要分组的工具拖曳至该组块中，即能实现工具的分组。

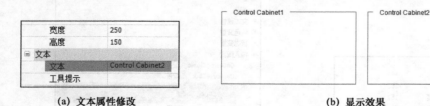

(a) 文本属性修改　　　　　　　　　　　(b) 显示效果

图 7.42　组块工具

10. 文本区域（Textfield）

通过这个元素可以进行文本显示，文本是通过直接在元素属性中输入或者 "文本变量"

的帮助来实现。其主要功能与矩形框类似，可参照 7.3.1 节相关的内容。

7.3.3 测量控制

测量控制工具主要包括一些常用的图形指示工具，如显示图像栏、仪表盘显示和直方图等，如图 7.43 所示。

1. 显示图像栏

显示图像栏，又称为条状图，可以打开工具箱并选择"测量控制"中的"▥ 显示图像栏"进行创建，其效果如图 7.44 所示，通常可以用它来显示在一个固定区间活动的数值，如液位的显示、气源输入的压力显示和温度的显示等。

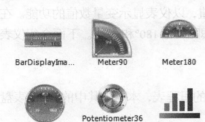

BarDisplayIma...   Meter90   Meter180

Meter360   Potentiometer36 0   Histogram

图 7.43　测量控制工具　　　　　　图 7.44　显示图像栏

显示图像栏用于显示指定变量的值，并以柱（条）状图来表明其值的变化。

下面介绍显示图像栏工具的基本用法。

（1）创建显示图像栏

在工具箱中选择"测量控制"，并找到要添加的显示图像栏，将其添加至可视化编辑区中。

（2）变量映射

显示图像栏的变量映射需要进行设置，可在属性的"值"中进行定义，也可以使用输入助手进行设置，如图 7.45 中的①所示。

（3）设置刻度范围

可以设置刻度的"刻度始端"、"刻度末端"和"子刻度"，如图 7.45 中的②所示。

完成上述的设置后，就能够使用基本的显示图像栏工具了。根据上述设置，程序实际运行效果如图 7.46 所示。

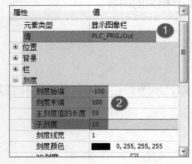

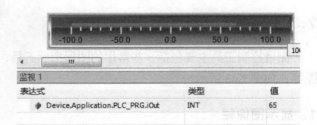

图 7.45 显示图像栏的属性设置　　　图 7.46 显示图像栏运行视图

2. 仪表

根据变量已设定的上限值、下限值对应的相对值，以仪表显示变量数值的功能。在编程开发环境新版本中，共有 3 种仪表盘可供选择，即 90°、180°和 360°。下面介绍仪表盘工具的基本使用方法。

（1）创建仪表

在工具箱中选择"测量控制"，并找到想要添加的里程表，本书以其中的 90°仪表盘为例，将其添加至可视化编辑区中。

（2）设置刻度范围

可以设置刻度的"刻度始端"、"刻度末端"和"子刻度"，如图 7.47（a）所示，效果如图 7.47（b）所示。

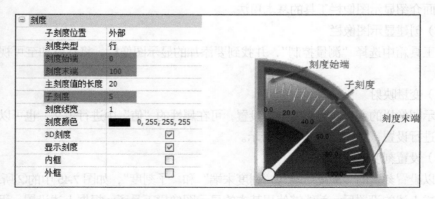

(a) 刻度设置　　　　　　　(b) 刻度效果视图

图 7.47 刻度设置及效果视图

（3）变量映射

该仪表盘指针的变量映射需要进行设置，可在属性的"值"中进行定义，也可以使用输入助手进行设置，如图 7.48（a）所示。

（4）设置刻度格式

刻度格式（C-语法）是指依据 C 语言语法定义刻度标号的格式。参考选项"刻度格式（C-语法）"，其默认值为"%.1f"，小数点之前的 1 表示在输出设备上输出，小数点后的 1 表示四舍五入后保留一位小数。f 是 float 的缩写，表示小数。若所定义的长度，则按实际长度输出。如果需要保留两位小数，可以设置为%.2f。刻度格式设置如图 7.48（b）所示。

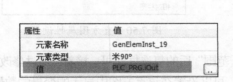

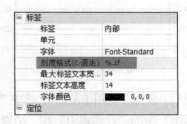

(a) 变量映射　　　　　　　　(b) 刻度格式设置

图 7.48　变量映射和刻度格式设置

3. 直方图

直方图又称质量分布图，是一种几何形图表，它是表示数据变化情况的一种主要工具。用直方图可以比较直观地看出产品质量特性的分布状态，对于分布状况一目了然，便于判断其总体质量分布的情况。

下面介绍直方图工具的基本使用方法。

（1）创建直方图

从工具箱的"测量控制"中添加直方图"📊 直方图"，并将其拖曳至可视化编辑区，如图 7.49 所示。

（2）变量声明

在程序中根据需要可定义一个数组变量，如下所示：

```
PROGRAM PLC_PRG
VAR
    arrnOut:ARRAY [0..6] OF INT;
END_VAR
```

（3）变量设置

首先在属性中找到"数据组"，如图 7.50 所示，使用输入助手将其与程序中的变量做映射。

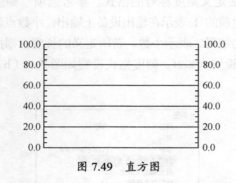

图 7.49　直方图

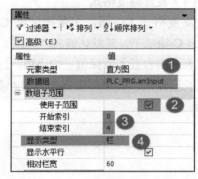

图 7.50　直方图属性设置

然后，使能"使用子范围"，选中"使用子范围"后的复选框即可。接着，通过修改"数据子范围"中的"开始索引"和"结束索引"，可以设置在该直方图中显示的变量的数量。

最后，可以修改图形的显示类型，暂时将其设置为"栏"，也可以设置为"行"及"曲线"，具体区别见表 7.3。

表 7.3　直方图显示类型

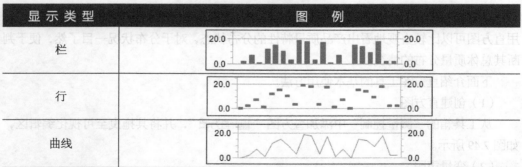

显 示 类 型	图　例
栏	
行	
曲线	

（4）设置报警颜色

当数值超过/小于某个设定值时，可以使用报警颜色。如图 7.51 所示，当其中的数值大于或等于 60 时，启用报警颜色来对直方图进行显示。

按上述步骤设置完成后，即可运行程序，手动将数组中的子索引数值进行赋值，最终的效果如图 7.52 所示。

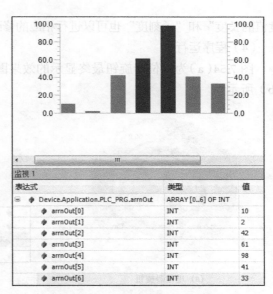

图 7.52　直方图运行效果图

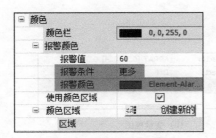

图 7.51　直方图颜色设置

4. 电位器

实际的电位器是当电刷沿电阻体移动时，在输出端即获得与位移量成一定关系的电阻值或电压值，在此，根据滑动的位置将其转换为对应的数值。下面介绍电位器工具的基本使用方法。

（1）创建电位器

在工具箱的"测量控制"中找到"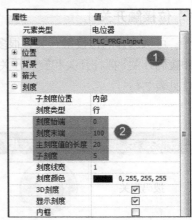 电位器"，将其添加至可视化编辑区。

（2）变量声明

在程序中根据需要可定义一个数组变量，如下所示：

```
PROGRAM PLC_PRG
VAR
    nInput:INT;
END_VAR
```

（3）变量映射

首先，打开属性设置，对变量进行映射，如图 7.53 中的①所示。

然后，展开"刻度"子属性，可以对电位器的"刻度始端"和"刻度末端"数值进行设置，另外，"主刻

图 7.53　电位器属性设置

度值的长度"和"子刻度"也可以进行相应的修改，如图 7.53 中的②所示。

（4）程序运行

图 7.54（a）为电位器旋钮最终显示的效果图，在程序中的实际变量的数值如图 7.54（b）所示。

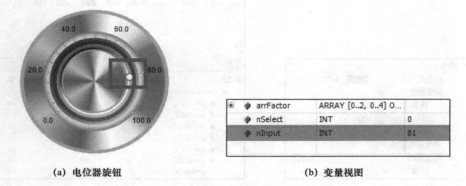

+	◆ arrFactor	ARRAY [0..2, 0..4] O...	
	◆ nSelect	INT	0
	◆ nInput	INT	81

(a) 电位器旋钮   (b) 变量视图

图 7.54 电位器旋钮及变量视图

7.3.4 灯/开关/位图

灯/开关/位图控制工具主要包括一些常用的开关和指示灯，该工具视图如图 7.55 所示。下文会对它们逐一进行讲解。

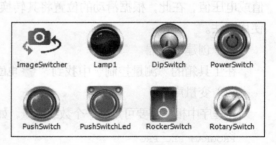

图 7.55 灯/开关/位图工具

1. 位接触开关

可供选择的位接触开关有很多种形式，如拨码开关、摇杆开关和旋转开关等，其汇总见表 7.4。

表 7.4 位接触开关

开 关 类 型	开 关 图 示	开 关 类 型	开 关 图 示
拨码开关		带 LED 的按键开关	

续表

开关类型	开关图示	开关类型	开关图示
电源开关		摇杆开关	
按键开关		旋转开关	

（1）创建开关

在工具箱中找到"灯/开关/位图"，在其中选择想要添加的位接触开关，将其拖曳至可视化编辑区。由于开关的设置基本相同，因此，只以其中的一种开关进行介绍，本书以拨码开关为例。

（2）变量映射

如图 7.56 所示，在属性的"变量"中可以设置拨码开关的映射变量。

至此，指示灯的基本设置已经完成。用户可以根据实际的需要在"背景"属性的"背景图像"中设置需要的颜色。

属性	值
元素名称	GenElemInst_8
元素类型	拨码开关
⊞ 位置	
变量	PLC_PRG.bSwitch_1
⊟ 图像设置	
元素行为	图像开关
⊞ 文本	
⊞ 状态变量	
⊞ 背景	

图 7.56　变量映射

2．位指示灯

根据布尔型变量的 ON/OFF 使对应的位指示灯实现亮/灭的效果。位指示灯的显示如图 7.57（a）所示。

属性	值
元素名称	GenElemInst_80
元素类型	灯
⊞ 位置	映射变量
变量	
⊞ 图像设置	
⊟ 文本	
工具提示	
⊞ 状态变量	
⊟ 背景	位指示灯颜色
背景图像	Yellow

(a) 位指示灯显示　　　　(b) 位指示灯属性

图 7.57　位指示灯显示及属性

（1）创建位指示灯

在工具箱中找到"灯/开关/位图"，在其中单击 ●灯 按钮，并将其拖曳至可视化编辑区。

（2）变量映射及颜色设置

如图 7.57（b）所示，在属性的"变量"中可以设置位指示灯的映射变量，在"背景图像"中可以设置位指示灯的颜色。

7.3.5 特殊控制

特殊控制工具主要包括一些常用的图形指示工具，如趋势图、ActiveX 元素等。特殊控制工具如图 7.58 所示。下文会对常用的一些工具进行讲解。

图 7.58 特殊控制工具

1. 跟踪（Trace）

由于趋势图功能是跟踪功能的扩展，因此，跟踪功能会和趋势图一并进行介绍。

2. 趋势图（Trend）

相比跟踪，趋势图拥有更多的功能，分析控制系统故障时需要了解控制器数据的变化，有时数据变化是一闪而过的，不容易看出产生故障的原因，利用趋势图可以实现对快速变化数据的捕获。

（1）在可视化编辑区添加趋势图插件

在工具箱中找到"特殊控制"，然后找到 趋势图，单击鼠标左键将其选中，并将其拖曳至可视化编辑区，如图 7.59 所示。

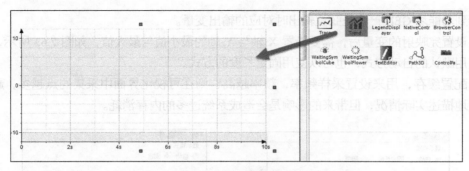

图 7.59　添加趋势图

（2）配置趋势图

选中 Trend 插件，单击鼠标右键，在弹出的快捷菜单中选择 "Configure trace…"，如图 7.60 所示，随后可以进入趋势图追踪配置界面，图 7.61 所示为趋势图的追踪配置界面。

图 7.60　趋势图追踪配置选择菜单

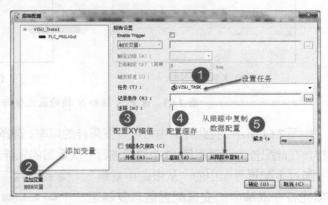

图 7.61　趋势图追踪配置

首先，设置任务，任务的刷新频率决定了数据采样的频率。

然后，添加要查看曲线的变量。单击"添加变量"，弹出如图 7.62 所示的界面，单击"变量"后的"输入助手"图标，使用输入助手选择对应程序中的变量，在其中还可以选择变量对应曲线颜色、线的类型及采样点的类型等。

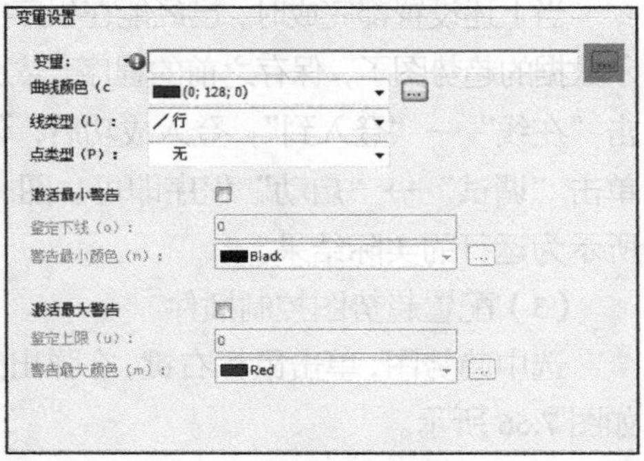

针对此例，如在程序中已经定义了一个变量："PLC_PRG.iOut"，为正弦波输出，该变量

图 7.62　变量设置

链接到功能块 GEN 产生正弦波输出时对应的输出变量。

设置完映射的变量后，需要设置 X 轴与 Y 轴的最小值与最大值，如图 7.63 所示，可以使用默认的自动方式，也可以使用固定长度的方式。

配置缓存，用来设置采样频率，频率越高，则在可视化界面中采集的点越多，越能清楚地描述实际情况，但带来的影响是会造成系统过多的内存消耗。

(a) X 轴配置界面

(b) Y 轴配置界面

图 7.63　设置 X 轴和 Y 轴的最大值与最小值

如图 7.64 所示，在此界面中可以设置采样的频率，选择 X 轴经过多少个周期进行一次采样，在此配置中，采用每 10 个周期进行一次数据的采样。

通过主配置界面中的"从跟踪中复制"选项能将在跟踪中的变量配置信息复制至趋势图中。

当上述设置都完成时，已经能在程序中显示数据的趋势图了，保存之前的程序，依次单击"在线"→"登入到"，登入成功后，依次单击"调试"→"启动"程序即可。图 7.65 所示为运行的实际结果。

（3）配置趋势图控制插件

选中趋势图，单击鼠标右键，在弹出的快捷菜单中选择"插入元素来控制趋势元素…"，如图 7.66 所示。

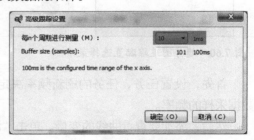

图 7.64　缓存配置界面

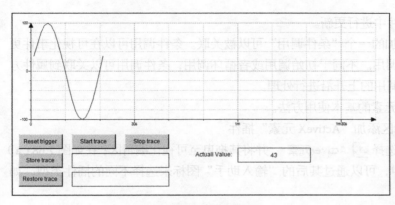

图 7.65 趋势图显示

图 7.66 选择"插入
元素来控制趋势元素…"

弹出图 7.67（a）所示的插件配置界面，可以选择要添加的按钮及显示框，默认为将所有控制插件都选上，单击"OK"按钮，系统自动弹出如图 7.67（b）所示的按钮及显示框。

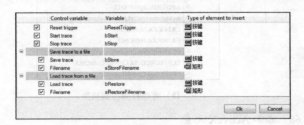

（a）插件配置界面

（b）插件视图

图 7.67 添加趋势图插件

上述样例程序详见\01 Sample\第 7 章\ 08 VISU_Trend\。

3．ActiveX 元素

ActiveX 在可视化中可以实现 ActiveX 控制。该元素可用于 Windows 32 位系统 Visualization 中。

双击插入的元素可以打开配置对话框，同时提供了 3 个子对话框，分别用于选择初始调用、循环调用及条件调用，具体区别如下所示。

- 初始调用：初始化时要进行调用的方法可以在这里进行定义，只在第一个周期进行处理。
- 循环调用：可视化中周期调用的方法可以在该属性下进行定义，可以在每个可视化执行周期事件中进行更新。

- 条件调用：附加的一个"条件调用"可以被关联。条件调用可以在可视化事件更新的时候进行调用。不同于初始调用或者循环调用，条件调用可以关联到属性方法。只在条件调用的上升沿进行处理。

下面介绍 ActiveX 元素的基本使用方法。

（1）在可视化编辑区添加"ActiveX 元素"插件

在"特殊控制"中选择 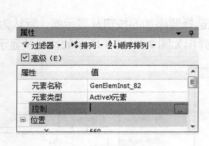 ActiveX元素 ，并将其拖曳至可视化编辑区；在如图 7.68（a）所示的"控制"选项中，可以通过其后的"输入助手"图标来选择不同的插件类型，如图 7.68（b）所示。

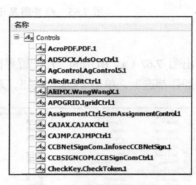

| (a) 控制选项 | (b) 可选择的控制插件 |

图 7.68　添加 ActiveX 元素

（2）配置 "ActiveX 元素"的属性

在其属性中共有 3 种触发方式可供选择，即初始调用、循环调用及条件调用的方式，如图 7.69 所示。

（3）进行变量映射

单击" 创建新的 "可创建新的触发方式，当菜单展开后，可将必要的参数填写至其中。

图 7.69　ActiveX 的触发方式选择

【例 7.6】通过 ActiveX 功能，实现相应变量收到上升沿触发信号后播放视频。

添加 ActiveX 空间，并将其属性中的"控制"选择为"WMPlayer.OCX.7"，如图 7.70（a）所示。

该示例选用"条件调用"的方式调用该 ActiveX 插件，具体的参数设置如图 7.70（b）所示。"调用条件"中的"变量"为触发变量，当该变量有上升沿信号触发时，调用该 ActiveX

插件。"参数"中的"变量"将 **strPara** 作为系统的参数，可以将该视频文件的物理地址存放在该参数内，以便程序运行后导入该视频。

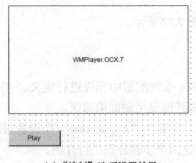

(a) "控制" 选项设置效果

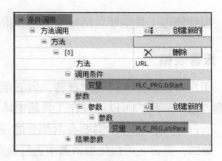

(b) "条件调用" 选项设置

图 7.70 设置 ActiveX 属性

在程序中内部的变量声明为：

```
PROGRAM PLC_PRG
VAR
    bStart:BOOL;
    strPara:STRING:='C:\Windows\Performance\WinSAT\Clip_1080_5sec_VC1_15mbps.wmv';
END_VAR
```

在程序中，将 **bStart** 置为 TRUE，运行程序后，最终的效果图如图 **7.71** 所示。

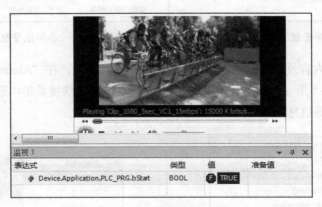

监视 1			▼ ‡ ×
表达式	类型	值	准备值
Device.Application.PLC_PRG.bStart	BOOL	TRUE	

图 7.71 ActiveX 播放视频示例

该示例程序可在\01 Sample\第 7 章\ 09 VISU_ActiveX\中进行查看。

7.3.6 报警管理

报警管理工具主要包括报警表格和报警条，如图 7.72 所示。

1．报警表格

用户可以自定义可视化报警，但必须在 CODESYS 报警配置中预先进行定义。在可视化编辑区中，用户可以通过在工具箱中单击 ▦，将其拖曳至画面编辑区。

所以完成报警显示需要有两部分的设置，第一，需要在"Application"中设置报警配置，第二，需要在可视化编辑器中进行设置，下面对这两个步骤分别进行介绍。

（1）"Application"添加报警配置

在配置可视化报警列表前，需要先配置报警信息，即在"Application"中添加报警配置，单击"Application"右键选择"添加对象"，单击"报警配置"，单击确定，如图 7.73 所示。

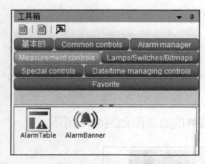

图 7.72　报警管理工具视图

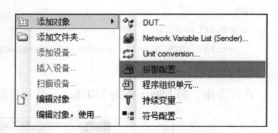

图 7.73　添加报警配置

所有的报警内容及触发机制均在该报警配置中进行设置，在"Alarm Configuration"中，如图 7.74（a）所示，右键单击"添加对象"，在弹出的快捷菜单中选择"报警类…"及"报警组…"等信息，如图 7.74（b）所示。

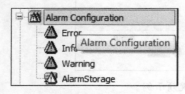

（a）报警配置视图

（b）添加报警配置对象

图 7.74　添加报警配置对象

1）设置故障类型

添加报警配置后，默认会将报警分为 3 类，分别为"Error""Info"和 "Warning"，它们的主要区别在于报警的优先级及确认方式。报警配置界面如图 7.75 所示。

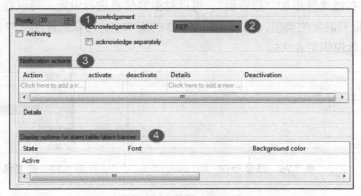

图 7.75　报警配置

① **Priority**：定义想要显示的所有报警的优先级。允许的范围：0～255，最高优先级是"0"，最低有效优先级是"255"。较高或中等优先级的报警通常要求立即确认，而优先级非常低的报警则可能不作要求。尽管生成报警的条件可能已消失（例如，温度上升过高后又降了下来），但在确认之前，报警本身并不会被认为已得到解决。

② **Acknowledgement**：报警发生时，操作员（或系统）必须确认报警。确认只是表示操作员（或系统）注意到该报警。这与采取修正操作没有关系，后者可能不会立即发生。它同报警条件是否返回到正常也没有什么关系，有时即便没有任何外界干预，它也可能自行恢复正常，可供选择的确认方式如下所示。

- REP：移除导致的问题后报警不激活。
- ACK：确认。
- REP_ACK：经过（单个）修复和确认后报警不激活。
- ACK_REP：经过确认和修复后报警不激活。
- ACK_REP_ACK：经过接收、修复及确认后报警不激活。
- NO_ACK：不确认。

③ **Notification actions**：报警动作有变量、执行和调用 3 种可供选择，如图 7.76 所示。

- 变量：选择"变量"后系统会自动弹出命令提示，针对该报警信息，用户可以设置对应的变量或表达式。
- 调用：输入要调用的"功能块实例"的名字。

- 执行：输入当报警出现时的"执行文件"名。在"Details"中，可直接输入任意参数调用。

2）报警组

单击鼠标右键选择添加"报警组"，可以对报警信息进行设置，可以在"Observation type"中选择报警触发的类型，在 CODESYS V3 的版本中，可以选择图 7.77 中显示的几种触发类型，具体说明见表 7.5。

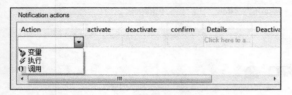

图 7.76 报警动作

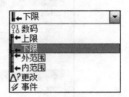

图 7.77 设置报警触发类型

表 7.5 报警触发类型

触发类型	说　　明
数码	左侧输入要监视的表达式，右侧输入要检查的表达式，中间选择想用的操作符 （= 或 <>）
上限	同"数码"类似，但是对于比较操作符> 或>=，有选择地使用"滞后%"的定义
下限	同"数码"类似，但是对于比较操作符 < 或 <=，有选择地使用"滞后%"的定义
内范围	输入要监视的表达式。"区域"：当监视的表达式到达定义的内范围值时，报警出现。在左侧输入表达式表示下极限，在右侧输入上极限。被监视的表达式显示在不可编辑区域。合理设置操作符，有选择地使用"滞后%"的定义
外范围	输入要监视的表达式。"区域"：当监视的表达式到达定义的外范围值时，报警出现。在左侧输入表达式表示下极限，在右侧输入上极限。被监视的表达式显示在不可编辑区域。合理设置操作符，有选择地使用"滞后%"的定义
更改	"表达式"：输入要监视的表达式。当它的值发生变化时，报警出现
事件	这种情况下报警通过应用触发，使用 AlarmManager.library 中函数

注意

- "滞后%"：如果使用了滞后，那么报警情况会保持 TRUE，直到达到一个具体的滞后值后才改变。滞后的大小以极限值的百分比计。例如，将上极限设置为"i_temp >= 30"，将滞后设置为 10%。当变量 i_temp 达到或超过 30 时，报警出现，直到它的值降到 27，报警情况才会消失。
- 例如，PLC_PRG.i_temp > (0.1 * 30)，此表达式应用了 10%的滞后功能。

（2）可视化界面

在可视化编辑区中首先选中"报警管理"中的 **IA** "，如图 7.78 所示。

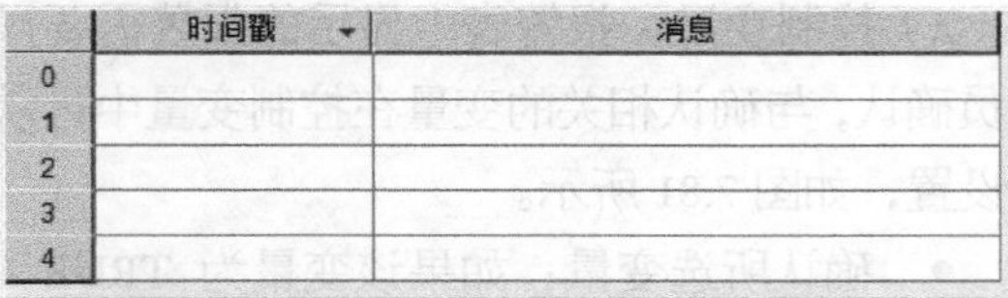

1）添加列。默认添加的报警表只有两列信息，用户可以根据实际需要添加更多的列。可在属性的"列"选项中添加列，每添加完一个列，打开列数组信息，修改其宽度及列显示的名字，如图 7.79 所示。

列中需要显示的内容是可选的，在"数据类型列"的下拉列表中可以选择，如图 7.79 所示。

图 7.78 报警表视图

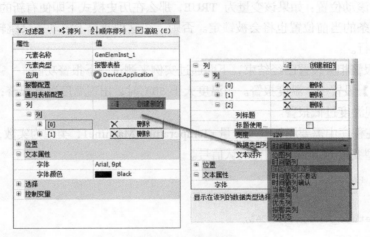

图 7.79 列信息修改

添加新列后的报警表如图 7.80 所示。

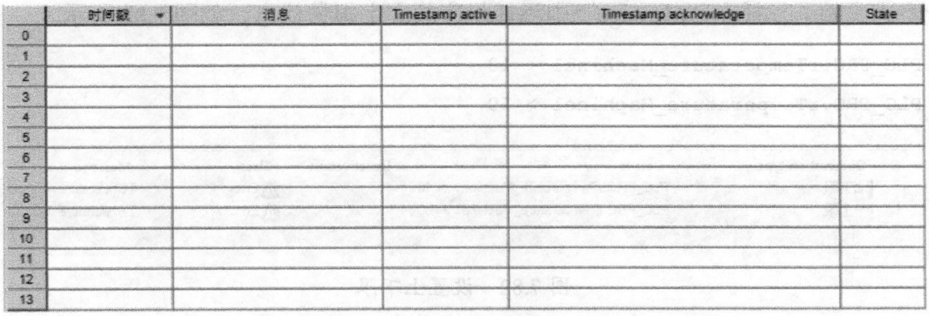

图 7.80 添加新列后的报警表

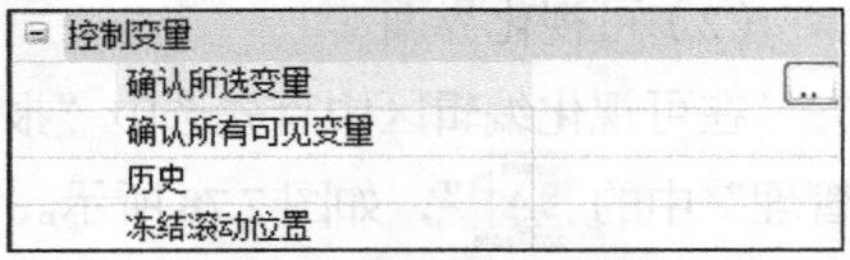

2）控制变量。报警表中显示的报警需要操作
人员确认，与确认相关的变量在控制变量中可以进
行设置，如图 7.81 所示。

图 7.81　控制变量

- 确认所选变量：如果该变量为 TRUE，那
  么在警报表中所选中的警报将会被确认。
- 确认所有可见变量：如果该变量为 TRUE，那么位于报警表中所有的警报都会被
  确认。
- 历史：如果该变量为 TRUE，那么报警表将会转化为历史模式。这意味着将会按
  照日期顺序将所有报警降序排列。任何新事件将会被添加到当前表中。
- 冻结滚动位置：如果该变量为 TRUE，那么在历史模式下即使有新的报警被激活，
  滚动条的当前位置也将会被锁定。否则，在这种情况下滚动条会跳转到报警表的
  第一行。

至此，报警相关设置已经结束，下面通过实例来测试一下报警功能。

【例 7.7】设置一个温度报警。当温度大于 50℃时，出现温度过高报警；当温度小于
10℃时，出现温度过低报警。

首先，在程序中需要添加温度变量 rTemperature_Machine1，类型为实数，此外，需要
添加布尔类型变量 bConfirm 用作确认信号。

```
PROGRAM PLC_PRG
VAR
rTemperature_Machine1:REAL;
bConfirm:BOOL;
END_VAR
```

在 "Application" 中添加报警配置并新建报警组，报警组内容设置为上下限的触发方
式，表达式如下，并在 "Message" 中添加相应的文字报警信息，如图 7.82 所示。

```
PLC_PRG.rTemperature_Machine1 < 10
PLC_PRG.rTemperature_Machine1 > 50
```

ID	Observation type	Details	Deactivation	Class	Message
1	下限	PLC_PRG.rTemperature_Machine1 <= 10		Error	Temperature was too low.
0	上限	PLC_PRG.rTemperature_Machine1 >= 50		Error	Temperature was too high.
	Click here to add a new alarm	Click here to add a new alarm			

图 7.82　设置上下限

然后，在可视化界面中添加报警表，并添加列属性。报警表默认只有两列，可以适当

地添加更多的列以显示报警信息。此外，还要在属性中
设置确认变量。找到"控制变量"，在其中的"确认所
有可见变量"中使用输入助手对应程序中的"bConfirm"
作为其确认信号，如图 7.83 所示。

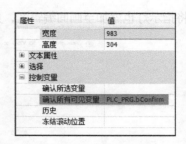

属性	值
宽度	983
高度	304
⊞ 文本属性	
⊞ 选择	
⊟ 控制变量	
确认所选变量	
确认所有可见变量	PLC_PRG.bConfirm
历史	
冻结滚动位置	

通过强制更改变量 rTemperature_Machine1 的数
值，可以模拟实际的报警输出，当故障消失后，可以
强制 bConfirm 信号确认故障。最终的实际运行效果
如图 7.84 所示。

图 7.83 设置确认变量

	TimeStamp ▼	Message	TimeStamp Active
0	11.05.2016 12:39:58	Temperature was too high	11.05.2016 12:39:58
1	11.05.2016 12:39:58	Temperature was too low	11.05.2016 12:39:28

图 7.84 实际运行效果图

该样例程序存放在\01 Sample\第 7 章\ 10 VISU_AlarmTable\中。

2．报警条

报警条是报警表的简单版本，它只可用于报警组和类的单一的报警可视化，属特殊报
警类别的"报警配置"。

用户可在工具箱中选择 (⬙) AlarmBanner ，并将其拖曳至画面编辑区，即可实现报警条的工具添加。
报警条的具体设置过程可参考报警表的设置。

7.4 完整视图的建立及编辑

本节会通过一些小的例程让读者了解到如何建立完整视图。

1．创建一个开关

【例 7.8】制作两个输入开关，开关 1 使用旋转开关，开关 2 使用拨码开关。当开关 1
打开时，指示灯亮红色；当开关 2 打开时，指示灯亮绿色。

1）新建可视化视图，并打开画面编辑器，如图 7.85 所示。

2）添加工具。单击左侧工具箱，在"通用控制"中选择 ⬙ 旋转开关 及 ⬙ 拨码开关 ，
按住鼠标左键，把选中的图标拖到画面编辑区中。此外，在"灯/开关/位图"中选择 ⬙ 灯 ，

将指示灯也添加至画面编辑区，如图 7.86 所示。

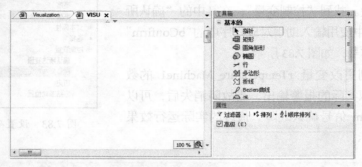

图 7.85　画面编辑区

3）编辑程序。新建 POU，使用 ST 编程语言进行编程，具体程序如下。

程序变量声明区：

```
PROGRAM PLC_PRG
VAR
    bSwitch_1: BOOL;
    bLED_1: BOOL;
    bSwitch_2: BOOL;
    bLED_2: BOOL;
END_VAR
```

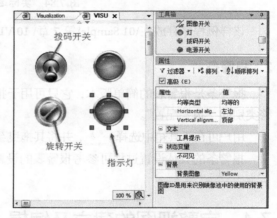

图 7.86　添加工具

程序代码编辑区：

```
IF bSwitch_1 THEN
    bLED_1:=TRUE;
ELSE
    bLED_1:=FALSE;
END_IF


IF bSwitch_2 THEN
    bLED_2:=TRUE;
ELSE
    bLED_2:=FALSE;
END_IF
```

如下的程序只要实现，当开关 1ON 时，指示灯 1 也为 ON，开关 1 OFF 时，指示灯也为 OFF。开关 2 的逻辑与开关 1 相同。

4）在项目中添加可视化视图并添加相应工具后，修改控制开关属性，依次设定拨码开关及旋转开关属性中的"变量"，将开关与程序内的布尔变量产生关联，根据图 7.87 中的阴影部分所示，使用输入助手，可找到程序中对应的布尔变量。

5）修改指示灯属性

两个指示灯分别需要设定开和关的颜色，以及设定映射关系，具体操作方法如下。

鼠标在编辑区中选中已添加的"指示

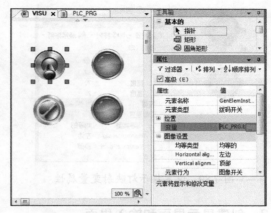

图 7.87 设置控制开关属性

灯"，在属性中找到"背景"，打开"背景图像"后的下拉列表，将指示灯 1 选择为红色，将指示灯 2 选择为绿色，如图 7.88（a）所示，最终的输出效果如图 7.88（b）所示。

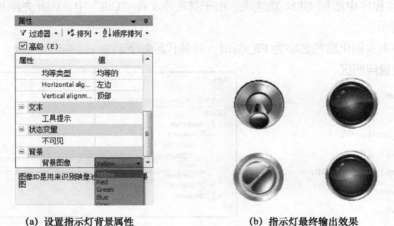

(a) 设置指示灯背景属性　　　　　　　(b) 指示灯最终输出效果

图 7.88 设置指示灯颜色属性

设置完颜色后，需要对两个指示灯进行变量的映射设置，将指示灯 1 的"变量"属性通过单击图 7.89 中的框出部分的按键，弹出输入助手，与程序中的 bLED_1 相关联。

6）程序运行

当完成上述设置后，开始运行程序，图 7.90 所示为程序运行后的显示。

该样例程序位于\01 Sample\第 7 章\ 11 VISU_LampSwitch\。

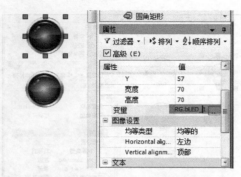

图 7.89 设置指示灯映射变量属性

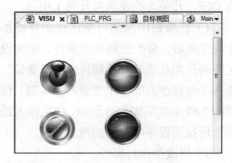

图 7.90 指示灯 1 处于开状态

2. 创建显示界面和输入界面

【例 7.9】在程序中通过 GEN 功能块生成 SIN 正弦曲线，制作一个显示界面，可以实时地查看功能块的输出数据，此外，需要一个参数输入界面用来更改输出数据峰值。

1）在主程序中添加 GEN 功能块，由于其在库文件"Util"中，因此先添加库文件，如图 7.91 所示。

在程序中实例化后的名字为 FB_Gen1，具体代码如下。

程序变量声明区：

```
PROGRAM PLC_PRG
VAR
    FB_Gen1: GEN;
    iOut: INT;
    iAmp: INT: =100;
    bBase: BOOL;
END_VAR
```

程序代码编辑区：

图 7.91 添加库文件 Util

```
FB_Gen1(
    MODE:= SINe,
    BASE:=bBase ,
    PERIOD:=T#1S ,
    CYCLES:=1000 ,
    AMPLITUDE:=iAmp ,
    RESET:= ,
    OUT=>iOut );
```

在程序中，由于需要输出的波形为 SIN，故根据手册，需将 MODE 设置为 "SINe"，程序中默认的输出区间为-100～100。

2）在项目中添加可视化视图，并在画面编辑器中添加工具，单击左侧工具箱，在"基本的"中添加两个 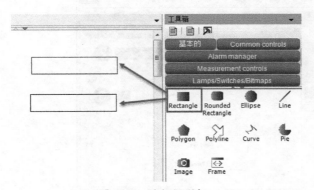 Rectangle，一个作为输出数据实时显示，另一个作为输入，可以修改该功能块输出的工作区间。按住鼠标左键，把选中的图标拖曳到画面编辑器中，如图 7.92 所示。

3）修改"矩形"的属性，添加其映射的两个变量：输出数据"iOut"及输入数据区间"iAmp"。

单击矩形框属性的"文本变量"下的"文本变量"选项后的输入助手图标按钮，使用输入助手将变量与程序中的 PLC_PRG.iOut 相关联，另一个矩形框则与 iAmp 关联，如图 7.93 所示。

图 7.92　添加矩形框　　　　　　　图 7.93　关联变量

4）数据显示。如果要显示固定字符，那么在输入框中直接输入即可；如果想要在文本中显示变量，则需要使用"%+固定字符"的搭配。例如，如果要显示字符变量，则在文本框中输入%s，s 是 String 的简称，在此，需要在两个文本框的"文本"属性的"文本"中都输入"%s"，如图 7.94 所示。

至此，数据的显示功能已经设置完成。

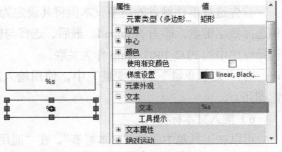

图 7.94　文本显示属性

5）事件触发。当按下鼠标左键时，触发该事件，同时要求自动弹出数字输入键盘，如图 7.95 所示。

图 7.95　触发事件设置

修改文本显示属性中的"输入配置"，触发事件选择"当鼠标按下时"，则为"OnMouseDown"，单击"配置..."，则系统自动弹出如图 7.96 所示的"输入配置"对话框。

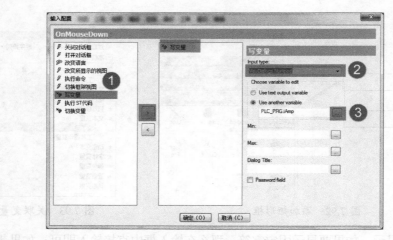

图 7.96　"输入配置"对话框

首先选择事件触发的类型，本例将其设定为"写变量"；然后，确定输入的类型，本例选择数字键盘，即为 Numpad。最后，选择与输入数值相关联的变量，使用输入助手，选择程序中的 PLC_PRG.iAmp 作为关联。

在"文本变量"的"变量"中，使用输入助手，找到与其相关联的变量，然后确定即可。

6）插入文本标签。

可以在工具箱中添加"文本标签"。在"通用控制"中找到 **T**，使用鼠标拖曳至可视化编辑区中，然后编辑属性中的"文本"选项，如图 7.97 所示。

7）至此，所有程序及属性参数已经设置完成，下面开始对仿真程序进行测试。

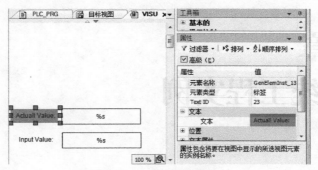

图 7.97 修改文本属性

打开仿真模式，首先将程序"在线"，然后"登入到"本地计算机，运行程序。单击"Input Value"的输入框，键入输入范围，将原来的"100"改为"1000"，如图 7.98 所示。

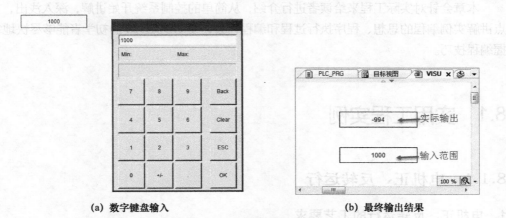

(a) 数字键盘输入   (b) 最终输出结果

图 7.98 可视化输出结果

该样例程序位于\01 Sample\第 7 章\ 12VISU_SinGen\。

第8章
控制系统工程实例

本章主要知识点

实际工程案例的应用

本章会针对实际工程来给读者进行介绍，从简单的控制系统开始讲解，深入浅出，重点讲解实例编程的思想、程序执行过程和编程体会，使 CODESYS 的初学者能够尽快地掌握编程技巧。

8.1　实用工程实例

8.1.1　电机正、反转运行

1. 电机正、反转运行的工艺要求

在实际生产中，常常需要运动部件实现正、反两个方向的运动，这就要求拖动的电机能做正、反两个方向的运转。下面会使用一个电机正、反转的功能块，并且为读者演示如何在 POU 中调用该功能块，以便读者在今后的工作中直接引用，省去重新编程的时间。

2. 电机正、反转电气原理图

本设备内使用的电机采用 AC380V、50Hz 三相四线制电源供电，电机正、反转运行的电气回路是由空气开关 Q1、接触器 KM1 和 KM2，以及热继电器 FR1 和电机 M1 组成。其中以空气开关 Q1 作为电源的短路保护开关，热继电器 FR1 作为电机的过载保护。中间继电器 CR1 的常开触点控制接触器 KM1 的线圈得电、失电，接触器 KM1 的主触头控制电机 M1 的正转运行，而中间继电器 CR2 的常开触点控制接触器 KM2 的线圈得电、失电，

接触器 KM2 的主触头控制电机 M1 的反转运行。

　　电机正反转运行的电气电路图如图 8.1 所示。

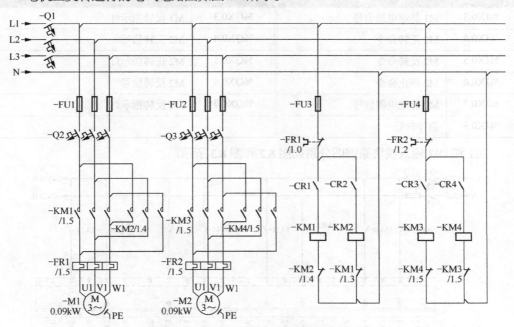

图 8.1　电机正、反转运行的电气电路图

3. 电机正、反转控制原理图

　　本例由于涉及的 I/O 点数较多，故使用功能较强的模块化 PLC，直流 24V 电源连接至空气开关 Q4 和熔断器 FU3，电机 M1 正转起动运行按钮 QA1 连接到 PLC 的 DI1（DI1 表示 1 号输入模块 1，DI2 为 2 号输入模块）的 Input*0 通道上。反转按钮 QA2 连接到 PLC 的 DI1 的 Input*1 通道上，停止按钮 TA1 连接到 PLC 的 DI1 的 Input*2 通道上，电机 M1 热继电器 FR1 连接到 PLC 的 DI1 的 Input*3 通道上。急停信号连接至 DI2 的 Input*0 通道。详细的 I/O 地址分配表详见表 8.1。

表 8.1　电机正、反转运行程序 I/O 地址分配表

地址	说　明	地址	说　明
%IX0.0	M1 正转命令	%QX0.0	M1 正转信号
%IX0.1	M1 反转命令	%QX0.1	M1 正转指示灯
%IX0.2	M1 停止命令	%QX0.2	M1 反转信号

续表

地址	说　明	地址	说　明
%IX0.3	M1 热继电器信号	%QX0.3	M1 反转指示灯
%IX0.4	M2 正转命令	%QX0.4	M2 正转信号
%IX0.5	M2 反转命令	%QX0.5	M2 正转指示灯
%IX0.6	M2 停止命令	%QX0.6	M2 反转信号
%IX0.7	M2 热继电器信号	%QX0.7	M2 反转指示灯
%IX0.8	急停信号		

DI1 和 DI2 输入模块原理图分别如图 8.2 和图 8.3 所示。

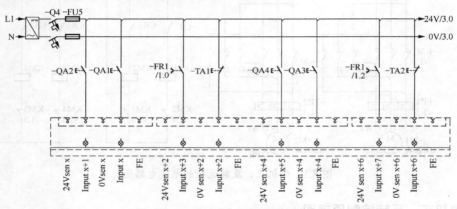

图 8.2　DI1 输入模块原理图

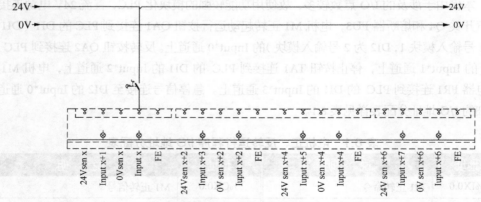

图 8.3　DI2 输入模块原理图

中间继电器 CR1 的线圈连接到 DO1（DO1 表示 1 号输出模块）的 Output*0 通道上，中间继电器 CR2 的线圈连接到 DO1 的 Output*2 通道上，电机 M1 正转运行指示灯 HL1 连接到 PLC 的 DO1 模块的 Output*1 通道上，电机 M1 反转运行指示灯 HL2 连接到 PLC 的 DO1 模块的 Output*3 通道上，输出原理图如图 8.4 所示。

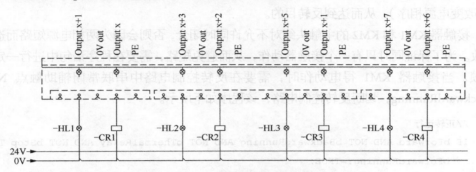

图 8.4　电机正、反转控制输出原理图

4．电机正、反转控制程序的编写

创建电机正、反转控制功能块 FB_ForwardBackward，如图 8.5 所示，其中"实现语言"使用结构化文本（ST）编程语言。该功能块的输入、输出变量如下所示。

```
FUNCTION_BLOCK FB_ForwardBackward
VAR_INPUT
    bForward:BOOL;          //正转指令
    bBackward: BOOL;        //反转指令
    bThermalRelay: BOOL;    //保护模式
    bStop: BOOL;            //停止
END_VAR
VAR_OUTPUT
    bForwardRunning: BOOL;  //正转运行
    bForwardLamp: BOOL;     //正转指示灯
    bBackwardRunning: BOOL; //反转运行
    bBackwardLamp: BOOL;    //反转指示灯
END_VAR
```

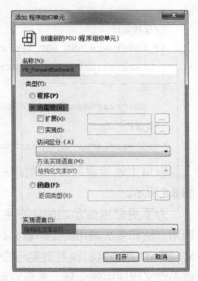

图 8.5　新建 FB_ForwardBackward
功能块

电机正转接触器 KM1 由正转按钮 QA1 控制，正转时，按下 QA1 按钮后，由于串接在此回路中的反转运行线圈、热继电器（FR1）、停止按钮和急停按钮都为常闭触点，因此中间继电器 CR1 的线圈将会得电，其触点使主回路中的接触器线圈 KM1 带电而动作，使电机 M1 正转运行，同时点亮正转指示灯，即程序中的 bForwardRunning 得电，驱动正转指示灯 bForwardLamp 点亮。

反转的控制思路与正转相同，只是接触器 KM2 动作后，调换了两根电源线 U、W 相（即改变电源相序），从而达到反转目的。

接触器 KM1 和 KM2 的主触头绝对不允许同时闭合，否则会因为两相电源短路而造成事故。为了保证同时只有一个接触器动作，从而避免短路，需要在程序语句中进行一定的互锁。当接触器 KM1 得电动作时，需要在反转控制电路中串联常闭辅助触点 NOT bBackwardRunning，切断反转控制电路，该程序如下所示。

```
//正转运行
IF bForward AND NOT bBackwardRunning AND NOT bThermalRelay AND NOT bStop THEN
    bForwardRunning:=TRUE;
ELSE
    bForwardRunning:=FALSE;
END_IF
bForwardLamp:=bForwardRunning;


//反转运行
IF bBackward AND NOT bForwardRunning AND NOT bThermalRelay AND NOT bStop THEN
    bBackwardRunning:=TRUE;
ELSE
    bBackwardRunning:=FALSE;
END_IF
bBackwardLamp:=bBackwardRunning;
```

根据上述步骤制作的功能块示意图如图 8.6 所示。

为了更好地演示功能块在主程序中的调用方法和多次调用的实际意义，本例中的

图 8.6　电机正、反转控制功能块视图

M1 和 M2 两台电机映射到实际的传送带控制中，由这两个功能块控制两条对应的传送带。首先定义程序中的变量，变量声明如下所示。

```
PROGRAM PLC_PRG
VAR
```

```
    fb_Conveyor1,fb_Conveyor2:      FB_ForwardBackward;
    M1_bForward                 AT%IX0.0:BOOL;      //M1 正转指令
    M1_bBackward                AT%IX0.1: BOOL;     //M1 反转指令
    M1_bStop                AT%IX0.2: BOOL;         //M1 停止
    M1_bThermalRelay            AT%IX0.3: BOOL;     //M1 保护模式
    M2_bForward                 AT%IX0.4:BOOL;      //M2 正转指令
    M2_bBackward                AT%IX0.5: BOOL;     //M2 反转指令
    M2_bStop                AT%IX0.6: BOOL;         //M2 停止
    M2_bThermalRelay            AT%IX0.7: BOOL;     //M2 保护模式
    bEMO                    AT%IX0.8:BOOL;              //急停信号
    M1_bForwardRunning          AT%QX0.0: BOOL;//M1 正转运行
    M1_bForwardLamp             AT%QX0.1: BOOL;     //M1 正转指示灯
    M1_bBackwardRunning         AT%QX0.2: BOOL;     //M1 反转运行
    M1_bBackwardLamp            AT%QX0.3: BOOL;     //M1 反转指示灯
    M2_bForwardRunning          AT%QX0.4: BOOL;//M2 正转运行
    M2_bForwardLamp             AT%QX0.5: BOOL;     //M2 正转指示灯
    M2_bBackwardRunning         AT%QX0.6: BOOL;     //M2 反转运行
    M2_bBackwardLamp            AT%QX0.7: BOOL;     //M2 反转指示灯
END_VAR
```

本例主程序采用连续功能图（CFC）编程语言，功能块 fb_Conveyor1 及 fb_Conveyor2 分别为 FB_ForwardBackward 的实例对象，分别对这两个功能块进行输入、输出变量的赋值，最终程序图如图 8.7 所示。

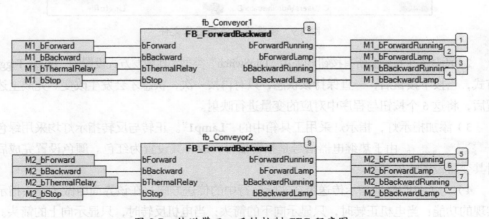

图 8.7　传送带正、反转控制 CFC 程序图

5．电机正、反转控制可视化组态

至此，本例程序部分已经全部完成。最终要实现的可视化效果如图 8.8 所示，其中主要的操作步骤会在下文介绍。

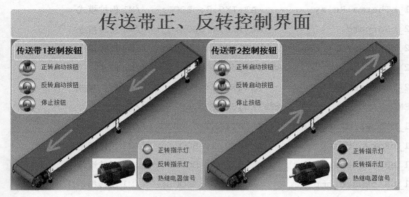

图 8.8 传送带正、反转控制可视化界面

主要的操作步骤如下：

1）导入图片。该项目中用到的两张图片可以在配套光盘的"\02 可视化图形元素\第 8 章\"中找到，文件名分别为"Conveyor.bmp"及"Motor.bmp"。在 Application 中的"映像池"导入图片后，分别为其命名，如图 8.9 所示，ID 分别为"Conveyor"及"Motor"。

ID	文件名	映像	Link type
Conveyor	C:\Users\Administrator\D...		Link to file
Motor	C:\Users\Administrator\D...		Link to file

图 8.9 映像池中添加图像文件

2）添加 6 个按钮，所有按钮均采用"DipSwitch"类型，其触发方式设置为"Image Toggler"方式，当按下按钮后，一直保持该状态，只有再按一次，状态才会发生改变。完成上述设置后，将这 6 个按钮与程序中对应的变量进行映射。

3）添加指示灯，指示灯采用工具箱中的"Lamp1"。正转与反转指示灯均采用绿色，由于热继电器信号是报警信号，故将其设置为红色。颜色设置完成后，对其变量设置映射关系。

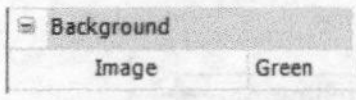

4）为了更明确地指示传送带在实际运行中的传送方向，在该界面中做了箭头指示，实现的功能：当电机正转时，只显示向下的箭头；当电机反转时，只显示向上的箭头。

实现方法：首先在可视化编辑区中将所有方向的指示箭头都画出来，然后可采用基本的"Line"工具，修改箭头粗细及颜色即可实现如图 8.10 所示的效果。

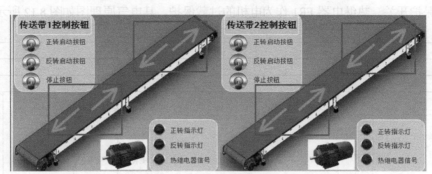

图 8.10　箭头指示制作

由于电机运行时只需要在画面中显示一个方向的箭头，因此可使用"Line"属性中的"Invisible"功能让另一个方向的箭头消失。

例如，当传送带 1 的电机正在反转时，此时只需要显示向上的箭头，故可针对两个向下的箭头使用"not PLC_PRG.M1_bForwardLamp"的设置，可以理解为只要变量"M1_bForwardLamp"为 FALSE，该箭头就一直处于消失状态，直至"M1_bForwardLamp"变为 TRUE。Invisible 属性设置如图 8.11 所示。

本例完整的项目程序可在配套资源的"\01 Sample\第 8 章\ 01 PRG_ForwardBackward\"中找到。

State variables	
Invisible	not PLC_PRG.M1_bForwardLamp
Deactivate in...	

图 8.11　Invisible 属性设置

8.1.2　电机 Y-△起动控制

1. 电机 Y-△起动的工艺要求

Y-△起动用于电机电压为 220/380V 的电机，其绕组接法为 Y/△。起动时，绕组为 Y 连接，待转速增加到一定程度时，再改为△连接。这种起动方式可使每相定子绕组所受的压力在起动时降低到电路电压的 $1/\sqrt{3}$（即 57.7%），其电流为直接起动时的 1/3。由于起动电流的减小，起动转矩也会同时减小到直接起动的 1/3，因此，这种起动方式只能工作在空载或轻载起动的场合（如鼓风机、水泵等）。

2. 电机 Y-△起动的电气原理图

本系统电机采用 AC380V、50Hz 三相四线电源供电，电气回路是由空气开关 Q1，接触器 KM1、KM2 和 KM3、热继电器 FR1 及电机 M1 组成。其中以空气开关 Q1 作为电源的短路保护开关，热继电器 FR1 作为电机的过载保护。其电气原理图如图 8.12 所示。

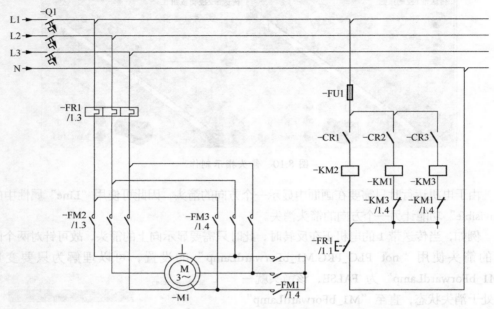

图 8.12 电机 Y-Δ 起动电气原理图

三相电机星形接线和三角形接线在电机接线盒中的接线图如图 8.13 所示。图 8.13（a）为三角形连接方式，图 8.13（b）为星形接线连接方式。

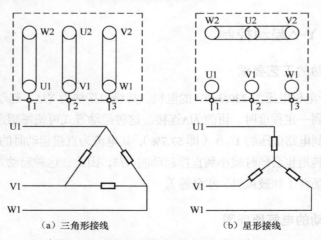

（a）三角形接线　　　　　　　（b）星形接线

图 8.13 电机接线盒中 Y-Δ 的接线示意图

3. 电机 Y-Δ 起动的控制原理图

该项目使用功能较强的模块式 PLC, DC24V 电源连接开关空气开关 Q2 提供，起动运行按钮 QA1 连接到 PLC 的 DI1 模块的 Input*0 通道上，热继电器 FR1 连接到 Input*1 通道上，停止按钮 TA1 连接到 PLC 的 DI1 的 Input*2 通道上，急停信号 EMO 连接到 PLC 的 DI1 的 Input*3 通道上，运行指示灯、停止指示灯及故障指示灯分别连接到 DO1 模块的 Output*0、Output*1 及 Output*2，星形连接控制连接到 DO1 模块的 Output*4，主回路控制连接到 DO1 模块的 Output*3，三角形连接控制连接到 DO1 模块的 Output*5。详细的 I/O 地址分配表见表 8.2。

表 8.2 电机 Y-Δ 起动程序 I/O 地址分配表

地址	说　明	地址	说　明
%IX0.0	起动命令	%QX0.1	停止指示灯
%IX0.1	热继电器信号	%QX0.2	故障指示灯
%IX0.2	停止命令	%QX0.3	主回路
%IX0.3	急停信号	%QX0.4	星形连接控制
%QX0.0	运行指示灯	%QX0.5	三角形连接控制

电机 Y-Δ 起动控制输入模块的原理图如图 8.14 所示。

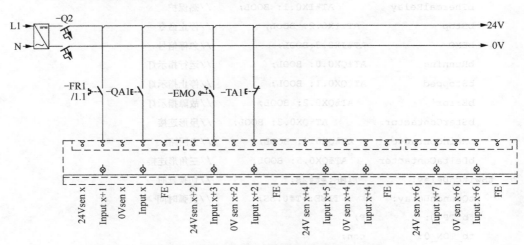

图 8.14 电机 Y-Δ 起动控制输入模块原理图

电机 Y-Δ 起动控制输出模块的原理图如图 8.15 所示。

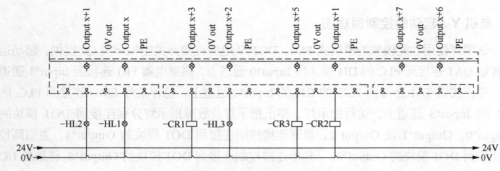

图 8.15　电机 Y-Δ起动控制输出模块原理图

4．电机 Y-Δ起动的程序编写

在实际的工程中，使用 Y-Δ的方式来起动电机是比较常用的方法。如果在一个项目中只有一台需要这种方式起动的电机，可直接套用如下介绍的程序，但如果有好几台电机需要以同样的方式起动，那么建议参考 8.1.1 节内容，通过制作功能块的方式来实现。下面开始创建程序中需要使用的变量，并进行声明，声明内容如下。

```
PROGRAM PLC_PRG
VAR
    bStart              AT%IX0.0:BOOL;        //起动命令
    bThermalRelay       AT%IX0.1: BOOL;       //热保护
    bStop               AT%IX0.2: BOOL;       //停止命令
    bEMO                AT%IX0.3:BOOL;         //急停信号
    bRunning            AT%QX0.0: BOOL;       //运行指示灯
    bStopped            AT%QX0.1: BOOL;       //停止指示灯
    bError              AT%QX0.2: BOOL;       //故障指示灯
    bStarContactor      AT%QX0.3: BOOL;       //星形连接
    bMainContactor      AT%QX0.4: BOOL;       //主回路
    bDeltaContactor     AT%QX0.5: BOOL;       //三角形连接
tSwitchDelay:           TIME:=t#2s;          //切换延时
    tQuenchDelay:       TIME:=T#0.5S;        //灭弧时间
    fb_TP_0:        TP;
    fb_TON_0:           ton;
END_VAR
```

当起动按钮被按下后，若停止、热保护及急停信号的常闭触点未被触发，则控制电机运转的主回路 bMainContactor 就会吸合并在程序中形成自锁，于此同时运行灯输出 ON，起动程序段如图 8.16 所示。

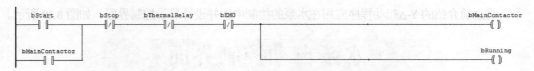

图 8.16 起动程序段

当主回路 **bMainContactor** 接触器闭合后触发 **TP** 功能块，此时星形连接控制接触器闭合，电机开始以星形连接方式运行，在设置的延时时间达到后断开。该部分程序段如图 8.17 所示。

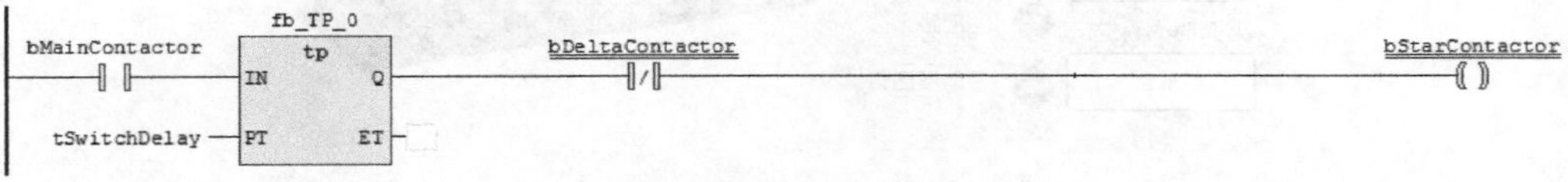

图 8.17 星形延时起动程序段

当电机以星形连接方式起动电机（其延时通常与电机的功率有关，一般而言，功率越大，延时也就越长），应切断星形运行，然后进行三角形连接方式延时。在星形连接控制接触器断开后会有电弧产生，如果此时三角形接触器立即吸合，就会容易发生弧光短路。为了保证星形接触器彻底断开后才让三角形接触器吸合，通常改时间为 0.5s，在该程序段中，该延时采用变量的形式，可供用户修改。该部分程序段如图 8.18 所示。

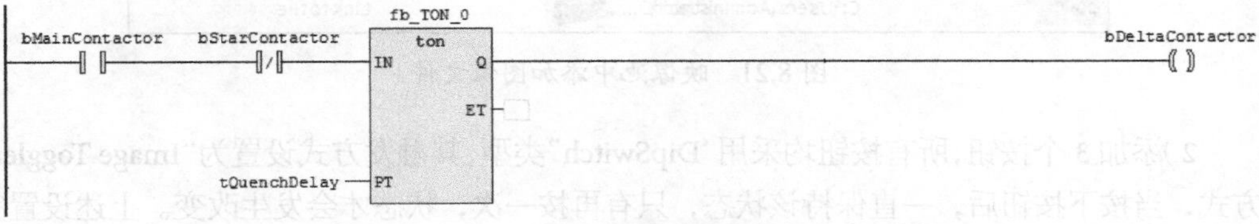

图 8.18 三角形接触器吸合程序段

在热继电器输出故障信号或者急停按钮按下时，故障指示灯输出，相应程序段如图 8.19 所示。

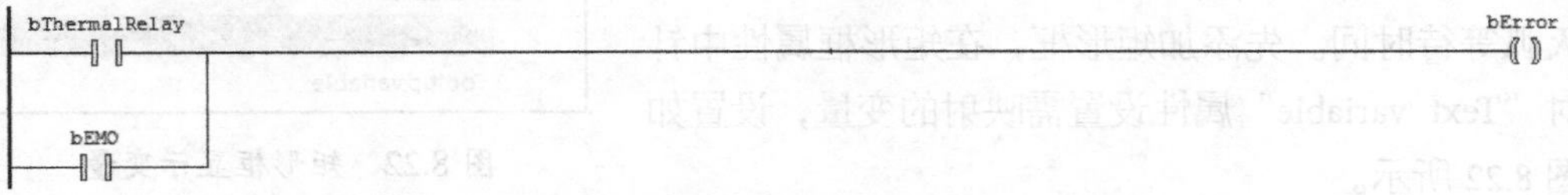

图 8.19 故障程序段

5. 电机 Y-△起动程序的可视化组态

将之前介绍的 Y-△起动程序应用在水泵的控制中，并设计显示控制界面，如图 8.20 所示。

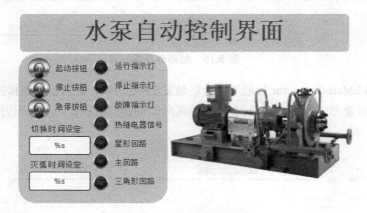

图 8.20　水泵自动控制界面

主要的操作步骤如下。

1）导入图片。该项目中用到的图片可在配套光盘的"\02 可视化图形元素\第 8 章\"中找到，文件名为"Pump.jpg"。在 Application 中的"映像池"导入图片，然后为其命名，将 ID 设置为"pump"，如图 8.21 所示。

图 8.21　映像池中添加图像文件

2）添加 3 个按钮,所有按钮均采用"DipSwitch"类型,其触发方式设置为"Image Toggler"方式,当按下按钮后,一直保持该状态,只有再按一次,状态才会发生改变。上述设置完成后,将这 3 个按钮与程序中对应的变量进行映射。

3）添加指示灯，相应指示灯采用工具箱中的"Lamp1"。针对实际应用，设置不同的背景色。完成颜色设置后，对其变量设置映射关系。

4）设置并显示当前 Y-△起动切换的等待时间及灭弧等待时间。先添加矩形框，在矩形框属性中针对"Text variable"属性设置需映射的变量，设置如图 8.22 所示。

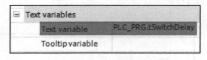

图 8.22　矩形框显示变量

随后需要设置输入数值，可使用事件触发的方式进行数值输入，当鼠标左键按下时，系统弹出数值输入框。单击"输入配置"中的"OnMouseUp"，使用"写变量"的事件，设置方法如图 8.23 所示。

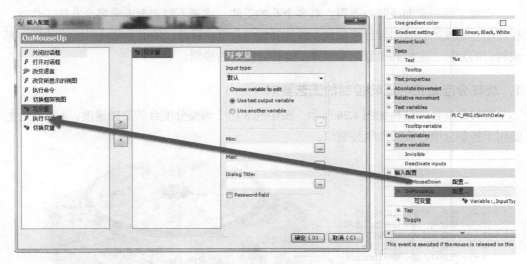

图 8.23　"输入配置"视图

最后，需要在"Text"中设置"%s"，将最终的内容以字符串的形式显示，如图 8.24 所示。

至此，水泵自动控制界面的可视化配置全部完成，最终的效果如图 8.25 所示。本例完整的项目程序可在配套光盘的\01 Sample\第 8 章\02 PRG_StarDelta_MotorStart\中找到。

图 8.24　文本显示类型设置　　　　图 8.25　水泵自动控制界面最终效果图

8.1.3　旋转分度台正、反转控制

在加工同一表面或同一圆周上有多个孔的工件，或者不同表面上有多个孔的工件时，往往用立轴或卧轴式回转台来实现工件的转位与分度。目前，多用手动或机械传动机构完成转台的回转、定位和锁紧。本例介绍旋转分度台的控制。

1．旋转分度台正、反转控制的工艺要求

旋转分度台的结构如图 8.26 所示，图中的 3 用于调整分度台的旋转速度，4 和 5 是主要用于控制分度台旋转的气控制口。

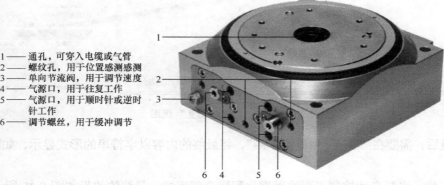

1 —— 通孔，可穿入电缆或气管
2 —— 螺纹孔，用于位置感测感测
3 —— 单向节流阀，用于调节速度
4 —— 气源口，用于往复工作
5 —— 气源口，用于顺时针或逆时针工作
6 —— 调节螺丝，用于缓冲调节

图 8.26　旋转分度台机械结构图

该旋转分度台是基于齿轮齿条式工作原理的双作用摆动驱动器，它具有强制闭锁功能。两根齿条活塞通过压缩空气接口交替进气，从而实现往复运动。这两个活塞通过小齿轮由直线运动转换成旋转运动。第二对活塞负责控制齿轮与分度台齿条的啮合，以及对各分度位置的锁定。

市面上的分度台通常有多个分度可供选择，常用的分度数有 2、3、4、6、8、12、24。针对该案例，使用的是 6 分度的分度台，6 分度是指完成 360° 的运动需要转动 6 次。本例最终要实现的功能为正转 1 圈后再反转 1 圈，将该动作分解，即在顺时针方向旋转 6 个分度后，再完成逆时针方向的 6 个分度旋转。

2．旋转分度台正、反转控制的气路原理图

分度台的气路有 4 个气源口，分别为 A、B、C 和 D。在该旋转分度台中有两个短行程气缸，在图 8.27 中分别为正转气缸和反转气缸，C 和 D 气源口分别控制分度台的正转气缸及反转气缸。此外，在图 8.27 中，还有两个锁紧气缸，分别为锁紧气缸 1 和锁紧气缸 2。在图 8.27 中，点画

线框住部分为分度台的内部结构，点画线以外连接了两个两位五通双电控的电磁阀，最终由 PLC 的输出模块控制所连接的阀片，实现控制 A、B、C 和 D 气源口的功能。

A、B、C 和 D 气源口在实际硬件中的布局如图 8.28 所示，C 和 D 为一组，A 和 B 为一组。其气接口说明见表 8.3。

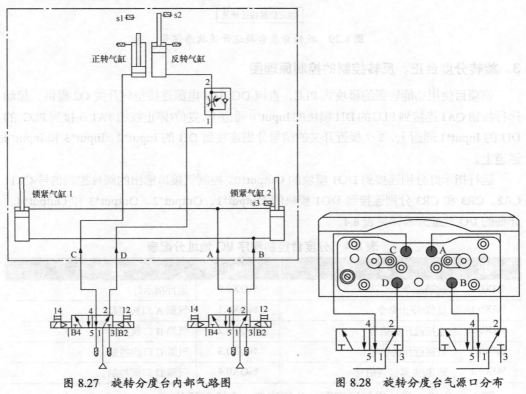

图 8.27　旋转分度台内部气路图　　　图 8.28　旋转分度台气源口分布

表 8.3　旋转分度台气源口

气 接 口	说 明
气源口 A	解锁
气源口 B	锁定
气源口 C	顺时针
气源口 D	逆时针

为了让控制对象能够实时得到当前分度台的状态，在其内部有 3 个接近开关器接口供用户连接反馈电信号。如图 8.29 所示，该分度台可以接入左接近开关状态信号、右接近开关状态信号及锁定位置接近开关状态信号。

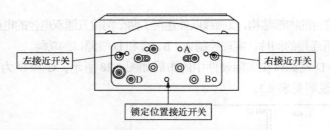

图 8.29 旋转分度台接近开关状态信号

3. 旋转分度台正、反转控制的控制原理图

该项目使用功能较强的模块式 PLC, 直流 DC 24V 电源连接空气开关 Q2 提供, 起动运行按钮 QA1 连接到 PLC 的 DI1 模块的 Input*0 通道上, 复位/停止按钮 TA1 连接到 PLC 的 DI1 的 Input*1 通道上, 3 个接近开关的信号分别连接到 DI1 的 Input*2、Input*3 和 Input*4 通道上。

运行指示灯分别连接到 DO1 模块的 Output*0。控制气接口输出的阀片控制信号 CR1、CR2、CR3 和 CR3 分别连接到 DO1 模块的 Output*1、Output*2、Output*3 和 Output*4。详细的 I/O 地址列表详见表 8.4。

表 8.4 分度台控制程序 I/O 地址分配表

地址	说　明	地址	说　明
%IX0.0	起动命令	%QX0.0	运行指示灯
%IX0.1	复位/停止命令	%QX0.1	气源 A 口阀控制
%IX0.2	左接近开关信号	%QX0.2	气源 B 口阀控制
%IX0.3	右接近开关信号	%QX0.3	气源 C 口阀控制
%IX0.4	锁定/夹紧位置信号	%QX0.4	气源 D 口阀控制

图 8.30 为输入模块电气原理图, 分别连接 6 个输入开关。

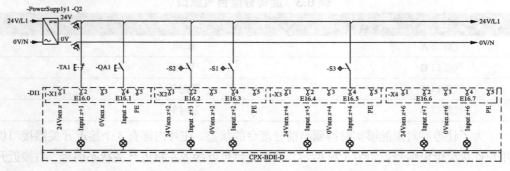

图 8.30 分度台正、反转控制输入模块电气原理图

图 8.31 为输出模块电气原理图。

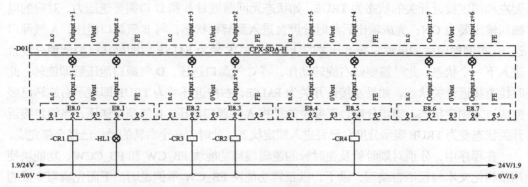

图 8.31 分度台正、反转控制输出模块电气原理图

4. 旋转分度台正、反转控制的程序编写

分度台的完整控制流程图如图 8.32 所示，该流程已经包括了完整的正转及反转的过程。

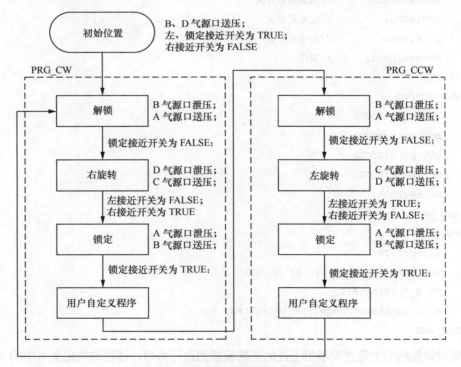

图 8.32 顺时针/逆时针摆动流程图

以正转举例，分度台在控制前需要在初始位置，此时需要对当前的状态进行检测，需要左和锁定接近开关的状态为 TRUE；如状态无问题就对 B 和 D 口需要送压力，对应的电磁阀输出要为 ON；完成输出后此时分度台进入到解锁状态，将 B 气源口泄压，A 气源口送压；控制输出后如果锁定接近开关的状态由 TRUE 变为 FALSE 后即确认已经解锁分度台进入下一个状态；此时需要做右旋转动作，将 C 气源口送压，D 气源口泄压后即旋转，此时检查接近开关状态，如果左接近开关为 FALSE，右接近开关为 TRUE 即表示右旋转已经完成进入锁定状态。锁定分度台需要做的是将 A 气源口泄压，B 气源口送压，当锁定接近开关状态变为 TRUE 表示分度台已经进入锁定状态。此时，一个右转的动作已经全部完成。

在程序中，分别对顺时针及逆时针的逻辑编写功能块 FB_CW 和 FB_CCW，功能块使用结构化文本编程语言编写，以下，以正转功能块 FB_CW 举例说明，下面先填写变量的声明部分。

```
FUNCTION_BLOCK FB_CW
VAR_INPUT
    bLock:BOOL;              //锁紧接近开关
    bCW:BOOL;               //左接近开关
    bCCW:BOOL;              //右接近开关
    bReset:bool;            //复位
END_VAR
VAR_OUTPUT
    bOutputA:BOOL;
    bOutputB:BOOL;
    bOutputC:BOOL;
    bOutputD:BOOL;
    bDone:BOOL;
END_VAR
VAR
    iStep:BYTE;
    TON_Delay :ARRAY [0..2] OF TON;
    fb_R_TRIG:R_TRIG;
    tTimeoutStateChange:TIME:=T#500MS;
END_VAR
```

顺时针旋转的主题逻辑根据上述的正转流程图进行编写，通过结构化文本中的 CASE 语句进行执行。

```
//复位
IF bReset THEN
        iStep:=0;
        bOutputA:=FALSE;
        bOutputB:=FALSE;
        bOutputC:=FALSE;
        bOutputD:=FALSE;
END_IF
(*CW Rotate*)
CASE iStep OF
        0:      //初始化
                bDone:=FALSE;
                iStep:=1;
        1:      //检查锁定信号
                IF  bLock THEN
                        iStep:=2;
                END_IF
        2:      //解锁
                bOutputB:=FALSE;
                bOutputA:=TRUE;
                iStep:=3;
        3:      //旋转
                TON_Delay[0](IN:=TRUE , PT:=tTimeoutStateChange);
                IF  TON_Delay[0].q AND NOT bLock THEN
                        bOutputD:=FALSE;
                        bOutputC:=TRUE;
                        TON_Delay[0](IN:=FALSE );
                        iStep:=4;
                END_IF
        4:      //锁紧
                TON_Delay[1](IN:=TRUE , PT:=tTimeoutStateChange);
                IF   TON_Delay[1].q AND NOT bCW AND bCCW THEN
                        bOutputA:=FALSE;
                        bOutputB:=TRUE;
                        TON_Delay[1](IN:=FALSE );
                        iStep:=5;
                END_IF
```

```
5:      //返回
        TON_Delay[2](IN:=TRUE , PT:=tTimeoutStateChange);
        IF TON_Delay[2].q AND bLock THEN
                TON_Delay[2](IN:=FALSE );
                bDone:=TRUE;
                iStep:=0;
        END_IF
END_CASE
```

主程序名为 **PLC_PRG**，采用 CFC 编程语言，在该程序中调用两个计数器分别对正转和反转的 6 次进行计数，调用的图如图 **8.33** 所示。

关于分度台功能块的调用是在主程序中添加了一个"动作"，动作名为"Sequency"，编程语言为结构化文本。添加动作的步骤如图 **8.34** 所示。

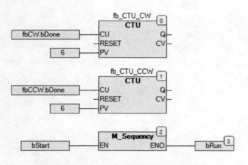

图 8.33 主程序中的计数器功能

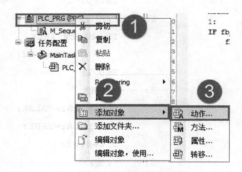

图 8.34 添加动作的步骤

其中"**Sequency**"的程序采用 **CASE** 语句进行状态切换，在 **Case 1** 中控制正转 6 次，当计数器的当前值为 6 时进入到反转阶段，并开始反转计数开始，完成反转 6 次后再重新进入正转阶段，完整的程序如下所示。

```
0://复位
bOutputA :=FALSE;
bOutputB :=FALSE;
bOutputC :=FALSE;
bOutputD :=FALSE;
MainStep:=1;
1://正转 6 次
IF fb_CTU_CW.CV<=6 THEN
        fbCW(
```

```
                                    bLock:=bLock ,
                                    bCW:= bCW,
                                    bCCW:=bCCW ,
                                    bReset:=bReset ,
                                    bOutputA=>bOutputA ,
                                    bOutputB=>bOutputB ,
                                    bOutputC=>bOutputC ,
                                    bOutputD=>bOutputD);
                        IF fb_CTU_CW.Q AND fbCW.bDone THEN
                                    fb_CTU_CW.RESET:=TRUE;
                                    MainStep:=2;
                        END_IF
            END_IF
            2:
            fb_CTU_CW.RESET:=FALSE;
            bOutputA :=FALSE;
            bOutputB :=FALSE;
            bOutputC :=FALSE;
            bOutputD :=FALSE;
            MainStep:=3;
            3://反转 6 次
            IF fb_CTU_CCW.CV<=6 THEN
                        fbCCW(
                                    bLock:=bLock ,
                                    bCW:= bCW,
                                    bCCW:=bCCW ,
                                    bReset:=bReset ,
                                    bOutputA=>bOutputA ,
                                    bOutputB=>bOutputB ,
                                    bOutputC=>bOutputC ,
                                    bOutputD=>bOutputD);
                        IF fb_CTU_CCW.Q AND fbCCW.bDone THEN
                                    fb_CTU_CCW.RESET:=TRUE;
                                    MainStep:=4;
                        END_IF
            END_IF
            4://复位
```

```
        fb_CTU_CCW.RESET:=FALSE;
        bOutputA :=FALSE;
        bOutputB :=FALSE;
        bOutputC :=FALSE;
        bOutputD :=FALSE;
        MainStep:=0;
    END_CASE
```

本例完整的项目程序可在\01 Sample\第 8 章\03 PRG_IndexPlate\中找到。

8.1.4 交通灯信号控制程序

1. 控制要求

图 8.35 所示为某十字路口交通信号灯的布置图，由于东西方向车流量较小，南北方向车流量较大。因此设置东西方向的放行（绿灯）时间较长为 20s，而南北方向的放行时间为 10s。当东西（或南北）方向的绿灯灭时，该方向的黄灯与另一方向的红灯一起亮，以提醒司机和行人注意。然后，立即开始另一方向的放行。

程序中，根据红绿灯的功能分为 3 个子程序，分别为 TRAFFICSIGNAL、WAIT 和 MAIN 程序。

1）在 TRAFFICSIGNAL 中，其主要功能是分配各

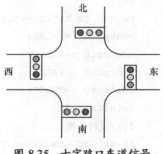

图 8.35 十字路口车道信号
布置示意图

自的信息状态。例如要保证红灯在红和黄/红状态应该变红和黄灯在黄和黄/红状态变黄等。

2）在 WAIT 中，其主要功能是负责交通信号灯的延时控制，当时间段完成时，它的输出端将产生 TRUE 值。

3）而 MAIN 中，所有的状态都组合在这里，相当于该系统的主程序。

2. 编程

（1）TRAFFICSIGNAL 功能

先看一下 TRAFFICSIGNAL，在声明编辑器中定义输入变量 STATUS 为 INT 整型变量，STATUS 有 4 个状态，当 STATE 为 1 时输出绿灯，2 或 4 时输出黄灯，3 或 4 时输出红灯，当为 5 时没有输出。这 4 个状态足以用来反映 TRAFFICSIGNAL 状态中绿、红、黄/红、红中的任意一种。

功能块 TRAFFICSIGNAL 声明部分如下，其 I/O 地址分配表见表 8.5。

```
VAR_INPUT
    STATE:INT;
END_VAR
VAR_OUTPUT
    GREEN:BOOL;
    YELLOW:BOOL;
    RED:BOOL;
    OFF:BOOL;
END_VAR
```

表 8.5　I/O 地址分配表

地　　址	说　　明	地　　址	说　　明
%QX0.0	东西红灯	%QX0.3	南北红灯
%QX0.1	东西黄灯	%QX0.4	南北黄灯
%QX0.2	东西绿灯	%QX0.5	南北绿灯

TRAFFICSIGNAL 的程序如图 8.36 所示。

（2）WAIT 功能

WAIT 功能块可用来作为一个计时器来决定每一个 TRAFFICSIGNAL 状态的时间长短。WAIT 可以接收一个 TIME 类型的时间变量作为输入变量，而输出变量 OK，当到达期望设定时间时，它会被置为 TRUE。

该功能块内部由一个 TP 类型时钟实现。TP 时钟的工作原理在之前的内容中已做了详细介绍，在此不再重复。

假设 IN 是 FALSE，那么 ET 是 0，并且 Q 是 FALSE。只要 IN 为 TRUE，输出端 ET 以 ms 开始计算时间值，当 ET 达到了 PT 的设定值，就不再计时。只要 ET 的值比 PT 小，Q 就会保持 TRUE。当 ET 的值达到 PT 值时，Q 产生 FALSE。

WAIT 的声明部分如下：

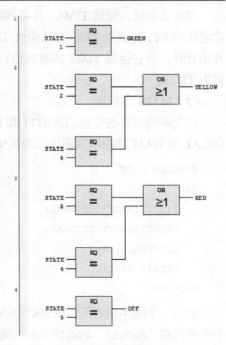

图 8.36　TRAFFICSIGNAL 的功能块程序

```
FUNCTION_BLOCK WAIT1
VAR_INPUT
   TIME1:TIME;
END_VAR
VAR_OUTPUT
   OK:BOOL:=FALSE;
END_VAR
VAR
   TEL:TP;
END_VAR
```

为了创建期望的计时器，该 WAIT 功能块的程序如图 8.37 所示。

首先检查定时器的 Q 是否为 TRUE(即使已经开始计时)，在这样情况下，不改变 TEL 的值。但是调用 TEL 模块不需要输入，否则设置将该定时器复位，将其 IN 值置为 FALSE，程序相应的会自动将其 ET 和 Q 都置为 0。

现在读取输入变量 TIME，并将该时间值赋值给功能块的 PT，并调用 TEL。在功能块 TEL 中变量 ET 开始计时，当它达到 TIME 的时间值，随后 Q 会被置为 TRUE。

```
1   LD          TEL.Q
    JMPC        LABEL
    CAL         TEL(
          IN:=  FALSE)
    LD          TIME1
    ST          TEL.PT
    CAL         TEL(
          IN:=  TRUE)
    JMP         END
2   LABEL:
    CAL         TEL
3   END:
    LDN         TEL.Q
    ST          OK
    RET
```

图 8.37　WAIT 的语句的主程序

（3）MAIN 主程序

首先声明需要的变量。LIGHT1 和 LIGHT2 是 TRAFFICSIGNAL 功能块的实例化对象，DELAY 为 WAIT 功能块实例化后的具体对象。MAIN 主程序的声明部分如下：

```
PROGRAM MAIN
VAR
   LIGHT1:TRAFFICSIGNAL;
   LIGHT2:TRAFFICSIGNAL;
   COUNTER: INT;
   DELAY: WAIT;
END_VAR
```

创建一个顺序功能图，在 SFC 中一个 POU 的开始图表经常包含一个动作“Init”和一个伴随转移“Switch1”和返回 Init 的跳转。在此详细讲述一下：

在编写各个动作和转移之前，先决定一下图表的结构。需要为每个 TRAFFICSIGNAL

状态分配一个步，选中标志“Switch1”并右键单击选择“插入后步转移”，重复这个动作来插入 3 个步。

如果在每个步或转移名字上单击，就可以改变它。

当 START 的值为 TRUE，并且其他所有开关通过 OK 中的 DELAY 都输出 TRUE 时，第一个变换开关接通，例如，当设定的时间段结束。

从上到下的步依次命名为 Switch1、Counting、OFF、Green2、Switch2 和 Green1。只有初始化过程保留它的名字，“Switch”应当包括一个黄色的状态；在“Green1”，LIGHT1 将变为绿色；在“Green2”，LIGHT2 将变为绿灯。最后在开关 Switch1 后返回到初始化的值。顺序功能图程序如图 8.38 所示。

图 8.38 MAIN 的顺序功能图

动作和转变条件如下：

在 Init 步的动作中，变量被初始化。LIGHT1 的 STATUS 应该是 1（GREEN），LIGHT2 的状态应该是 2（YELLOW）。程序如图 8.39 所示。

在 SWITCH1 步的动作中，变量被初始化。TRAFFICSIGNAL1 的 STATUS 应该是 2(YELLOW)，TRAFFICSIGNAL2 的状态应该是 4（YELLOW）。程序如图 8.40 所示。

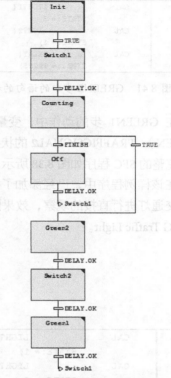

```
CAL         LIGHT1(
      STATE:= 1)
CAL         LIGHT2(
      STATE:= 2)
LD          0
ST          COUNTER
```

图 8.39 INIT 步中的语句的程序

```
CAL         LIGHT1(
      STATE:= 2)
CAL         LIGHT2(
      STATE:= 4)
CAL         DELAY(
      TIME1:= T#2S)
```

图 8.40 SWITCH1 步中的语句的程序

在 GREEN2 步的动作中，变量被初始化。TRAFFICSIGNAL1 的 STATUS 应该是 3（RED ），TRAFFICSIGNAL2 的状态应该是 2（YELLOW）。程序如图 8.41 所示。

在 SWITCH2 步的动作中，变量被初始化。TRAFFICSIGNAL1 的 STATUS 应该是 4（RED），TRAFFICSIGNAL2 的状态应该是 2（YELLOW）。程序如图 8.42 所示。

```
1    CAL              LIGHT1 (
          STATE:= 3)
     CAL              LIGHT2 (
          STATE:= 1)
     CAL              DELAY (
          TIME1:= T#20S)
```

图 8.41　GREEN2 步中的语句的程序

```
1    CAL              LIGHT1 (
          STATE:= 4)
     CAL              LIGHT2 (
          STATE:= 2)
     CAL              DELAY (
          TIME1:= T#2S)
```

图 8.42　SWITCH2 步中的语句的程序

在 GREEN1 步的动作中，变量被初始化。TRAFFICSIGNAL1 的 STATUS 应该是 1（GREEN），TRAFFICSIGNAL2 的状态应该是 3（RED）。程序如图 8.43 所示。

完整的 SFC 程序如图 8.38 所示。

在该样例程序中，已经添加了相应的可视化界面，用户可以通过单击打开可视化界面对交通灯进行直接的观察，效果图如图 8.44 所示。样例程序请参考\01 Sample\第 8 章\04PRG Traffic Light。

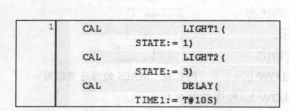

```
1    CAL              LIGHT1 (
          STATE:= 1)
     CAL              LIGHT2 (
          STATE:= 3)
     CAL              DELAY (
          TIME1:= T#10S)
```

图 8.43　GREEN1 步中的语句的程序

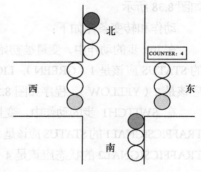

图 8.44　交通信号灯运行效果

8.1.5　停车场管理

1．控制要求

停车场容量为 100 辆车，不允许进入更多；当停车场车停满后，系统显示车位已满信号，不允许车辆再进入。

当进入一辆车时，入口传感器向 PLC 发送一个信号，入口门开启（开启时间为 3s），停车场的当前车辆总数加 1，10s 后入口门关闭（关闭时间为 3s）。

每当出去一辆车时，出口传感器向 PLC 发送一个信号，出口门开启（开启时间为 3s），停车场的当前车辆总数减 1，10s 后入口门关闭（关闭时间为 3s）。

停车场管理系统示意图如图 8.45 所示，入口处和出口处均有地感线圈，用来感应是否有车辆在入口/出口处。此外入口/出口的闸机分别由两台电机控制，有一个输出指示灯，用来显示车位已满。

表 8.6 为 I/O 地址分配表。

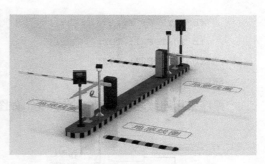

图 8.45 停车场管理系统示意图

表 8.6 I/O 地址分配表

地址	说 明	地址	说 明
%IX0.0	入口传感器/ bInputSensor	%QX0.0	入口闸机电机正转/ bInputOpen
%IX0.1	出口传感器/ bOutputSensor	%QX0.1	入口闸机电机反转/ bInputClose
		%QX0.2	出口闸机电机正转/ bOutputOpen
		%QX0.3	出口闸机电机反转/ bOutputClose
		%QX0.4	车辆已满信号灯/ bFull

2．编程

整体程序的声明部分如下：

```
VAR
    bInputSensor AT%IX0.0:BOOL;
    bOutputSensor AT%IX0.1:BOOL;
    bInputOpen AT%QX0.0:BOOL;
    bInputClose AT%QX0.1:BOOL;
    bOutputOpen AT%QX0.2:BOOL;
    bOutputClose AT%QX0.3:BOOL;
    bFull AT%QX0.4:BOOL;
    FB_CarCounter:CTUD;
    fb_3sTP_1: TP;
    fb_3sTP_2: TP;
    fb_3sTP_3: TP;
```

```
    fb_3sTP_4: TP;
    fb_10sTOF_1: TOF;
    fb_10sTOF_2: TOF;
END_VAR
```

程序采用连续功能图 CFC 来实现，如图 8.46 所示。

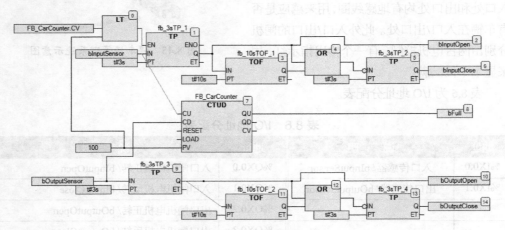

图 8.46　停车场管理程序

　　程序中，两个输入信号分别为 bInputSensor 和 bOutputSensor，它们分别是分布在地上的地感线圈，用来感应车辆是否在停车区的传感器。当车辆经过地感线圈时，传感器给 PLC 发出 TRUE 信号，在程序中首先和计数器的当前值进行比较，如果当前计数小于 100，则将该辆车放行，否则由于车库已满，不打开闸机直至车库内的车辆总量低于 100。

　　计数器采用 CTUD 的双向计数器，该计数器能够自动检测信号灯上升沿并进行计数，PV 是设定值，再次应用中将其设定为 100，当当前计数达到 100 时，其输出信号 QU 会置为 ON，并赋值给信号灯 bFull 告诉用户其车库已满。

　　车辆进入输入信号 ON 后，fb_3sTP_1 采集传感器的上升沿触发信号，收到信号后，使输入闸机的正转信号置为 ON，使闸机向上打开，3s 后，闸机打开信号 OFF，此时，闸机已处于完全打开状态，车辆此时可以经过，闸机打开后，程序进入另外一个计时状态，此时间维持 10s，在此时间内，车辆可以通过。10s 后，闸机反转信号为 ON，此时将闸机下放，3s 后闸机停止，此时可以进入下一辆车。

　　车辆驶出使用与车辆进入相同的程序结构，最终的示例程序可参阅\01 Sample\第 8 章\05PRG Parking\。

8.2 模拟量闭环控制

当今的闭环自动控制技术都是基于反馈的概念以减少不确定性。反馈理论的要素包括 3 个部分：测量、比较和执行。测量关心的是被控变量的实际值，与期望值相比较，用这个偏差来纠正系统的响应，执行调节控制。工业生产过程中，对于生产装置的温度、压力、流量、液位等工艺变量常常要求维持在一定的数值上，或按一定的规律变化，以满足生产工艺的要求。PID 控制器是根据 PID 控制原理对整个控制系统进行偏差调节，从而使被控变量的实际值与工艺要求的预定值一致。

8.2.1 模拟量闭环控制系统

1．系统结构

典型的 PLC 模拟量闭环控制系统如图 8.47 所示，其中虚线部分可有 PLC 实现。

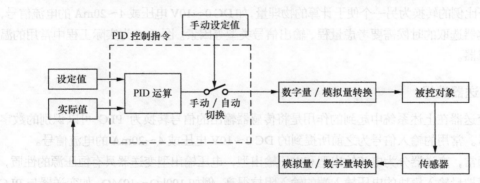

图 8.47 PLC 模拟量闭环控制系统

在 PID 控制处理方法中，通过预先设置的设定值和模拟量转数字量模块到读取的测定值实际值进行计算，将算出的操作值写入数字量转模拟量转换模块后，最终输出至被控对象。

PID 控制期间，将由传感器测量的实际值与设定值进行比较，然后调节输出值以消除测定值与设置值之间的差。在 PID 控制运算中，通过组合比例动作（P）、积分动作（I）和微分动作（D）计算输出值，使测量值迅速、正确地趋近于设置值。

当设定值与实际值的差增大时，输出操作值增大，从而迅速地使实际值趋近于设置值；

当实际值与设定值的差变小后，减小输出值，平缓、正确地将其调节为与设定值相同。

2．被控对象

PID 控制器可以用来控制任何可以被测量的并且可以被控制变量。比如，它可以用来控制温度、压强、流量、化学成分、速度控制等。

举一个比较常见的例子，比如说，一个水箱在为一个植物提供水，这个水箱的水需要保持在一定的高度。一个传感器就会用来检查水箱里水的高度，这样就得到了测量结果。控制器会有一个固定的用户输入值来表示水箱需要的水面高度，假设这个值是保持 **65%** 的水量。控制器的输出设备会连在一个马达控制的水阀门上。打开阀门就会给水箱注水，关上阀门就会让水箱里的水量下降。这个阀门的控制信号就是我们控制的变量，它也是这个系统的输入来保持这个水箱水量的固定。

3．传感器选择

在实际的工程应用中，存在大量的物理量，如压力、温度、速度、流量等，为了实现自动控制，这些信号需要被 PLC 处理，需要将其转换为 PLC 可识别的信号类型。

测量传感器利用其线性膨胀、角度扭转或电导率变化等原理来测量物理量的变化，并将其正比例的转换为另一个便于计算的物理量，如 DC 0～10V 电压或 4～20mA 的电流信号，在传感器选取的时候需要考虑量程、输出信号类型等因素。图 8.48 为实际工程中常用的温度传感器。

4．变送器选择

变送器在上述系统中起到的作用是将传感器输出的信号转换为 PLC 可以识别的数字量信号。常用的输入信号为之前所提到的 DC 0～10V 电压或 4～20mA 的电流信号。

通常，变送器分为电流输出型和电压输出型，电压输出型变送器具有恒压源的性质，PLC 模拟量输入模块的电压输入端的输入阻抗很高，例如 100kΩ～10MΩ，如变送器与 PLC 传输距离较远，线路间分布的电容和分布电感产生的干扰信号电流在模块的输入阻抗上将产生较高的干扰电压，所以远程传输模拟量电压信号抗干扰性能很差。

还有一种变送器具有恒流源性质，恒流源内阻很大。PLC 的模拟量输入模块时，输入阻抗较低。线路上的干扰信号在模块的输入阻抗上产生的干扰电压很低，所以模拟量电流信号适用于远程传送。

电流传送比电压传送的距离远得多，抗干扰性能也比电压型号的强，如使用较好质量的屏蔽电缆，允许的最大传输距离为 200m。图 8.49 所示为实际的温度变送器。

图 8.48 温度传感器

图 8.49 温度变送器

8.2.2 闭环控制的主要性能指标

如图 8.50 所示,系统的动态性能常用阶跃响应曲线的参数来描述。阶跃输入信号在 $t = 0$ 之前为 0,$t > 0$ 时为某一恒定值。系统进入并停留在稳态值 $c(\infty)$ 上下 5%(或 2%)的误差带内的时间称为调节时间,到达调节时间表示过渡过程已基本结束。

设动态过程中输出量的最大值为 $C_{max}(t)$,如果它大于输出量的稳态值 $c(\infty)$,定义超调量为式(8-1)。

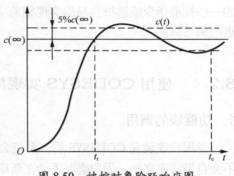

图 8.50 被控对象阶跃响应图

$$\sigma\% = \frac{C_{max}(t) - c(\infty)}{c(\infty)} \times 100\% \qquad (8\text{-}1)$$

超调量反映了系统的相对稳定性。它的值越小,动态稳定性越好,一般希望超调量小于 10%。

8.2.3 CODESYS 的闭环控制功能

CODESYS 为用户提供了功能强大、使用简单方便的模拟量闭环控制功能。

1. 闭环控制硬件

由于 CODESYS 是一个软件平台,基于该平台的硬件厂商各有不同,在此不做具体分析。实现闭环控制的基本硬件则需要 PLC 供应商提供模拟量/数字量及数字量/模拟量转换器,此外,闭环控制的最终效果与 CPU 的主频有着密切关系,主频高能实现多通道的计算,且采样速度快,对执行器的控制效果就好。反之,如使用较多通道,最终导致 CPU

来不及计算，从而影响了最终的控制效果。

2．实现闭环控制方法

安装了 CODESYS 软件后，在标准库 Util 中包含相关的闭环控制功能块。此外第三方库文件供应商如 OSCAT 也提供了相关免费的库文件。

3．闭环控制 PID 软件库

前面介绍的闭环控制算法都是标准固定的，但是针对具体问题，有时标准的功能块并不能解决其问题，故需要用户自己进行编程来实现相应功能。用户可以利用 CODESYS 中的一些标准指令能够很容易的实现相关功能。不仅仅可以编写针对问题的程序段，还能够自己编写算法。

8.2.4　使用 CODESYS 实现闭环控制

1．功能块的调用

当用户安装完 CODESYS 后，系统会随机自带相应的库文件，但默认新建的项目中并不会自带该库文件，用户需要手动在新项目进行添加。打开库管理器后，选择"添加库"，弹出如图 8.51 所示的对话框，选择"Util"即可看到对应的 PID 功能块。

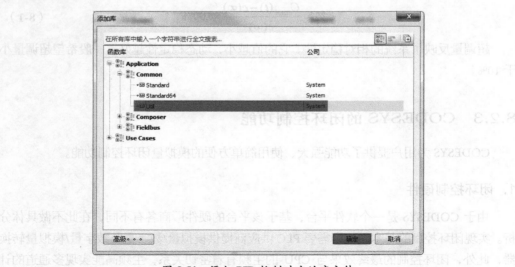

图 8.51　添加 PID 控制对应的库文件

CODESYS 的 PID 相应函数在 Util 的库文件中，有 PD、PID 和 PID_FIXCYCLE 这 3 种标准 PID 可供选择，其功能块如图 8.52 所示。

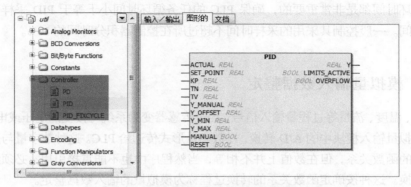

图 8.52 3S 公司提供的 PID 控制功能块

此外，也可以在第三方开源社区 OSCAT 中找到更多的 PID 功能块。添加该库文件后，可以看到的控制算法功能块如图 8.53 所示。

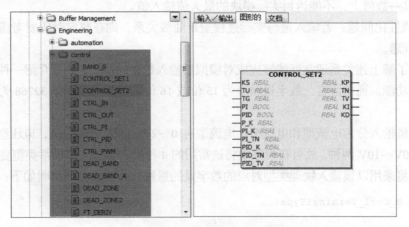

图 8.53 OSCAT 开源社区的 PID 控制功能块

2. PID 采样频率

需要注意的是，PID 控制器的处理速度与任务周期及 CPU 的主频有关，必须在控制器的数量和控制器的采样周期之间折中处理。采样频率越高，单位计算的计算量越多。PID 控制器可以控制响应比较慢的系统，例如温度和物料的料位等。此外，也适用于响应较快的系统，如流量和速度等。

在标准库中提供的 PID 有固定周期及非固定周期的 PID 功能块。固定周期用户可以自己设定采样时间，而非固定周期的 PID 则根据任务周期来进行采样。无论采用哪种方式，任务的循环时间都是非常重要的，确保 PLC 的任务循环时间小于等于 PID 采样周期及积分微分时间。一般控制其采用的采样时间不超过所在控制器积分时间的 10%。

8.2.5　模拟量输入数据整定

压力、温度、流量等过程量输入信号，经过传感器变为系统可接受的电压或电流信号，在通过模拟量输入模块中的 A/D 转换，以数字量形式传递给 PLC。这种数字量与过程量之间有一定的函数关系，但在数值上并不相等，当然程序中也不能直接引用，必须经过一定的数据转换。这种按确定函数关系的转换过程称为模拟量的输入数据整定。

- 确认物理量的上下限。
- 对应数字量的上下限是多少，该最大值由两方面决定，一方面由模拟量输入模块的转换精度位数决定；另一方面由系统外部的某些条件使输入量的最大值限制在某一数值上，不能达到实际模块的最大值输入值。
- 线性化问题：若输入量与实际过程量是曲线关系，则在整定时需要考虑线性化的问题。

通过了解上述关系通常就能够完成对模拟量输入数据的整定，如下介绍一种函数能够实现上述功能。通常而言，数字量精度为 15 位或 16 位。下面的例程以 32768 为上限进行举例。

模拟量输入分为电流型和电压型。电流型有 0～20mA 和 4～20mA，电压型分为 0～10V 和–10V～10V 两种。故可在程序中将这常用的 4 种输入定义一个枚举类型变量作为输入条件，将来用以该输入物理类型对应的数字量的量程，其枚举变量声明如下：

```
TYPE E_Ctrl_TerminalType:
(
eTerminal_0mA_20mA,
eTerminal_4mA_20mA,
eTerminal_0V_10V,
eTerminal_m10V_10V
);
END_TYPE
```

关于如何确定物理量的最大/最小量程，如 PLC 需要连接一个流量传感器，该传感器的输出类型为 4～20mA 的电流数据，型号为-10U，参考其产品样本，其流量对应的量程为 0.1～10l/min，所以可以确定该流量传感器的物理量的最大值和最小值分别为 0.1 和 10，其技术参数及产品实物图如图 8.54（a）和图 8.54（b）所示。

General technical data		
		-10U
General		
Certification		C-Tick
		c UL us - Recognized (C
CE mark (see declaration of conformity)		To EU EMC Directive
		In accordance with EU
Note on materials		RoHS-compliant
Input signal/measuring element		
Measured variable		Flow rate, consumptio
Direction of flow		Unidirectional P1 →
Measuring principle		Thermal
Flow measuring range	[l/min]	0.1 ... 10
Operating pressure	[bar]	0 ... 10
Nominal pressure	[bar]	6
Operating medium		Compressed air in acc
		ISO 8573-1:2010 [6:4
		Nitrogen
Temperature of medium	[°C]	0 ... 50
Ambient temperature	[°C]	0 ... 50
Nominal temperature	[°C]	23

(a) 技术参数   (b) 实物图

图 8.54 流量传感器

POU 声明部分如下，POU 的类型为函数类型，定义其返回值类型为 REAL，即函数的输出为 REAL 类型，输入变量要求实际的数字量输入数值、物理量的最大和最小量程，此外要确定的是模拟量的输入信号类型：

```
FUNCTION F_Ctrl_rScaleInput: REAL
VAR_INPUT
    iInput: INT;            (*原始输入值*)
    rPhyMin: REAL;          (*物理量程最小值*)
    rPhyMax: REAL;          (*物理量程最大值*)
    eTerminal: E_Ctrl_TerminalType; (*输入量类型 *)
END_VAR
VAR
    rTerMin: REAL;
    rTerMax: REAL;
    rTerInput: REAL;
    rPhyRange: REAL;
    rTerRange: REAL;
```

```
    rInput: REAL;
END_VAR
```

如果根据图 8.54 的参数要求来调用程序，最终的输入参数可参考图 8.55。

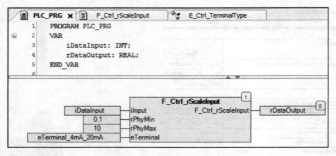

图 8.55　函数调用实例

其函数的具体程序如下：

```
rTerMax:= 32768.0;

CASE eTerminal OF
    eTerminal_0mA_20mA: rTerMin:= 0.0;
    eTerminal_4mA_20mA: rTerMin:= 0.0;
    eTerminal_0V_10V: rTerMin:= 0.0;
    eTerminal_m10V_10V: rTerMin:= -32768.0;
ELSE
    rTerMin:= -32768.0;
END_CASE

rTerInput:= INT_TO_REAL(iInput);

rPhyRange:= rPhyMax - rPhyMin;
rTerRange:= rTerMax - rTerMin;

IF rPhyRange > 0.0 AND rTerRange > 0.0 THEN
    rInput:= rPhyMin + (rPhyRange *(rTerInput - rTerMin)/ rTerRange);
ELSE
    rInput:= 0.0;
```

```
END_IF

F_Ctrl_rScaleInput:= rInput;
```

程序中，首先先由外部输入类型决定其数字量的最大值及最小值，其次进入该程序的主算法，算法如下：

实际输入值=物理量程最小值+实际物理量满量程×（实际输入–实际最小值）/数字量满量程。

8.2.6 模拟量输出数据整定

模拟量的输出同输入也有整定的问题。在控制系统中，各种控制运算参数及结果都是以一定的单位、符号的实际量表示的。而输出给控制对象的信号是在一定范围内的连续信号，如电压电流等。控制量的计算结果向实际控制的转换是由模拟量输出模块决定的。

在整定的过程中，需要考虑模拟量信号的最大范围、D/A 转换器可容纳的最大位值以及系统的偏移量因素。模拟量的输出整定过程是一个线性处理过程。各输出量的位值由输出的实际控制量范围与最大数字量位值关系确定。

模拟量输出跟模拟量输入类型完全一致，也可分为电流型和电压型，具体可参考第 8.2.3 节中的模拟量输入部分，故可以定义一个枚举类型变量，在此不做重复介绍。

POU 声明部分如下，POU 的类型为函数类型，定义其返回值类型为 INT 整型，即函数的输出为 INT 类型，要求提供的输入数据为实际物理量的最大和最小量程。

```
FUNCTION F_Ctrl_iScaleOutput: INT
VAR_INPUT
    rOutput: REAL; (* 物理输出值 *)
    rPhyMin: REAL; (*物理量程最小值*)
    rPhyMax: REAL; (*物理量程最大值*)
    eTerminal: E_Ctrl_TerminalType; (*输出量类型*)
END_VAR
VAR
    rTerMin: REAL;
    rTerMax: REAL;
    rPhyRange: REAL;
    rTerRange: REAL;
    rTerOutput: REAL;
```

```
    END_VAR

    rTerMax:= 32768.0;

    CASE eTerminal OF
        eTerminal_0mA_20mA: rTerMin:= 0.0;
        eTerminal_4mA_20mA: rTerMin:= 0.0;
        eTerminal_0V_10V: rTerMin:= 0.0;
        eTerminal_m10V_10V: rTerMin:= -32768.0;
    ELSE
        rTerMin:= -32768.0;
    END_CASE

    rPhyRange:= rPhyMax - rPhyMin;
    rTerRange:= rTerMax - rTerMin;

    IF rPhyRange > 0.0 AND rTerRange > 0.0 THEN
        rTerOutput:= rTerMin + (rTerRange *(rOutput - rPhyMin)/ rPhyRange);
    ELSE
        rTerOutput:= 0.0;
    END_IF

    F_Ctrl_iScaleOutput:= REAL_TO_INT(rTerOutput);
```

程序中，首先先由外部输入类型决定其物理量的最大值及最小值，其次进入该程序的主算法，算法如下：

数字量输出=数字量量程最小值+实际数字量满量程×（实际物理量输入-物理量最小值）/物理量满量程。

8.2.7 输入数据滤波

在实际的工程应用中，实际反馈的信号由于是通过电压及电流转换而来的数字量信号，在现场可能会受到比较大的干扰问题，这样的扰动会影响控制系统的输出精度，也会使其产生比较大的偏差，故在实际应用中，通常不会直接将反馈的信号作为信号输入，会在之前加一个滤波器以使数据更平滑，在此，非常有必要引入数字滤波的概念。

常用的滤波方法有很多，如限幅滤波法、中值滤波法、算术平均值滤波法及滑动平均滤波法。

1．限幅滤波法

由于被测对象的惯性导致实际采样值的变化速率有限；但由于采样电路的误差和电磁干扰会造成采样值的起伏，又由于起伏频率比较高，因此可以通过数字滤波消除。对很多实际应用来说，相邻两次采样值之差 ΔY 是不可能超过某一定值的，因为任何物理量变化都需要一定时间，因此当 ΔY 大于某一定值时，可以判断测量值肯定是某种原因引起的干扰，应将其去掉，用上一次的采样值来代替本次采样值，即 $Y(i) = Y(i-1)$。这就是限幅滤波的原理，可用公式表示为：

$$\left\{ \begin{array}{l} 当\left|Y(i)-Y(i-1)\right| \leqslant \Delta Y_{max}, 则 Y(i)=Y(i) \\ 当\left|Y(i)-Y(i-1)\right| > \Delta Y_{max}, 则 Y(i)=Y(i-1) \end{array} \right\} \tag{8-2}$$

式（8-2）中，$Y(i)$ ——第 i 次采样值；

$Y(i-1)$ ——第 $i-1$ 次采样值；

ΔY_{max}——相邻两次采样值最大可能偏差，ΔY_{max} 的值与采样周期 T 和实际过程有关，可根据经验或测试结果来决定。

上述表达式逻辑关系清晰，如使用结构化文本编程语言能够很容易的实现其逻辑关系，具体程序如下。

限幅滤波的程序流程图如图 8.56 所示。

【例 8.1】采样周期为 1s，采样值一个 WORD 类型的输入变量，假设 ΔY_{max} 为 20，其结构化文本的声明及程序的声明如下。

```
PROGRAM PLC_PRG
VAR
    fb_TON1s:TON;
    Y:WORD;
    Ymax:WORD:=20;
    Yupper:WORD;
    Ylower:WORD;
    Ylastcycle:WORD;
```

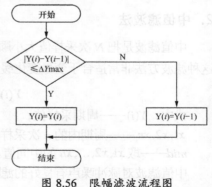

图 8.56 限幅滤波流程图

```
     tCycleTime:TIME:=T#1S;
END_VAR
```

具体的逻辑程序如下所示。

```
fb_TON1s(IN:= NOT fb_TON1s.Q , PT:=tCycleTime );


IF fb_TON1s.Q THEN
    IF ABS(WORD_TO_INT(Y-Ylastcycle))<=Ymax THEN
            Y:=Y;
    ELSE
            Y:=Ylastcycle;
    END_IF
    Ylastcycle:=Y;
END_IF
```

fb_TON1s 在系统中的功能是起到 1s 能够输出一个高电平有效脉冲，Y 的最终输出是通过该高电平有效信号来采样的。由于 WORD 类型的变量是 0～65 535，故无负数输出，故在此使用了 WORD 类型转 INT 类型的函数，转换后的 INT 是有符号的，范围是-32 768～32 767 输出信号，故可以使用 ABS 取绝对值的命令来实现$|Y(i)-Y(i-1)|$的功能。

如果条件满足小于等于 ΔY_{max}，则 $Y(i)=Y(i)$，反之，$Y(i)=Y(i-1)$，最终能够实现滤除当 Δ 大于 20 的尖峰数据。具体样例程序详见\01 Sample\第 8 章\01 LimitngFilter\，其采样时间及幅值限制数据都可以根据实际情况而更改。

2．中值滤波法

中值滤波是把 N 次采样值大小顺序排列，然后取中值作为周期采样的一种滤波方法。这种滤波方法非常适合于变量变化缓慢的场合删除偶然干扰。可用公式表示为

$$Y(i) = mid(x1, x2, \ldots, xn) \tag{8-3}$$

式中，$Y(i)$——周期采样值；
$x1, x2, xn$——周期内的 n 次采样值，一般取 n 为奇数；
mid——取 $x1, x2, \ldots, xn$ 的中间值。

中值滤波对脉冲噪声有良好的滤除作用，特别是在滤除噪声的同时，能够保护信号的边缘，对温度、液位的变化缓慢的被测参数有良好的滤波效果，使之不被模糊。这些优良特性是线性滤波方法所不具有的。其缺点是对流量、速度等快速变化的参数不宜。此外，中值滤波的算法比较简单，也易于用硬件实现。所以，中值滤波方法一经提出后，便在数字信号处理领域得到重要的应用。

图 8.57 为中值滤波程序流程图。

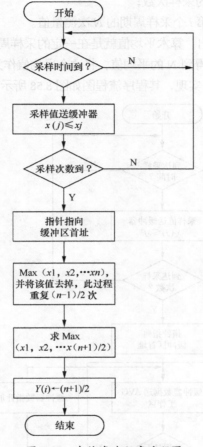

图 8.57　中值滤波程序流程图

3．算术平均滤波法

在模拟量接口单元中一般都配备了求算术平均值的功能，但由于这些接口单元采样时间较快（通常是毫秒级的），而且采样时间不能调整，因此对于一些采样时间较长的场合而言，仍然需要编程求平均值。

对于一些存在周期干扰的过程，也可以采用算术平均值的方法进行平滑滤波，其公式为：

$$Y(i) = \frac{1}{N}\sum_{j=1}^{N}x(j) \tag{8-4}$$

式中，$Y(i)$——第 i 个采样周期的算术平均值；

N——第 i 个采样周期的采样次数；

$x(j)$——$j=1，…，N$ 为第 i 个采样周期的 N 次测量值。

从式（8-4）中可以看出，算术平均值就是在一定的采样周期内进行 N 次采样，然后将 N 次采样相加再除以 N 得到 N 的平均值，将这个平均值作为该周期的最后测量结果。实现次算法的程序相对容易实现，其程序流程图如图 8.58 所示。

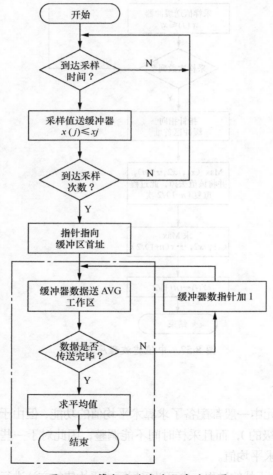

图 8.58　算术平均滤波程序流程图

【例 8.2】采样频率为 200ms，在一个采样周期内采样数据的个数为 5 个，采样数据写入专门定义的缓冲器内，最终通过 rOutputValue 进行输出，采用算术平均滤波进行滤波。

其结构化文本编程语言的声明及程序的声明如下。

```
FUNCTION_BLOCK MeanAverageFilter
VAR_INPUT
    tSampleTime:TIME:=T#200MS;              //采样时间
    rInputValue:REAL;                        //输入数据
END_VAR
VAR_OUTPUT
    rOutputValue:REAL;                       //输出数据
END_VAR
VAR
    arrBufferData:ARRAY [0..4] OF REAL;   //缓存数据
    i:BYTE;
    OverallValue:LREAL;
    fb_SampleTimer:ton;
END_VAR
```

其程序如下所示:

```
    fb_SampleTimer(IN:= NOT fb_SampleTimer.Q , PT:= tSampleTime);
IF i<5 THEN
    arrBufferData[i]:=rInputValue;
    i:=i+1;
    OverallValue:=arrBufferData[0]+arrBufferData[1]+arrBufferData[2]+arrBuffe
rData[3]+arrBufferData[4];
    ELSE
    i:=0;
END_IF

IF fb_SampleTimer.Q THEN
    rOutputValue:=OverallValue/5;
END_IF
```

具体样例程序详见\01 Sample\第 8 章\02 MeanAverageFilter\。

算术平均滤波的优点适用于对一般具有随机干扰的信号进行滤波，这样信号的特点是有一个平均值，信号在某一数值范围附近上下波动。其缺点是不适用要求数据计算速度较快的实时控制应用场合，其灵敏性相对较差。

4．滑动平均滤波法

在算术平均值滤波或加权平均值滤波中，必须采样 N 次动作作为一个采样周期，这样采样速度慢不适合某些变量变化较快的场合。为了克服这个缺点，可以在存储器中设一个 N 个变量的缓冲区，每次采样去最旧的一个数据，加一个最新的数据，然后再进行算术平均值滤波或加权平均值滤波，显然，每采样一次就可得到一个采样周期值，这样方法称为滑动平均值滤波。

滑动平均值滤波的程序流程如图 8.59 所示。

在 CODESYS 中能够直接调用 OSCAT 所提供的功能块 FILTER_MAV_W，其功能块如图 8.60 所示。

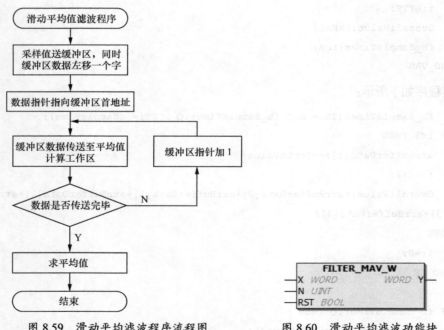

图 8.59　滑动平均滤波程序流程图　　　图 8.60　滑动平均滤波功能块

FILTER_MAV_W 是一个滑动平均值滤波器，输入变量的类型为 WORD，此外 OSCAT 也提供了一款 DWORD 类型输入变量的功能块 FILTER_MAV_DW，N 就是取 N 次的采样值。

滑动平均滤波法的输入参数见表 8.7。滤波后的输出数据为 Y，类型为 WORD 型。

表 8.7 滑动平均值滤波器的输入参数

变 量	数据类型	说 明
X	WORD	输入数据
N	UINT	采样次数
RST	BOOL	复位，缓存数据清零

【例 8.3】采样数据的个数为 5 个，请使用滑动平均滤波法输出滤波后的数据。

其功能块图编程语言的声明如下，程序如图 8.61 所示。

```
PROGRAM PLC_PRG
VAR
    FILTER_MAV_W_1:FILTER_MAV_W;
    wInput:int;
    wOutput:WORD;
    bReset:BOOL;
END_VAR
```

图 8.61 滑动平均滤波程序

具体样例程序详见\01 Sample\第 8 章\03 MovingAverageFilter\。

滑动平均滤波法的优点是适用于对一般具有随机干扰的信号进行滤波，这样信号的特点是有一个平均值，信号在某一数值范围附近上下波动。

其缺点是灵敏度低，对偶然出现的脉冲性干扰的抑制作用较差，不易消除由于脉冲干扰所引起的采样值偏差，不适用于脉冲干扰比较严重的场合。

8.3 数字 PID 控制器

当今的闭环自动控制技术都是基于反馈的概念以减少不确定性。反馈理论的要素包括 3 个部分：测量、比较和执行。测量关心的是被控变量的实际值，与期望值相比较，用这个偏差来纠正系统的响应，执行调节控制。在工程实际中，应用最为广泛的调节器控制规律为比例、积分、微分控制，简称 PID 控制，又称为 PID 调节。

PID 自问世至今约有 70 年的历史。在实际的工程项目中已经被广泛应用，是闭环控制应用中的不二选择。

根据被控对象的不同，还可以采用基于标准 PID 而衍生出的改进控制器，例如 PI、

PD、带死区的 PID，被控量微分 PID 和变速积分 PID 等。随着智能控制技术的发展，PID 控制与神经网络控制等现代控制方法结合，可以实现 PID 控制器的参数自整定，是 PID 控制器具有经久不衰的生命力。

综合上述，可以总结 PID 控制的优点主要体现在以下几个方面。

- 原理简单，使用方便；适应性强；鲁棒性强，其控制品质对被控对象的变化不太敏感，非常适用于环境恶劣的工业生产现场。
- PID 算法有一套完整的参数整定与设计方法，易于被工程技术人员掌握。
- 许多工业回路中对控制快速性和控制精度要求不是很高，而更重视系统的可靠性时，使用 PID 控制能获得较高的性价比。
- 长期应用过程中，对 PID 算法缺陷可以进行改良。

8.3.1 PID 控制原理

模拟控制系统中，控制器最常用的控制规律就是 PID 控制，其原理图如图 8.62 所示。系统由模拟 PID 控制器和被控对象组成。

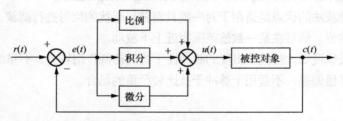

图 8.62　模拟 PID 控制系统原理框图

PID 控制器是一种线性控制器，他根据给定值 $r(t)$ 与实际值 $c(t)$ 构成的偏差：

$$e(t)=r(t) - c(t) \tag{8-5}$$

将偏差的比例（P）、积分（I）和微分（D）通过线性组合构成控制量，对被控对象进行控制，故称 PID 控制器。其控制规律为：

$$u(t) = K_p(ev(t) + \frac{1}{T_I}\int ev(t)\mathrm{d}t + T_D\frac{dev(t)}{\mathrm{d}t}) + M \tag{8-6}$$

或写成传递函数形式：

$$G(s) = \frac{U(s)}{E(s)} = K_p(1 + \frac{1}{T_I S} + T_D S) \tag{8-7}$$

式（8-6）中，控制器的偏差信号 $ev(t)=sp(t)-pv(t)$，$sp(t)$ 为设定值，$pv(t)$ 为过程变量，M 是控制器的输出信号，K_p 为比例系数，T_I 和 T_D 分别是积分时间常数和微分时间常数，M 是积分部分的初始值。

式（8-6）中，等号右边的前三项分别是比例、积分和微分部分，它们分别与误差 $ev(t)$、误差的积分和误差的微分成正比。如果取其中的一项或两项，可以组成 P、PI 或 PD 控制器。需要较好的动态品质和较高的稳态精度时，可以选用 PI 控制方式；控制对象的惯性滞后较大时，应选择 PID 控制方式。

以下分别介绍 PID 在控制算法中起到的具体作用。

1. 比例控制（P）

比例控制是一种最简单的控制方式。其控制器的输出与输入误差信号成比例关系。当仅有比例控制时，系统输出存在稳态误差（Steady-state error）。

2. 积分控制（I）

在积分控制中，控制器的输出与输入误差信号的积分成正比关系。对一个自动控制系统，如果在进入稳态后存在稳态误差，则称这个控制系统是有稳态误差的或简称有差系统（System with Steady-state Error）。为了消除稳态误差，在控制器中必须引入"积分项"。积分项对误差取决于时间的积分，随着时间的增加，积分项会增大。这样，即便误差很小，积分项也会随着时间的增加而加大，它推动控制器的输出增大使稳态误差进一步减小，直到等于零。因此，比例+积分（PI）控制器，可以使系统在进入稳态后无稳态误差。

3. 微分控制（D）

在微分控制中，控制器的输出与输入误差信号的微分（即误差的变化率）成正比关系。自动控制系统在克服误差的调节过程中可能会出现振荡甚至失稳。其原因是由于存在有较大惯性环节或有滞后环节，具有抑制误差的作用，其变化总是落后于误差的变化。解决的办法是使抑制误差的作用的变化"超前"，即在误差接近零时，抑制误差的作用就应该是零。这就是说，在控制器中仅引入 "比例"项往往是不够的，比例项的作用仅是放大误差的幅值，而目前需要增加的是"微分项"，它能预测误差变化的趋势，这样，具有比例+微分的控制器，就能 够提前使抑制误差的控制作用等于零，甚至为负值，从而避免了被控量的严重超调。所以对有较大惯性或滞后的被控对象，比例+微分（PD）控制器能改善系统在调节过程中的动态特性。

8.3.2 标准 PID 控制器

在 CODESYS 中，最常用的就是标准 PID 控制器，当用户添加完"Util"的功能库后，即可以添加标准 PID 功能块，该功能块的输入/输出如图 8.63 所示。

其控制规则为：

$$u(t) = K_p\left(ev(t) + \frac{1}{T_I}\int ev(t)\mathrm{d}t + T_D\frac{dev(t)}{\mathrm{d}t}\right) + M \tag{8-8}$$

将其对应功能块的输入/输出参数后，其表达式为：

$$Y = K_p\left(e + \frac{1}{T_n}\int e\mathrm{d}t + T_v\frac{\delta e}{\delta t}\right) + \mathrm{Y\_OFFSET} \tag{8-9}$$

图 8.64 给出了标准 PID 控制算法程序框图。

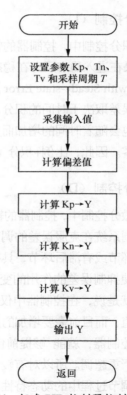

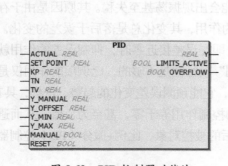

图 8.63　PID 控制器功能块 　　　　　图 8.64　标准 PID 控制器控制流程

因为计算的输出对应的是执行机构的实际输出，如计算出现故障，输出会有大幅度变化，会引起执行机构的输出大幅振荡，这种情况往往是生产过程中不允许的，在某些场合，还可能造成重大的生产事故。

PID 控制器的参数

PID 控制器的输入及输出参数分别见表 8.8 和表 8.9。

表 8.8　PID 控制器的输入参数

变　　量	数 据 类 型	说　　明
ACTUAL	REAL	控制变量的当前值
SET_POINT	REAL	描述值，设定值
KP	REAL	比例系数，P-部分的比例增益，该系数不能为 0
TV	REAL	微分时间，以秒定义的 D-部分时间，例如，0.5 表示 500ms
Y_MANUAL	REAL	如果 MANUAL = TRUE 定义输出值 Y
Y_OFFSET	REAL	如果 MANUAL = TRUE 定义输出值 Y 的偏差值
Y_MIN/ Y_MAX	REAL	操作值 Y 的下限制值以及上限制值。如果 Y 到达限制输出值，输出 LIMITS_ACTIVE 将会被设置为 TRUE，并且 Y 将 会 保 持 在 制 定 的 范 围 内 。 这 个 功 能 块 只 在 Y_MIN<Y_MAX 时工作
MANUAL	BOOL	如果为 TRUE，手动操作将会被激活，那么输出值将会通过 Y_MANUAL 进行定义
RESET	BOOL	TRUE 复位控制器；在重新初始化时 Y = Y_OFFSET

表 8.9　PID 控制器的输出参数

变　　量	数 据 类 型	说　　明
Y	REAL	操作值，由功能块定义
LIMITS_ACTIVE	BOOL	TRUE 表明 Y 到达给定的限位值 （Y_MIN, Y_MAX）
OVERFLOW	BOOL	TRUE 表明超出范围

与 PD 控制不同，这个功能块多了一个 REAL 型输入 TN 用于按照秒来调整时间（例如，"0.5"表示 500ms）。该参数为积分项时间参数。

考虑到只有在起动时，复位或者在一个改变下载到控制器中时，用户手动模式定义的参数值才会被应用。

标准 PID 控制器具有 OVERFLOW 输出信号，该信号的主要功能是：由于附加的积分部分，在运算积分的过程中可能会发生溢出，如果积分偏差Δ太大，则 OVERFLOW 会被设置为 TRUE。此时，控制器将会被暂停直到重新初始化。通常，这种情况只会在控制器被错误参数初始化过程中出现。用户可以使用 OVERFLOW 作为安全停止信号，一旦溢出，使设备进入安全停机状态。

8.3.3 固定采样频率的 PID 控制器

该控制器的原理与标准 PID 控制器类似，其唯一区别是该功能块多了一个输入参数 "CYCLE"，有了该参数，即可以满足该控制器实现固定的采样频率，用户可以通过该参数直接设定采样周期。其数学表达式为：

$$Y = K_p \left(e + \frac{1}{T_n} \int e dt + T_v \frac{\delta e}{\delta t} \right) + Y\_OFFSET \qquad (8\text{-}10)$$

该功能块图示意图如图 8.65 所示。

但前提条件是程序的任务周期必须小于该 "CYCLE" 的采样频率，否则则会失去意义。

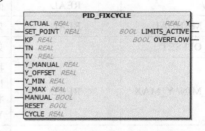

图 8.65 固定采样频率 PID 控制器功能块

固定采样频率 PID 控制器的参数

固定采样频率 PID 控制器的输入及输出参数分别见表 8.10 和表 8.11。

表 8.10 固定采样频率 PID 控制器的输入参数

变　量	数据类型	说　明
ACTUAL	REAL	控制变量的当前值
SET_POINT	REAL	描述值，设定值
KP	REAL	比例系数，P-部分的比例增益，该系数不能为 0
TV	REAL	微分时间，以秒定义的 D-部分时间，例如 "0.5" 表示 500 毫秒
Y_MANUAL	REAL	如果 MANUAL＝TRUE 定义输出值 Y
Y_OFFSET		输出值 Y 的偏差值
Y_MIN/ Y_MAX	REAL	操作值 Y 的下限制值以及上限制值。如果 Y 到达限制输出值，输出 LIMITS_ACTIVE 将会被设置为 TRUE 并且 Y 将会保持在制定的范围内。这个功能块只在 Y_MIN<Y_MAX 时工作

续表

变　量	数 据 类 型	说　明
MANUAL	BOOL	如果为 TRUE，手动操作将会被激活，那么输出值将会通过 Y_MANUAL 进行定义
RESET	BOOL	TRUE 复位控制器；在重新初始化时 Y = Y_OFFSET
CYCLE	REAL	PID 采样频率，以 s 为单位，例如，0.5 表示 500ms

表 8.11　固定采样频率 PID 控制器的输出参数

变　量	数 据 类 型	说　明
Y	REAL	操作值，由功能块定义
LIMITS_ACTIVE	BOOL	TRUE 表明 Y 到达给定的限位值（Y_MIN, Y_MAX）
OVERFLOW	BOOL	TRUE 表明超出范围

该功能块类似于标准 PID 控制器，唯一的不同是在此处，处理时间不是自动进行测量，而是通过输入外部输入变量 CYCLE 来进行指定。

对于要求快速修复要是可以选择使用 PID_FIXCYCLE 代替标准 PID，因为循环时间可以手动指定，而 PID 只能通过以 s 为单位测量最大时间进行指定。如果采样周期非常短，如 1ms，那么将会导致 OVERFLOW 变量置为 ON，故在设置时需要稍加注意。

PID 控制器采样频率是以秒作为参数进行设置。这个输入将会导致一个短的扫描时间：例如循环时间为 1ms 那么 PID 有时候会按照 2ms 的间隔进行计算，有时 0ms，所以尽量使用 PID_FIXCYCLE，通过这个参数可以特殊设定扫描时间。

8.3.4　PD 控制器

PD 控制器是比例-微分控制的简称。在闭环控制系统中，PD 调节器的控制作用是使系统稳定的前提下，偏差最小。在连续系统中，PD 控制器输入/输出都是时间的函数，将数学表达关系如式：

$$Y = K_p\left(\Delta + \frac{1}{T_n}\int e\mathrm{d}t + T_v\frac{\delta e}{\delta t}\right) + \mathrm{Y\_OFFSET} \tag{8-11}$$

该功能块图示意图如图 8.66 所示。

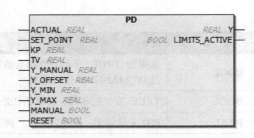

图 8.66　PD 控制器功能块

PD 控制器的参数

PD 控制器的输入及输出参数分别见表 8.12 和表 8.13。

表 8.12　PD 控制器的输入参数

变　　量	数 据 类 型	说　　明
ACTUAL	REAL	控制变量的当前值
SET_POINT	REAL	描述值，设定值
KP	REAL	比例系数，P-部分的比例增益
TV	REAL	微分时间，以秒定义的 D-部分时间，例如，0.5 表示 500ms
Y_MANUAL	REAL	如果 MANUAL = TRUE 定义输出值 Y
Y_OFFSET	REAL	输出值 Y 的偏差值
Y_MIN/ Y_MAX	REAL	操作值 Y 的下限制值以及上限制值。如果 Y 到达限制输出值，输出 LIMITS_ACTIVE 将会被设置为 TRUE 并且 Y 将会保持在制定的范围内。这个功能块只在 Y_MIN<Y_MAX 时工作
MANUAL	BOOL	如果为 TRUE，手动操作将会被激活，那么输出值将会通过 Y_MANUAL 进行定义
RESET	BOOL	TRUE 复位控制器；在重新初始化时 Y = Y_OFFSET

表 8.13　PD 控制器的输出参数

变　　量	数 据 类 型	说　　明
Y	REAL	操作值，由功能块定义
LIMITS_ACTIVE	BOOL	TRUE 表明 Y 到达给定的限位值 （Y_MIN, Y_MAX）

该 PD 控制器可以在手动和自动模式之间进行切换，当 BOOL 型变量 MANUAL 为 ON 时，其输出值由 Y_MANUAL 而定，即为手动模式。当 MANUAL 为 OFF 时，即认为在自

动模式。

一旦在自动运行模式中，输出值 Y 超过了所设定的上下限，则输出信号 LIMITS_ACTIVE 会被置为 ON 状态。输出值在最大值与最小值之间时，则该信号为 OFF 状态。

8.3.5 积分分离控制器

在普通的 PID 数字控制器中引入积分环节的目的，主要是为了消除静态误差、提高精度。但是在受控对象的起动或大幅度增减设定值的时候，短时间内系统输出有很大的误差会造成 PID 运算中的积分部分有很大的输出，甚至可能造成数据溢出，以致算得的控制量超过执行机构可能的最大动作范围所对应的极限控制量，最终引起系统较大的超调，甚至引起系统的振荡。

积分分离控制基本思想是：当被控量与设定值偏差较大时，取消积分的作用，以免由于积分作用使系统稳定性降低，超调量增大；当被控量接近给定值时，引入积分控制，以便消除静差，提高控制精度。其具体的实现如下。

1）根据实际情况，设定一阈值 $\varepsilon>0$。

2）当 $|ev(t)|>\varepsilon$ 时，也就是当 $|ev(t)|$ 比较大时，切除积分环节，改用 PD 控制，这样可以避免过大的超调，又能使系统有较快的响应。

3）当 $|ev(t)|\leqslant\varepsilon$ 时，也就是当 $|ev(t)|$ 比较小时，加入积分环节，成为 PID 控制，保证系统的控制精度。

写成计算公式，可在积分项乘一个系数 β，β 按下式取值：

$$\beta \begin{cases} 1, & \text{当} |ev(t)| \leqslant \varepsilon \\ 0, & \text{当} |ev(t)| > \varepsilon \end{cases} \quad (8\text{-}12)$$

以常用的 PID 为例，写成积分分离的形式：

$$u(t) = K_p \left(ev(t) + \frac{\beta}{T_I} \int ev(t)\mathrm{d}t + T_D \frac{dev(t)}{\mathrm{d}t} \right) \quad (8\text{-}13)$$

其程序流程图如图 8.67 所示。

图 8.68 为标准 PID 与经过积分分离后的 PID 的输出数据比较，图 8.68（a）为标准的 PID 数据，图 8.68（b）为积分分离 PID 控制器的输出数据。

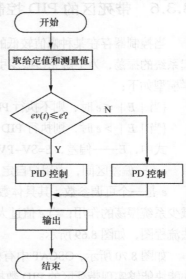

图 8.67 积分分离 PID 流程图

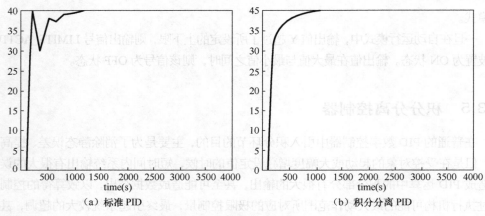

图 8.68　标准 PID 与积分分离 PID 比较

从上述的比较不难看出，采用积分分离方法对系统进行控制其平稳性和快速性都要优于普通的 PID 控制，控制效果有很大的改善。值得注意的是，为保证引入积分作用后系统的稳定性不变，在输入积分作用时比例系数 k_p 可进行相应变化。此外，β 值应根据具体对象及要求而定，若 β 过大，则达不到积分分离的目的；若 β 过小，则会导致无法进入积分区。如果只进行 PID 控制，会使控制出现余差。

8.3.6　带死区的 PID 控制器

当控制器存在某种幅值较低的低频干扰信号时，可能会使控制系统频繁动作，从而引起系统的振荡，为了避免该振荡引起的系统不稳定，可以使用带死区的 PID 控制器，其数学模型如下：

{当 $|E| \leqslant e$ 时，则不执行 PID 指令；}

{当 $|E| > e$ 时，则执行 PID 指令；}

式中，E——偏差，$E = SV - PV$；

e——偏差区间，由用户自定义。

e 是一个可调参数，其具体数值要根据具体对象通过调试确定。当 e 值过小，起不到减少系统振荡的作用；当 e 值过大，系统会产生较大的滞后。下面会给出带死区的控制算法流程图，如图 8.69 所示。

如图 8.70 所示，OSCAT 中有标准的带死区的函数，通过该函数，可以结合标准的 PID 功能块能够实现带死区的 PID 数据输出。其输入参数详见表 8.14。

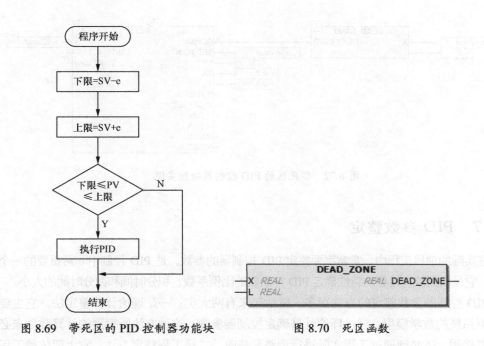

图 8.69 带死区的 PID 控制器功能块　　　图 8.70 死区函数

表 8.14 死区函数输入参数

变 量	数 据 类 型	说 明
X	REAL	输入信号
L	REAL	死区范围设定值

该死区功能块是一个线性传递的功能块，该功能可以避免在 $-L\sim +L$ 区域的数据响应，可以滤除在该区域的数据干扰。其响应区间及原理图如图 8.71 所示。

使用带死区的函数加上标准 PID 功能及能够实现带死区的 PID 功能，其程序示意图如图 8.72 所示。

通过使用该功能，能够避免系统引起不必要的振荡，保证系统的稳定运行。

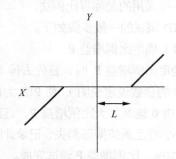

图 8.71 带死区的 PID 控制器功能块

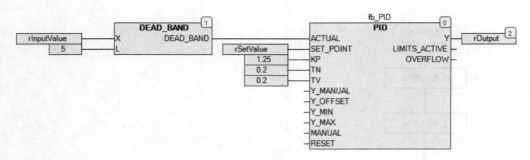

图 8.72　带死区的 PID 控制器功能实现

8.3.7　PID 参数整定

在实际的项目工程中，常常需要整定 PID 控制器的参数，是 PID 控制中非常重要的一个环节。它是根据被控过程的特性确定 PID 控制器的比例系数、积分时间和微分时间的大小。

PID 控制器参数整定的方法很多，概括起来有两大类：一是理论计算整定法。它主要是依据系统的数学模型，经过理论计算确定控制器参数。这种方法所得到的计算数据未必可以直接用，还必须通过工程实际进行调整和修改。二是工程整定方法，它主要依赖工程经验，直接在控制系统的试验中进行，且方法简单、易于掌握，在工程实际中被广泛采用。

PID 控制器参数的工程整定方法，主要有临界比例法、反应曲线法和衰减法。3 种方法各有其特点，其共同点都是通过试验，然后按照工程经验公式对控制器参数进行整定。但无论采用哪一种方法所得到的控制器参数，都需要在实际运行中进行最后调整与完善。现在一般采用的是临界比例法。

PID 调试的一般步骤如下。

（1）确定比例增益 P

确定比例增益 P 时，首先去掉 PID 的积分项和微分项，一般是令 Ti=0、Td=0（具体见 PID 的参数设定说明），使 PID 为纯比例调节。输入设定为系统允许的最大值的 60%～70%，由 0 逐渐加大比例增益 P，直至系统出现振荡；再反过来，从此时的比例增益 P 逐渐减小，直至系统振荡消失，记录此时的比例增益 P，设定 PID 的比例增益 P 为当前值的 60%～70%。比例增益 P 调试完成。

（2）确定积分时间常数 Tn

比例增益 P 确定后，设定一个较大的积分时间常数 Tn 的初值，然后逐渐减小 Tn，直至系统出现振荡，之后在反过来，逐渐加大 Tn，直至系统振荡消失。记录此时的 Tn，设定 PID 的积分时间常数 Tn 为当前值的 150%～180%。积分时间常数 Ti 调试完成。

（3）确定微分时间常数 Tv

微分时间常数 Tv 一般不用设定，为 0 即可。若要设定，与确定 P 和 Tn 的方法相同，取不振荡时的 30%。

（4）系统空载、带载联调，再对 PID 参数进行微调，直至满足要求。

（5）确定采样周期

采样周期称为 Cycle，采样周期越小，采样值越能反映模拟量的变化情况。但是 Cycle 太小会增加 CPU 的工作量，相邻的两次采样的值差值几乎没有什么变化，将使 PID 控制器的输出微分部分接近为 0，所以也不能将采样周期设的过小。

表 8.15 给出了过程控制中采样周期的经验数据，表中的数据仅供读者做大致参考。以温度控制为例，一个很小的恒温箱内的热惯性比几十立方米的加热炉的热惯性小得多，他们的采样周期显然也有很大的差别。实际的采样周期需要经过现场调试后才能确定。

表 8.15　采样周期的经验值

被控制量	流　　量	压　　力	温度/℃	液　　位	成　　分
采样周期/s	1～5	3～10	15～20	6～8	15～20

总体而言，PID 调试的一般原则如下：

- 在输出不振荡时，增大比例增益 P；
- 在输出不振荡时，减小积分时间常数 Tn；
- 在输出不振荡时，增大微分时间常数 Tv。

8.3.8　简易压紧机的控制实例

随着工业自动化的高速发展，装配生产中大量使用工件的压紧机对工件进行压紧。由 PLC、伺服系统及传感器组成的压紧机，能有效地提高生产过程的自动化程度，降低工人的劳动强度，提高了按压质量。

1. 控制要求

使用 PLC 控制伺服系统先从初始位置快速接近工件位置，初始位置为 P0，找一个非常接近工件压装的 P1，从 P0 至 P1 段使用位置控制模式。当电缸到达离工件位置较近的 P1 点时，此时切换伺服系统的运行模式进入力矩模式，电机以较慢的速度运行并输出一个恒定的输出力进行按压，当输出达到需要的力矩时迅速退回至初始位置。其运行示意

图如图 **8.73** 所示。

2. 控制系统的硬件构成

压紧机由控制系统和驱动执行机构两大部分组成。控制系统由 PLC 组成；驱动部分由伺服电机连接丝杆电缸构成。PLC 为整个系统的核心控制器。

外部的力传感器作为信号的反馈信号输入至 PLC，PLC 内部使用 PID 的输出数据发送给伺服系统并将力传到至丝杆电缸，其硬件示意图如图 **8.74** 所示。

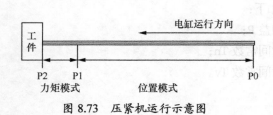

图 8.73　压紧机运行示意图　　　　图 8.74　PID 控制力矩输出试验台

3. 控制程序设计

PLC 内部使用标准的 PID 功能块，通过装在轴侧的力矩传感器将实际收到的力数据反馈给 PID 功能块的信号输入，最终连接该功能块的输出，将输出数据发送至伺服驱动器并由它将其传递给伺服电缸转换为输出力，最终形成一个反馈系统，其结构如图 **8.75** 所示。

关于 PID 部分的操作，标准库中提供了两种选择，即固定周期的 PID 及非固定周期的 PID 功能块，其主要区别在前文已经提到，在此应用中，系统的响应性要求比较高。其功能块示意图如图 **8.76** 所示。

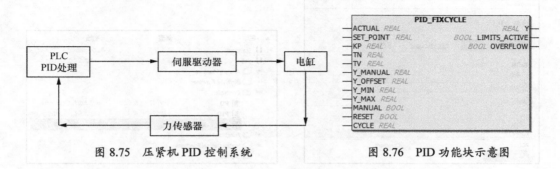

图 8.75　压紧机 PID 控制系统　　　　　图 8.76　PID 功能块示意图

4．添加程序

（1）添加库文件

在程序编辑区域添加功能块，找到 Util 库，在其中的 Controller 文件夹下找到 PID，并进行添加。

首先，选中"库管理器"，在右上角空白处右键单击"添加库"，在"Application"→"Common"→最终选中"Util"进行添加，如图 8.77 所示。

（2）设定 PLC 的任务周期

由于 PID 的运算很大取决于采样周期，如果程序的任务周期比较慢的话会导致 PID 的响应时间也相应较慢，要提高采

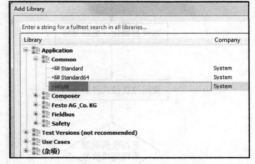

图 8.77　添加 Util 库文件

样频率首先需要提高底层的任务周期，如果任务周期为 20ms，仅仅在功能块中将 CYCLE 的参数设定的很小，其参数并没有实际意义，故在本例中，先将任务周期的循环时间设定为 5ms，其效果如图 8.78 所示。

（3）新建 POU 及插入功能块

新建 POU，编程的语言可以选择 CFC，先在项目中添加功能块，使用输入助手，添加固定循环周期的 PID 功能块，名称为 PID_FIXCYCLE，如图 8.79 所示，然后单击"确定"。

（4）程序的设计

根据要求，程序的主题流程如图 8.80 所示。

1）力矩数据采集

在进行 PID 运算之前首先需要采集力矩数据，由于该力矩传感器通过 RS-232 通信的方式将力矩数据传送给 PLC，所以要求该 PLC 具有串口，并使用串口通信功能块。

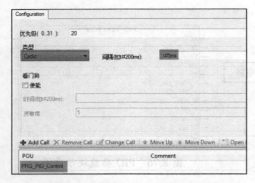

图 8.78 设定程序任务执行周期

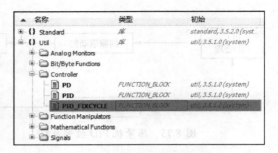

图 8.79 添加 PID 功能块

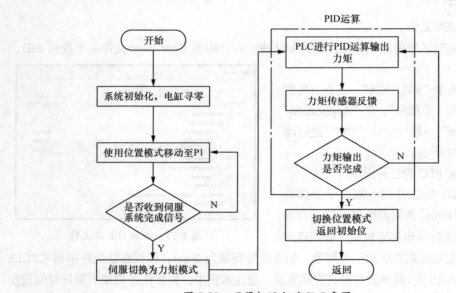

图 8.80 压紧机运行流程示意图

如下程序为串口通信的处理程序，在第 0 步实现的功能是先设定串口的参数，如波特率、停止位、奇偶校验位；在第 10 步打开对应的串口端口；第 20 步实现的是读取数据的功能，并将读出的源码数据通过一定的转换转为实数类型的数据。第 99 步为通信故障步，当串口通信出现异常时，程序会停留在第 99 步。

```
CASE iState OF
0:    //init - initialisation of the Com port parameters
//设置串口端口号
aComParams[1].udiParameterId := COM.CAA_Parameter_Constants.udiPort;
```

```
aComParams[1].udiValue := 1;
//设置波特率
aComParams[2].udiParameterId := COM.CAA_Parameter_Constants.udiBaudrate;
aComParams[2].udiValue := 9600;
//设置奇偶校验位
aComParams[3].udiParameterId := COM.CAA_Parameter_Constants.udiParity;
aComParams[3].udiValue := COM.PARITY.NONE;
//设置停止位
aComParams[4].udiParameterId := COM.CAA_Parameter_Constants.udiStopBits;
aComParams[4].udiValue := COM.STOPBIT.ONESTOPBIT;
//设置通讯字节数
aComParams[5].udiParameterId := COM.CAA_Parameter_Constants.udiByteSize;
aComParams[5].udiValue := 8;


IF xAutoRead THEN
       iState          := 10;
END_IF


10: // 打开端口
OpenComPort(
xExecute:= TRUE,
xDone=> ,
xBusy=> ,
xError      => xComError,
usiListLength    :=5,
pParameterList:= ADR(aComParams[1]),
eError=> eComError,
hCom=>xwHandle);


IF OpenComPort.xDone THEN
       OpenComPort(xExecute:=FALSE);
       iState     := 20;
END_IF


20: // 读取 Com 口数据
```

```
        ReadComPort(
        xExecute:= xRead AND NOT ReadComPort.xDone,
        xAbort:= ,
        udiTimeOut:= ,
        xDone=> ,
        xBusy=> ,
        xError=> xComError,
        xAborted=> ,
        hCom:= xwHandle,
        pBuffer:= ADR(iComRead),
        szBuffer:= SIZEOF(iComRead),
        eError=> eComError ,
        szSize=> );


        xCR_detected:=INT_TO_BOOL(Find(iComRead,'$R'));

        IF LEFT(iComRead,1)='=' THEN
                sDataRead:=LEFT(iComRead,8);
                sIntValue:=mid(sDataRead,8,3);
                IF INT_TO_BOOL(find(sDataRead,'+')) THEN
                        rDataRead:=STRING_TO_REAL(sIntValue);
                ELSE
                        rDataRead:=STRING_TO_REAL(sIntValue)*(-1);
                END_IF
        END_IF

        IF xCR_detected THEN
                ReadComPort(xExecute:=FALSE);
                iState     := 20;
        END_IF

        99: // 故障处理
                ;
        END_CASE

        IF xComError THEN
```

```
    iState    := 99;
END_IF
```

2）PID 运算

在程序变量声明区域对变量进行声明，力矩传感器输入信号为 **grActuallyValue**，该信号由力矩传感器发至 PLC，其力矩的单位为 N，目标设定值为 **grSetValue**，该变量的目的是设置电缸输出的力矩，单位为电机额定扭矩的百分比，100%对应伺服电机的额定力矩。PID 参数分别为 **rKp**、**rTn** 及 **rTv**。通过 PID 转换，输出力矩为 **grOutputValue**，该变量直接发送至伺服驱动器的输入端。其具体的声明如下，程序部分如图 8.81 所示。

```
PROGRAM PRG_PID
VAR
    fb_PID_FIX:PID_FIXCYCLE;
    rSetValue: REAL:=100;
    rKp:REAL:=0.3;
    rTn:REAL:=0.1;
    rTv:REAL:=0;
    rDataOut:REAL;
    bOverflow,bLimitActive,bReset:BOOL;
END_VAR
```

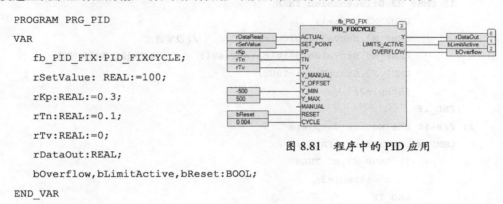

图 8.81　程序中的 PID 应用

3）主程序

主程序主要负责将 PID 运算、运动控制程序和力矩数据读取程序贯穿起来，主程序采用 ST 编程语言，采用 case 语句，在第 0 步首先进行初始化运算，让伺服系统的硬件获得使能；等 1 步实现软件使能并切换驱动器进入位置模式移动到 P1 位置；第 2 步为等待伺服系统达到 P1 位置，达到后进入第 3 步，此时将 PID 的运算输出数据转化为 0-100%的额定扭矩数据发送给伺服系统，当实际反馈值达到设定值±5N 达到 1.5s 时即完成一次压紧工序；在程序的第 5 步和第 6 步让伺服系统切换回位置模式并移动至初始位置。

```
//Main Program
PRG_PID
    M_Act();                      //与伺服驱动器进行通信

CASE iStep OF
0://Initial the system
    E_Enable_DIN4:=TRUE;          //硬件使能
    C_Enable_DIN5:=TRUE;
```

```
            fb_StartInital(IN:= TRUE, PT:= T#7S);
            IF fb_StartInital.Q THEN
                    fb_StartInital(IN:= FALSE);
                    iStep:=1;
            END_IF
    1:
            CMMP_M3.EnableDrive:=TRUE;              //软件使能
            CMMP_M3.Halt:=TRUE;
            CMMP_M3.Stop:=TRUE;
            IF CMMP_M3.DriveEnabled THEN
                    CMMP_M3.OPM:=1;
                    CMMP_M3.SetValueVelocity:=10;      //设定速度
                    CMMP_M3.SetValuePosition:=rPosP1;    //将 P1 设定为目标位置
                    CMMP_M3.StartTask:=TRUE;
                    iStep:=2;
            END_IF
    2: //Wait the Motion Complete
            CMMP_M3.StartTask:=FALSE;
                    IF CMMP_M3.MC THEN
                            iStep:=3;
                    END_IF
    3://Switch to the Force Mode
            CMMP_M3.OPM:=5;
            CMMP_M3.SetValueForce:=REAL_TO_DINT(rDataOut/17.38);
            CMMP_M3.SetValueForceRamp:=50;
            CMMP_M3.StartTask:=TRUE;
            fb_StartDelay(IN:=FALSE );
            IF ABS(rDataOut-rSetValue)>5 THEN
                    iStep:=2;                  //重新计算 PID 输出
            ELSE
                    iStep:=4;                  //完成力的输出
            END_IF
    4:
            CMMP_M3.StartTask:=FALSE;
            iStep:=5;
    5:
            fb_ForceReachedDelay(IN:=ABS(rDataOut-rSetValue)<5 , PT:=T#1.5S );
            IF fb_ForceReachedDelay.Q THEN
```

```
        CMMP_M3.OPM:=1;
        CMMP_M3.SetValueVelocity:=10;// 设定速度
        CMMP_M3.SetValuePosition:= rPosP0;// 将 P0 设定为目标位置
        CMMP_M3.StartTask:=TRUE;
        iStep:=6;
    END_IF
6:
    CMMP_M3.StartTask:=FALSE;
    IF CMMP_M3.MC THEN
        iStep:=1;
    END_IF
END_CASE
```

在上述实例中，程序中只使用了 **PI** 的控制策略。设定输出值由原来的 100N 更改至需要输出 140N，通过 CODESYS 的跟踪功能对传感器的实际值进行采样，其反馈的波形数据如图 8.82 所示。

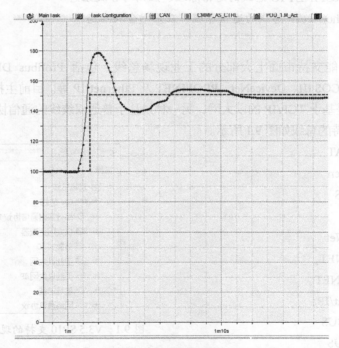

图 8.82　添加 PID 功能块

具体样例程序详见\01 Sample\第 8 章\09 PRG_ServoPress\。

第9章
工业现场总线技术

本章主要知识点

- 掌握通信技术的基础
- 了解 CANopen 总线的通信原理、应用场合及组态
- 了解 Modbus RTU 和 Modbus TCP 总线的通信原理及组态
- 了解 EtherCAT 总线的通信原理、应用场合及组态
- 了解 PROFINET IO 总线的通信原理、应用场合及组态
- 了解 EtherNet/IP 总线的通信原理、应用场合及组态

CODESYS 能支持市面上大部分的工业现场总线，包括 Profibus DP、CANopen、EtherCAT、SERCOS III、DeviceNet、PROFINET 及 Ethernet/IP 等。目前主推两种典型的网络架构，一种是基于 TCP/IP 的以太网，另一种是基于普通双绞线的通信协议。CODESYS V3.5 SP10 所支持的总线如图 9.1 所示。

- EtherCAT
- CANopen
- SERCOS
- J1939
- DeviceNet
- PROFINET
- ETHERNET
- EtherNet/IP
- PROFIBUS
- MODBUS
- IEC 61850

图 9.1 V3.5 SP10 支持的现场总线通信协议

本章以常用的 CANopen、Modbus、EtherCAT、PROFINET 及 EtherNet/IP 展开介绍。

在正式介绍之前先简单介绍一下通信的基础知识。

9.1 通信技术基础

近二十多年由于通信技术、计算机技术、网络技术的迅速发展，工业自动化控制领域也随之得到了迅速的提高和改革。由于一台机器通常有不同生产厂商的不同设备构成，设备间通常需要交换数据实现各自的功能，不同生产厂商的不同设备间相互配合离不开通信。因此，通信是控制发展到一定阶段不可或缺的产物。

9.1.1 通信系统的结构

通信系统是传递信息所需的一切技术设备的总和，一般由信息源和信息接收者、发送设备、接收设备、传输介质几部分组成。数字通信系统的结构如图 9.2 所示。

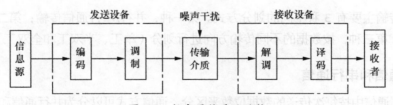

图 9.2 数字通信系统结构

1. 信息源和信息接收者

信息源和信息接收者是信息的产生者和使用者。在数字通信系统中传输的信息是数据，是数字化处理的信息。这些信息可能是原始数据，也可能是经计算机处理后的结果，还可能是某些指令或标志。

2. 发送设备

发送设备的基本功能是将信息源和传输介质匹配起来，即将信息源产生的消息信号经过编码，变换为便于传送的信号形式，送往传输介质。

对于数字通信系统来说，发送设备的编码常常又可分为信道编码与信源编码两部分。

信源编码是把连续消息变换为数字信号；而信道编码则是使数字信号与传输介质匹配，提高传输的可靠性或有效性。发送设备还要为达到某些特殊要求而进行各种处理，如多路复用、保密处理、纠错编码的处理等。

3．传输介质

传输介质是指发送设备到接收设备之间信号传递所经的媒介。它可以是无线的，也可以是有线的（包括光纤）：有线和无线均有多种传输介质，如电磁波、红外线为无线传输介质，各种电缆、光缆、双绞线等为有线传输介质。

4．接收设备

接收设备的基本功能是完成发送设备的反变换，即进行解调、译码、解密等。它的任务是从带有干扰的信号中正确恢复出原始信息来，对于多路复用信号，还包解除多路复用，实现正确分路。

9.1.2　数据传输方式

数据传输主要有 3 种不同的划分方式。第一种，并行/串行通信传输；第二种，同步/异步传输；第三种，按数据的不同传输方向进行划分（单工、半双工和全双工）。

1．并行通信和串行通信

在数据通信中按每次传送的数据位数来区分，通信方式可以分为并行通信和串行通信。

（1）并行通信

并行通信的传输方式是在计算机和终端之间的数据传输依靠电缆或信道上的电流或电压变化实现的。如果一组数据的各数据位在多条线上同时被传输，则这种传输方式称为并行通信。

并行通信是同时传送数据的各个位进行发送或接收的通信方式，其结构如图 9.3 所示。

并行通信有如下特点。

- 所有数据位同时传输，速度快、效率高，多用在实时、快速的场合。其数据传输率比串行接口快 8 倍，标准并口的数据传输率理论值为 1Mbit/s。
- 传递的信息不要求固定的格式。
- 通信抗干扰能力差。
- 适合外部设备与计算机之间进行大量以及快速的信息交换。

- 传输只适用于近距离的通信，通常距离小于 30m。
- 传输的数据宽度可以是 1～128 位，甚至更宽，但是有多少位数据位就需要多少根数据线，因此传输的成本较高。

（2）串行通信

串行通信是计算机常用设备的通信协议。串行通信使用一条数据线，将数据一位一位地依次传输，每一位数据占据一个固定的时间长度，只需要少数几条线就可以在系统之间实现信息交换。串行通信的特点是通信线路简单、成本较低，但传输速度比并行通信慢，串行通信的原理示意图如图 9.4 所示。

图 9.3　并行通信原理示意图　　　　图 9.4　串行通信原理示意图

串行通信技术的标准有 EIA-232、EIA-422 和 EIA-485，也就是俗称的 RS-232、RS-422 和 RS-485。通过串行通信模块可与之通信。串口通信使用的是点对点通信方式，在 CODESYS 中主要用于 PLC 和第三方的 PC 或仪器仪表进行通信。

- **RS-232**：RS-232C 标准（协议）的全称是 EIA-RS-232C 标准，其中 EIA（Electronic Industry Association）代表美国电子工业协会，RS（Recommended Standard）代表推荐标准，232 是标识号，C 代表 RS-232 的最新一次修改（1969），在这之前，有 RS-232B、RS-232A。RS-232 规定连接电缆和机械、电气特性、信号功能及传送过程。

目前较为常用的串口有 9 针串口（DB9）和 25 针串口（DB25），通信距离较近时（<12m），可以用电缆线直接连接标准 RS-232 端口（RS-422 或 RS-485）。

RS-232 接口有两种物理连接器（插头），分为 DTE 和 DCE。DTE（插针的一面）为公，连接它的为母头；DCE（针孔的一面）为母，连接它的为公头。通常，计算机的串口都是公插头，而 PLC 端为母插头，故与它们相连的插头正好相反。图 9.5 所示为两个 DB9 的公连接器。

图 9.5　RS-232 DB9 公连接器外观

由于 RS-232C 通信距离较近,当传输距离较远时,可采用 RS-485 串行通信接口。

- **RS-422/485**:RS-422/RS-485 与 RS-232 相比,数据信号采用差分传输方式,也称为平衡传输。其最大传输距离约为 1219m,最大速率为 10Mbit/s。平衡双绞线的长度与传输距离成反比,最慢的传输速率下才可使用最长的电缆长度,而只有在很短的距离下才能获得最高的速率传输。一般 100m 长双绞线最大传输速率仅为 1Mbit/s。

RS-422/RS-485 允许在相同传输线上连接多个接收节点,RS-422 最多可以接 10 个节点,而 RS-485 最多可以接到 32 个设备。

从电路结构上来讲,RS-485 实际上是 RS-422 的变形。RS-422 采用两对差分平衡线路,而 RS-485 只用一对。差分电路的最大优点是抑制噪声,由于在两根信号线上传递着大小相同、方向相反的电流,而噪声电压往往在两根导线上同时出现,一根导线上出现的噪声电压会被另一根导线上出现的噪声电压抵消,因而可以极大地削弱噪声对信号的影响。

RS-232、RS-422 与 RS-485 的主要技术参数的比较详见表 9.1。

表 9.1　RS-232、RS-422 和 RS-485 的重要参数对比

规　范	RS-232	RS-422	RS-485
最大传输距离/m	15	1200	1200
最大传输速度	20kbit/s	10Mbit/s	10Mbit/s
驱动器最小输出/V	±5	±2	±1.5
驱动器最大输出/V	±15	±10	±6
接收器敏感度/V	±3	±0.2	±0.2
最大驱动器数量	1	1	32
最大接收器数量	1	10	32
传输方式	单端	差分	差分

由此可见,RS-485 更适用于多台计算机或带微机控制器的设备之间的远距离数据通信。

2. 同步/异步传输

无论是 RS-232 接口还是 RS-422/RS-485 接口,均可以采用串行异步通信数据格式。下面介绍同步传输和异步传输的主要区别。

(1)同步传输

采用同步传输时,是将许多字符组成一个信息组,字符可以一个接一个地传输,但是,在每组信息(通常称为帧)的开始要加上同步字符,如果没有信息要传输,则要填上空字符，因为同步传输不允许有间隙。在同步传输过程中，一个字符可以对应 5～8 位。当然对同一个传输过程中所有字符需要对应同样的位。比如说共有 n 个位，传输时，按每 n 位划分为一个时间片，发送端一个时间片中发送一个字符，接收端则在一个时间片中接收一个字符。同步传送的数据格式如图 9.6 所示。

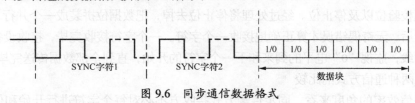

图 9.6 同步通信数据格式

同步传输时，一个完整的信息帧中包含许多字符，每个信息帧以同步字符作为开始，一般将同步字符和空字符用作同一个代码。在整个系统中，由统一的时钟控制发送端的发送和空字符。接收端同样要求能识别同步字符的，当检测到有一串位和同步字符相匹配时，就认为开始一个信息帧，于是，把此后的比特作为实际传输信息来处理。

（2）异步传输

异步传输方式是指位被划分成小组独立传送。发送方可以在任何时刻发送这些位组，而接收方不知道它们会在什么时候到达。异步传输存在一个潜在的问题，即接收方并不知道数据会在什么时候到达。它在检测到数据并作出响应之前，第一个位已经过去了。因此，这个问题需要通过通信协议加以解决。每次异步传输都以一个开始位开头，它通知接收方数据已经到达了。这就给了接收方响应、接收和缓存数据比特的时间。在传输结束时，一个停止位表示依次传输的终止。

异步传输被设计用于低速设备，比如键盘和某些打印机等。另外，它的开销也比较多。如使用终端与一台计算机进行通信。按一个字母键、数字键或特殊字符键就发送一个 8bit 的 ASCII 码。在这种情况下，为解决接收问题，每 8bit 就多传送 2bit。这样，总的传输负载就增加 25%，对于数据传输量很小的低速设备来说，这个影响不大。但对于那些数据传输量很大的高速设备来说，多出来的 25% 的负载就相当严重了。串行异步收发通信的数据格式如图 9.7 所示。

图 9.7 异步通信数据格式

在传送开始前，发收双方把所采用的起止格式（包括字符的数据位长度、停止位位数、有无校验位以及是奇校验还是偶校验等）和数据传输速率作统一规定。传送开始后，接收设备不断地检测传输线，看是否有起始位到来。当收到一系列的"1"（停止位或空闲位）之后，检测到一个下降沿，说明起始位出现，起始位经确认后，就开始接收所规定的数据位和奇偶校验位以及停止位。经过处理将停止位去掉，把数据位拼装成一个并行字节，并且经校验后，无奇偶错误才算正确地接收一个字符。一个字符接收完毕，接收设备有继续测试传输线，监视"0"电平的到来和下一个字符的开始，直到全部数据传送完毕。

（3）两种通信方式的比较

从通信效率的角度来看，同步传输方式接收方不必对每个字符进行开始和停止的操作，因此同步传输通信效率高，异步传输效率低。异步传输只适用于点到点的数据传输，而同步传输可用于点和多点之间的数据传输。

3．数据传输方向

在串行通信中，数据通常是在两个站（如终端和 PC）之间进行传送，按照数据流的方向可分成 3 种基本的传输方式：单工方式、半双工方式和全双工方式。

（1）单工（Simplex）方式

单工通信使用一根导线，信号的发送方和接收方有明确的方向性。也就是说通信只能在一个方向上进行。如图 9.8（a）所示，信息只能由一方 A 传到另一方 B。

（2）半双工（Half-duplex）方式

若使用同一根传输线既作接收又作发送，虽然数据可以在两个方向上传送，但通信双方不能同时收发数据，这样的传送方式就是半双工方式。采用半双工方式时，通信系统每一端的发送器和接收器，通过收/发开关转接到通信线上，进行方向的切换，因此，会产生时间延迟。收/发开关实际上是由软件控制的电子开关。

当计算机主机用串行接口连接显示终端时，在半双工方式中，输入过程和输出过程使用同一通路。有些计算机和显示终端之间采用半双工方式工作，这时，从键盘输入的字符在发送到主机的同时就被送到终端上显示出来，而不是用回送的办法，所以避免了接收过程和发送过程同时进行的情况。如图 9.8（b）所示，信息既可由 A 传到 B，又能由 B 传 A，但同一时刻只能由一个方向上的传输存在。

（3）全双工（Full-duplex）方式

当数据的发送和接收分流，分别由两根不同的传输线传送时，通信双方都能在同一时刻进行发送和接收操作，这样的传送方式就是全双工方式。在全双工方式下，通信系统的每一端都设置了发送器和接收器，因此，能控制数据同时在两个方向上传送。全双工方式无需进行方向的切换，因此，没有切换操作所产生的时间延误的交互式应用（例如远程监测和控制系统）十分有利。这种方式要求通信双方均有发送器和接收器，同时，需要 2 根数据线传送数据信号（可能还需要控制线和状态线以及地线）。如图 9.8（c）所示，线路上存在 A 到 B 和 B 到 A 的双向信号传输。

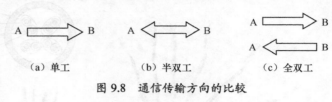

(a) 单工　　　　　　(b) 半双工　　　　　　(c) 全双工

图 9.8　通信传输方向的比较

9.1.3　数据传送介质

在 PLC 通信网络中，传输介质的选择是很重要的一个环节。连接网络首先要用的就是线缆，它是所有网络中最小的组成单元。

传输媒介决定了网络的传输速率，网络的最大长度及可靠性、抗干扰性等。常见的传输线有 3 种类型：双绞线、同轴电缆和光纤。每一种都有其特点及使用的场合，下面将对这 3 种传输介质做详细介绍。

1. 双绞线

（1）双绞线简介

双绞线（Twisted Pair，TP）是一种综合布线工程中最常用的传输介质，是由两根具有绝缘保护层的铜导线组成的。把两根绝缘的铜导线按一定密度互相绞在一起，每一根导线在传输中辐射出来的电波会被另一根线上发出的电波抵消，有效降低信号干扰的程度。

双绞线一般由两根 22~26 号绝缘铜导线相互缠绕而成，"双绞线"的名字也是由此而来。实际使用时，双绞线电缆是由多对小双绞线一起包在一个绝缘电缆套管里的。如果把一对或多对双绞线放在一个绝缘套管中便成了双绞线电缆，但日常生活中一般把"双绞线电缆"直接称为"双绞线"，普通双绞线如图 9.9 所示。

双绞线按类型来分可分为屏蔽双绞线（Shielded Twisted Pair，STP）与非屏蔽双绞线（Unshielded Twisted Pair，UTP）。

屏蔽双绞线在双绞线与外层绝缘封套之间有一个金属屏蔽层。而屏蔽双绞线中又分为 STP（Shielded Twisted-Pair）和 UTP（Unshielded Twisted-Pair），STP 是指每条线都有各自的屏蔽层，而 UTP 只在整个电缆有屏蔽装置，并且两端都正确接地时才起作用。所以要求整个系统是屏蔽器件，包括电缆、信息点、水晶头和配线架等，同时设备柜需要有良好的接地系统。屏蔽层可减少辐射，也可阻止外部电磁干扰的进入，使屏蔽双绞线比同类的非屏蔽双绞线具有更高的传输速率。STP 和 UTP 的主要区别如图 9.10 所示。

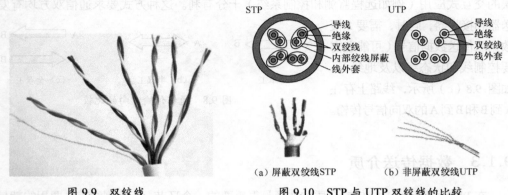

图 9.9　双绞线　　　　　　　图 9.10　STP 与 UTP 双绞线的比较

通过图 9.10 可以看到，两根导线绞在一起主要是为了防止干扰，它对线上信号具有明显的共模抑制干扰的作用。当使用 RJ-45 连接头的双绞线连线时，有两种连接方式供选择：直接连接和交叉连接。

- 直接连接：两头都是用 T-586A 或都是用 T-586B 的标准。
- 交叉连接：一头是 T-586A 的标准，另一头是 T-586B 的标准才可以将两台计算机直接连接。

两者比较的详细接线方式如图 9.11 所示。

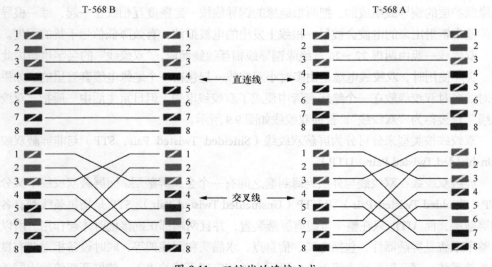

图 9.11　双绞线的连接方式

双绞线常用于以太网，以太网按照传输速率，分为 10Mbit/s、100Mbit/s 和 1000Mbit/s 三个等级。根据 ISO/IEC 8802-3 标准，100Mbit/s 的高速以太网物理指标分别如下。

- 输入 100BASE – TX。
- 全双工，无需防冲突系统 CSMA/CD。
- 四绞线中的两条信道的使用：1-2 或者 3-6，因此一根四芯电缆完全足够。
- 两个智能设备之间使用点到点连接，连接部分动态联系并通过集成电路建立连接。
- 100 Mbit / s 以太网的数据流使用三重编码。
- 4-bit/5-bit 编码（ISO9314，用于时钟恢复）→ 125 Mbit/s 数据总流量。
- NRZI 编码（频率降低，每一个电位表示一个数位），最大达到 62.5 MHz "中频段"。
- MLT-3 编码（频率降低，3 电平代替 2 电平），最大 31.25 MHz 电缆信号频率。实际频率取决于数据流，所以是可变的。

考虑到谐波的产生，根据 EN50173-1 D 类/CAT5 标准，信号传送的频率最大达到 100MHz，整个电缆段的连接部分的性能完全达到高速以太网的要求。

1000 Mbit/1Gbit 以太网一般工作在一个中间的信号频率（62.25 MHz）并且需要所有的四绞线。一般情况下，一个配置好的符合 Class D 标准的电缆段是适用于传输的。1 G/BIT 以太网全部使用了四绞线，所以这种电缆段是全双工工作模式。建议再使用前先进行分段验证，以及固有限定值（串扰、回波损耗等）、ANSI/TIA/EIA-TSB-6 （TIA Cat. 5E）数据的测试。

传统的以太网铜芯绞线（根据 BS EN 50173 标准）有如下特点。

- 最长 90m 的固定电缆（根据 EN50288-X-1 标准），以及两个最长 5m 的电缆连接装置（根据 EN50288-X-2 标准），总共最长达到 100m。
- 中间部分由最多达到 4 个接插口以及两个终端接口。
- 线缆符合 EN50288 标准。
- 双耦合器（指两个 RJ-45 接口的连接）独立，通常数为两个插头连接。
- 所有的电缆必须具备相同的标称特性阻抗：100 ± 5Ω 或 120 ± 5 Ω，100 MHz。
- 可以选择现有的整体电缆屏蔽或单独的绞线屏蔽，如使用 EtherCAT，建议使用专用的屏蔽电缆。

（2）双绞线的性能指标

对于双绞线，使用者最关心的是表征性能的几个指标，包括衰减、近端串扰、阻抗特性、分布电容、直流电阻等。

- 衰减：衰减是沿链路的信号损失度量。衰减与线缆的长度有关系，随着长度的增加，信号衰减也随之增加。衰减用 "dB" 作单位，表示源传送端信号到接收端信号强度的比率。由于衰减随频率而变化，因此，应测量在应用范围内全部频率上的衰减。

- 近端串扰：串扰分为近端串扰和远端串扰。测试仪主要是测量近端串扰。由于存在线路损耗，因此远端串扰的量值的影响较小。近端串扰损耗是测量一条非屏蔽双绞线链路中从一对线到另一对线的信号耦合。对于非屏蔽双绞线链路，远端串扰是一个关键的性能指标，也是最难精确测量的一个指标。随着信号频率的增加，其测量难度将加大。

- 直流电阻：直流电阻会消耗一部分信号，并将其转变成热量。它是指一对导线电阻的和，11801 规格的双绞线的直流电阻不得大于 19.2Ω。每对间的差异不能太大（小于 0.1Ω），否则表示接触不良，必须检查连接点。

- 特性阻抗：与环路直流电阻不同，特性阻抗包括电阻、频率为 $1\sim100MHz$ 的电感阻抗及电容阻抗，它与一对电线之间的距离及绝缘体的电气性能有关。各种电缆有不同的特性阻抗，而双绞线电缆则有 100Ω、120Ω 及 150Ω 几种。

- 衰减串扰比：在某些频率范围，串扰与衰减量的比例关系是反映电缆性能的另一个重要参数。衰减串扰比有时也以信噪比表示，它由最差的衰减量与近端串扰量值的差值计算。衰减串扰比值较大，表示抗干扰的能力更强。一般系统要求至少大于 $10dB$。

- 电缆特性：通信信道的品质是由它的电缆特性描述的。信噪比是在考虑到干扰信号的情况下，对数据信号强度的一个度量。如果信噪比过低，将导致数据信号在被接收时，接收器不能分辨数据信号和噪声信号，最终引起数据错误。因此，为了将数据错误限制在一定范围内，必须定义一个最小的、可接收的信噪比。

2．同轴电缆

（1）同轴电缆简介

同轴电缆是单芯轴芯式高频金属屏蔽电缆的概称。同轴电缆由里到外分为 4 层：中心铜线（单股的实心线或多股绞合线）、塑料绝缘体、网状导电层和电线外皮，其结构如图 9.12 所示。中心铜线和网状导电层形成电流回路。同轴电缆因中心铜线和网状导电层为同轴关系而得名。

同轴电缆以硬铜线为芯，外包一层绝缘材料。这层绝缘材料用密织的网状导体环绕，网外又覆盖一层保护性材料。广泛使用的同轴电缆有两种：一种是 50Ω 电缆，用于数字传输，由于多用于基带传输，也叫基带同轴电缆；另一种是 75Ω 电缆，用于模拟传输，即宽带同轴电缆。

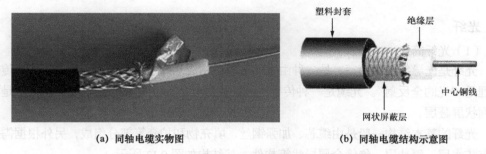

塑料封套　　　　　绝缘层

中心铜线

网状屏蔽层

(a) 同轴电缆实物图　　　　　(b) 同轴电缆结构示意图

图 9.12　同轴电缆

- 基带同轴电缆：基带同轴电缆具有高带宽和极好的噪声抑制特性。同轴电缆的带宽取决于电缆长度。1km 的电缆可以达到 1~2Gbit/s 的数据传输速率。还可以使用更长的电缆，但是传输率会降低，为了减少影响，可以使用中间放大器。目前，同轴电缆大量被光纤取代，但仍广泛应用于有线和无线电视或某些局域网。
- 宽带同轴电缆：使用有线电视电缆进行模拟信号传输的同轴电缆系统被称为宽带同轴电缆。"宽带"这个词来源于电话业，指比 4kHz 的频带。然而在计算机网络中，"宽带电缆"是指任何使用模拟信号进行传输的电缆网。

（2）宽带系统

由于宽带网使用标准的有线电视技术，可使用的频带高达 300MHz（常常达到 450MHz）。由于使用模拟信号，需要在接口处安放一个电子设备，用以把进入网络的比特流转换为模拟信号，并把网络输出的信号再转换成比特流。

宽带系统和基带系统的一个主要区别是：宽带系统由于覆盖的区域广，因此，需要模拟放大器周期性地加强信号。这些放大器仅能单向传输信号，因此，如果计算机之间有放大器，则报文分组就不能在计算机之间逆向传输。为了解决这个问题，人们已经开发了两种类型的宽带系统：双缆系统和单缆系统。

- 双缆系统：双缆系统有两条完全相同的电缆并排铺设构成。为了传输数据，计算机通过电缆 1 将数据传输到电缆数根部的设备，即顶端器（Head-End），随后顶端器通过电缆 2 将信号沿电缆数往下传输。所有的计算机都通过电缆 1 发送，通过电缆 2 接收。
- 单缆系统：另一种方案是在每根电缆上为内、外通信分配不同的频段。低频段用于计算机到顶端器的通信，顶端器收到的信号移到高频段，向计算机广播。在子分段系统中，5MHz~30MHz 频段用于内向通信，40MHz~300MHz 频段用于外向通信。在中分段系统中，内向频段是 5MHz～116MHz，而外向频段为 168MHz～300MHz。

3．光纤

（1）光纤简介

光纤是光导纤维的简写，是一种由玻璃或塑料制成的纤维，可作为光传导工具。传输原理是"光的全反射"。光缆是一种传导光波的光纤介质。光纤和同轴电缆相似，只是没有网状屏蔽层。

光纤的基本结构一般是由缆芯、加强钢丝、填充物和护套等部分组成，另外根据需要还有防水层、缓冲层、绝缘金属导线等构件，其结构如图 9.13 所示。

光纤按照光在光纤中的传输点模数分为单模光纤和多模光纤。

- 单模光纤（Single Mode Fiber）：单模光纤具备 10 micron 的芯直径，可容许单模光束传输，可减除频宽及振模色散（Modal Dispersion）的限制，但由于单模光纤芯径太小，较难控制光束传输，故需要极为昂贵的激光作为光源体，而单模光缆的主要限制在于材料色散（Material Dispersion），单模光缆主要利用激光才能获得高频宽，而由于 LED 会发放大量不同频宽的光源，所以材料色散要求非常重要。

- 多模光纤（Multi Mode Fiber）：多模光纤容许不同模式的光在一根光纤上传输。由于多模光纤的芯径较大，故可使用较为廉价的耦合器及接线器，多模光纤的纤芯直径为 50～100μm。由于多模光纤中传输的模式多达数百个，各个模式的传播常数和群速率不同，使得光纤的带宽窄、色散大、损耗也大，只适于中短距离和小容量的光纤通信系统。

单模光纤相比于多模光纤可支持更长的传输距离，在 100Mbit/s 的以太网以至 1Gbit/s 千兆网，单模光纤都可支持超过 5000m 的传输距离。从成本角度考虑，由于光端机非常昂贵，故采用单模光纤的成本会比多模光纤电缆的成本高。图 9.14 为多模和单模光纤的传导方式。

（2）光纤的连接方式

光纤同普通的同轴电缆连接方式有所不同，在连接时通常可以有 3 种方式，分别为永久性连接、应急连接和活动连接。

- 永久性连接（热熔）：这种连接是用放电的方法将两根光纤的连接点熔化并连接在一起。一般用在长途接续、永久或半永久固定连接。其主要特点是连接衰减在所有的连接方法中最低，典型值为 0.01～0.03dB/点。但连接时，需要专用设备（熔接机）和专业人员进行操作，且连接点也需要专用容器保护起来，操作相对复杂。

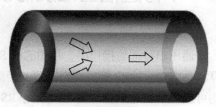

（a）多模光纤

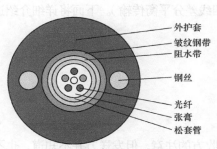

外护套
皱纹钢带
阻水带
钢丝
光纤
张膏
松套管

图 9.13 光纤线结构

（b）单模光纤

图 9.14 单模/多模光纤传导方式

- 应急连接（冷熔）：应急连接主要是用机械和化学的方法，将两根光纤固定并连接在一起。这种方法的主要特点是连接迅速、可靠，连接典型衰减为 0.1～0.3dB/点。但连接点长期使用会不稳定，衰减也会大幅度增加，所以只能短时间内作为应急使用。

- 活动连接：利用各种光纤连接器件（插头和插座），将站与点或站与光缆连接起来的一种方法。这种方法灵活、简单、方便、可靠，多用在建筑物内的计算机网络布线中，其典型衰减为 1dB/接头。

（3）光纤接口

光纤接口是用来连接光纤线缆的物理接口，其原理是利用了光从光密介质进入光疏介质从而发生了全反射。从接口定义而言，通常有 SC、ST、FC 等几种类型。FC 圆形带螺纹、SC 小方头（直接连接设备 SFP 模块）、ST 卡接式圆形、PC 微球面研磨抛光、APC 呈 8 度角并做微球面研磨抛光、SC 卡接式方形（市面上应用最多的一种接口）、MT-RJ 方形，一头双纤收发一体型。常见的接口示意图如图 9.15 所示。

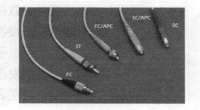

图 9.15 光纤连接头

9.2 串行通信基础及协议标准

在通用串行通信接口中，常用的有 RS-232C 接口、RS-422 和 RS-485 接口。PC 及兼容计算机具有 RS-232C 接口。当需要长距离传输时，则采用 RS-485 接口。如果要求通信双方均可以主动发送数据，则必须采用 RS-422（四线差分平衡传输）。下面将详细介绍这 3 种接口。

9.2.1 基本概述

1. 连接握手

（1）连接握手：通信帧的起始位可以引起接收方的注意，但发送方并不知道，也不能确认接收方是否已经做好了接收数据的准备。利用连接握手可以使收发双方确认已经建立了连接关系，接收方已经做好准备，可以进入数据收发状态。

（2）连接握手的分类

连接握手的方式主要有两种，即软件握手和硬件握手。

- 软件握手：在软件连接握手中，发送者通过发送一个字节表明它想要发送数据；接收者看到这个字节的时候也发送一个编码来声明自己可以接收数据，当发送者看到这个编码时，便知道它可以发送数据了。接收者还可以通过另一个编码来告诉发送者停止发送。

- 硬件握手：在普通的硬件握手方式中，接收者在准备好了接收数据的时候将相应的握手信号线变为高电平，然后开始全神贯注地监视它的串行输入端口的允许发送端。发送者在发送数据之前一直在等待这个信号的变化，一旦得到信号，说明接收者已处于准备好接收数据的状态，便开始发送数据。接收者可以在任何时候将握手信号线变为低电平，即使是在接收一个数据块的过程中间也可以把这根导线带入到低电平。当发送者检测到这个低电平信号时，就应该停止发送。而在完成本次传输之前，发送者还会继续等待握手信号线再次变为高电平，以继续被中止的数据传输。

2．确认

接收者为表明数据已经收到而向发送者回复信息的过程称为确认，有的传输过程可能会收到报文而不需要向相关节点回复确认信息。但是在许多情况下，需要通过确认告知发送者数据已经收到。有的发送者需要根据是否收到确认信息来采取相应的措施，因而确认对某些通信过程是必需的和有用的。即便接收者没有其他信息要告诉发送者，也要为此单独发一个数据确认已经收到的信息。

确认报文可以是一个特别定义过的字节，例如一个标识接收者的数值。发送者收到确认报文就可以认为数据传输过程正常结束。如果发送者没有收到所希望回复的确认报文，它就认为通信出现了问题，然后将采取重发或者其他行动。

3．中断

中断是一个信号，它通知 CPU 有需要立即响应的任务。每个中断请求对应一个连接到中断源和中断控制器的信号，通过自动检测端口事件发现中断并转入中断处理。

许多串行端口采用硬件中断。在串口发生硬件中断，或者一个软件缓存的计数器到达一个触发值时，表明某个事件已经发生，需要执行相应的中断响应程序，并对该事件作出及时的反应。这种过程也称为事件驱动。

4．轮询

通过周期性地获取特征或信号来读取数据或发现是否有事件发生的过程称为轮询。它需要足够频繁地轮询端口，以便不遗失任何数据或者事件。轮询的频率取决于对事件快速反应的需求以及缓存区的大小。

轮询通常用于计算机与 I/O 端口之间较短数据或字符组的传输。由于轮询端口不需要硬件中断，因此可以在一个没有分配中断的端口运行此类程序，很多轮询使用系统计时器来确定周期性读取端口的操作时间。

5．差错检验

数据通信中的接收者可以通过差错检验来判断所接收的数据是否正确。冗余数据校验、奇偶校验、校验和、循环冗余校验等都是串行通信中常用的差错检验方法。

（1）奇偶校验

串行通信经常采用奇偶校验来进行错误检查。校验位既可以按奇数位校验，也可以按偶数位校验。很多串口支持 5～8 个数据位再加上奇偶校验位的工作方式。

奇偶校验的原理是发送器在数据帧每个字符的信号位后添一个奇偶校验位，接收器对该奇偶校验位进行检查。典型的例子是面向 ASCII 码的数据信号帧的传输，由于 ASCII 码是七位码，因此用第八个位码作为奇偶校验位。

单向奇偶校验可分为奇校验（Odd Parity）和偶校验（Even Parity），发送器通过校验位对所传输信号值的校验方法如下：奇校验保证所传输每个字符的 8 个位中 1 的总数为奇数；偶校验则保证每个字符的 8 个位中 1 的总数为偶数。

- 奇校验：就是让原有数据序列中（包括要加上的一位）1 的个数为奇数。例如：1000110（0），你必须添 0，这样原来有 3 个 1 已经是奇数了，所以你添上 0 之后 1 的个数还是奇数个。
- 偶校验：就是让原有数据序列中（包括要加上的一位）1 的个数为偶数。例如：1000110（1），你就必须加 1 了，这样原来有 3 个 1，要想 1 的个数为偶数就只能添 1 了。一般在同步传输方式中常采用奇校验，而在异步传输方式中常采用偶校验。

（2）冗余数据校验

冗余数据校验是实行差错检验的一种简单办法。发送者针对每条报文都发送两次，由接收者根据这两次收到的数据是否一致来判断本次通信的有效性。当然，采用这种方法意味着每条报文都要花两倍的时间进行传输，在传送短报文时经常会用到它。许多红外线控制器就使用这种方法进行差错检验。

在冗余校验中最有名的是循环冗余校验（Cyclic Redundancy Check，CRC），也是串行通信中常用的查错校验码，它采用比校验和更为复杂的数学计算，其校验结果也更加可靠。

它可以对一条报文中的所有字节进行数学或者逻辑运算，并计算出校验和。将校验和形成的差错检验字节作为该报文的组成部分。接收端对收到的数据重复这样的计算，如果得到了一个不同的结果，说明它接收到的数据与发送数据不一致，就判定通信过程发生了差错。

（3）出错的简单处理

当一个节点检测到通信中出现的差错或者接收到一条无法理解的报文时，应该尽量通知发送报文的节点，要求它重新发送或者采取别的措施来纠正。

经过多次重发，如果发送者仍不能纠正这个差错，发送者应该跳过对这个节点的发送，发和一条出错消息，通过报警或者其他操作来通知操作人员发生了通信差错，并尽可能继续执行其他任务。

接收者如果发现一条报文比期望的报文要短，能最终停止连接，并让主计算机知道出现了问题，而不能无休止地等待一个报文结束。主计算机可以决定让该报文继续发送、重发或者停发。不应因发现问题而让网络处于无休止的等待状态。

9.2.2 串口通信接口标准

在工业控制网络中，PLC 采用 RS-232、RS-422 及 RS-485 标准的串行通信接口进行数据通信。

1. RS-232

RS-232 是美国电子工业协会（Electronic Industry Association，EIA）制定的一种串行物理接口标准。RS 是英文 Recommended Standard 的缩写，232 为标识号。

RS-232 的电气接口是单端、双极性电源供电电路，RS-232 的特点如下。

- 数据传输速率低，最高为 20kbit/s。
- 由于信号线之间存在分布电容，故导致传输距离短，最远为 15m。
- 共模抑制能力较差，容易受到共地噪声和外部干扰的影响。
- 两个传输方向共用一根信号地线，接口使用不平衡收发器，可能在各种信号成分间产生干扰。

（1）RS-232 物理接口

RS-232 的针脚定义见表 9.2。

表 9.2 RS-232 D9 针脚定义

连 接 头	9针引脚	方向	符号	功　　能
	3	输出	TXD	发送数据
	2	输入	RXD	接收数据
	7	输出	RTS	请求发送
	8	输入	CTS	允许发送清零
	6	输入	DSR	设备数据准备好
	5	—	GND	信号地
	1	输入	DCD	数据信号检测
	4	输出	DTR	
	9	输入	RI	

通常的应用只用到引脚 2、3、5，即接收数据、发送数据和信号地。如果需要数据流量控制，则须使用一些辅助信号（RTS/CTS），串行通信处理器接收数据并传输到 CPU。如果串行通信处理器接收的速率大于串行通信处理器传送数据到 CPU 的速率，则会发生

溢出。数据流量控制是流量控制通过特殊字符 Xon/Xoff 来控制串行口之间的通信，Xoff 表示传输结束，通知对方停止传输，串行口准备再次接收数据，发送 Xon 通知对方；硬件流量控制使用信号线传送控制命令，比软件流量控制速度更快。

串行口设备之间的连接电缆通常需要焊接，常见的连接方式如图 9.16 所示，RxD 连接通信对方的 TxD 端，TxD 连接对方的 RxD 端。

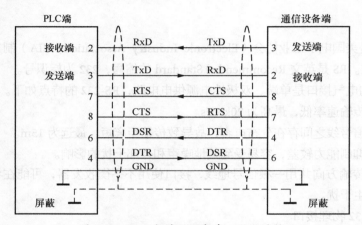

图 9.16　PLC 与其他设备串口通信连接

（2）电气特性

RS-232 的内部接口为非平衡型，每个信号用一根导线，所有信号回路共用一根地线。信号速率限制在 20kbit/s 内，电缆长度不超过 15m。由于是单线，线间干扰较大，电性能用±12V 标准脉冲。接口任何一条信号线的电压均为负逻辑关系。

- 逻辑 1：−3～−15V。
- 逻辑 0：+3～+15V，噪声容限为 2V。

传输速率较低，在异步传输时，波特率为 20kbit/s；最大传输距离标准值为 50 英尺，实际在 15m 左右。一般在通信距离近，传送速率和环境要求不高的场合应用广泛。

2．RS-422/485

RS-422 和 RS-485 电气接口采用的是平衡驱动差分接收电路，其收/发不共地，这可大大减少共地所带来的共模干扰。RS-422 和 RS-485 的区别是前者为全双工方式，后者为半双工方式。

RS-422 和 RS-485 需要两个终端电阻，其阻值要求等于传输电缆的特性阻抗。在短距离传输时可不需要终接电阻，即一般在 300m 以下不需要终接电阻。终接电阻接在传输电线的两端。

（1）RS-422/485 物理接口

RS-422 有 4 根信号线：两根发送（TX+/-）、两根接收（RX+/-）。由于 RS-422 的收与发是分开的，所以可以同时收和发（全双工）。RS-485 只有 2 根信号线：发送和接收都是 A 和 B。由于 RS-485 的收与发是共用两根线，所以不能够同时收和发（半双工）。不同厂家使用的信号针脚定义会略有不同，典型的针脚定义见表 9.3。

表 9.3 RS-422/485 D9 针脚定义

D9 连接头	引脚号	RS-422	功能	RS-485	功 能
	1	TX-	发送数据	DATA-	DATA-
	2	TX+		DATA+	DATA+
	3	RX+	接收数据	NC	
	4	RX-		NC	
	5	GND	信号地	GND	信号地
	6	RTS-	发送请求	NC	
	7	RTS+		NC	
	8	CTS+	发送清零	NC	
	9	CTS-		NC	

（2）电气特性

RS-485 接口采用二线差分平衡传输，其示意图如图 9.17 所示。

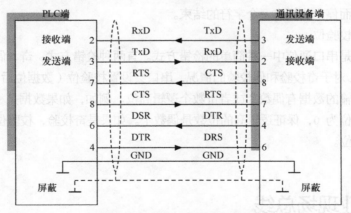

图 9.17 RS-485 差分平衡电路

采用 5V 电源供电时，其信号定义如下。

- 逻辑 0：差分电压信号为 -2.5～-0.2V。

- 逻辑 1：差分电压信号为+0.2～+2.5V。
- 高阻状态：差分电压信号为–0.2～+0.2V。

RS-422 和 RS-485 一样，其最大传输距离约为 1200m，最大传输速率为 10Mbit/s。平衡双绞线的长度与速率成正比，但需要注意的是，只有在 100kbit/s 的速率以下，才可能使用规定内的最长的电缆长度。

3．串口通信参数

无论是 RS-232 还是 RS-422/485，它们都拥有相同的通信参数设置，主要参数有波特率、数据位、停止位和奇偶校验位。

（1）波特率

这是一个衡量通信速度的参数，它表示每秒钟传送的位（Bit）的个数。例如，300 波特表示每秒钟发送 300 个 bit。

（2）数据位

它是衡量通信中实际数据位的参数。当计算机发送一个信息包，实际的数据不会是 8 位的，标准的值是 5、7 或 8 位。如何设置取决于你想传送的信息。比如，标准的 ASCII 码是 0～127（7 位），扩展的 ASCII 码是 0～255（8 位）。如果数据使用简单的文本（标准码），那么每个数据包使用 7 位数据。每个包是指一个字节，包括开始/停止位、数据位和奇偶校验位。

（3）开始/停止位

开始/停止位实际上是作为通信信号附加进来的，当它变为低电平时，告诉接收方开始传送数据位，而停止位标志一个字符的结束。

（4）奇偶校验位

奇偶校验是串口通信中一种简单的检错方式。有两种检错方式：奇、偶、无（无表示不进行校验）。对于奇校验和偶校验的情况，串口会设置校验位（数据位后面的一位），用一个值确保传输的数据有偶数个或者奇数个逻辑高位。例如，如果数据是 011，那么对于偶校验，校验位为 0，保证逻辑高的位数是偶数个。如果是奇校验，校验位为 1，这样就有 3 个逻辑高位。

9.3 工业现场总线

随着控制、计算机、通信、网络等技术的发展，信息交换的领域正在迅速覆盖从工厂的现场设备层到控制、管理的各个层次，从工段、车间、工厂、企业乃至世界各地的市场。信息技术的飞速发展引起了自动化系统结构的变革，逐步形成以网络集成自动化系统为基础的企业信息系统。现场总线（Field bus）就是在这种形势下逐渐发展起来的新技术。

9.3.1 现场总线技术

现场总线是当今自动化领域的技术热点之一。它的出现标志着工业控制技术领域又迈入了一个新时代的开始，并将对该领域的发展产生了重要的影响。

现场总线控制系统既是一个开放通信网络，又是一种全分布控制系统。它作为智能设备的联系纽带，把挂接在总线上作为网络节点的智能设备连接为网络系统，并进一步构成自动化系统，实现控制、远程参数修改及管控一体化的综合自动化功能。这是一项以智能传感器、计算机、网络控制和数字通信为主要内容的综合技术。

由于现场总线适应了工业控制系统向分散化、网络化、智能化发展的方向，从它的诞生日起，就成为全球工业自动化技术的热点，受到全世界的普遍关注。现场总线的出现，导致目前生产的自动化仪表、集散控制系统（DCS）、可编程控制器（PLC）在产品的体系结构、功能结构方面发生了较大变革，传统的模拟仪表将逐步被具备数字通信功能的智能化数字仪表所取代。并出现了一批具有检测、运算、控制功能于一体的变送控制器；出现了可集温度、压力、流量检测于一身的多变量变送器；出现了具有故障信息反馈的执行器。它从根本上改变了现有的设备维护管理方法。

由于现场总线的标准实质上并未统一，所以对现场总线的定义也有多种。下面给出的是几种具有代表性的定义。

1）根据国际电工委员会（International Electrotechnical Commission/Insturment Society of Amercia，IEC/ISA）的定义：现场总线是指连接测量、控制仪表和设备，如传感器、执行器和控制设备的全数字化、串行、双向式的通信系统。

2）根据SP50（Standard and Practice 50）对现场总线的定义：现场总线是一种串行的数字数据通信链路，它沟通了过程控制领域的基本控制设备（现场级设备）之间以及更高层次自动控制领域的自动化控制设备（高级控制层）之间的联系。

3）现场总线是应用在生产现场、在微机化测量控制设备之间实现双向串行多节点数字通信的系统，也被称为开放式、数字化、多点通信的底层控制网络。

由现场总线形成的新型网络集成控制系统——现场总线控制系统（Fieldbus Control System，FCS）既是一个开放通信网络，又是一个全分布控制系统。它作为智能设备的联系纽带，把挂接在总线上作为网络节点的智能设备连接在一起成为网络系统，并进一步构成自动化系统，实现基本控制、补偿计算、参数修改、报警、显示、监控、优化及控管一体化的综合自动化功能。这是一项集嵌入式系统、控制、计算机、数字通信、网络为一体的综合技术。

9.3.2　现场总线的特点

现场总线的特点主要体现在两个方面：一个是体系结构上成功地实现了串行连接，克服了并行连接的许多不足；二是在技术上成功地解决了开放竞争的设备兼容这一难题，实现了设备的智能化、互换性和控制功能的彻底分散化。

1. 现场总线的结构特点

现场总线的结构主要有以下三大特点。

（1）基础性

作为工业通信网络中最底层的现场总线，是一种能在现场环境下运行的、可靠的、廉价的和灵活的通信系统，向下它可以到达现场仪器仪表所处的装置、设备级，向上它可以有效地集成到 Internet 或 Ethernet 中，它构成了工业网络中最基础的控制和通信环节。正是由于现场总线的出现和应用，才使得工业企业的信息管理、资源管理及综合自动化真正达到了设备层。

（2）灵活性

传统控制系统与现场总线的控制系统结构的比较如图 9.18 和图 9.19 所示。传统的模拟控制系统采用的是一对一的设备连线。位于现场的测量变送器与位于控制室的控制器之间，控制器与位于现场的执行器、开关、电机之间均为一对一的物理连接，系统的各输出控制回路也分别连接，这样就会增加大量的硬件成本，而且给将来的施工、维护增加难度。另外由于现场布线的复杂性和难度，也使得整个系统失去了柔性。

由于在现场总线控制系统中使用了高度智能化的现场设备和通信技术，在一条电缆上就能实现所有网络中的信号传递，系统设计完成或施工完成后，想去掉或增加一条或几个现场设备非常容易，这也使得整个系统具有了极大的灵活性。

（3）分散性

由于现场总线控制系统采用了智能化的现场设备，原先传统控制系统中的某些控制功能、信号处理等功能都下放到了现场的仪器仪表中，再加上这些设备的网络通信功能，所以在多数情况下，控制系统的功能可以在不依赖控制室的计算机而直接在现场完成，这样就实现了彻底的分散控制。

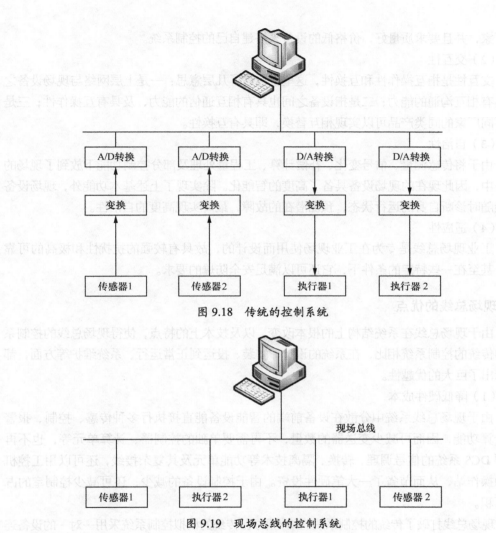

图 9.18 传统的控制系统

图 9.19 现场总线的控制系统

2. 现场总线的技术特点

现场总线的技术特点主要有以下 4 个特点。

（1）开放性

开放性包括如下几点：一是指系统通信协议和标准一致性、公开性，这样可以保证不同厂家的设备之间的互联和替换，现场总线技术的开发者所做的第一件事就是致力于建立一个统一的工厂底层开放系统；二是系统集成的透明性和开放性，用户可自主进行系统设计、集成和重构；三是产品竞争的公开性和公平性，用户可以根据自己的需要，选择不同的厂家，并且要求质量好，价格低的设备来搭建自己的控制系统。

（2）交互性

交互性是指互操作性和互换性，这里也包含了几层意思：一是上层网络与现场设备之间具有相互沟通的能力；二是指设备之间也具有相互通信的能力，及具有互操作性；三是指不同厂家的同类产品可以实现相互替换，即具有互换性。

（3）自治性

由于将传感测量、信号变化、补偿计算、工程量处理及部分控制功能下放到了现场的设备中，因此现在的现场设备具备了高度的智能化。除实现了上述基本功能外，现场设备还能随时诊断自身的运行状态，预测潜在的故障，最终实现高度的自治性。

（4）适应性

工业现场总线是专为在工业现场使用而设计的，故具有较强的抗扰性和极高的可靠性。甚至在一些特定的条件下，它还可以满足安全防爆的要求。

3．现场总线的优点

由于现场总线在系统结构上的根本改变，以及技术上的特点，使得现场总线的控制系统和传统的控制系统相比，在系统的设计、安装、投运到正常运行、系统维护等方面，都显示出了巨大的优越性。

（1）降低硬件成本

由于现场总线系统中分散在设备前端的智能设备能直接执行多种传感、控制、报警和计算功能，因而可减少变送器的数量，不再需要单独的控制器、计算单元等，也不再需要 DCS 系统的信号调理、转换、隔离技术等功能单元及其复杂接线，还可以用工控机作为操作站，从而节省了一大笔硬件投资。由于控制设备的减少，还可减少控制室的占地面积。

现场总线打破了传统的控制系统的结构形式。传统的模拟控制系统采用一对一的设备连线，按控制电路分别进行连接，传统的控制系统如图 9.20（a）所示，每个设备都有对应的线缆，这样就会造成现场线缆较多，诊断故障工作量大。而图 9.20（b）已经在图 9.20（a）的基础上进行了一定的改良，使用多芯单股线缆。虽然美观了现场，但内部还是每个设备一根线缆的原理，如果出现故障，要诊断故障还是相对比较困难的。

而现场总线控制系统由于采用了智能现场设备，能够把原先 DCS 系统中处于控制室的控制模块、各输入/输出模块置入现场设备中，加上现场设备具有通信能力，现场的测量变送仪表可以与阀门等执行机构直接传送信号，因而控制系统功能能够不依赖控制室的计算机或控制仪表，只需使用一根通信线缆实现对所有的设备监控及控制，最终的效果如图 9.21 所示，实现了彻底的分散控制。

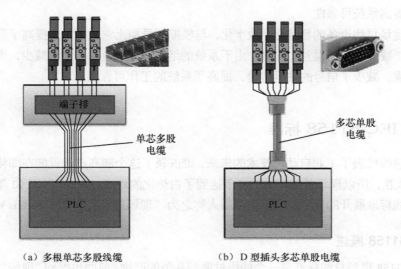

（a）多根单芯多股线缆　　　　　　（b）D 型插头多芯单股电缆

图 9.20　传统的控制系统

（2）节约维护成本

现场总线系统的接线十分简单，由于一对双绞线或一条电缆上通常可挂接多个设备，因而电线、端子、槽盒、桥架的用量大大减少，连线设计与接头校对的工作量也大大减少。当需要增加现场控制设备时，无需增设新的电缆，可就近连接在原有的电缆上。这样既节省了投资，也减少了设计、安装的工作量。据有关典型试验工程的计算资料，可节约安装费用 **60%以上**。

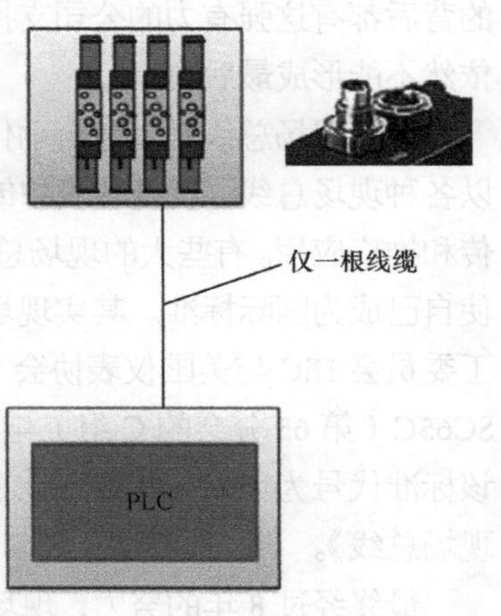

（3）降低维护开销

由于现场控制设备具有自诊断与简单故障处理的能力，并通过数字通信将相关的诊断维护信息送往控制室，用户可以查询所有设备的运行和诊断维护信息，以便及时分析故障原因并快速排除，缩短了维护停工时间，同时由于系统结构简化、连线简单而减少了维护工作量。

图 9.21　现场总线的控制系统

（4）用户具有集成主动权

用户可以自由选择不同厂商所提供的设备来集成系统，从而避免因选择了某一品牌的产品被"框死"了设备的选择范围，不会为系统集成中不兼容的协议、接口而一筹莫展，使系统集成过程中的主动权完全掌握在用户手中。

（5）提高系统可靠性

由于现场总线设备的智能化、数字化，与模拟信号相比它从根本上提高了测量与控制的准确度，减少了传送误差。同时，由于系统的结构简化，设备与连线减少，现场仪表内部功能加强，减少了信号的往返传输，提高了系统的工作可靠性。

9.3.3　IEC 61158 标准

现场总线代表了工业自动化技术的未来，谁占领了这个制高点谁就能在即将到来的工业 4.0 中取胜，所以现场总线标准的竞争达到了白热化的地步。在 20 世纪 90 年代，围绕着现场总线标准展开的竞争有时候也被后人称之为"现场总线战争"（Fieldbus Wars）。

1. IEC 61158 概述

IEC 61158 现场总线标准是一个经历过激烈斗争的产物，前面也提到"现场总线战争"，大家也应该能想象到一种技术能成为世界标准后意味着什么——巨大的商业利润和对这个领域的技术主宰，所以要想在 IEC 通过一个技术标准，需要经过漫长的等待、审核和公平的竞争才行。但是在 IEC 61158 形成的过程中，由于竞争过于激烈，且每一种现场总线的背后都有这强有力的公司支持，所以 IEC 关于现场总线标准的制定经过了漫长的讨论后依然不能形成最后决议。

由于现场总线是当前自动化技术中的一个热点，又因为其国际标准迟迟不能建立，所以各种现场总线、设备总线和传感器总线等趁此机会相继火速地开发研制产品，并大力宣传和推广应用。有些大的现场总线国际组织更是力图扩大自己的地盘，企图造成既成事实，使自己成为国际标准。其实现场总线的标准工作早在 1985 年就开始了，该标准由国际电工委员会 IEC 与美国仪表协会 ISA 共同制定。具体工作分别由 IEC/TC65 技术委员会下的 SC65C（第 65 分会的 C 组）与 ISA 下的 SP50（Standard and Practice 第 50 组）具体负责。该标准代号为 IEC 61158，即《用于测量和控制的数字数据通信——用于工业控制系统的现场总线》。

最终经过 8 年的努力，现场总线物理层标准 IEC 61158-2 在 1993 年成为标准。接下来的是链路层服务定义 IEC 61158-3 和链路层协议规范 IEC 61158-4，在 1998 年 2 月成为最终标准草案（Final Draft International Standard，FDIS）标准。应用层服务定义 IEC 61158-5 和协议规范 IEC 61158-6 在 1997 年 10 月成为 FDIS 标准。作为 IEC 61158 的技术报告，FDIS 草案以基金会现场总线（Foundation Fieldbus，FF）的 H1 现场总线为模型制定，该技术报告的主要内容以及和 OSI 对应的层见表 9.4。

表 9.4　IEC 61158 技术服务报告内容

IEC 61158 技术标准	技 术 名 称	OSI 层号
IEC 61158-1	介绍	
IEC 61158-2	物理层服务定义	1
IEC 61158-3	数据链路层协议定义	2
IEC 61158-4	数据链路层协议规范	2
IEC 61158-5	应用层协议定义	7
IEC 61158-6	应用层协议规范	7

1998 年 9 月，在对 IEC 61158 技术报告 FDIS 草案进行投票时，最终没有达成一致协议，导致以流产告终。这样也给了许多现场总线成为国际标准的机会。1997 年 7 月 21 ~ 23 日，SC65C/WG6 在加拿大渥太华召开了现场总线标准的制定会议，共有 8 个总线组织的代表参加了会议，会议决定保留原 IEC 技术报告作为类型 1，而其他总线将按照 IEC 原技术报告的格式作为类型 2 至 8 进入 IEC 61158。目前，IEC 61158 现场总线标准已经发展了一系列的标准，最新版本为 IEC 61158-6-20（2007 年发布），总共有 20 种类型的现场总线加入该标准，它长达 8100 页的标准。完整的目录可见表 9.5。

表 9.5　IEC 61158 Ed.4 现场总线类型

类型	技 术 名 称	类型	技 术 名 称
Type 1	TS 61158 现场总线	Type 11	TCnet 实时以太网
Type 2	CIP 现场总线（Rockwell）	Type 12	EtherCAT 实时以太网（BECKHOFF）
Type 3	PROFIBUS 现场总线（SIEMENS）	Type 13	Ethernet POWERLINK 实时以太网（B&R）
Type 4	P-NET 现场总线（Process Data）	Type 14	EPA 实时以太网（国内自主研发）
Type 5	FF HSE 高速以太网（Rosemount）	Type 15	Modbus-RTPS 实时以太网
Type 6	SwiftNet（波音，已被撤销）	Type 16	SERCOS Ⅰ，Ⅱ现场总线
Type 7	WorldFIP 现场总线（Alstom）	Type 17	VNET/IP 实时以太网（Yokogawa）
Type 8	INTERBUS 现场总线（Phoenix Contact）	Type 18	CC-Link 现场总线（三菱）
Type 9	FF H1 现场总线（Rosemount）	Type 19	SERCOS Ⅲ实时以太网
Type 10	PROFINET 现场总线（SIEMENS）	Type 20	HART 现场总线

表 9.5 中的 Type 1 是原 IEC 61158 第 1 版技术规范的内容，由于该总线主要是依据 FF（基金会）现场总线和部分吸收 WroldFIP 现场总线技术制定的，所以经常被理解为 FF 现

场总线。Type 2 CIP（Common Industry Protocol）包括 DeviceNet、ControlNet 现场总线和 Ethernet/IP 实时以太网。Type 6 SwiftNet 成现场总线由于市场推广应用很不理想，在第 4 版标准中被撤销。Type 13 是预留给 Ethernet POWERLINK（EPL）实时以太网的，提交的 EPL（世界工厂仪表协议）规范不符合 IEC 61158 标准格式要求，在此之前还没有正式被接纳。

我国拥有自主知识产权的《用于工业测量与控制系统的 EPA（Ethernet for Plant Automation）系统结构与通信规范》是由浙江大学、浙大中控、中科院沈阳自动化所、重庆邮电大学、清华大学、大连理工大学等单位联合制定的用于工厂自动化的实时以太网通信标准，EPA 标准在 2005 年 2 月经 IEC/SC65C 投票通过已作为公共可用规范（Public Available Specification）IEC/PAS 62409 标准化文件正式发布，并作为公共行规（Common Profile Family 14.CPF14）列入以太行规集国际标准 IEC 61784-2。2005 年 12 月正式进入 IEC 61158 第 4 版标准的 Type l4，成为 IEC 61158—314/414/514/614 规范。

EPA 实时以太网标准定义了基于 ISO/IEC 8802.3、RFC 791、RFC 768 和 RFC793 等协议的 EPA 系统结构、数据链路层协议、应用层服务定义与协议规范，以及基于 XML 的设备描述规范。该规范面向控制工程师的应用实际，在关键技术攻关的基础上，结合工程应用实践，形成了微网段化系列结构、确定性通信调度、总线供电、分级网络安全控制策略、冗余管理、三级式链路访问关系、基于 XML 的设备描述等方面的特色，并拥有完全的自主知识产权。目前，已研制成功 20 多种常用仪表、两种基于 EPA 的控制系统，包括压力、温度、流量、液位等变送器，电动、气动等执行机构，气体分析仪以及数据采集器等。

2．IEC 61158 配套标准

和 IEC 61158 相关的另一个标准是 IEC 61784，其名称是《工业控制系统中与现场总线有关的连续和分散制造业中使用行规（Profile）集》。不同的现场总线，使用的通信协议也不同，IEC 将它们按 IEC 61158 中相应的标准分类定义，所以说 IEC 61784 是一个"通信行规分类集"，它叙述了一个特定现场总线系统通信所使用的某个子集。在该标准中，展示了不同的现场总线所属的通信行规族以及它们所对应的 IEC 61158 的总线类型。该标准由以下部分组成。

- IEC 61784-1 用于连续和离散制造的工业控制系统现场总线行规集。
- IEC 61784-2 基于 ISO/IEC 8802.3 实时应用的通信网络附加行规。
- IEC 61784-3 工业网络中功能安全通信行规。
- IEC 61784-4 工业网络中信息安全通信行规。
- IEC 61784-5 工业控制系统中通信网络安装行规。
- IEC 61784-1 和 IEC 61784-2 包括几个通信行规族（CPF），它规定了一个或多个通信行规（CP）。其中 IEC 61784-1 规定现场总线通信行规，见表 9.6。IEC 61784-2 提供实时以太网的通信行规。表 9.7 为 CPF、RTE 技术名称与 IEC/PAS 的对应关系。

表 9.6　IEC 61784-1 的 CPE

CPF 族	技 术 名 称
CPF1	Foundation Fieldbus
CPF2	CIP
CPF3	PROFIBUS
CPF4	P-NET
CPF5	WorldFIP
CPF6	INTERBUS
CPF8	CC-Link
CPF9	HART
CPF16	SERCOS Ⅰ，Ⅱ

表 9.7　CPF、RTE 名与 IEC/PAS 关系

CPF 族	技 术 名 称	IEC/PAS NP #
CPF2	Ethernet/IP	IEC/PAS 62413
CPF3	PROFIBUS	IEC/PAS 62411
CPF4	P-NET	IEC/PAS 62412
CPF6	INTERBUS	—
CPF10	VNET/IP	IEC/PAS 62405
CPF11	TCnet	IEC/PAS 62406
CPF12	EtherCAT	IEC/PAS 62407
CPF13	ETHERNET POWERLINK	IEC/PAS 62408
CPF14	EPA	IEC/PAS 62409
CPF15	MODBUS-RTPS	IEC/PAS 62030
CPF16	SERCOSIII	IEC/PAS 62410

必须指出的是，除了 IEC 61158 现场总线的标准外，IEC 的 TC17B 制定了另一个非常重要的标准的 IEC 62026。它是关于"低压开关装置和控制装置使用的控制电路装置和开关元件"（Control Circuit Device and Switching Elements for Low-voltage Switcher and Controller）的现场总线标准，其中汇集了多种 IO 设备级的现场总线。

第一部分：通用要求（General Requirements）。

第二部分：执行器、传感器接口（Actuator Sensor Interface，As-i）总线。这是一种位式总线（Bitbus），它只有 OSI 模型的第一、二层。它只采用主—从方式通信，数据量也很小（仅 4 位），有可能是最简单的总线。虽然是最简单的总线，但在应用上一点也不落后，发展非常快，是目前最受欢迎的总线之一。

第三部分：DeviceNet。这是一种基于 CAN 的总线。

第四部分：LonTalk。LonTalk 是 LonWorks（Local Operating Networks）总线的通信协议。这是一种拥有 OSI 全部七层协议的总线。这种总线在构成网络时特别方便。在现场总线中，它是少数面向结构的总线，而大多数现场总线都是面向段式（segment）结构。

第五部分：智能分散系统（Smart Distribution System，SDS）总线。这也是一种基于 CAN 的总线。

第六部分：串行多路控制总线（Serial Multiplexed Control Bus），即 Seriples 或 SMCB。

第七部分：INTERBUS。INTERBUS 是由 INTERBUS Club 支持的现场总线，采用环形拓扑结构，介质访问和通信采用主—从方式，数据为 16 位。在 IEC 61158 中已被列为第 8 种现场总线，这里指的是 INTERBUS 中只有第一、第二层的 Sensor 级总线——Interbus Sensor Loop。该标准在前几年就被纳入德国标准，其标准号为 DIN 19258。

除上述的现场总线标准外，还有一些非常重要的总线，如 CAN 属于 ISO 11898 标准。其他比较有实力的控制网络，如 LonWorks、HART、蓝牙、Modbus、CC-Link、CEBus 及光总线等，它们或是属于其他国际标准，或是得到了广泛的应用。相反，一些进入 IEC 61158 的标准总线应用的并不理想。

如表 9.8 所示，是对现场总线的类型进行一下简单的分类，可以帮助读者从另一个角度对现场总线及其生产过程进行了解。

表 9.8 现场总线的分类

分 类	作用和特征	
最初的现场总线	如 Modbus、远程 I/O、PLC 网络等	
过度的现场总线	HART：二进制供电，本安防爆，但速度慢	
现代的、广义的现场总线	I/O 设备及现场总线	位传输，快速、简单，如 As-i
	控制级现场总线	字节传输，单体设备控制，如 Profibus-DP
	狭义现场总线	文件传输，系统控制，如 FF
	工业以太网	文件传输，通用工业互联网络概念，如 Profinet

9.3.4 FCS 与 DCS 的基本要点和区别

1. 基本要点

目前，工业控制过程系统中有两大控制系统，即现场总线（FCS）和集散控制系统

（DCS）。它们在自动化技术发展的过程中都扮演了重要和不可替代的角色，虽然现场总线是现在和未来发展的方向，但由于受到了一些主观和客观的因素制约，它现在还不能完全取代其他控制系统。为了使大家对现场总线和其他控制系统有一个更清晰的认识，在这一节主要介绍一下它们之间的区别。

（1）FCS

现场总线控制系统（FCS）的核心是总线协议，基础是数字智能现场设备，本质是信息处理现场化。FCS 的特点如下。

- 它可以在本质安全、危险区域和易变过程等过程控制系统中应用，也可以用于机械制造业、楼宇控制系统中，应用范围非常广泛。
- 现场设备高度智能化，提供全数字信号。
- 一条总线连接所有的设备。
- 系统通信是互联的、双向的、开放的，系统是多变量、多节点、串行的数字系统。
- 控制功能彻底分散。

（2）DCS

集散控制系统是集 4C（Communication、Coumpter、Control 和 CRT）技术于一身的监控系统。它主要用于大规模的过程控制系统中，如石化、电力等。DCS 的基本特点如下。

- 从上到下的树状系统，其中通信是技术关键。
- PID 控制站中，控制站连接计算机与现场仪表、控制设备等。
- 整个系统为树状拓扑和并行连接的链路结构，从控制站到现场设备之间有大量的信号电缆。
- 信号系统包括开关信号和模拟量信号。
- 设备信号到 I/O 板是物理连接，然后由控制站连接到局域网中。
- 可以做冗余系统。

2．FCS 和 DCS 的区别

可以说 FCS 兼备了 DCS 的特点，而且跨出了革命性的一步。FCS 与 DCS 的详细对比见表 9.9。

表 9.9 FCS 与 DCS 的详细对比

	FCS	DCS
结构	一对多：一对传输线接多台仪表，双向传输多个信号	一对一：一对传输线接一台仪表，单向传输一个信号

续表

	FCS	DCS
可靠性	可靠性好：数字信号传输抗干扰能力强，精度高	可靠性差：模拟信号传输抗干扰能力弱，精度低
失控状态	操作员在控制室既可以了解现场设备或现场仪表的工作状况，也能对设备进行参数调整，还可以预测或寻找故障，使设备始终处于操作员的远程监控与可控状态之中	操作员在控制室既不了解现场设备或现场仪表的工作状况，也不能对设备进行参数调整，更不能预测故障，使操作员对仪表处于"失控"状态
仪表	智能仪表除了具有模拟仪表的检测、变换、补偿等、功能外，还具有数字通信能力，并且具有控制和运算的能力	模拟仪表只具有检测、变换、补偿等功能
控制	控制功能分散在各个智能仪表中	所有的控制功能集中在控制站中

9.3.5 现场总线的发展历程和发展现状

1. 现场总线的发展历程

现场总线的开发与应用起源于欧洲，后来才逐渐发展到北美和南美等各地。其发展历程如下。

（1）ISA/SP50

1984 年，美国仪表学会（Instrument Society of America，ISA）下属的标准实施（Standard and Practice）第 50 组，简称 ISA/SP50 开始制定现场总线标准。

1992 年，国际电工委员会 IEC 批准了 SP50 物理层标准。

（2）Profibus

1986 年，德国开始制定过程现场总线（Process Fieldbus）标准，简称 Profibus。

1990 年，完成 Profibus 标准制定，在德国标准 DIN 19245 中对其进行了论述。

1994 年，Profibus 用户组织又推出了用于过程自动化的现场总线 Porfibus-PA（Process Automation），通过总线供电，提供本质安全。

（3）ISP 和 ISPF

1992 年，由 SIEMENS、Foxpro、Rosemount、Fisher、Yokogawa 和 ABB 等公司成立了 ISP（Interoperable System Project，可互操作系统规划）组织，以德国标准 Profibus 为基础制定现场总线标准。

1993 年，成立 ISP 基金会（ISP Foundation）。

（4）WorldFIP

1993 年，由 Honeywell、Bailey 等公司牵头，成立 WorldFIP，有 120 多个公司加盟，以法国标准 FIP（Factory Instrument Protocol）为基础制定现场总线标准。

（5）HART 和 HCF

1986 年，由 Rosemount 提出 HART（Highway Addressbale Transducer，可寻址远程传感器数据通路）通信协议，它是在 4~20mA 模拟信号上迭加 FSK（Frequency ShiftKeying，频率调制键控）数字信号，即可用作 4~20mA 模拟仪表，也可用作数字通信仪表。显然，这是现场总线的过渡型协议。

1993 年，成立了 HART 通信基金会（HART Cornunication Foundation，HCF），有 70 多个公司加盟，如 SIEMENS、Yokogawa、E+H、Fihser 和 Rosemount 等。

（6）FF

1994 年，ISP 和 WorldFIP 两大组织宣布合并，建立现场总线基金会（Fielbdus Foundation，FF），总部设在美国得克萨斯州的奥斯汀，并于 1996 年颁布了低速总线 Hl 标准，Hl 低速总线开始步入实用阶段，FF 现场总线仍未成为真正意义上的国际标准。

（7）CC-Link

CC-Link 是 Control&Communication Link（控制与通信链路系统）的缩写，在 1996 年 11 月，由三菱电机为主导的多家公司推出，其增长势头迅猛，在亚洲占有较大份额。2005 年 7 月，CC-Link 被中国国家标准委员会批准为中国国家标准指导性技术文件。

（8）INTERBUS

INTERBUS 是德国菲尼克斯公司推出的较早的现场总线，2000 年 2 月成为国际标准 IEC 61158。

与此同时，不同行业的大公司利用自身的行业背景，推出了适合一定应用领域的现场总线，如德国 Bosch 公司推出的 CAN（Controller Area Nerwork）、美国 Echelon 公司推出的 LonWorks、德国 BECKHOFF 推出的 EtherCAT、丹麦 B&R 推出的 POWERLINK 等。据统计，到目前为止，世界上各式各样的现场总线有 100 多种，其中，宣称为开放型的现场总线就有 40 多种，由此引发了现场总线的国际标准大战。

早在 1984 年，IEC 就提出了现场总线国际标准的草案，致力于推出世界上单一的现场总线标准，但由于种种经济、社会与技术原因使现场总线标准的制定一直处于混乱状态。IEC 在经历多年的斗争与调节的努力之后，于 2001 年 8 月制定出由 10 种类型现场总线组成的第 3 版现场总线标准。这一结果的出现，实际上违背了制定世界上单一现场总线标准的初衷，由此可见，在相当长一段时间内，将会出现多种现场总线并存的局面。现场总线的发展历程可以由图 9.22 形象地表示出来。

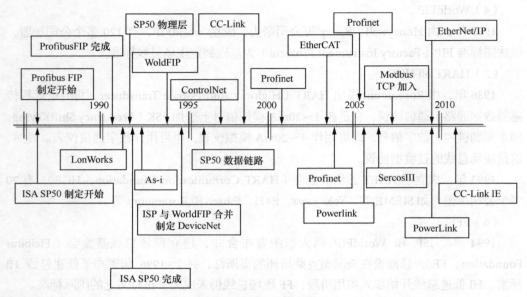

图 9.22 现场总线的发展历程

2. 现场总线的现状

现场总线自 20 世纪 80 年代产生以来，经历了市场的竞争、淘汰、合并与重组等过程。目前的主要现状如下。

（1）多种总线共存

从现场总线产生的历程中可以看到，由于目前现场总线技术尚未成熟，不存在适用于所有控制领域的现场总线，各种现场总线都有自身的技术特点和适用范围，并且每种总线背后都有一定的大公司或大财团相支持，如 Porfibus 以 SIEMENS 公司为主要支持，ConrtolNet 以 ROCKWELLL 公司为主要背景，WorldFIP 以 Alstom 公司为主要后台等，使得总线的兴衰与这些公司或财团的利益密切相关。因此，多种现场总线并存的局面将会持续相当长的一段时间。

（2）每种总线各有其应用领域

总线是为了满足自动化发展的需求而产生的，由于不同领域的自动化需求各有其特点，因此在某个领域中产生的总线技术一般对这一特定领域的满足度高一些，应用多一些，适用性好一些。据美国 ARC 公司的市场调查，世界市场对各种现场总线的需求的实际额度为：过程自动化 15%（FF、Porfibus-PA、WorldFIP），医药领域 18%（FF、Profibus-PA、WorldFIP），加工制造业 15%（Profibus-DP、DeviceNet）、交通运输 15%（Porfibus-DP、

DeviceNet）、航空、国防 34%（Profibus-FMS、ControlNet、DeviceNet）、农业（未统计，P-NET、CAN、Profibus-PA/DP、DeviceNet、ControlNet）、楼宇（LonWorks，Profibus-FMS、DeviecNet）。由此可见，随着时间的推移，占有市场 80%左右的总线将只有六七种，而且其应用领域比较明确，如 FF、Porfibus-PA 适用于冶金、石油、化工、医药等流程行业的过程控制，Porfibus-DP、DvceiNet 适用于加工制造业，Lonworks，Profibus-FMS、DeviceNet 适用于楼宇、交通运输、农业。但这种划分又不是绝对的，相互之间又互有渗透。

（3）开拓领域，协调共存

每种总线都力图拓展其应用领域，以扩张其势力范围。在一定应用领域中已取得良好业绩的总线，往往会进一步根据需要向其他领域发展。例如 Profibus 在 DP 的基础上又开发出 PA，以适用于流程工业。另外，在激烈的竞争中出现了协调共存的前景。各重要企业，除了力推自己的总线产品之外，也都力图开发接口技术，将自己的总线产品与其他总线相连接，如施耐德公司开发的设备能与多种总线相连接。在国际标准中，也出现了协调共存的局面。

（4）以太网技术引入工业领域

随着网络技术的发展，以太网基本上解决了在工业中的应用问题，不少厂商正在努力使以太网技术进入工业自动化领域，目前，Porfibus、FF、ConrtolNet、LonWorks 等有关组织均先后推出了支持以太网和 TCP/IP 的工业以太网协议，大大加强了以太网在工业领域中的地位，也使工业以太网技术的研究成为热点。

9.4 工业以太网

正当现场总线标准大战硝烟正浓之时，以太网悄悄进入了控制领域，从而产生了一个新的名词"工业以太网"，并且由于以太网传输速率较现场总线更快等优势，以太网技术一出生就风华正茂，近年来其势头更是盖过了现场总线。然而，正如当年的现场总线的标准之争一样，工业以太网也出现了多种不同的以太网技术，如 Ethernet/IP、PROFINET、Modbus TCP、EtherCAT、POWERLINK 等，而且这些网络在不同层次上基于不同的技术和协议，包括了 OPC、CP、IP 等，而且，每种技术的背后都有不同的厂商阵营在支持，这就决定了多种以太网技术并存的局面。

根据 HMS 发布 2017 年工业网络市场份额报告显示，工业以太网的增长速度比往年更快，增长率为 22%。工业以太网现在占全球市场的 46%，而 2016 年为 38%。在具体的通信中，EtherNet/IP 和 PROFINET 份额最大，其中 PROFINET 主要市场在中欧，EtherNet/IP 在北美占主导地位。紧跟其后的是 EtherCAT、Modbus-TCP 和 POWERLINK，如图 9.23 所示。

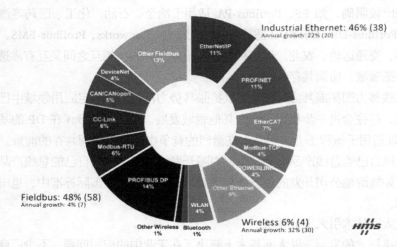

图 9.23 HMS 工业网络公司工业网络市场年度分析

工业以太网是基于 IEEE 802.3（Ethernet）的强大的区域和单元网络。工业以太网提供了一个无缝集成到新的多媒体世界的途径。 企业内部互联网（Intranet）、外部互联网（Extranet），以及国际互联网（Internet）提供的广泛应用不但已经进入今天的办公室领域，而且还可以应用于生产和过程自动化。继 10M 波特率以太网成功运行之后，具有交换功能，全双工和自适应的 100M 波特率快速以太网（Fast Ethernet，符合 IEEE 802.3u 的标准）也已成功运行多年。采用何种性能的以太网取决于用户的需要，通用的兼容性允许用户无缝升级到新技术。

9.4.1 TCP/IP

由于工业以太网都是基于传统的以太网通信，故在展开工业以太网之前非常有必要了解标准以太网的一些基础知识。

1. 什么是 TCP/IP

TCP/IP 是一类协议系统，是一套支持网络通信的协议集合。TCP/IP 定义了通信网络过程，更重要的是定义了数据单元的格式和内容，以便接收计算机能够正确解释收到的消息。TCP/IP 及相关的协议构成了一套在 TCP/IP 网络中如何处理、传输和接收数据的完整系统，相关协议的系统，如 TCP/IP 协议被称为协议簇。

确定 TCP/IP 传输格式和过程的实际行为由厂商的 TCP/IP 软件来实现，例如 Microsoft Windows 中的 TCP/IP 软件使得安装 Windows 的计算机可以直接处理 TCP/IP 格式的数据，并参与到 TCP/IP 网络中。读者应了解 TCP/IP 具有如下特点。

- TCP/IP 标准定义了 TCP/IP 网络的通信规则。
- TCP/IP 实现了一个软件组件，计算机通过它参与到 TCP/IP 网络中。
- TCP/IP 标准的目的是确保所有厂商提供的 TCP/IP 实现都能够很好地兼容。

2. TCP/IP 特性

TCP/IP 包括许多重要特性，读者需要了解 TCP/IP 协议簇处理以下问题的方式。

（1）逻辑编址

网络适配器中有一个唯一的物理地址。当适配器在出厂时，通常会为其分配一个物理地址，这个物理地址也称为 MAC 地址。在局域网中，底层与硬件相关的协议使用适配器的物理地址在物理网络中传输数据。现在有多种类型的网络，而且它们传输数据所使用的方法也不相同。例如，在基本的以太网中，计算机直接在传输介质上发送数据。每台计算机的网络适配器监听局域网中的每一个传输，以确定消息是否发送到它的物理地址。

（2）名称解析

对用户而言，数字化的 IP 地址要比网络适配器的物理地址更方便使用，但是 IP 地址的设计初衷是方便计算机的操作，并非用户。人们在记忆计算机的地址是 192.168.1.2 还是 192.168.1.114 时可能会相当麻烦。因此 TCP/IP 同时提供了 IP 地址的另一种结构，它以字母和数字命名，可以方便用户的使用，这种结构称为域名系统（Domain Name System，DNS）。域名到 IP 地址的映射称为名称解析，域为域名服务器的专用计算机中存储了用于显示域名和 IP 地址转换方式的表。

（3）错误控制和流量控制

TCP/IP 协议簇提供了确保数据在网络中可靠传输的特性。这些特性包括检查数据的传输错误（确保到达的数据与发送的数据一致）和确认成功接收到网络信息。TCP/IP 的传输层通过 TCP/IP 定义了许多这样的错误控制、流量控制和确认功能。位于 TCP/IP 的网络访问层中的底层协议在错误控制的整体系统中也起到了一定的作用。

（4）应用支持

在同一台计算机上可以有多种网络应用程序，协议软件必须提供某些方法来判断接收到的数据属于哪个应用程序。在 TCP/IP 中，这个通过系统的逻辑通道实现从网络中到应用程序的接口被称为端口，每个端口有一个用于识别该端口的数字。可以把端口想象为计算机中的逻辑管道，数据通过这些管道实现在应用程序和协议软件之间的传输。典型的 TCP/IP 功能有 FTP、PING、TELNET、ROUTE 等。

9.4.2　TCP/IP 的工作方式

1. TCP/IP 协议系统

在介绍 TCP/IP 的工作方式之前，先了解协议系统的职责。TCP/IP 协议系统必须负责完成以下任务。

- 把消息分解为可管理的数据块，并且这些数据块能够有效地通过传输介质与网络适配器硬件连接寻址，即发送端计算机必须能够定位到接收数据的计算机，接收数据的计算机必须能够识别自己要接收的数据。
- 将数据路由到目的计算机所在的子网，使源子网和目的子网分处不同的物理网络。
- 执行错误控制、流量控制和确认：对于可靠的通信而言，发送和接收数据的计算机必须能够发现并且纠正传输错误，并控制数据流。
- 从应用程序接收数据并传输到网络。
- 从网络接收数据并传输到应用程序。

为了实现上述功能，TCP/IP 的创建者使用了模块化的设计。TCP/IP 协议系统被划分为不同的组件，这些组件从理论上来说能够相互独立地实现自己的功能。每个组件分别负责通信过程中的一个步骤。

2. TCP/IP 和 OSI 模型

国际标准化组织与 1978 年提出了开放系统互连的参考模型 OSI（Open System Interconnection）。OSI 是一个开放性的通信系统互连参考模型，它是一个定义的非常好的协议规范。OSI 模型有 7 层结构，每层都可以有几个子层。OSI 的 7 层从上到下分别是应用层、表示层、会话层、传输层、网络层 、数据链路层和物理层，其中高层，即 7、6、5、4 层定义了应用程序的功能，下面的 3、2、1 层主要面向通过网络的端到端的数据流，其示意图如图 9.24 所示。

RS-232 和 RS-422/485 均为物理层协议。物理层以上的各层都以物理层为基础，在对等层实现直接开放系统互连。

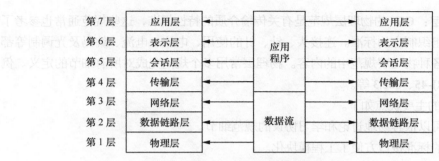

图 9.24 OSI 参考模型示意图

- **应用层**：与其他计算机进行通信的一个应用，它是给应用程序提供通信服务的。例如，一个没有通信功能的字处理程序就不能执行通信的代码，从事字处理工作的程序员也不关心 OSI 的第 7 层。但是，如果添加了一个传输文件的选项，那么字处理器的程序员就需要实现 OSI 的第 7 层。例如，Telnet、HTTP、FTP、WWW、NFS 和 SMTP 协议等。

- **表示层**：这一层的主要功能是定义数据格式及数据加密。例如，FTP 允许你选择以二进制或 ASCII 格式传输。如果选择二进制，那么发送方和接收方不改变文件的内容。如果选择 ASCII 格式，发送方将把文本从发送方的字符集转换成标准的 ASCII 后发送数据。在接收方将标准的 ASCII 转换成接收方计算机的字符集。例如，加密、ASCII 等。

- **会话层**：它定义了如何开始、控制和结束一个会话，包括对多个双向消息的控制和管理，以便在只完成连续消息的一部分时可以通知应用，从而使表示层看到的数据是连续的，在某些情况下，如果表示层收到了所有的数据，则用数据代表表示层。例如，RPC、SQL 等。

- **传输层**：这层的功能包括是选择差错恢复协议还是无差错恢复协议，以及在同一主机上对不同应用的数据流的输入进行复用。此外，还包括对收到的顺序不对的数据包的重新排序功能。例如，TCP、UDP 和 SPX。

- **网络层**：这层对端到端的包传输进行定义，它定义了能够标识所有节点的逻辑地址，还定义了路由实现的方式和学习的方式。为了适应最大传输单元长度小于包长度的传输介质，网络层还定义了如何将一个数据包分解成更小的包的分段方法。例如，IP、IPX 等。

- **数据链路层**：它定义了在单个链路上如何传输数据，这些协议与被讨论的各种介质有关。例如，ATM、FDDI 等。

- **物理层**：OSI 的物理层规范是有关传输介质的特性标准，这些规范通常也参考了其他组织制定的标准。连接头、针、针的使用、电流、电流、编码及光调制等都属于各种物理层规范中的内容。物理层常用多个规范完成对所有细节的定义。例如，RJ-45、802.3 等。

OSI 分层的主要优点如下。

- 人们可以很容易地讨论和学习协议的规范细节。
- 层间的标准接口方便了工程模块化。
- 创建了一个更好的互连环境。
- 降低了复杂度，使程序更容易修改，产品开发的速度更快。
- 每层利用紧邻的下层服务，更容易记住各层的功能。

OSI 是一个定义良好的协议规范集，并有许多可选部分完成类似的任务。它定义了开放系统的层次结构、层次之间的相互关系以及各层所包括的可能的任务。作为一个框架来协调和组织各层所提供的服务。

OSI 参考模型并没有提供一个可以实现的方法，而是描述了一些概念，用来协调进程间通信标准的制定，即 OSI 参考模型并不是一个标准，而是一个在制定标准时所使用的概念性框架。

3. 数据包

关于 TCP/IP 协议栈需要强调的是，其中每一层在整个通信过程中都扮演了一定的角色，并强调必要的服务来完成相应的功能。在数据发送过程中，其流程是从堆栈的上到下，每一层都把相关的信息（被称为"报头"）捆绑到实际的数据上。包含报头信息和数据，数据包就作为下一层的数据，再次被添加报头信息和重新打包。这个过程如图 9.25 所示。当数据达到目标的计算机时，接收过程恰恰是相反的，在数据从下到上经过协议栈的过程中，每一层都解开相应的报头并且使用其中的信息。

当数据从上至下通过协议栈时，其情形有点像俄罗斯的套娃。最里面的套娃被套在稍大的娃娃里，后者又被套在更大的娃娃里，以此类推。在接收端，当数据从下至上经过协议栈时，数据包被逐渐解包。接收端计算机上的网络层会使用网络层的头信息，传输层会使用传输层的报头

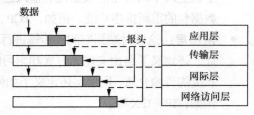

图 9.25　数据包结构示意图

信息。在每一层中，数据包的格式都能向相应的层提供必要的信息。由于每一层分别具有

不同的功能，所以每一层基本数据包的形式也是千差万别的。

数据包在每一层具有不同的形式和名称。下面是数据包在每一层的名称。

- 在应用层生成的数据包被称为消息。
- 在传输层生成的数据包封装了应用层的消息，如果它来自于传输层的 TCP 协议，就被称为分段。如果来自于传输层的 UDP，就被称为数据报。
- 在网络层的数据包封装了数据包（可能对其他进行再分解），被称为帧。

9.4.3　IEEE 802 通信标准

IEEE 802 通信标准是 IEEE（国际电工与电子工程师学会）802 分会从 1981 年至今颁布的一系列计算机局域网分层通信协议标准草案的总称。它把 OSI 参考模型的底部两层分解为逻辑链路控制（LLC）子层、媒体访问控制（MAC）子层和物理层。前两层对应于 OSI 模型中的数据链路层，数据链路层是一条链路（Link）两端的两台设备进行通信时所共同遵守的规则和约定。

IEEE 802 的媒体访问控制子层对应于多种标准，其中最常用的有 3 种，即带冲突检测的载波侦听多路访问（Carrier Sense Multiple，Access/Collision Detect，CSMA/CD）协议、令牌总线（Token Bus）和令牌环（Token Ring）。下面针对这部分内容做详细介绍。

1．总线争用

在通信网络中，允许一个站发送，多个站接收，这种通信方式称为广播。计算机以方波的形式将数据发送到通信线上，如果两个站或多个站同时给通信线发送数据，则会由于多个站发送的数据并不同步，通信线上出现的情况可能会是杂乱无章的波形。因此，数据通信的首要问题就是要避免两个站或多个站同时发送数据。

如果通信网络中的站点比较少，对通信的快速性要求不高，可以采用主从通信方式。网络中设置一个主站，其他站均为从站。只有主站才有权主动发送请求报文（请求帧），从站收到后响应报文。如果有多个从站，主站轮流向从站发出请求报文，这种通信方式称为轮询。

如果网络中的站点很多，轮询一遍需要很长的时间，那么就算某一站遇到了需要紧急上传的时间，也要等到接收到主站的请求才能上传。

2．CSMA/CD 协议

CSMA/CD 是一种争用型的介质访问控制协议。它起源于美国夏威夷大学开发的

ALOHA 网所采用的争用型协议，并进行了改进，使之具有比 ALOHA 协议更高的介质利用率。它主要应用于现场总线 Ethernet 中。

CSMA/CD 也可译为"载波侦听多路访问/冲突检测"或叫做"带有冲突检测的载波侦听多路访问"。所谓载波侦听（Carrier Sense），意思是网络上各个工作站在发送数据前都要侦听总线上有没有数据传输。若有数据传输（称总线为忙），则不发送数据；若无数据传输（称总线为空），则立即发送准备好的数据。所谓多路访问（Multiple Access）意思是网络上所有工作站收发数据共同使用同一条总线，且发送数据是广播式的。所谓冲突（Collision），意思是若网上有两个或两个以上的工作站同时发送数据，在总线上就会产生信号的混合，两个工作站都同时发送数据，在总线上就会产生信号的混合，两个工作站都辨别不出真正的数据是什么。这种情况称为数据冲突，又称为碰撞。为了减少冲突发生后的影响，工作站在发送数据过程中还要不停地检测自己发送的数据，有没有在传输过程中与其他工作站的数据发生冲突，这就是冲突检测（Collision Detected）。

有人将 CSMA/CD 的工作过程形象地比喻成很多人在一间黑屋子里举行讨论会，参加会议的人都是只能听到其他人的声音。每个人在说话前必须先倾听，只有等会场安静下来后，他才能够发言。人们将发言前的监听以确定是否已有人在发言的动作称为"载波监听"；将在会场安静的情况下每人都有平等机会讲话成为"多路访问"；如果有两人或两人以上同时说话，大家就无法听清其中任何一人的发言，这种情况称为发生"冲突"。发言人在发言过程中要及时发现是否发生冲突，这个动作称为"冲突检测"。如果发言人发现冲突已经发生，这时他需要停止讲话，然后随机后退延迟，再次重复上述过程，直至讲话成功。如果失败次数太多，他也许就放弃这次发言的想法。通常尝试 16 次后放弃。

图 9.26（a）中的方框为主站，当它发送蓝色数据块至总线时正好碰到了其他在总线上的数据，故引起了冲突，而在图 9.26（b）中，蓝色数据块发送时正巧遇到一个数据块之间的间隙，故不会引起数据冲突。

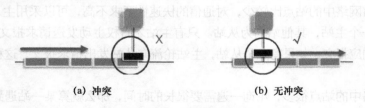

(a) 冲突　　　　　　　　　　　(b) 无冲突

图 9.26　冲突检测

3．令牌总线

令牌总线网络使用总线型拓扑结构，使用 75ΩCATV 同轴电缆构造。IEEE802.4 标准的宽带特性，支持在不同的信道上同时进行传输。宽带电缆有较长的传输能力，传输率可达10Mbit/s。在生产厂房的网络中，令牌总线网有时采用生产自动化协议来实现。

令牌总线媒体访问控制访问是将局域网物理总线的站点构成一个逻辑环，每一个站点都在一个有序的序列中被指定一个逻辑位置，序列中最后一个站点的后面又跟着第一个站点。每个站点都知道在它之前的前趋站和在它之后的后继站的标识。

在正常运行时，当站点做完该做的工作或者时间终了时，它将令牌传递给逻辑序列中的下一个站点。从逻辑上看，令牌是按地址的递减顺序传送至下一个站点的，但从物理上看，带有目的地址的令牌帧广播总线上所有的站点，当目的站点识别出符合它的地址，即把该令牌帧接收。应该指出，总线上站点的实际顺序与逻辑顺序并无对应关系。

只有收到令牌帧的站点才能将信息帧送到总线上，这就不像 CSMA/CD 访问方式那样，令牌总线不可能产生冲突。由于不可能产生冲突，令牌总线的信息帧长度只需根据要传送的信息长度来确定，就没有最短帧的要求。而对于 CSMA/CD 访问控制，为了使最远距离的站点也能检测到冲突，需要在实际的信息长度后添加填充位，以满足最短帧长度的要求。

令牌总线控制的另一个特点是站点间有公平的访问权。因为取得令牌的站点有报文要发送则可发送，随后，将令牌传递给下一个站点；如果取得令牌的站点没有报文要发送，则立刻把令牌传递到下一站点。由于站点接收到令牌的过程是顺序依次进行的，因此对所有站点都有公平的访问权。令牌总线示意图如图 9.27 所示。

4．令牌环

令牌环上传输的小的数据（帧）叫做令牌。谁有令牌，谁就有传输权限。如果环上的某个工作站收到令牌并且有信息发送，它就改变令牌中的一位（该操作将令牌变成一个帧开始序列），添加想传输的信息，然后将整个信息发往环中的下一工作站。当这个信息帧在环上传输时，网络中没有令牌，这就意味着其他工作站想传输数据就必须等待，因此令牌环网络中不会发生传输冲突。令牌环网示意图如图 9.28 所示。

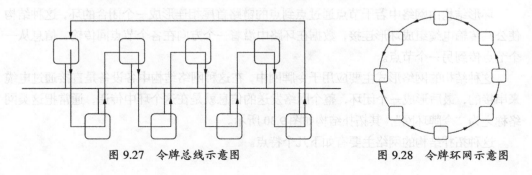

图 9.27　令牌总线示意图　　　　　　　　图 9.28　令牌环网示意图

9.4.4　工业控制网络的拓扑结构

工业控制网络主要分为总线型、环形、星形和树形等。下面对这几种常用的拓扑结构做详细介绍。

1．总线型拓扑结构网络

总线型拓扑结构网络是指采用单根传输线作为总线，所有工作站都共用一条总线。当其中一个工作站发送信息时，该信息将通过总线传到每一个工作站上。工作站在接到信息时，先要分析该信息的目标地址与本地地址是否相同，若相同则接收该信息；若不相同，则拒绝接收总线型拓扑结构网络的主要特点如下。

- **结构简单**：网络各接点通过简单的搭线器（T 型接头）即可接入网络，施工类似接电视天线。
- **用线量小**：总线型拓扑结构网络所有接点共用一条电缆，用线量要比其他拓扑结构少许多，从结构上来看也很规整。
- **成本较低**：总线型拓扑结构网络因用线量小，无需集线器等昂贵的网络设备，因此成本要大大低于星形网络。
- **扩充灵活**，总线型拓扑结构网络只需增加一段电缆和一个 T 型接头就可增加一个接点。

总线型拓扑结构网络示意图如图 9.29 所示。需要注意的是，采用此种拓扑结构传输高频信号时，信号波长相对传输线较短，信号在传输线终端会形成反射波，干扰原信号，所以通常需要在传输线起始端和末端加终端电阻，使信号到达传输线末端后不反射。在长距离信号传输时，一般为了避免信号的反射和回波，也需要在总线的起始端和末端匹配电阻。

2．环形拓扑结构网络

环形结构由网络中若干节点通过点到点的链路首尾相连形成一个闭合的环，这种结构使公共传输电缆组成环形连接，数据在环路中沿着一个方向在各个节点间传输，信息从一个节点传到另一个节点。

这种结构的网络形式主要应用于令牌网中，在这种网络结构中各设备是直接通过电缆来串接的，最后形成一个闭环，整个网络发送的信息就是在这个环中传递，通常把这类网络称之为"令牌环网"，其拓扑结构如图 9.30 所示。

这种拓扑结构的网络主要有如下几个特点。

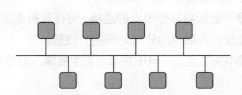

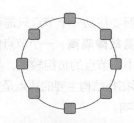

图 9.29　总线型拓扑结构网络示意图　　图 9.30　环形拓扑结构网络示意图

- **实现简单**：通过其网络结构图不难看出，没有价格昂贵的节点集中设备，如集线器和交换机。
- **传输速度快**：随着以太网的广泛应用和以太网技术的发展，以太网的速度也得到了极大提高，目前普遍都能提供 100Mbit/s 的网速。

其主要缺点是，维护相对困难，从其网络结构中可以看到，整个网络各节点间是直接串联，这样任何一个节点出了故障都会造成整个网络的中断、瘫痪，维护起来非常不便。

近几年由于网络发展迅速，针对传统环形拓扑结构网络也有了些许改进，出现了一个新的名词，称为环形冗余。数据通过单方向传输将数据内容从一个站传送至下一个站。为了防止整个网路的瘫痪，主站能够迅速检查到错误并切换至另一个方向，这样就能避免个别从站出错影响到整个网络瘫痪的现象出现。这种结构目前已经在实际工业中有广泛应用，如 EtherCAT 的冗余功能会在下文有详细介绍。

3．星形拓扑结构网络

星形拓扑结构网络是指网络中的各节点设备通过一个网络集中设备（如集线器 HUB 或者交换机）连接在一起，各节点呈星状分布的网络连接方式。这种拓扑结构主要应用于 IEEE 802.2、IEEE 802.3 标准的以太网中。星形拓扑结构相对简单，是目前局域网普遍采用的一种拓扑结构。采用星形拓扑结构的局域网，一般使用双绞线或光纤作为传输介质，符合综合布线标准，能够满足多种宽带需求。其拓扑结构示意图如图 9.31 所示。

它的特点如下。

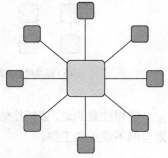

图 9.31　星形拓扑结构
网络示意图

- **易实现**：它所采用的传输介质一般都是通用的双绞线或同轴电缆。但是每个站点都要和中央网络集中设备直接连接，需要耗费大量的线缆，并且安装，维护的工作量也剧增。
- **扩展性好**：节点扩展时只需要从集线器或交换机等集中设备中拉一条电缆即可，

而要移动一个节点只需要把相应节点设备移到新节点即可。

- **易故障隔离**：一个节点出现故障不会影响其他节点的连接，可任意拆走故障节点；中央节点的负担较重，易形成瓶颈；各站点的分布处理能力较低。

星形拓扑结构主要的缺点是太过依赖中央节点，一旦中央节点发生故障，则整个网络都会受到影响。

4．树形拓扑结构网络

树形拓扑结构网络是分级的集中控制式网络，从结构上而言，比其他总线更复杂。它的特点如下。

- **易于扩展**：树形拓扑结构可以延伸出很多节点和分支，这些新节点和新分支都能很容易地加入网内。
- **易故障隔离**：如果某一分支的节点或线路发生故障，很容易将故障分支与整个系统隔离开来。

与星形拓扑结构相比，它的通信线路总长度短，节点易于扩展，寻找路径比较方便，但除了节点及其相连的线路外，任一节点或其相连的线路故障都会使系统受到影响，其标准树形拓扑结构如图 9.32（a）所示。如图 9.32（b）所示，该网络称之为"鸡爪树形"结构，因为该树形结构的分支外又衍生出了一个小的星形网络，从外形来看与鸡爪相似，该结构也在树形拓扑结构的范畴内。

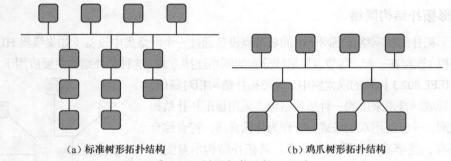

（a）标准树形拓扑结构　　　　　　　　（b）鸡爪树形拓扑结构

图 9.32　树形拓扑结构网络图

值得注意的是，该拓扑结构的分支节点对根节点的依赖性太大。如果根节点发生故障，则全网不能正常工作。

5．网络中转拓展设备

中转设备是将网段连接起来的关键设备，根据不同的应用场合选用不同的设备。下面会介绍不同设备的基本功能及相关特点。

（1）中继器（Repeater）

中继器是连接网络线路的一种装置，常用于两个网络节点之间物理信号的双向转发工作。中继器主要完成物理层的功能，负责在两个节点的物理层上按位传递信息，完成信号的复制、调整和放大功能，以此来延长网络的长度。由于存在损耗，在线路上传输的信号功率会逐渐衰减，衰减到一定程度时将造成信号失真，因此会导致接收错误。中继器就是为解决这一问题而设计的。它完成物理线路的连接，对衰减的信号进行放大，保持与原数据相同。一般情况下，中继器的两端连接的是相同的媒体，但有的中继器也可以完成不同媒体的转接工作。从理论上讲中继器的使用是无限的，网络也因此可以无限延长。事实上这是不可能的，因为网络标准中都对信号的延迟范围作了具体的规定，中继器只能在此规定范围内进行有效的工作，否则会引起网络故障。图 9.33 为使用中继的拓扑结构示意图。

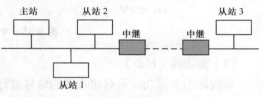

图 9.33　中继器拓扑结构示意图

中继器是最简单的网络互连设备，连接同一个网络的两个或多个网段。例如以太网常常利用中继器扩展总线的电缆长度，标准细缆以太网的每段长度最长 185m，最多可有 5 段，而增加中继器后，最大网络电缆长度则可提高到 925m。一般来说，中继器两端的网络部分是网段，而不是子网。

使用中继器的优点如下。

- 扩展节点数量。
- 减少通信线缆长度。
- 提高通信速率（如 IXXAT 的中继器可以减少 40m，200ns）。

例如，图 9.34（a）中两个节点之间的最长距离为 300m（节点 1~9），故波特率可以设定为 125kbit/s。图 9.34（b）中两个节点之间的最长距离为 200m（节点 1~6），故波特率可以设定为 250kbit/s。

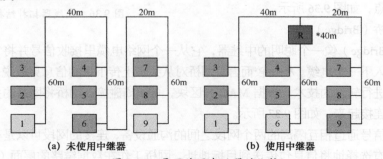

(a) 未使用中继器　　　　　　(b) 使用中继器

图 9.34　是否使用中继器的比较

中继器的类型也有很多种，分为交叉线缆中继、无线中继、光中继和红外中继等。图 9.35（a）和图 9.35（b）分别为光中继和红外中继。

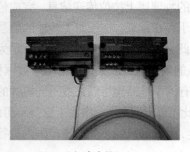

（a）光中继   （b）红外中继

图 9.35 中继器实物

（2）集线器（Hub）

集线器的主要功能是对接收到的信号进行再生整形放大，以扩大网络的传输距离，同时把所有节点集中在以它为中心的节点上。它工作于 OSI 参考模型第一层，即物理层。

集线器与网卡、网线等传输介质一样，属于局域网中的基础设备，采用 CSMA/CD 介质访问控制机制。

集线器属于纯硬件网络底层设备，基本上不具有类似于交换机的"智能记忆"能力和"学习"能力，它也不具备交换机所具有的 MAC 地址表，所以它发送数据时都是没有针对性的，而是采用广播方式发送。也就是说，当它要向某节点发送数据时，不是直接把数据发送到目的节点，而是把数据包发送到与集线器相连的所有节点，如图 9.36 所示。

（3）网桥（Bridge）

图 9.36 集线器拓扑结构

网桥（Bridge）像一个聪明的中继器，它从一个网络电缆里接收信号并将它们放大，最终将其送入下一个电缆。相比较而言，网桥对从关卡上传下来的信息更敏锐一些。网桥是一种对帧进行转发的技术，根据 MAC 分区块，可隔离碰撞。网桥将网络的多个网段在数据链路层连接起来，如图 9.37 所示。

网桥是信号通道相互隔离的两个网段之间的沟通设备，连接的网段可以是相同或不同的媒介质，有选择地将信息包传送到目标地址。网桥工作在数据链路的层面（第二层），如图 9.38 所示。

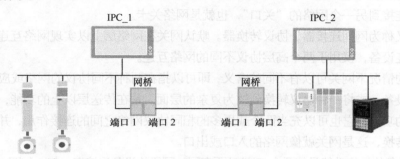

图 9.37 网桥拓扑结构

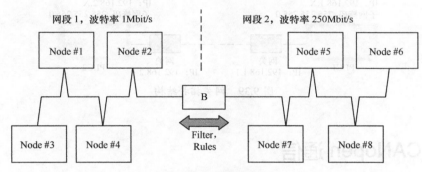

图 9.38 网桥的作用

（4）交换机（Switch）

交换机是综合了集线器和网桥优点的高性能设备，有选择地将信息包送到指定的目标地址，它也是目前在工业中使用最广泛的网络设备。交换机又可以称为多端口的网桥，每台设备都有独立的带宽可使用，适用于需求足够带宽的情形，作为以太网网络结构的中心设备，是目前特别推荐使用的设备。交换机工作在数据链路层（第二层），其结构与图 9.36 类似。

（5）路由器（Router）

路由器又称为网关设备，是用于连接多个逻辑上分开的网络。所谓逻辑网络是代表一个单独的网络或者一个子网。当数据从一个子网传输到另一个子网时，可通过路由器的路由功能来完成。因此，路由器具有判断网络地址和选择 IP 路径的功能，它能在多网络互联环境中建立灵活的连接，可用完全不同的数据分组和介质访问方法连接各种子网，路由器只接收源站或其他路由器的信息，属网络层的一种互连设备。

（6）网关（Gateway）

从一个房间走到另一个房间，必然要经过一扇门。同样，从一个网络向另一个网络发送信息，也必须经过一道"关口"，这道关口就是网关。顾名思义，网关（Gateway）就是一个网络连接到另一个网络的"关口"，也就是网络关卡。

网关又称为网间连接器、协议转换器。默认网关在网络层上以实现网络互连，是复杂的网络互连设备，仅用于两个高层协议不同的网络互连。

不同的情况下网关可以有不同的含义，即可以指在两种不同协议的网络或应用之间完成转换的设备，或将一种协议转换到较为复杂的层面，是在传送层以上的功能，这就像路由器完成的功能；它也可以充当两个或更多的相同协议网络之间的连接作用，并不需要完成协议的转换，这是网关就像网络的入口或出口。

网关设备的最终功能是使两个 IP 地址不在同一网段的设备连接在一起，如图 9.39 所示。

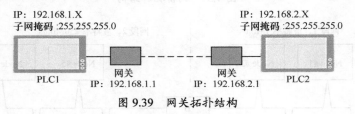

图 9.39　网关拓扑结构

9.5　CANopen 通信

CANopen 属于现场总线协议，它是在 20 世纪 90 年代末由 CiA 组织（CAN-In-Automation）在 CAL（CAN Application Layer）的基础上发展而来，一经推出便在欧洲得到了广泛的认可与应用。经过对 CANopen 协议规范文本的多次修改，使得 CANopen 协议的稳定性、实时性、抗干扰性都得到了进一步的提高，并且 CIA 在各个行业不断推出设备子协议，使 CANopen 协议在各个行业得到更快的发展与推广。目前 CANopen 协议已经在运动控制、车辆工业、电机驱动、工程机械、船舶海运等行业得到广泛的应用。

9.5.1　运行原理

1．拓扑结构

图 9.40 所示为 CANopen 典型的总线型网络结构，该网络中有 1 个主节点和 3 个从节点，此外还有一个 CANopen 网关挂接的其他设备。每个设备都有一个独立的节点地址（Node ID）。从站与从站之间也能建立实时通信，通常需要事先对各个从站进行配置，使

各个从站之间能够建立独立的 PDO 通信。

由于 CANopen 是一种基于 CAN 总线的应用层协议,因此其网络组建与 CAN 总线完全一致,为典型的总线型结构,从站和主站都挂在该总线上。通常一个 CANopen 网络中只有一个主站和若干个从站设备。

2.通信模型

CANopen 协议是 CAN-in-Automation(CiA)定义的标准之一,并且在发布后不久就获得了广泛的承认。CANopen 协议被认为是在基于 CAN 的工业系统中占领导地位的标准。大多数重要的设备类型,例如数字和模拟的输入/输出模块、驱动设备、操作设备、控制器、可编程控制器或编码器,都在称为"设备描述"的协议中进行描述。在 OSI 模型中,CAN 标准、CANopen 协议之间的关系如图 9.41 所示。

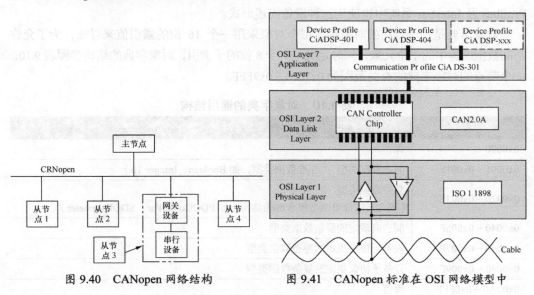

图 9.40 CANopen 网络结构　　　　图 9.41 CANopen 标准在 OSI 网络模型中

从图 9.41 中还可以看到,其 OSI 网络模型只实现了物理层、数据链路层及应用层。因为现场总线通常只包括一个网段,因此不需要传输层和网络层,也不需要会话层和描述层的作用。

由于 CAN(Controller Area Network)现场总线仅仅定义了第 1 层和第 2 层。实际设计中,这两层完全由硬件实现,设计人员无需再为此开发相关软件或固件。

由于 CAN 标准没有规定应用层,故其本身并不完整,需要一个高层协议来定义 CAN 报文中的 11/29 位标识符、8 字节数据的使用。而且,基于 CAN 总线的工业自动化应用中,越来越需要一个开放的，标准化的高层协议：这个协议支持各种 CAN 厂商设备的互用性、互换性，能够实现在 CAN 网络中提供标准的、统一的系统通信模式，提供设备功能描述方式，执行网络管理功能，如图 9.40 所示。

应用层（Application Layer）：为网络中每一个有效设备都能够提供一组有用的服务与协议。

- 通信描述（Communication Profile）：提供配置设备、通信数据的含义，定义数据通信方式。
- 设备描述（Device Proflile）：为设备（类）增加符合规范的行为。

3．对象字典

CANopen 的核心概念是设备对象字典（Object Dictionary，OD），在其他现场总线如 Profibus 及 Interbus 系统中也使用这种设备描述形式。

对象字典是一个有序的对象组。每个对象采用一个 16 位的索引值来寻址，为了允许访问数据结构中的单个元素，同时定义了一个 8 位的子索引，对象字典的结构参照表 9.10。一个节点的对象字典的有关范围为 0x1000～0x9FFF。

表 9.10　对象字典的通用结构

索　引	对　　象
0x0000	保留
0x0001～0x001F	静态数据类型 （标准数据类型，如 Boolean、Integer 16）
0x0020～0x003F	复杂数据类型 （预定义由简单类型组合成的结构，如 PDOCommPar、SDOParameter）
0x0040～0x005F	制造商规定的复杂数据类型
0x0060～0x007F	设备子协议规定的静态数据类型
0x0080～0x009F	设备子协议规定的复杂数据类型
0x00A0～0x0FFF	保留
0x1000～0x1FFF	通信子协议区域 （如设备类型、错误寄存器、支持的 PDO 数量）
0x2000～0x5FFF	制造商特定子协议区域
0x6000～0x9FFF	标准的设备子协议区域 （例如 "DSP-401 I/O 模块设备子协议"：Read State 8 Input Lines 等）
0xA000～0xFFFF	保留

每个 CANopen 设备都有一个对象字典，对象字典包含了描述这个设备和它的网络行

为的所有参数，对象字典通常用电子数据文档（Electronic Data Sheet，EDS）来记录这些参数，而不需要把这些参数记录在纸上。对于 CANopen 网络中的主节点来说，不需要对 CANopen 从节点的每个对象字典项都访问。

CANopen 协议包含了许多的子协议，其主要划分为以下 3 类。

（1）通信子协议（Communication Profile）

CANopen 由一系列称为子协议的文档组成。通信子协议描述对象字典的主要形式和对象字典中的通信子协议区域中的对象，通信参数。同时描述 CANopen 通信对象。这个子协议适用于所有的 CANopen 设备，其索引值范围为 0x1000～0x1FFF。

（2）制造商自定义子协议（Manufacturer-specific Profile）

制造商自定义子协议，对于在设备子协议中未定义的特殊功能，制造商可以在此区域根据需求定义对象字典对象。因此这个区域对于不同的厂商来说，相同的对象字典项其定义不一定相同，其索引值范围为 0x2000～0x5FFF。

（3）设备子协议（Device Profile）

设备子协议，为各种不同类型的设备定义对象字典中的对象。目前已有十几种为不同类型的设备定义的子协议，例如 DS401、DS402、DS406 等，其索引值范围为 0x6000～0x9FFF。表 9.11 列举了完整的 CiA 的设备描述名。

表 9.11　设备描述名

设备描述（CiA）	设 备 类 型
DS 401	数字量及模拟量 I/O
DS 402	驱动设备
DS 404	传感器/执行器
DS 405	PLC 控制设备
DS …	其他设备（医药、门控或电梯控制器等）

注意
- 一个设备的通信功能、通信对象、与设备相关的对象以及对象的默认值由电子数据文档（Electronic Data Sheet，EDS）中提供。
- 单个设备的对象配置的描述文件称作设备配置文件（Device Configuration File，DCF），它和 EDS 有相同的结构。两者的文件类型都在 CANopen 规范中定义。

4．CANopen 预定义连接集

CANopen 预定义连接是为了减少网络的组态工作量，定义了强制性的默认标识符

（CAN-ID）分配表。该分配表是基于 11 位 CAN-ID
的标准帧格式。将其划分为 4 位的功能码和 7 位的节
点号（Node-ID），如图 9.42 所示。在 CANopen 里也
通常把 CAN-ID 称为 COB-ID（通信对象编号）。

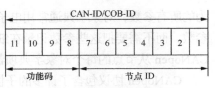

图 9.42　预定义连接 ID

其中节点号由系统集成商给定，每个 CANopen
设备都需要分配一个节点号，节点号的范围为 1～127（0 不允许被使用）。预定义连接集定
义了 4 个接收 PDO（Receive-PDO）、4 个发送 PDO（Transmit-PDO）、1 个 SDO（占用两个
CAN-ID）、1 个紧急对象和 1 个节点错误控制（Node-Error-Control ID）。也支持不需确认的
NMT 模块控制服务、同步（SYNC）和时间标志（Time Stamp）对象报文。表 9.12 列举了
CANopen 预定义主/从连接的广播对象。表 9.13 为 CANopen 主/从站连接集的对等对象。

表 9.12　CANopen 预定义主/从连接的广播对象

对　　象	功能码（ID-bits 10-7）	COB-ID	通信参数在 OD 中的索引
NMT	0000	000H	
SYNC	0001	080H	1005H、1006H、1007H
TIME STAMP	0010	100H	1012H、1013H

表 9.13　CANopen 主/从连接集的对等对象

对　　象	功能码（ID-bits 10-7）	COB-ID	通信参数在 OD 中的索引
紧急	0001	081H～0FFH	1024H,1015H
PDO1（发送）	0011	181H～1FFH	1800H
PDO1（接收）	0100	201H～27FH	1400H
PDO2（发送）	0101	281H～2FFH	1801H
PDO2（接收）	0110	301H～37FH	1401H
PDO3（发送）	0111	381H～3FFH	1802H
PDO3（接收）	1000	401H～47FH	1402H
PDO4（发送）	1001	481H～4FFH	1803H
PDO4（接收）	1010	501H～57FH	1403H
SDO（发送/服务器）	1011	581H～5FFH	1200H
SDO（接收/客户端）	1100	601H～67FH	1200H
NMT 错误控制	1110	701H～77FH	1016H～1017H

5. 过程数据对象（Process Data Object，PDO）

过程数据对象（PDO）在 CANopen 中用于广播高优先级的控制和状态信息。它是用来传输实时数据的，数据从一个生产者传到一个或多个消费者。数据传送限制在 1～8 个字节（例如，一个 PDO 可以传输最多 64 个数字 I/O 值，或者 4 个 16 位的 AD 值）。PDO 通信没有协议规定。PDO 数据内容只由它的 CAN ID 定义，假定生产者和消费者知道这个 PDO 的数据内容，其模型如图 9.43 所示。

每个 PDO 在对象字典中用两个对象描述。

- **PDO 通信参数**：包含哪个 COB-ID 将被 PDO 使用，传输类型，禁止时间和周期。
- **PDO 映射参数**：包含一个对象字典中对象的列表，这些对象映射到 PDO 里，包括它们的数据长度。生产者和消费者必须知道这个映射，以解释 PDO 数据中的具体内容。

（1）PDO 参数设置

若要支持 PDO 的传送/接收，则必须在该设备的对象字典中提供此 PDO 的相应参数设置。单个 PDO 需要一组通信参数（PDO 通信参数记录）和一组映射参数（PDO 映射记录）。

在其他情况下，通信参数指出此 PDO 使用的 CAN 标识符以及触发相关 PDO 传送的触发事件。映射参数指出希望发送的本地对象字典信息，以及保存所接收的信息的位置。

接收 PDO 的通信参数被安排在索引范围 1400h～15FFh 内，发送 PDO 的通信参数被安排在索引范围 1800h～19FFh 内。相关的映射条目在索引范围 1600h～17FFh 和 1A00h～1BFFh 内进行管理。

（2）PDO 触发方式

PDO 分为事件或定时器驱动，远程请求、同步传送（周期/非周期）多种触发方式，如图 9.44 所示。

- **事件或定时器驱动**：设备内部事件触发 PDO 传送（例如，温度值超出特定限值、事件定时器的时间已过等）。
- **远程请求**：因为 PDO 由单个 CAN 数据帧组成，所以可以通过远程传送请求（RTR）来请求这些 PDO。
- **同步传送（周期性）**：PDO 的传送可与 SYNC 消息的接收结合进行。可设定在每 1～240 个 SYNC 消息后触发。
- **同步传送（非周期性）**：这些 PDO 由所定义的设备特定事件触发，但在接收到下一个同步消息时才被发送。

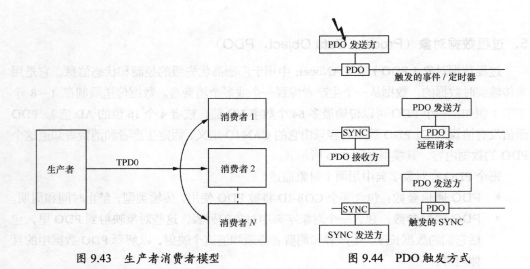

图 9.43　生产者消费者模型　　　　图 9.44　PDO 触发方式

6. 服务数据对象（Service Data Object，SDO）

CANopen 设备为用户提供了一种访问内部设备数据的标准途径，设备数据由一种固定的结构（即对象字典）管理，同时也能通过这个结构来读取。对象字典中的条目可以通过服务数据对象 SDO 来访问，此外，一个 CANopen 设备必须提供至少一个 SDO 服务器，该服务被称为默认的 SDO 服务器。而与之对应的 SDO 客户端通常在 CANopen 服务器管理器中实现。因此，为了让其他 CANopen 设备或配置工具也能访问默认 SDO 服务器，CANopen 管理器必须引入一个 SDO 管理器。

SDO 之间的数据交换通常都是由 SDO 客户端发起的，它可以是 CANopen 网络中任意一个设备的 SDO 客户端。SDO 之间的数据交换至少需要两个 CAN 报文才能实现，而且两个 CAN 报文的 CAN 标识符不能一样。如图 9.45 所示，COB-ID 为 16#600+节点号的 CAN 报文包含 SDO 服务器所确定的协议信息。SDO 服务器通过 16#580+节点号的 CAN 报文进行应答。一个 CANopen 设备中最多可以有 127 个不同的服务数据对象。

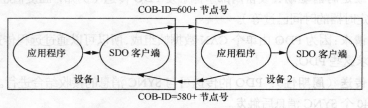

图 9.45　SDO 客户端读/写对象字典

SDO 通信的主要作用如下。

- 通过使用索引和子索引（在 CAN 报文的前几个字节），SDO 使客户机能够访问设备（服务器）对象字典中的项（对象）。
- SDO 通过 CAL 中多元域的 CMS 对象来实现，允许传送任何长度的数据（当数据超过 4 个字节时分拆成几个报文）。
- 协议是确认服务类型：为每个消息生成一个应答（一个 SDO 需要两个 ID）。SDO 请求和应答报文总是包含 8 个字节（没有意义的数据长度在第一个字节中表示，第一个字节携带协议信息）。

（1）SDO 的数据请求

SDO 的数据请求是将数据从客户端发送至 SDO 的服务器，发送的过程需要遵循 CANopen 的格式要求，SDO 请求码的数据格式如图 9.45 所示。COB-ID 为 16#600+节点号，其次，使用需要在 Byte0 中写入请求码，由于请求码按照要写入数据的长度的不同而不同，当要写入的数据内容格式占 1 字节时写入 16#2F。当写入数据达到 4 个字节时，需要使用 16#23 作为请求码，详细的内容见表 9.14。

表 9.14　SDO 请求码 CAN 报文格式

请求码	指令描述	Byte 4	Byte 5	Byte 6	Byte 7
16#23	写入 4 字节数据	Bits 7-0	Bits 15-8	Bits 23-16	Bits 31-24
16#2B	写入 2 字节数据	Bits 7-0	Bits 15-8	16#00	16#00
16#2F	写入 1 字节数据	Bits 7-0	16#00	16#00	16#00
16#40	读取数据	16#00	16#00	16#00	16#00
16#80	SDO 通信中断	16#00	16#00	16#00	16#00

图 9.46 为使用专用 EDS 文件浏览器打开看到的某品牌的 CANopen 从站设备，其中有一个参数为 "Consumer Heartbeat time"，对应该参数可以查到该参数的索引号为 1016，子索引号为 1。Byte 4-Byte 7 为具体请求的数据内容见表 9.14。如图 9.47 所示，Byte 1 和 Byte 2 为写入的对象的索引号，Byte 3 为子索引号。

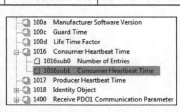

图 9.46　EDS 文件中的对象字典

COB-ID	Byte 0	Byte 1	Byte 2	Byte 3	Byte 4	Byte 5	Byte 6	Byte 7
(16#600) +节点号	请求码	对象索引		子索引	请求数据			
		低字节	高字节		Bits 7-0	Bits 15-8	Bits 23-16	Bits 31-24

图 9.47　SDO 请求数据格式

（2）SDO 的数据响应

SDO 的数据响应是将数据从服务器发送至客户端的数据，SDO 响应码的数据格式如

图 9.48 所示，COB-ID 为 16#580+节点号。

使用时需要在 Byte0 中写入响应码，由于响应码也按照要读取数据的长度的不同而不同，当读取的数据内容格式占 1 字节时为 16#4F。当读取数据达到 4 个字节时，需要使用 16#43 作为请求码，详细的内容见表 9.15。

表 9.15　SDO 响应码 CAN 报文格式

响应码	指令描述	Byte 4	Byte 5	Byte 6	Byte 7
16#43	读取 4 字节数据	Bits 7-0	Bits 15-8	Bits 23-16	Bits 31-24
16#4B	读取 2 字节数据	Bits 7-0	Bits 15-8	16#00	16#00
16#4F	读取 1 字节数据	Bits 7-0	16#00	16#00	16#00
16#60	读取数据	16#00	16#00	16#00	16#00
16#80	SDO 通信中断	Bits 7-0	Bits 15-8	Bits 23-16	Bits 31-24

Byte 1 和 Byte 2 为读取的对象索引号，Byte 3 为子索引号。Byte 4-Byte 7 为具体请求的数据内容如图 9.48 所示。

COB-ID	Byte 0	Byte 1	Byte 2	Byte 3	Byte 4	Byte 5	Byte 6	Byte 7
(16#580) +节点号	响应码	对象索引		子索引	响应数据			
		低字节	高字节		Bits 7-0	Bits 15-8	Bits 23-16	Bits 31-24

图 9.48　SDO 响应数据格式

图 9.49 为使用 CANopen 抓包工具截取的通信数据。该数据发生在主站刚刚启动完。结合本节学到的知识分析一下每个数据的具体含义。

```
 8  ;   Message Number
 9  ;   |   Time Offset (ms)
10  ;   |   |   Type
11  ;   |   |   |   ID (hex)
12  ;   |   |   |   |   Data Length Code
13  ;   |   |   |   |   |   Data Bytes (hex) ...
14  ;   |   |   |   |   |   |
15  ;---+--  ----+----  --+--  ----+---  +  -+ -- -- -- -- -- --
16     1)   11457.9  Rx     0000   2  82 00
17     2)   11458.6  Rx     0601   8  40 00 10 00 00 00 00 00
18     3)   13566.8  Rx     0601   8  40 00 10 00 00 00 00 00
19     4)   13567.1  Rx     0581   8  43 00 10 00 05 04 00 00
20     5)   13567.6  Rx     0601   8  40 18 10 01 00 00 00 00
21     6)   13567.9  Rx     0581   8  43 18 10 01 02 00 00 00
```

图 9.49　CAN 报文抓包数据

图 9.49 中已经明确标识了每个字段的含义，ID（Hex）为 COB-ID，Data Length Code 为实际数据的长度，Data　Bytes（Hex）为实际的数据内容，以十六进制显示。

第 1 条指令的 ID 为 000，数据内容为 82 00。000 表示 NMT 指令，十六进制的 82 表示"Reset_Communication"，即将总线中所有从站设备通信复位，这部分内容在接下来的内容中会介绍。第 2 条指令和第 3 条一样，ID 为 601，查询可得"SDO（发送/客户端）"，表示主站发送请求给从站，其源码的指令码为 40，40 表示读取该索引及子索引中的数据，源数据为 00 10 00 00 00 00 00，由于源码与实际发送的指令被高低位翻转，其真正的数据是 10 00 00 00 00。根据之前在介绍 SDO 的格式中的内容可以看出对象索引为 1000，子索引为 00，请求数据为 00 00。第 4 条指令的为 581，即为从站的响应指令，其具体内容为 43 00 10 00 05 04 00 00。同样，根据表 9.15，43 表示读取 4 个数据，具体的索引为 1000，子索引为 00，具体的数据内容经过高低字及高低字节翻转为 00 00 04 05，其过程如图 9.50 所示，源码为实际抓到的数据，经过翻转后，实际数据才是真正的数据内容。索引 1000 的内容为"Device Type"，故该设备的"Device Type"为 16#0405。

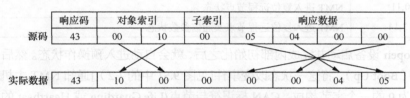

图 9.50　CAN 报文源码对应实际数据

第 5 条指令 ID 为请求指令 601，内容为 40 18 10 01 00 00 00 00，表示的是读取索引 1018，子索引为 01 的数据。索引 1018 的子索引 1 为厂家定义的"Vendor ID"。第 6 条指令 ID 为 581，即为响应第 5 条的指令请求，不难看出，最终的数据为 02 00 00 00，将该数据进行高低字和高低字节颠倒后还原后的实际数据为 00 00 00 02。

7. 网络管理系统（NMT）

网络管理系统（NMT）负责启动网络和监控网络。为了节约网络资源，工程师们将 CANopen 网络管理系统设计成一种主/从机系统。对于那些出于安全原因要求在网络中包含多个 NMT 主机的应用而言，可以采用一个"动态主机"（Flying　NMT　Master）。当活动的 NMT 主机出现故障时，另一个设备将会自动承担 NMT 主机的义务。

但通常而言 CANopen 网络中只允许有一个活动的 NMT 主机，通常为 PLC 主站。原则上每一种设备（包括传感器）均可以执行 NMT 主机功能。如果网络中多个设备都具有 NMT 主机功能，则只有一个能配置主机。有关配置 NMT 主机的详细信息可在用于可编程 CANopen 设备的"框架规范"（CiA 302）中找到。

8．CANopen 启动过程

为了方便设备管理，所有设备都内置一个内部状态机，如图 9.51 所示。在内部状态机中，状态之间的转变通常由内部事件来触发（如设备启动、内部功能错误或内部复位），或由外部 NMT 主机在外部触发。NMT 的转变见表 9.16。

表 9.16　NMT 状态转移表

状　态	说　明
1	上电之后自动初始化设备
2	完成初始化之后自动改变
3,6	NMT 启动远程节点指令
4,7	NMT 进入预操作状态
5,8	NMT 进入停止状态
9,10,11	NMT 进入复位远程节点状态
12,13,14	NMT 进入复位远程节点及通信参数状态

CANopen 设备启动并完成内部初始化之后，就会自动进入预操作状态。然后通过启动消息报文（Boot Up），将这一状态改变事件[见图 9.51 中的（2）]通知 NMT 主机。启动消息由内容为 0 的一个字节构成。CAN 标识符与节点/Life Guarding 或 Heartbeat 的标识符一样，由 COB-ID=16#700+节点号组成，如图 9.52 所示。

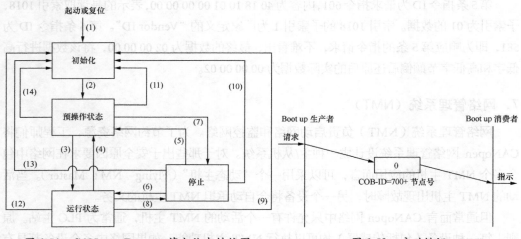

图 9.51　CANopen Boot-up 节点状态转换图　　　图 9.52　启动协议

在预操作状态中，用户可以通过 SDO 服务器读取对象字典中的所有参数，并借此来配置设备的参数。在这种情况下，用户可使用"预定义连接集"所设定的默认 SDO 连接，而对应的 SDO 客户端则有具体的 NMT 主机功能的配置工具或应用程序来提供。在该阶段，不仅设备的 PDO 参数可以得到设置，如果允许，映射条目及映射参数也可以进行设置。除此之外，用户还可以建立起它的 SDO 连接，但一般不建议建立其他的连接，因为设备的默认设置足以满足网络通信的基本要求。

在预操作状态中还可以启动同步服务功能。同步报文生产者在发送启动报文消息之后，马上开始循环发送同步报文，从而使其他设备同步。在该状态下同样可以启动 HeartBeat 机制来监控设备。通常，不推荐使用 Node Guarding 来监控设备，因该功能基于 CAN 远程帧，不是所有的 CAN 设备都支持远程帧。在预操作状态下不允许发送 TPDO，并且还会忽略所收到的 RPDO。

图 9.51 中从过程（3）的预操作到运行状态的改变通常由 NMT 主机发起。但有些自行启动的 CANopen 设备会自动进入运行状态。

NMT 主机必须把 Start_Remote_Node 指令发送给所有设备。可以通过广播方式（节点 ID=0）来实现，将该指令同时发送给所有其他设备，或者 NMT 主机也可以把信息逐个地发送给每一个设备（节点 ID=1～127）。这意味着仅用一条由 NMT 主机发送的 CAN 消息，就可以使整个网络进入到工作状态。操作状态通常被视为设备的正常工作状态。在这种状态下，所有的 CANopen 通信服务都支持，请参见表 9.17。

表 9.17　各种 NMT 状态下的 CANopen 服务

服　　务	预 操 作	操　　作	停　　止
过程数据服务	是	是	否
服务数据对象	是	是	否
同步报文	是	是	否
时间戳	是	是	否
紧急报文	是	是	否
网络管理	是	是	是
错误控制	是	是	是

此外，NMT 主机指令 Stop_Remote_Node 还可以强制设备进入停止状态。在该状态下，除了网络管理和心跳服务以外，其他所有的 CANopen 通信服务都被禁止。应用程序进入停止状态时的反应在 CANopen 协议中没有规定。

控制设备状态的 NMT 发出的消息从站不需要应答。该类型的指令包含两个数据字节。第一个字节确定要发出的指令，也叫指令说明符（Command Specifier）。第二个字节指定 CANopen 设备的节点 ID。如果第二个字节为 0，则表示以广播方式将指令发送给所有设备。表 9.18 为 NMT 指令的格式。表 9.19 为指令说明符的具体指令。

表 9.18　NMT 指令的格式

COB-ID 指令	Byte 0	Byte 1
0x000	命令字	节点号

表 9.19　NMT 命令字

命　令　字	说　　　明
0x01	启动远程节点
0x02	停止远程节点
0x80	进入预操作状态
0x81	复位节点
0x82	复位通信

9. 设备监控

CANopen 规范中，监控设备（错误控制）的服务和协议用于检测网络中的设备是否在线和设备所处的状态。NMT 指令在应用层中进行确认，CANopen 网络管理系统提供以下几种用于设备监控的功能。

- Heartbeat：它是一种周期性地发送给一个或多个设备的消息，设备之间可以互相监视。
- Node Guarding：NMT 主机通过远程帧周期性地监控从机的状态。
- Life Guarding：通过收到的用于监视从机的远程帧来间接监控 NMT 主机的状态。

> **注意**
>
> 用户只能采用 Heartbeat 或 Node/Life Guarding 这两种方法中的一种来进行设备监控。建议使用 Heartbeat，因为这种方法能实现更加灵活的监控结构，而且不需要使用远程帧。

若采用 Heartbeat 机制，CANopen 设备将根据"Producer Heartbeat Time"中所设置的周期来发送心跳报文，该周期以 ms 为单位。

如果采用 Node/Life Guarding 方式，在监视过程中，主机将根据表格中设置的时间通过远程帧周期性的查询所有设备，设备会用包含当前设备状态的数据帧来应答主机。对象字典中 Guard Time 规定了两次查询之间的间隔时间，单位为 ms。Life Time Factor 为寿命系数，该系数与保护时间相乘所得到的时间，就是主机查询设备的最迟时间。这种机制称为寿命保护，有了这种机制，CANopen 设备识别 NMT 主机故障就得到了保障。

9.5.2 CANopen 物理层

ISO 11898-2 标准详细描述了一种用于 CAN 网络的高速收发器。它可以采用分布式结构，也可以由不同的制造商以集成芯片形式提供。收发器芯片具有一个 Rx 引脚和 Tx 引脚，这些引脚可以直接将二进制信号输入到 CAN 控制器中或微控制器的 CAN 模块，其物理连接如图 9.53 所示。

图 9.53 CANopen 物理连接

1. 电气特性

在整个网络中包括主站在内的站点数，最多不能超过 127 个。电缆的信号为 CAN_H，CAN_L 和 CAN_GND。输出信号为差分信号，其电气特性如下。

- CAN_High：3.5V 在显性状态，隐性状态为 2.5V。
- CAN_Low：1.5V 在显性状态，隐性状态为 2.5V。
- 显性状态为逻辑 1，隐性状态为逻辑 0 状态，如图 9.54 所示。

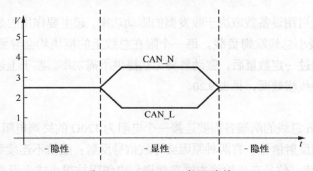

图 9.54 CANopen 物理连接

2. 线缆

需要注意的是，CANopen 总线通过一组双绞线（如图 9.55 所示）就能够实现数据发送接收的功能，发送/接收的两根线的分别为"CAN_H"和"CAN_L"，有时也被称为"CAN+"和 "CAN-"。

"CAN_GND" 如图 9.56 所示，可用于做参考信号及作为屏蔽层可以与 "CAN_SHLD" 连接。此外有些设备需要额外的 24V 电源供电，需要与 CAN_GND 及 CAN V+连接。

- CANopen 通信使用的通信线缆，通常使用两组带屏蔽功能的双绞线。
- 每一组双绞线需要有额外的屏蔽层，以达到对干扰信号的隔离。
- 一对双绞线用于额外供电，连接 CAN_GND 及 CAN V+；
- 另一对双绞线用于连接 CAN_H 和 CAN_L。
- 屏蔽线需要与其他节点的屏蔽线相连接。
- 为了提高该通信线的抗干扰能力，应尽量避免与其他电机动力线缆并行排布。此外，电机动力电缆也应该有良好接地并使用屏蔽线缆。

图 9.55　CANopen 通信线缆

- 线缆阻抗：70mΩ/m（遵循 ISO 11989-2）。
- 典型导线阻抗：120Ω。
- 信号延时（标称）：5ns/m。

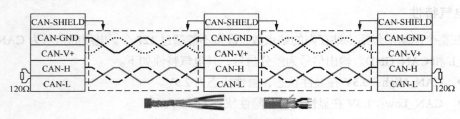

图 9.56　CAN_GND

物理层上最大可用设备数取决于收发器的驱动功率，起主要作用的是发送设备的收发器是否能克服的最小总线欧姆负载。每一个附在总线上的模块均会导致总线欧姆负载减小，因此设备数超过一定数量后，驱动器将无法提供所需功率。鉴于上述考虑，可以借鉴推荐使用的总线导线横截面，见表 9.20。

（1）终端电阻

典型 CANopen 总线的两端各需要连接一个电阻为 120Ω 的终端电阻。其作用是为了消除在通信电缆中的反射信号。有两种原因会导致信号反射：阻抗不连续和阻抗不匹配。

- 阻抗不连续：信号在传输线末端突然遇到电缆阻抗很小或者没有时，就会引起反射。这种信号反射的原理与光从一种媒质进入另一种媒质要引起反射是相似的。消除这种反射的方法就必须在电缆的末端跨接一个与电缆的特性阻抗同样大小的终端电阻，使电缆的阻抗连续。由于信号在电缆上的传输是双向的，因此，在通信电缆的另一端可跨接一个同样大小的终端电阻。

- 阻抗不匹配：引起信号反射的另一个原因是数据收发器与传输电缆之间的阻抗不匹配。这种原因引起的反射主要表现在通信线路在空闲时，整个网络出现数据混乱。要减弱反射信号对通信线路的影响，通常采用噪声抑制和加偏置电阻的方法。

之前提到的终端电阻需要 120Ω，该参数适用于数据传输速率为 1Mbit/s、最大导线长度为 40m 的情况。但对于其他网络长度和传输速率，可以参考表 9.20 中所注明的数值。

表 9.20　推荐使用的单位长度电阻和终端电阻

| 总线长度/m | 总线电缆 | | 终端电阻/Ω | 波特率 |
	单位长度电阻 mΩ/m	横截面/mm^2		
0～40	70	0.25～0.34	124	1Mbit/s
40～300	<60	0.34～0.6	150～300	>500kbit/s
300～600	<40	0.5～0.6	150～300	>100kbit/s
600～1000	<26	0.75～0.8	150～300	>125kbit/s

（2）波特率

在同一个网络内，各个站点的通信速率要求配置一样。通信波特率为 5Kbit/s～1Mbit/s，在通信的过程中要求每个节点的波特率保持一致（误差不能超过 5%），否则会引起总线错误，出现通信异常。

3．连接器

在许多工业中采用 DIN 46912 规定的 9 针 D-Sub 连接器。这种连接器由一个插座和一个插头构成。如图 9.57 所示，对应引脚分配表见表 9.21。

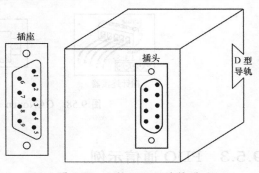

图 9.57　9 针 D-Sub 连接器

表 9.21　9 针 D-Sub 连接器的引脚分配

引　　脚	信　　号	说　　明
1	-	保留
2	CAN_L	CAN_L 通信线

续表

引　脚	信　号	说　明
3	CAN_GND	CAN 接地线
4	-	保留
5	CAN_SHLD	屏蔽层
6	GND	接地线
7	CAN_H	CAN_H 通信线
8	-	保留
9	CAN_V+	正极电源（可选）

此外，在 CANopen 建议（CiA303-1）中还规定了其他连接器端口配置。原则上每一个连接器的端口配置都能定义。为此，德国计算机工业协会办公室的人员收集了所有的建议。如果两个用户想要使用相同的连接器类型，则推荐使用一种端口配置。CiA303-1 还规定了多种圆形连接器的配置，以及用于敞口螺丝端口和 RJ-45 连接器的引脚配置，其外形如图 9.58 所示。

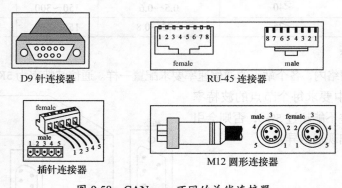

图 9.58　CANopen 不同的总线连接器

9.5.3　PDO 通信示例

在 CANopen 中使用的最多的就是采用过程数据对象 PDO 传输的方式进行控制器和设备的通信，那么针对这种通信方式我们需要怎么样的组态呢？

下面介绍如何在 CODESYS 中配置 CANopen 的完整过程。

首先添加 CANopen 主站，并对其进行设置，其次添加从站并修改相应参数，最终确定通信数据。配置 CANopen 的整体流程如图 9.59 所示。

1. 添加 CANopen 主站

首先，添加 CANopen 总线接口，如图 9.60 所示，根据名称分类，由于 CANopen 属于现场总线，在其中找到 3S 公司的 "CANbus"，单击 "插入设备"，完成 CANopen 总线接口的添加。如果主站为其他供应商所提供，则根据实际情况选择主站。

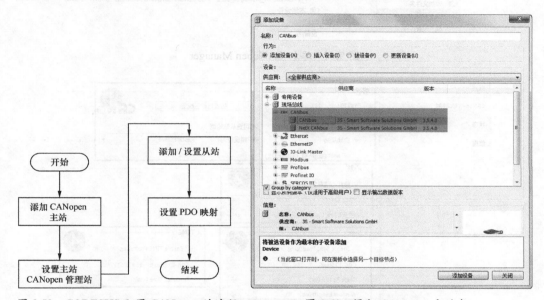

图 9.59　CODESYS 配置 CANopen 的流程　　　　图 9.60　添加 CANopen 主站卡

2. 设置 CANopen 管理器

（1）添加 CANopen Manager

完成总线接口添加后，在自动添加的树形结构菜单中找到 "CANbus"，单击右键选择 "添加设备"，添加 "CANopen Manager"，CANopen Manager 可以对总线进行参数配置，添加步骤如图 9.61 所示。

（2）配置 CANopen 管理器

CANopen Manager 添加后，在 "CAN 总线配置" 中可以配置 CAN 总线节点的子节点。通过内部函数支持 CAN 总线配置，通常被用作 CAN 总线的主站。

CANopen 管理器对话框目前可以为总线上的 PDO 过程数据传输启用同步模式以及其他总线相关参数，管理器设置界面如图 9.62 所示，主要分为概述、心跳、同步和 TIME 设置区域。

图 9.61　添加 CANopen Manager

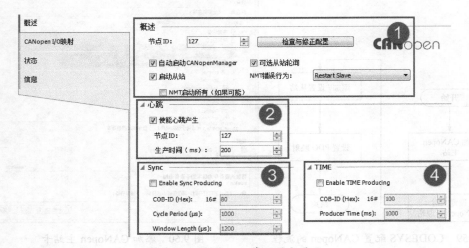

图 9.62　CANopen 管理器主界面

1）概述

- 节点 ID：该 ID 用于设置/识别 CANopen 管理器的站号（即主站站号），默认值为 127，可设置范围为 1 ~ 127。
- 自动启动 CANopen Manager：如果该选项被激活，且所有从站都已经准备好，则 CANopen 管理器将会自动启动进入 "Operation" 模式，否则需要手动启动，如使用 CiA405 协议中的 NMT 功能块，使用 CODESYS 程序来进行启动。
- 启动从站：如果该功能被启用，则由 CANopen 管理器负责自动启动所有从站，否则由 CiA405 协议中的 NMT 功能块来进行程序启动。
- 可选从站轮询：如果从站没有在 Boot-up 过程中及时响应，则每秒都会发送请求直至对方响应为止。

- NMT 错误行为：当 NMT 出现故障时，可以选择重启从站或选择停止从站。

2）同步

同步的主要功能如下。

- 在网络范围内同步（尤其在驱动应用中）：在整个网络范围内将输入值同时保存，随后传送，根据前一个 SYNC 后接收到的报文更新输出值。
- 主从模式：SYNC 主节点定时发送 SYNC 对象，SYNC 从节点收到后同步执行任务。
- 在 SYNC 报文传送后，在给定的时间窗口内传送一个同步 PDO。
- 用 CAL 中基本变量类型的 CMS 对象实现。
- CANopen 建议用一个最高优先级的 COB-ID，以保证同步信号正常传送。SYNC 报文可以不传送过程数据以使报文尽可能短。
  - Enable Heartbeat Producing：使能心跳报文。
  - COB-ID（Hex）：发送同步帧的 COB-ID 号（十六进制）。
  - Cycle Period（us）：同步帧发送的循环周期时间（单位为μs）。
  - Window Length（us）：PDO 时间窗口的同步时间（单位为μs）。

3）心跳

Enable Sync Producing：使能心跳报文，一个节点可周期性的发送特定报文称作心跳报文。心跳报文是通过 Producer 发送给 Consumer 的，当一个 Heartbeat 节点启动后它的 Boot-up 报文是其第一个 Heartbeat 报文，心跳报文对应 COB-ID 的内容见表 9.22。如当对应 COB-ID 中的数据周期的发送 04，则表示该从站目前已经在停止状态。

表 9.22　心跳报文状态

状　态	定　义
0	Boot-up
4	Stopped
5	Operational
127	Pre-operational

- 节点 ID：Heartbeat Producer 发送的节点号，默认为 127，即 CANopen 主站。
- 生产时间：心跳报文发送的间隔时间。

4）TIME

- Enable Time Producing：时间标记对象 Time Stamp 功能，如果开启后 CANopen 管理器，则会根据相关设定发送时间信息。
- COB-ID（Hex）：发送时间戳的 COB-ID，默认为 16#100H。
- Producer Timer（ms）：时间戳发送的间隔时间，必须是任务循环时间的倍数关系。

3．添加从站

添加完主站后，也要针对从站作相应设置。

（1）安装 EDS 文件

在主菜单中的"工具"按钮中找到"设备库"并单击，会弹出如图 9.63 所示的对话框，单击"安装"。

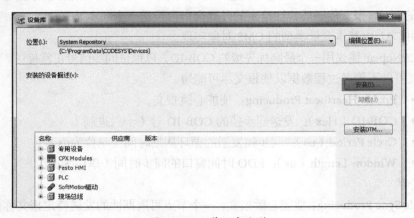

图 9.63　安装设备文件

随即，会弹出如图 9.64 所示的对话框，在下拉菜单中选择"EDS 和 DCF 文件"，然后找到对应 EDS 文件存放位置添加即完成 EDS 的添加工作。

（2）添加 CANopen 从站设备，鼠标单击选中之前添加的主站"CANopen Manager"，单击右键，在弹出的菜单中选择"插入设备"，弹出如图 9.65 所示的对话框。

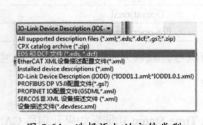

图 9.64　选择添加的文件类型

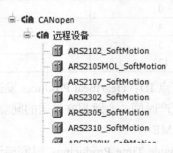

图 9.65　添加 CANopen 远程设备

如果所需要连接的设备并未在该列表中罗列，则需要通过手动添加 EDS 文件添加该远程设备。

（3）CANopen 从站设备

图 9.66 所示为 CANopen 从站设备配置界面，当选中"使能专家设置"选项后，该对话框会根据设备描述文件（EDS）提供的参数供用户修改。

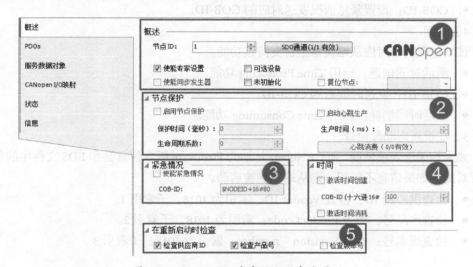

图 9.66 CANopen 专家远程设备主界面

1）概述

- 节点 ID：从站节点号，可设定的范围为 1 ~ 127。
- 使能同步发生器：如果开启，则该从站支持同步传输方式，具体同步时间在 CANopen 管理器中设置。
- 可选设备：如果激活该选项，则在 CAN 网络中不会启动该设备。
- 未初始化：如果该选项被激活，则主站不会发送 SDO 配置信息及 NMT 启动指令至从站。
- 复位节点：取决于该内容在硬件设备中是否存在，如果存在，启用后，将会重置所有的 CANopen 参数。

2）节点保护

- 启用节点保护：开启 Node Guarding 功能。
- 保护时间（ms）：发送的间隔时间。
- 生命周期系数：该系数为保护时间的系数。
- 启动心跳生产：开启心跳生产功能。
- 生产时间（ms）：发送的间隔时间。

3）紧急情况

- 使能紧急情况：使能紧急情况，如果当总线出现故障时，被设置的 COB-ID 会发出错误信息。
- COB-ID：设置紧急情况发送对应的 COB-ID。

4）时间

该功能取决于对应从站设备是否支持该功能。

- 激活时间创建：启用 Time Producing 功能。
- COB-ID：发送时间戳的 COB-ID。
- 激活时间消耗：启用 Time Consuming 功能。

5）在重新启动时检查

如果相关选项被使能，则 CANopen 从站的 Firmware 版本信息会和 EDS 文件中的信息进行对比，如果信息不匹配，则从站不能被启动。

- 检查供应商 ID：检查 Vendor ID，索引为 1018，子索引 1。
- 检查产品号：检查 Product code，索引为 1018，子索引 2。
- 检查版本号：检查 Revision number，索引为 1018，子索引 3。

4. 设置 PDO 映射

（1）PDO 映射修改

该选项用于显示当前已配置的 TPDO 和 RPDO 的具体参数，如图 9.67 所示。如用户需要添加/删除或修改映射地址，则需要在 "Receivd PDOs" 和 "Transmit PDOs" 中进行设置。

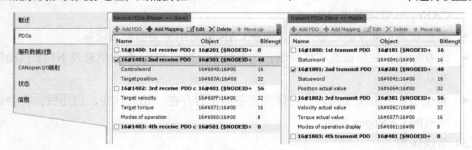

图 9.67　PDO 映射修改

针对图 9.67 中的黑色加粗字体双击，即可对相应 PDO 映射参数进行设置，可修改其 COB-ID、传输类型等，其设置界面如图 9.68 所示。

（2）添加接收/发送 PDO

图 9.68 所示是 PDO 编辑界面，默认有 4 个接收 PDO 和 4 个发送 PDO，如果默认的

EDS 文件配置的 PDO 总数少于 8 个，且用户有实际需求需要多添加 PDO，可以通过单击 "Add PDO" 进行 PDO 的添加。

添加的 PDO 可以自定义其 COB-ID 以及传输类型。单击"确定"后，系统则会为该 PDO 生成 COB-ID，但是生成后的 PDO 并不具备通信能力，需要用户对该 PDO 进行变量映射，根据 CANopen 的协议，每个 PDO 支持传输的数据大小为 8Byte。

（3）添加映射

PDO 添加完成后需要给该 PDO 配置 8 个字节的通信变量，鼠标单击选择"Add Mapping"，先添加 PDO，单击"添加 PDO"后，会自动弹出如图 9.69 所示的对话框，选择索引及子索引，单击"确定"。

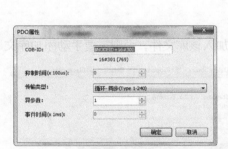

图 9.68 PDO 属性设置

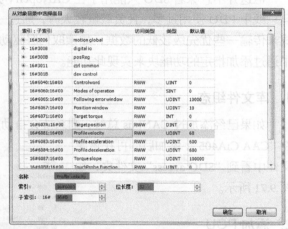

图 9.69 添加映射

（4）查看 PDO 映射

至此，所有的 CANopen 通信配置已经完成，最终，所有配置完的通信变量在"CANopen I/O 映射"中查看，联机后并可以实时查看变量的状态，如图 9.70 所示。

图 9.70 CANopen I/O 映射状态

9.5.4 SDO 通信示例

采用 PDO 的通信方式做数据交换，简单且直接。但由于这些数据只要配置了就会占用一定的总线负载，这样就会导致在一个总线上不能配置过多的从站设备。

SDO 通信主要用于主节点对从节点的参数配置，用来在设备之间传输大的低优先级数据，典型的是用来配置 CANopen 网络上的设备，在设备发出 NMT 命令之前，主站会使用 SDO 对各从站进行如 PDO 映射数据的读写操作，一旦结束才开始发送 NMT 启动命令，之后默认值有 PDO 的操作。

但这并不意味着 SDO 只能用于在 CANopen 网络正式启动前作为参数的通信途径。一旦总线中 PDO 使用过多，且负载量较大时，通过一些特殊的手段可以使用 SDO 的通信方式来传输一些优先级较低的数据，如读取伺服驱动器中的温度值。下面介绍在 CODESYS 中通过添加指定的功能块来实现此功能。

1. 库文件组态

如果已经添加过 CANbus 总线，则系统会自动加入该库文件，否则需要手动添加库文件 "CAA CiA405"，添加后即可在该库文件中看到 "SDO access" 文件夹，如图 9.71 所示。

2. 添加 POU

图 9.71 中"SDO access"文件夹中，有 4 个 CANopen SDO 通信功能块。第一组 SDO_READ 和 SDO_WRITE 这一组对参数的读/写参数对象是任意大小的；另外一组为 SDO_READ4，SDO_WRITE4 功能块可以读/写对象的 4 个字节。

如果以 SDO_READ 为例说明如何使用该功能块，该功能块的图形化界面如图 9.72 所示，调用时只需要填入

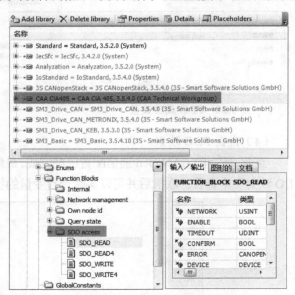

图 9.71 添加库文件

相应输入/输出参数即可使用。表 9.23 罗列了该功能块各输入/输出的具体说明。

图 9.72　SDO 读取功能块

表 9.23　SDO_READ 功能说明

类　型	名　称	类　型	说　明
输入	NETWORK	USINT	总线接口号，如 CAN0。
	ENABLE	BOOL	功能块使能
	TIMEOUT	UDINT	读取超时
	DEVICE	CIA405_DEVICE	设备号，范围: 0 … 127
	CHANNEL	USINT	SDO 通道号范围: 0 … 128
	INDEX	WORD	索引号
	SUBINDEX	BYTE	子索引号
输出	CONFIRM	BOOL	输出确认信号
	ERROR	CIA405_CANOPEN_KERNEL_ERROR	故障信息
	DATA	POINTER TO BYTE	输出结果指针
	ERRORINFO	CIA405_SDO_ERROR	SDO 故障代码
输入/输出	DATALENGTH	UINT	数据长度（字节）

当 ENABLE 有上升沿触发信号后，则该功能块会根据填写的输入参数，如 DEVICE、INDEX 和 SUBINDEX 读取参数。DEVICE 的设置范围为 1 ~ 127。如果 ENABLE 一直为 TRUE，系统会继续读取下一个周期的 SDO 数据，并将其结果输出至 DATA。直至 ENABLE 信号 OFF，则读取终止。具体实现时序图如图 9.73 所示。

【例 9.1】SDO 通信举例。通过 SDO 读取对象的回零点速度。读取对象为 FESTO 所生产的 CMMS-AS 系列的伺服驱动器。

（1）先确定对象的索引以及子索引

通过在供应商的官方网找查找产品的手册或直接打开对象的 EDS 文件找到"回零点速度"的索引及子索引。

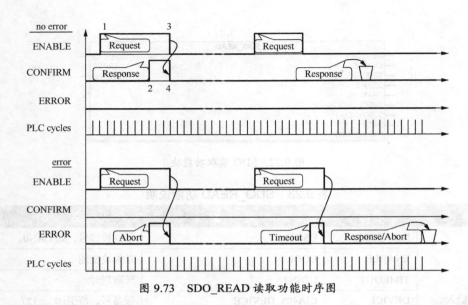

图 9.73   SDO_READ 读取功能时序图

在此介绍一款免费的 EDS 文件查看器，由德国的 Vector 所提供，使用它可以直接方便地编辑 EDS 文件，可以在 http://canopen-solutions.com/canopen_caneds_en.html 进行免费下载。EDS 文件查看器，如图 9.74 所示。

使用 CANeds 打开该伺服驱动器的 EDS 文件。故由此可知，该对象的索引号为 "6099"，子索引为 "3"，如图 9.75 所示。

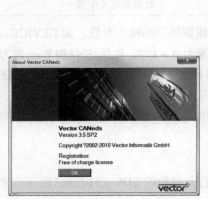

图 9.74   Vector 所开发的 CANeds

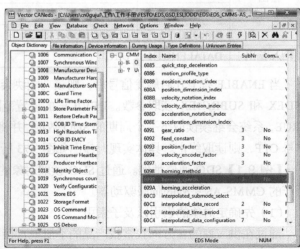

图 9.75   Vector CANeds 查看 EDS 文件

（2）创建 POU

使用输入助手添加对应 SDO 读取功能块，再次可以使用 "SDO_READ" 或 "SDO_READ4"。本例中使用 "SDO_READ"，如图 9.76 所示。

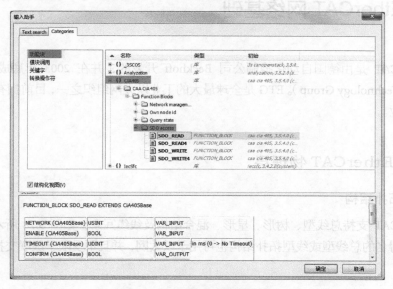

图 9.76　添加 SDO 读功能块

（3）添加功能块的参数

可以通过程序开始功能块并实时读取该参数。通过置为 bRead 技能实现读取 "回零点速度" 速度，程序如图 9.77 所示。

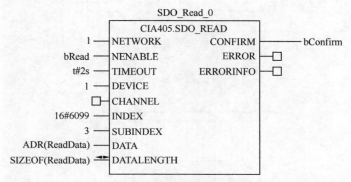

图 9.77　使用 FBD 编程语言使用 SDO 读取命令

上述例程中，通过 SDO 读取功能块，最终将数据的结果存放在变量 ReadData 的内存地址中。

9.6　EtherCAT 网络基础

EtherCAT 是由德国自动化控制公司 Beckhoff 开发的，并在 2003 年底成立了 ETG（Ethernet Technology Group）。ETG 是全球最大的工业以太网组织之一，目前拥有超过 3000 个会员单位。

9.6.1　EtherCAT 物理层

1．网络拓扑结构

EtherCAT 支持总线型、树形、星形、混合结构及线缆冗余，如图 9.78 所示。通过现场总线而得名的总线型或线型拓扑结构也可用于以太网，并且不受限于级联交换机或集线器的数量。

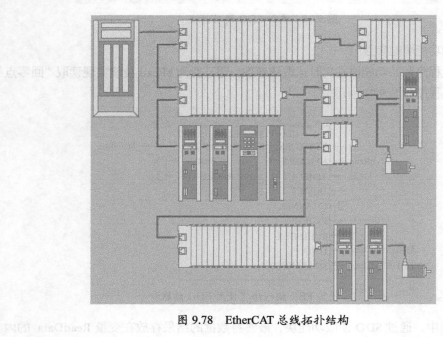

图 9.78　EtherCAT 总线拓扑结构

EtherCAT 对网络拓扑结构几乎没有限制，总线型、树形、星形或菊花链型拓扑结构都可以实现。自动连接检测使设备部件的热插拔成为可能。设备的连接或断开由总线管理器管理，也可以由从站设备自动实现。若用一条线缆连接 EtherCAT 主站上另一个（标准的）以太网端口，就简单而经济地实现了网络冗余。

综上所述，EtherCAT 拥有多种机制，支持主站到从站、从站到从站以及主站到主站之间的通信，如图 9.79 所示。

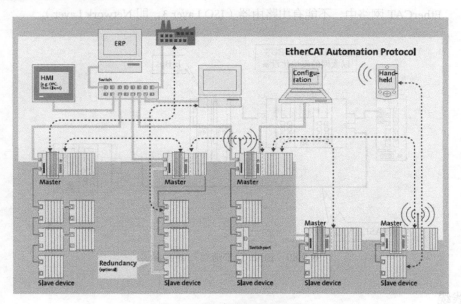

图 9.79　垂直网络拓扑结构

2．电气特性

EtherCAT 网络通常由一台主机最多带有 65 535 台从站组成。其中主机单独管理从机，如果采用线路冗余的话，则会用到两个主站。

常用设备之间的通信可以有如下两种方式完成，结构图如图 9.80 所示。

- 基于以太网点对点通信——电缆连接。
- 基于差分低压信号（LVDS）–E-BUS 用于模块化设备，不需要电缆连接。

在设计 EtherCAT 网络时，以下因素会决定通信周期的快慢：

- 设备的最大数量（如最大为 65 535）。
- 设备间允许的以太网电缆最大长度；由于电缆长度产生的传播延迟是并不太长，不用着重考虑，通常 100m 长的以太网电缆大约产生 550ns 的时延。

- 所有主机到从机的来回线路构成了以太网的周期。设备间的通信可看做一下两种量级。
  - 采用以太网设备：约 1μs。
  - 采用 E-BUS：约 300ns。
- 以太网报文的总长与设备的数量有关。
- 集线器和交换机会推延周期时间（ISO Layer 2，即 Data Like Layer），并分散在整个 EtherCAT 网络中，不能有由路由器（ISO Layer 3，即 Network Layer）。

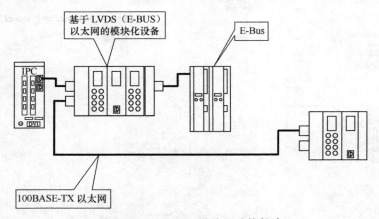

图 9.80　EtherCAT 通信用的接触片

3. 线缆

标准双绞线电缆 100BASE-TX，允许两个设备之间的最大电缆长度达到 100m。由于一个 EtherCAT 网络可连接多达 65 535 个设备，因此，网络的容量几乎没有限制。线缆有屏蔽和非屏蔽两种。而使用光缆 100BASE-FX，最长距离为 20 000m，每个网段两个节点，适合长距离的要求，或是用于电子噪声较大的场所，两者的示意图如图 9.81 所示。

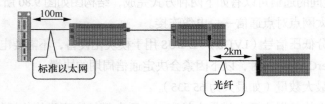

图 9.81　EtherCAT 不同物理接口的通信接口

（1）标准双绞线电缆

使用标准双绞线电缆应遵循如下参考标准：

- 采用 100BASE – TX 双绞线。
- 可以使用 CAT5，6，7 类的线缆。
- 全双工，无需防冲突系统 CSMA/CD。
- 四绞线中的两条信道的使用：1-2 或者 3-6，因此，一根四芯电缆完全足够。

从严格意义上来说，使用的双绞线电缆的使用必须符合 EN50288 标准的规定。这包括屏蔽电缆和非屏蔽电缆。EtherCAT 要求使用带屏蔽的电缆，在标准内具体的相关要求如下所示。

- EN 50288-2-1。
  - 用途：屏蔽电缆 100MHz，永久安装的水平/垂直领域。
  - "刚性丝结构"，实心铜导体。
  - 横截面基本符合 AWG24 to 21 的规定。
  - 插入损耗最大为 21.3dB/100m @ 100MHz。
  - 直流环路电阻 < 19 W / 100m。
- EN 50288-2-2。
  - 用途：屏蔽电缆 -100MHz，设备连接电缆。
  - "软线结构"，绞线 – 单股或者多股导线（必须为 7 股）。
  - 插入损耗最大为 32dB/100m @ 100MHz。
  - 直流环路损耗< 29 W / 100m。

（2）光缆

适用于 EtherCAT 光纤有多模及单模的光纤，多模光纤的通信距离可达 2000m，单模光纤最多可以达到 20 000m，光缆适合长距离的要求或是用于电子噪声较大的场所。目前支持的光纤媒介如下：

- 50/125 μm（MM）的玻璃光纤——多模光纤。
- 9/125 μm（SM）的玻璃光纤——多模光纤。
- 塑料光纤（POF）。

在一些简单的应用场合可以使用 EtherCAT 以太网转 EtherCAT 光纤设备进行光电转换。

（3）抗电磁干扰

针对现场的电磁干扰 EtherCAT 也有明确的说明，以下说明是根据 VDI 准则，EN/IEC 标准和 EMC 要求制定的。图 9.82 为 EtherCAT 屏蔽装置的连接方法。

- 总屏蔽保证了屏蔽层内部的通信电缆不受外界电磁场干扰。

- 为了保证传输效率，需要使用阻抗低的屏
  蔽材料，并且，在电缆连接处屏蔽层不能
  有断裂和小洞。这里小洞指的是半径厘米
  量级的未覆盖区域。
- 使用的屏蔽层应是大面积，低阻抗且接地
  的。而且，禁止屏蔽装置接地线扭绞和屏
  蔽装置间的接触。

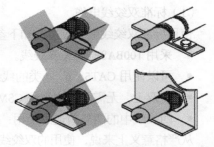

图 9.82　EtherCAT 屏蔽装置的连接方法

- 屏蔽装置中必须保证有足够的平行接地
  线，防止通信电缆中产生均衡电流（Equalizing current），因为这可能会损坏电缆
  连接的设备。
- 以太网设备内部使用 RC 电路接地，这样可以有效抑制高频干扰。
- 通信电缆的屏蔽层需要进行额外的低阻抗接地。
- 屏蔽层与接地装置之间必须接触良好（如插口至电缆处、耦合作用），且屏蔽层 360°
  包围连接处。
- 屏蔽器件不能用于线缆抗拉。
- 屏蔽材料一般使用铜材料。如果使用铝材料，必须考虑铝的物理特性。

4．连接器

快速以太网的连接设备必须在电子和结构规格上符合 EN50173 中 D 类标准。这一点
保证了向上兼容性。

连接器实质上会影响传输环节的电气特性，特别是屏蔽影响、衰减、串音和回波损耗。
在传输环节设计中，单个连接件的插入亏损大概为 0.4dB。

（1）标准 RJ-45 以太网网口

没有特殊保护的以太网网口通常应用在柜内以太网连接 IP20 的工业应用项目。其外
形如图 9.83 所示的上半部分。

（2）M8/M12 的 4 针连接口

4 针的 M8/M12 连接器具有较好的密封性，故能够直接应用在 IP67 的特殊场合。M12
的 4 针连接器如图 9.83 下半部分所示。

（3）光纤连接器

- SC 连接器

SC 连接器是目前 EtherCAT 应用广泛的通信连接器。它一种通过塑料件安装的推拉式
的连接器，可以适用于单模光纤、多模光纤。它可以使用单线或者双线的硬件配置。

图 9.84 为这种光纤连接器的实物图。

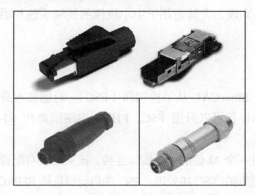

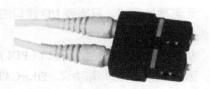

图 9.83　EtherCAT 物理接口　　　　　　　图 9.84　SC 光纤连接器

- POF 连接器

由于塑料光纤的通信距离受限，只有在抗干扰这部分还保留其优势，故实际应用不多，其图 9.85（a）为原理图，实物图如图 9.85（b）所示。

(a) POF 光纤连接器原理图　　　　　　　　(b) POF 光纤连接器实物图

图 9.85　POF 光纤连接器

9.6.2　EtherCAT 硬件组成

1. 主站实现

EtherCAT 的单个以太网帧最多传输 1486B 的分布式过程数据。EtherCAT 在每周期仅需要一个或两个帧即可完成与所有节点的全部通信，因此，EtherCAT 主站不需要专用的通信处理器。主站功能几乎不会给主机 CPU 带来任何负担，轻松处理这些任务的同时，还可以处理应用程序。

EtherCAT 无需使用昂贵的专用有源插接卡，只需使用标准以太网卡或主板集成的以太网 MAC 即可。EtherCAT 主站实施很容易实现，尤其适用于中小规模的控制系统和明确定制的应用场合。

2．从站结构

EtherCAT 从站设备中使用成本低廉的 EtherCAT 从站控制器（ESC）。对通信本身而言，无需微处理器。只需要 I/O 接口的简单设备可以只用 ESC、PHY、电磁隔离和 RJ-45 接头实现。

从站应用层与过程数据接口（PDI）通过一个 32 位的 I/O 接口连接。该从站没有配置参数，因此无需软件或邮箱协议。EtherCAT 状态机在 ESC 中处理。ESC 的启动信息从 EEPROM 中读入，EEPROM 也支持从站的识别信息。对于配置了主 CPU 的更复杂的从站设备，CPU 通过一个 8 位或 16 位的并行接口或通过一个串行接口（SPI）连接到 ESC。主 CPU 的性能取决于从站的应用——EtherCAT 协议软件自行独立运行。EtherCAT 协议栈管理 EtherCAT 状态机和通信协议，通信协议通常意味着 CoE 协议和支持固件下载的 FoE。可有选择地实施 EoE，其结构如图 9.86 所示。

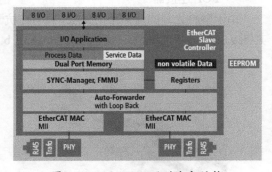

图 9.86　EtherCAT 从站内部结构

9.6.3　EtherCAT 运行原理

1．协议介绍

EtherCAT 技术突破了其他以太网解决方案固有的局限性：一方面，无需像其他方案那样接收以太网数据包，将其解码，之后再将过程数据复制到各个设备。EtherCAT 从站设备在报文经过其节点时读取带有相应寻址信息的数据；同样，输入数据也是在报文经过时插入至报文中，参照图 9.87 所示。整个过程中，报文只有几纳秒的时间延迟。

由主站发出的帧被传输并经过所有从站，直到网段（或分支）的最后一个从站。当最后一个设备检测到其端口开放时，便将帧返回给主站。

另一方面，由于发送和接收的以太网帧压缩了大量的设备数据，所以可用数据率可达 90%以上。100Mbit/s TX 的全双工特性完全得以利用，因此，有效数据率可以达到>100Mbit/s（ > 2 × 100 Mbit/s 的 90%）。

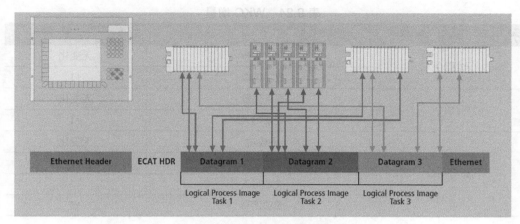

Ethernet Header | ECAT HDR | Datagram 1 | Datagram 2 | Datagram 3 | Ethernet

Logical Process Image Task 1　　Logical Process Image Task 2　　Logical Process Image Task 3

图 9.87　过程数据插入在报文中

EtherCAT 主站采用标准的以太网介质存取控制器，故无需额外的通信处理器。因此，任何集成了以太网接口的设备控制器都可以实现 EtherCAT 主站，而与操作系统或应用环境无关。EtherCAT 从站采用 EtherCAT 从站控制器（EtherCAT Slave Controller, ESC）来高速动态地（on-the-fly）处理数据。网络的性能并不取决于从站使用的微处理器性能，因为所有的通信都是在 ESC 硬件中完成的。过程数据接口（Process Data Interface, PDI）为从站应用层提供了一个双端口随机存储器（Dual-Port-RAM, DPRAM）来实现数据交换。

精确同步在广泛要求同时动作的分布过程中显得尤为重要，如几个伺服轴在执行同时联动任务时。分布时钟的精确校准是同步的有效解决方案。在通信系统中，和完全同步通信相比，分步式校准时钟在某种程度上具备错误延迟的容错性。

2. 工作计数器 WKC

每个 EtherCAT 报尾拥有一个 16 位的工作计数器 WKC。WKC 是用于记录对 EtherCAT 从站设备读写次数的工作计数器，EtherCAT 从站控制器在硬件中计算 WKC，主站接收到返回数据后检查子报文中的 WKC，如果不等于预期值，则表示该子报文没有被正确地处理。

子报文经过某一个从站时，如果是单独的读或写操作，WKC 加 1。如果是读写操作，读成功时，WKC 加 1；写成功时，WKC 加 2；全部完成时，WKC 加 3。WKC 为各个从站处理结果的累加。关于 WKC 增量的描述见表 9.24。

表 9.24 WKC 增量

指 令	数据类型	增 量
读指令	读取失败	无变化
	成功读取	+1
写指令	写入失败	无变化
	成功写入	+1
读/写指令	不成功	无变化
	成功读取	+1
	成功写入	+2
	成功读写	+3

3. 寻址方式

EtherCAT 通信由主站发送数据帧读写从站设备的内部存储区来实现,其报文使用多种寻址方式来操作 ESC 内部存储区实现多种通信服务。

EtherCAT 的寻址方式如图 9.88 所示。一个网段相当于一个以太网设备,主站首先使用以太网数据帧头的 MAC 地址寻址到网段,然后使用子报文头中的 32 个位地址寻址到段内设备。段内寻址可以使用两种方式:设备寻址和逻辑寻址。设备寻址针对某一个从站进行读写操作。逻辑寻址面向过程数据,可以实现多播,同一个子报文可以读写多个从站设备。

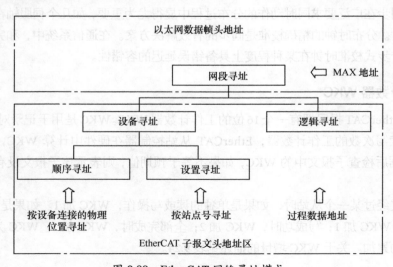

图 9.88 EtherCAT 网络寻址模式

（1）网段寻址

根据主站及其网段的连接方式不同，可以使用如下两种方式寻址到网段。

- 直连模式：一个 EtherCAT 网段直接连接到主站设备的标准以太网端口，如图 9.89 所示。此时，主站使用广播 MAC 地址，EtherCAT 数据帧如图 9.90 所示。

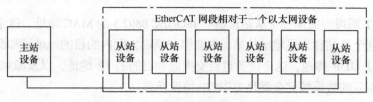

图 9.89　直连模式中的 EtherCAT 网段

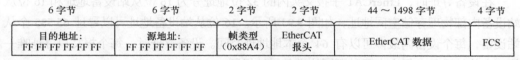

图 9.90　直连模式中的 EtherCAT 网段寻址地址内容

- 开放模式：EtherCAT 网段连接到一个标准以太网交换机上，如图 9.91 所示。此时，一个网段需要一个 MAC 地址，主站发送的 EtherCAT 数据帧中的地址是它所控制的网段的 MAC 地址，如图 9.92 所示。

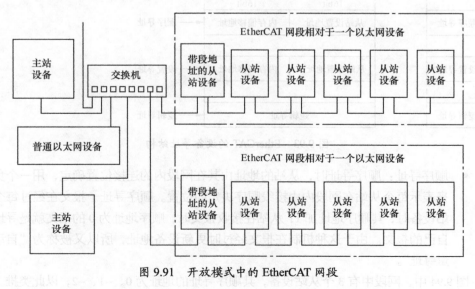

图 9.91　开放模式中的 EtherCAT 网段

图 9.92 开放模式中的 EtherCAT 网段寻址地址内容

EtherCAT 网段内的第一个从站设备有 ISO/IEC 8802.3 的 MAC 地址，这个地址表示了整个网段，这个从站称为段地址从站，它能够交换以太网内的目的地址区和源地址区。如果数据帧通过 UDP 传送，这个设备也会交换源和目的的 IP 地址，以及源和目的的 UDP 端口号，使响应的数据帧完全满足 UDP/IP 协议标准。

（2）设备寻址

在设备寻址时，EtherCAT 子报文头内的 32 位地址分为 16 位从站设备地址和 16 位从站设备内部物理存储空间地址，如图 9.93 所示。16 位从站设备地址可以寻址 65 535 个从站设备，每个设备内最多可以有 64 个本地地址空间。设备寻址时，每个报文只寻址唯一的一个从站设备，但它有两种不同的设备寻址机制。

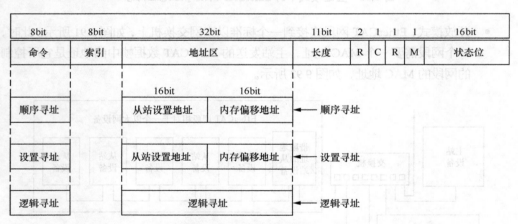

图 9.93 EtherCAT 的设备寻址结构

- 顺序寻址：顺序寻址时，从站的地址由其在网段内的连接位置确定，用一个负数来表示每个从站在网段内由接线顺序决定的位置。顺序寻址子报文在经过每个从站设备时，其顺序地址加 1；从站在接收报文时，顺序地址为 0 的报文就是寻址到自己的报文。由于这种机制在报文经过时更新设备地址，所以又被称为"自动增量寻址"。

图 9.94 中，网段中有 3 个从站设备，其顺序寻址的地址为 0、-1、-2，以此类推。主

站使用顺序寻址访问从站时子报文的地址变化如图 9.95 所示。主站发出 3 个子报文分别寻址 3 个从站，其中的地址分别是 0、-1 和-2，如图数据帧为 1。数据帧达到从站①时，从站①检查到子报文 1 中的地址为 0，从而得知子报文 1 就是寻址到自己的报文。数据帧经过从站①后，所有的顺序地址都增加1，称为1、0 和-1，

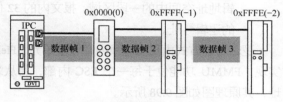

图 9.94 顺序寻址的从站地址

如图 9.95 中的数据帧 2。到达从站②时，从站②发现子报文 2 中的顺序地址为 0，即为自己的报文。同理，后续的从站都按此方法来寻址。

在实际工程应用中，顺序寻址主要用于启动阶段，主站配置站点地址给各个从站。此后，可以使用与物理位置无关的站点地址来寻址从站。使用顺序寻址机制能自动为从站设定地址。

	子报文 1			子报文 2		子报文 3	
数据帧 1	...	0	...	0xFFFF (-1)	...	0xFFFF (-2)	...

主站发出报文的顺序地址，即达到从站①的地址

数据帧 2	...	1	...	0	...	0xFFFF (-1)	...

经过从站①处理后的报文顺序地址，即到达从站②的地址

数据帧 3	...	2	...	1	...	0	...

经过从站②处理后的报文顺序地址，即到达从站③的地址

图 9.95 顺序寻址时子报文地址的变化

- 设置寻址：设置寻址时，从站的地址与其在网段内的连续顺序无关。如图 9.96 所示，地址可以有主站在数据链路启动阶段配置给从站，也可以由从站在上电初始化阶段的配置数据装载，然后由主站在链路启动阶段使用顺序寻址方式读取各个从站的设置地址。其报文结构如图 9.97 所示。

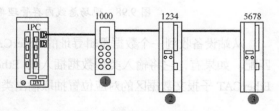

图 9.96 设置寻址时的从站地址

	子报文 1		子报文 2		子报文 3	
数据帧 1	...	1000	...	1234	...	5678	...

图 9.97 设置寻址时的报文结构

- 逻辑寻址：逻辑寻址时，从站地址并不是单独定义的，而是使用寻址段内 4GB 逻辑地址空间中的一段区域。报文内的 32 位地址区作为整体数据逻辑地址完成设备的逻辑寻址。

逻辑寻址方式由现场总线内存管理单元（Fieldbus Memory Management Unit，FMMU）实现，FMMU 功能位于每一个 ESC 内部，将从站本地物理存储地址映射到网段内逻辑地址，其原理图如图 9.98 所示。

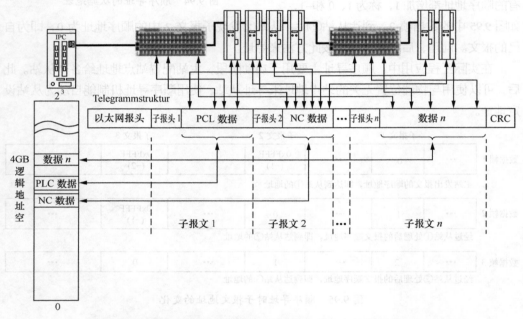

图 9.98　现场总线内存管理单元（FMMU）运行原理

从站设备收到一个数据逻辑寻址的 EtherCAT 子报文时，检查是否有 FMMU 单元地址匹配。如果有，它将输入类型数据插入到 EtherCAT 子报文数据区的对应位置，以及从 EtherCAT 子报文数据区的对应位置抽取输出类型数据。

4．分布时钟

（1）分布时钟概念

精确与同步对于同时动作的分布式过程而言尤为重要。例如，几个伺服轴同时执行协调运动时，便是如此。

分布时钟机制能够使所有的从站都同步于一个参考时钟。主站连接的第一个具有分布时钟功能的从站作为参考时钟，以参考时钟来同步其他设备和主站的从时钟。为了实现精确的时钟同步控制，必须测量和计算数据传输延时和本地时钟偏移，并补偿本地时钟的漂移。分布时钟涉及如下 6 个概念。

- 系统时间：系统时间是分布时钟使用的系统计时。系统时间从 2001 年 1 月 1 日零点开始，使用 64 位二进制变量表示，单位为纳秒（ns），最大可以计时 500 年。也可以使用 32 位二进制变量表示，32 位时间值最大可以表示 4.2s，通常用于通信和时间戳。

- 参考时钟和从时钟：EtherCAT 协议规定主站连接的第一个具有分布时钟功能的从站作为参考时钟，其他从站的时钟称为从时钟。参考时钟被用于同步其他从站设备的从时钟和主站时钟。参考时钟提供 EtherCAT 系统时间。

- 主站时钟：EtherCAT 主站也具有计时功能，称为主站时钟。主站时钟可以在分布时钟系统中作为从站时钟被同步。在初始化阶段，主站可以按照系统时间的格式发送主站时钟给参考时钟从站，使分布时钟使用系统时间计时。

- 本地时钟、初始偏移量和时钟漂移：每一个 DC 从站都有本地时钟，本地时钟独立运行，使用本地时钟信号计时。系统启动时，各从站的本地时钟和参考时钟之间有一定的差值，称为时钟初始偏移量。在运行过程中，由于参考时钟和 DC 从站时钟使用各自的时钟源等原因，它们的计时周期存在一定的漂移，这将导致时钟运行不同步，本地时钟产生漂移。因此，必须对时钟初始偏移和时钟漂移进行补偿。

- 本地系统时间：每个 DC 从站的本地时钟经过补偿和同步之后都产生一个本地系统时间，分布时钟同步机制就是使各个从站的本地系统时间保持一致。参考时钟也是相应从站的本地系统时间。

- 传输延时：数据帧在从站之间传输时会产生一定的延迟，其中包括设备内部和物理连接的延迟，所以在同步从站时钟时应考虑参考时钟与多个从站时钟之间的传输延时。

（2）时钟同步过程

时钟同步有如下 3 个步骤组成。

1）传输延时测量：分布时钟初始化时，主站会给所有方向的从站初始化传输延时，并计算得到从时钟与参考时钟之间的偏差值，将其写入从站时钟站。

2）参考时钟偏移补偿（系统时间）：每个从站的本地时钟会与系统时间进行比较，然后将不同的比较结果分别写入不同的从站内，这样所有的从站都会得到绝对的系统时间。

3）参考时钟漂移补偿：时钟漂移补偿及本地时间是用于定期补偿本地时钟的误差及微调。图 9.99 和图 9.100 说明了补偿计算的两个应用案例，图 9.99 为系统时间小于从站本地时钟的案例；图 9.100 为大于本地时间的案例。

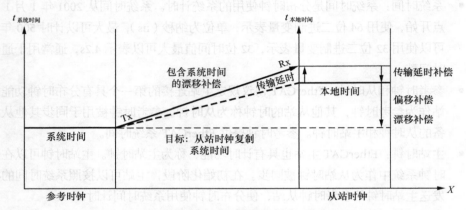

图 9.99   时钟同步过程：系统时间<本地时间

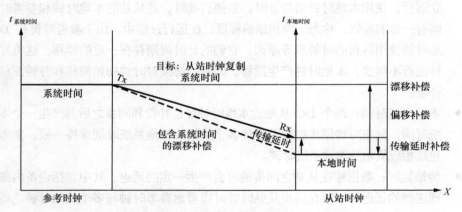

图 9.100   时钟同步过程：系统时间>本地时间

由于通信采用了逻辑环结构（借助于全双工快速以太网的物理层），主站时钟可以简单、精确地确定各个从站时钟传播的延迟偏移，反之亦然。分布时钟均基于该值进行调整，这意味着可以在网络范围内使用非常精确的、小于 1μs 的、确定性的同步误差时间。其结构图如图 9.101 所示。

比如两个设备之间相差 300 个节点，线缆的长度为 120m，使用示波器抓取其通信信号，其结果如图 9.102 所示。

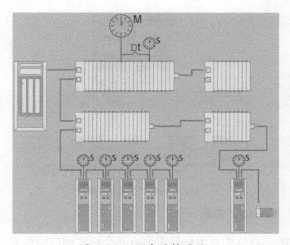

图 9.101　同步时钟原理

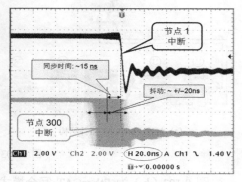

图 9.102　同步时钟性能测试

该功能对于运动控制是非常重要的，它通过连续检测到的位置值计算出数据传输速度，当采样时间非常短时，即使是位置测量出现一个很小的瞬时抖动，也会导致速度计算出现较大的阶跃变化。在 EtherCAT 中，引入时间戳数据类型作为一个逻辑延伸，可以为测量值附加高分辨率的系统时间，而以太网所提供的巨大带宽使这成为可能。

5. EtherCAT 线缆冗余

EtherCAT 可选用线缆冗余满足快速增长的系统可靠性需求，它可以保证无需关闭网络即可进行设备更换。增加冗余特性耗费不高，仅需在主站设备端增加一个标准的以太网端口和一根电缆，这将总线型拓扑结构转变为环形拓扑结构。当设备或电缆发生故障时，也仅需一个周期即可完成切换。因此，即使是针对运动控制要求的应用，电缆出现故障时也不会有任何问题。

EtherCAT 使用热备份功能支持主站冗余。一旦出现中断、设备故障等问题，EtherCAT 从站控制器可以立即自动返回以太网帧，所以不会导致整个网络关闭。例如，标准 EtherCAT 拓扑结构如图 9.103（a）所示，如果在该拓扑结构中 Slave2 与 SlaveN-2 之间出现了网络中断现象，即图中的阴影部分，则 Slave N-2 后的所有从站通信也会相应中断，这也是标准拓扑结构的缺点。

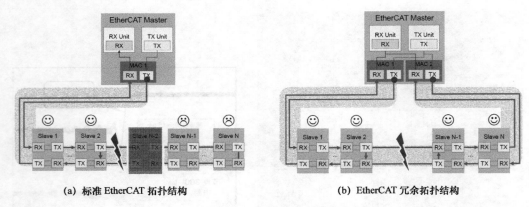

(a) 标准 EtherCAT 拓扑结构   (b) EtherCAT 冗余拓扑结构

图 9.103   EtherCAT 冗余

图 9.103（b）为 EtherCAT 冗余模式的拓扑结构，主站只需要有两个标准网口即可实现该拓扑结构，使用这两个网口将所有从站构成一条环路，即使在使用过程中网络出现中断，如图 9.103（b）中阴影断开部分，主站马上会检测到错误，自动将通信分为两路，所有的从站还能继续通信，以保障系统的稳定运行。

9.6.4   EtherCAT 通信模式

在实际自动化控制系统中，应用程序之间通常有两种数据交换形式：时间关键和非时间关键。时间关键表示特定的动作必须在确定的时间窗口内完成。如果不能在要求的时间窗口内完成通信，则有可能引起控制失效。时间关键的数据通常是周期性地发送，称为周期性过程数据通信。非时间关键数据可以非周期性发送，在 EtherCAT 中采用非周期性邮箱（Mailbox）数据通信。

1. 周期性过程数据通信

主站可以使用逻辑读、写或读写命令同时访问多个从站。在周期性数据通信模式下，主站和从站有多种同步运行模式。

（1）从站设备同步模式

- 自由运行：在自由运行模式下，本地控制周期由一个本地定时器中断产生。周期时间可以由主站设定，这是从站的可选功能。自由运行模式的本地周期如图 9.104 所示。其中 $T1+T2$ 为本地微处理器从 EtherCAT 从站控制器复制数据并计算输出数据的时间；$T3$ 为输出硬件延时。这些参数反映了从站的时间响应性能。

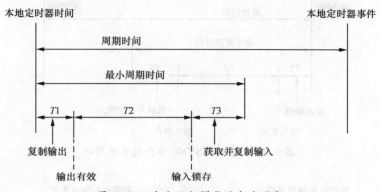

图 9.104   自由运行模式的本地周期

- 同步于数据或输出事件：本地周期在发生数据输入或输出事件的时候触发，如图 9.105 所示。主站可以将过程数据帧的发送周期写给从站，从站可以检查是否支持这个周期时间或对周期时间进行本地优化。从站可以选择支持这个功能。通常同步与数据输出事件，如果从站只有输入数据，则数据同步于输入事件。

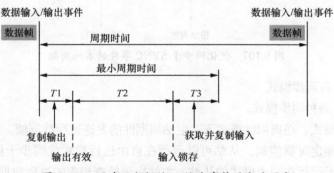

图 9.105   同步于数据输入/输出事件的本地周期

- 同步于分布式时钟同步事件：本地周期由 SYNC 事件触发，如图 9.106 所示。主站必须在 SYNC 事件之前完成数据帧的发送，为此主站时钟也要同步于参考时钟。

为了进一步优化从站同步性能，主站应该在数据收发事件发生时从接收到的过程数据帧复制输出信息。然后等待 SYNC 信号到达后继续本地操作，如图 9.107 所示。数据帧必须比 SYNC 信号提前 T1 时间到达，从站在 SYNC 事件之前已经完成数据交换和控制计算，接收 SYNC 信号后可以马上执行输出操作，从而进一步提高同步性能。

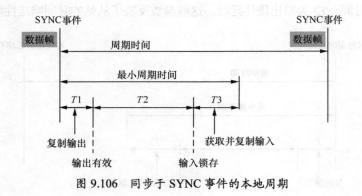

图 9.106　同步于 SYNC 事件的本地周期

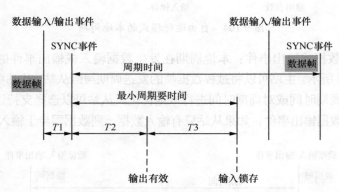

图 9.107　优化同步于 SYNC 事件的本地周期

（2）主站设备同步模式

主站有以下两种同步模式。

- 周期性模式：在周期性模式下，主站周期性的发送过程数据帧。主站周期通常由一个本地定时器控制。从站可以运行在自由运行模式或同步于接收数据事件模式。对于运行在同步模式的从站，主站应该检查相应的过程数据帧的周期时间，保证大于从站支持的最小周期时间。

主站可以以不同的周期时间发送多种周期性的过程数据帧，以便获得最优化的带宽。例如，使用比较短的周期发送运动控制数据，比较长的周期用来发送 I/O 数据。

- DC 模式：在 DC 模式下，主站运行与周期性模式类似，只是主站本地周期应该和参考时钟同步。主站本地定时器应该根据发布参考时钟的 ARMW 报文进行调整。在运行过程中，用于动态补偿时钟漂移的 ARMW 报文返回主站后，主站时钟可以根据读回的参考时钟时间进行调整，使之大致同步于参考时钟时间。

DC 模式下，所有支持 DC 的从站都应该同步于 DC 系统时间。主站也应该使其他通信周期同步于 DC 参考时钟时间。图 9.108 表示本地周期与 DC 参考时钟同步的工作原理。

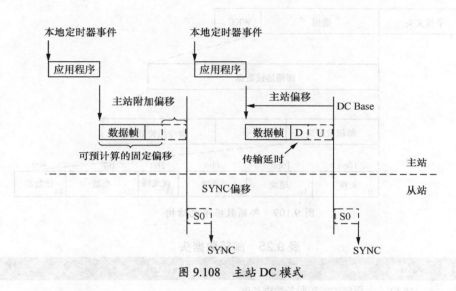

图 9.108 主站 DC 模式

主站本地运行由一个本地定时器启动，本地定时器应该比 DC 参考时钟定时存在一个提前量，提前量为以下时间之和。

- 控制程序执行时间。
- 数据帧传输时间。
- 数据帧传输延时 D。
- 附加偏移 U（与各从站延时时间的抖动和控制程序执行时间的抖动值有关，用于主站周期的调整）。

2. 非周期性邮箱数据通信

EtherCAT 协议中非周期性数据通信称为邮箱数据通信，它可以双向进行——主站到从站和从站到主站。它支持全双工、两个方向独立通信和多用户协议。从站到从站的通信由主站作为路由器来管理。邮箱通信数据头中包括一个地址域，使主站可以重寄邮箱数据。邮箱数据通信是由实现参数交换的标准方式，如果需要配置周期性过程数据通信或需要其他非周期性服务时，需要使用邮箱数据通信。

邮箱数据报文结构如图 9.109 所示。通常邮箱通信值对应一个从站，所以报文中使用设备寻址模式。其数据头中各数据元素的解释见表 9.25。

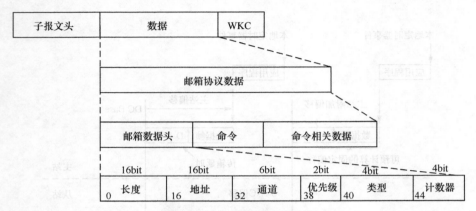

图 9.109 邮箱数据单元结构

表 9.25 邮箱数据头

数据元素	位数	描　述
长度	16 位	跟随的邮箱服务数据长度
地址	16 位	主站到从站通信时，为数据源从站地址 从站到从站通信时，为数据目的从站地址
通道	6 位	保留
优先级	2 位	保留
类型	4 位	邮箱类型，即后续数据的协议类型 0：邮箱通信出错 2：EoE（Ethernet over EtherCAT） 3：CoE（CANopen over EtherCAT） 4：FoE（File Access over EtherCAT） 5：SoE（Sercos over EtherCAT） 15：VoE（Vendor Specific Profile over EtherCAT）
计数器 Ctr	4 位	用于重复检测的顺序编号，每个新的邮箱服务将加 1（为了兼容老版本而只使用 1～7）

- 主站到从站通信——写邮箱命令。

主站发送写数据区命令将邮箱数据发送从站。主站需要检查从站邮箱命令应答报文中工作计数器 WKC。如果工作计数器为 1，表示写命令成功。反之，如果工作计数器没有增加，通常因为从站没有读完上一个命令，或在限定的时间内没有响应，主站必须重发写邮箱数据命令。

- 从站到主站通信——读邮箱命令。

从站有数据要发送给主站，必须先将数据写入输入邮箱缓存区，然后由主站来读取。主站发现从站 ESC 输入邮箱数据区有效数据等待发送时，会尽快发送适当的读命令来读取从站数据。主站有两种方式来测定从站是否已经将邮箱数据填入输入数据区。一种是使用 FMMU 周期性的读取某一个标志位。使用逻辑寻址可以读取多个从站的标志位，但其缺点是每个从站都需要一个 FMMU 单元。另一个方法是将简单的轮训 ESC 输入到邮箱的输入区。读命令的工作计数器增加 1 表示从站已经将新数据填入到了输入数据区。

9.6.5　EtherCAT 状态机

EtherCAT 状态机（EtherCAT State Machine，ESM）负责协调主站和从站应用程序在初始化和运行时的状态关系。EtherCAT 设备必须支持 4 种状态，另外还有一个可选的状态。

- Init：初始化，简写为 I。
- Pre-Operational：预运行，简写为 P。
- Safe-Operational：安全运行，简写为 S。
- Operational：运行，简写为 O。
- Boot-Strap：引导状态（可选），简写为 B。

以上各状态之间的转换关系如图 9.110 所示。从初始化状态向运行状态转化时，必须按照"初始化→预运行→安全运行→运行"的顺序转换，只有从运行状态返回时可以越级转化，其他状态均不可以越级转化。引导状态为可选状态，只允许与初始化状态之间相互转化。所有的状态改变都由主站发起，主站向从站发送状态控制命令请求新的状态，从站响应此命令，执行所请求的状态转换，并将结果写入从站状态指示变量。如果请求的状态转换失败，从站将给出错误标志。表 9.26 为状态转换的总结。

- Init：初始化。

初始化状态定义了主站与从站在应用层的初始通信关系。此时，主站与从站应用层不可以直接通信，主站使用初始化状态来初始化 ESC 的一些配置寄存器。如果主站支持邮箱通信，则配置邮箱通信参数。

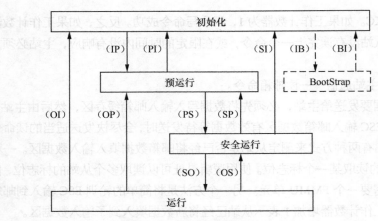

图 9.110　EtherCAT 状态转化关系

表 9.26　EtherCAT 状态机其转化过程总结过程

状态和状态转化	描　述
Init	应用层没有通信，主站只能读写 ESC 寄存器
Init to Pre-OP（IP）	主站配置从站站点地址寄存器 如果支持邮箱通信，则配置邮箱通道参数 如果支持分布式时钟，则配置 DC 相关寄存器 主站写状态控制寄存器，以请求 "Pre-Op" 状态
Pre-Op	应用层邮箱数据通信
Pre-Op to Safe-Op（PS）	主站使用邮箱初始化过程数据映射 主站配置过程数据通信使用的 SM 通道 主站配置 FMMU 主站写状态控制寄存器，以请求 "Safe-Op" 状态
Safe-Operational	主站发送有效的输出数据 主站写状态控制寄存器，以请求 "Op" 状态
Operational	输入和输出全部有效 仍然可以使用邮箱通信

- Pre-Operational：预运行。

在预运行状态下，邮箱通信被激活。主站与从站可以使用邮箱通信来交换与应用程序相关的初始化操作和参数。在这个状态下不允许过程数据通信。

- Safe-Operational：安全运行。

在安全运行状态下，从站应用程序读入输入数据，但是不产生输出信号。设备无输出，处于"安全状态"。此时，仍然可以使用邮箱通信。

- Operational：运行。

在运行状态下，从站应用程序读入数据，主站应用程序发出输出数据，从站设备产生输出信号信号。此时，仍然可以使用邮箱通信。

- Boot-Strap：引导状态。

引导状态的功能是下载设备固件程序。主站可以使用 FoE 协议的邮箱通信下载一个新的固件程序给从站。

9.6.6 EtherCAT 伺服驱动器控制应用协议

IEC 61800 标准系列是一个可调速电子功率驱动系统通用规范。其中，IEC 61800-7 定义了控制系统和功率驱动系统之间的通信接口标准、包括网络通信技术和应用行规，如图 9.111 所示。EtherCAT 作为网络通信技术，支持了 CANopen 协议中的行规 CiA 402 和 SERCOS 协议的应用层，分别称为 CoE 和 SoE。

图 9.111　IEC 61800-7 体系结构

1. 基于 EtherCAT 的 CAN 应用协议（CoE）

CANopen 设备和应用行规广泛用于多种设备类别和应用，如 I/O 组件、驱动、编码器、比例阀、液压控制器，以及用于塑料或纺织行业的应用行规等。EtherCAT 可以提供与 CANopen 机制相同的通信机制，包括对象字典、PDO（过程数据对象）、SDO（服务数据对象），甚至相似的网络管理。因此，在已经实施了 CANopen 的设备中，仅需稍加变动即可轻松实现 EtherCAT，绝大部分的 CANopen 固件都得以重复利用。并且，可以选择性地扩展对象，以便利用 EtherCAT 所提供的巨大带宽资源。

EtherCAT 协议在应用层支持 CANopen 协议，并作了相应的补充，其主要功能如下。

- 使用邮箱通信访问 CANopen 对象字典和对象，实现网络初始化。
- 使用 CANopen 应用对象和可选的时间驱动 PDO 消息，实现网络管理。
- 使用对象字典映射过程数据，周期性传输指令数据和状态数据。

图 9.112 为 CoE 设备结构示意图，其通信方式主要包括周期性过程数据通信及非周期数据通信。

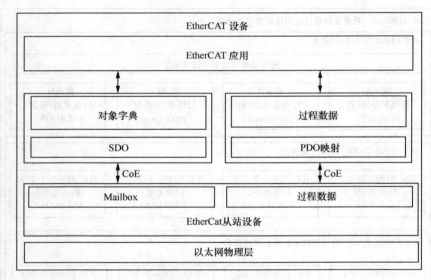

图 9.112 CoE 设备结构示意图

（1）CoE 对象字典

CoE 协议完全遵从 CANopen 协议，其对象字典的定义也相同，见表 9.27。表 9.28 列举了 CoE 的通信数据对象，其中针对 EtherCAT 通信扩展了相关通信对象 0x1C00～0x1C4F，用于设置存储同步管理器的类型、通信参数和 PDO 数据分配。

表 9.27　CoE 对象字典定义

索引号范围	描　述
0x0000 ~ 0x0FFF	数据类型描述
0x1000 ~ 0x1FFF	通信对象包括：设备类型、标识符、PDO 映射、与 CANopen 兼容 CANopen 专用数据对象，在 EtherCAT 中保留 EtherCAT 扩展数据对象
0x2000 ~ 0x5FFF	制造商定义对象
0x6000 ~ 0x9FFF	行规定义数据对象
0xA000 ~ 0xFFFF	保留

表 9.28　CoE 通信数据对象

索　引	描　述
0x1000	设备类型
0x1001	错误寄存器
0x1008	设备商设备名称
0x1009	制造商硬件版本
0x100A	制造商软件版本
0x1018	设备标识符
0x1600 ~ 0x17FF	RxPDO 映射
0x1A00 ~ 0x1BFF	TxPDO 映射
0x1C00	同步管理器通信类型
0x0x1C10 ~ 0x1C2F	过程数据通信同步管理器 PDO 分配
0x0x1C30 ~ 0x1C4F	同步管理参数

（2）CoE 周期性过程数据通信（PDO）

周期性数据通信中，过程数据可以包含多个 PDO 映射数据对象。CoE 协议使用的数据对象 0x1C10～0x1C2F 定义相应的 PDO 映射通道。表 9.29 为 EtherCAT 协议中对该通信数据的具体结构。

表 9.29　CoE 通信数据对象

索　引	对 象 类 型	描　述	类　型
0x1C10	数组	SM0 PDO 分配	无符号整型 16 位
0x1C11	数组	SM1 PDO 分配	无符号整型 16 位

索　引	对象类型	描　述	类　型
0x1C12	数组	SM2 PDO 分配	无符号整型 16 位
0x1C13	数组	SM3 PDO 分配	无符号整型 16 位
……	……	……	……
0x1C2F	数组	SM31 PDO 分配	无符号整型 16 位

以下针对 SM2 PDO（0x1C12）进行分配举例，表 9.30 列出了其取值实例。例如 PDO0 中映射了两个数据，第一个通信变量为控制字，对应映射的索引及子索引为 0x6040：00；第二个通信变量目标位置值，对应映射的索引及子索引为 0x607A：00。

表 9.30　SM2 通道 PDO 分配对象数据 0x1C12 举例

0x1C12		PDO 数据对象映射			
子索引	数值	子索引	数值	字节数	描述
0	3			1	PDO 映射对象数目
1	PDO0 0x1600	0	2	1	数据映射数据对象数目
		1	0x6040：00	2	控制字
		2	0x607A：00	4	目标位置
2	PDO1 0x1601	0	2	1	数据映射数据对象数目
		1	0x6071：00	2	目标转矩
		2	0x6087：00	4	目标斜坡
3	PDO2 0x1602	0	2	1	数据映射数据对象数目
		1	0x6073：00	2	最大电流
		2	0x6075：00	4	马达额定电流

PDO 映射有以下几种方式。

1）简单设备不需要映射协议。

- 使用简单的过程数据。
- 在从站的 EEPROM 中读取。

2）可读取的 PDO 映射。

- 固定过程数据映射。
- 使用 SDO 通信读取。

3）可选择的 PDO 映射。

- 多组固定的 PDO 通过对象 0x1C1X 选择。

- 通过 SDO 通信读取。

4）可变的 PDO 映射。

- 通过 CoE 通信配置。

（3）CoE 非周期性过程数据通信（SDO）

EtherCAT 主站通过读写邮箱数据 SM 通道实现非周期性数据通信。CoE 协议邮箱数据结构如图 9.113 所示。

图 9.113 CoE 数据头

针对图 9.113 中的编号部分在表 9.31 中有详细的解释。

表 9.31 CoE 命令定义

编 号	描 述
类型	PDO 发送时的编号
	消息类型：
	0：保留
	1：紧急事件信息
	2：SDO 请求
	3：SDO 响应
	4：TxPDO
	5：RxPDO
	6：远程 TxPDO 发送请求
	7：远程 RxPDO 发送请求
	8：SDO 信息
	9~15：保留

CoE 通信服务类型 2 和 3 为 SDO 通信服务，SDO 数据结构如图 9.114 所示。

SDO 按传输方式通常有如下 3 种类型。表 9.32 为 SDO 数据帧具体的内容。其结构图如图 9.115 所示。

- 快速传输服务：与标准的 CANopen 协议相同，只使用 8 个字节，最多传输 4 个字节有效数据。

- 常规传输服务：使用超过 8 个字节，可以传输超过 4 个字节的有效数据，最大可传输的有效数据取决于邮箱 SM 所管理的存储区容量。
- 分段传输服务：对于超过邮箱容量的情况，使用分段的方式进行传输。

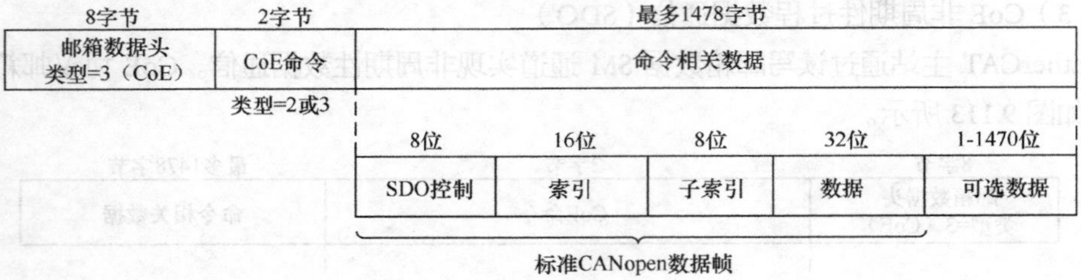

图 9.114　SDO 数据帧格式

表 9.32　CoE 数据帧内容

SDO 控制	标准 CANopen SDO 服务
索引	设备对象索引
子索引	子索引
数据	SDO 中的数据
数据（可选）	有 4 个字节的可选数据可被加载至数据帧中

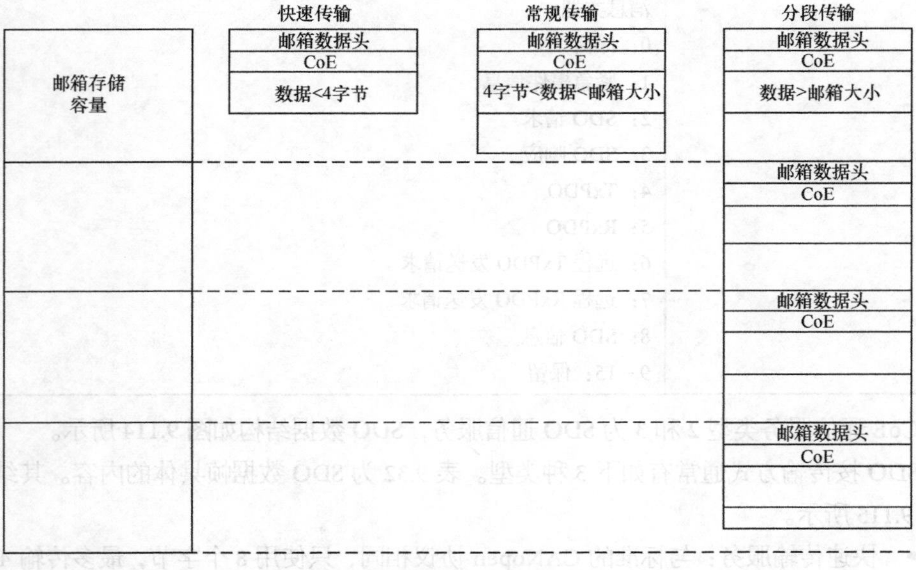

图 9.115　SDO 传输类型

如果要传输的数据大于 4 个字节，则使用常规传输服务；在常规传输时用快速时的 4 个数据字节表示要传输的数据的完整大小，用扩展数据部分传输有效数据，有效数据的最大容量为邮箱容量减去 16。

2．IEC 61800-7-204 的伺服驱动行规（SERCOS）

SERCOS 被公认为用于高性能实时系统的通信接口，尤其适用于运动控制的应用场合。用于伺服驱动和通信技术的 SERCOS 行规属于 IEC 61800-7-204 标准的范畴。该伺服驱动行规到 EtherCAT 的映射（SoE）在 304 部分定义。用于访问位于驱动中的全部参数以及功能的服务通道基于 EtherCAT 邮箱。在此，关注焦点还是 EtherCAT 与现有协议的兼容性（访问 IDN 的数值、属性、名称、单位等），以及与数据长度限制相关的扩展性。过程数据，即格式为 AT 和 MDT 的 SERCOS 数据，都使用 EtherCAT 设备协议机制进行传送，其映射与 SERCOS 映射相似。并且，EtherCAT 从站的状态机也可以非常容易地映射为 SERCOS 协议状态。

（1）SoE 状态机

SERCOS 协议的通信阶段与 EtherCAT 状态机的比较如图 9.116 所示，其特点有以下几个方面：

1）SERCOS 协议通信阶段 0 和 1 被 EtherCAT 初始化状态覆盖。

2）通信阶段 2 对应于运行状态，允许使用邮箱通信实现服务通道，操作 IDN 参数。

3）通信阶段 3 对应于安全运行状态，开始传输周期性数据，只有输入数据有效，输出数据被忽略，同时可以实现时钟同步。

4）通信阶段 4 对应于运行阶段，所有的输入和输出都有效。

5）不使用 SERCOS 协议的阶段切换过程命令 S-0-0127（通信阶段 3 切换检查）和 S-0-0128（通信阶段 4 切换检查），分别由 PS 和 SO 状态转化取代。

6）SERCOS 协议只允许高级通信阶段向下切换到通信阶段 0，而 EtherCAT 允许任意的状态向下切换，如图 9.116（a）所示。例如从运行状态切换到安全运行状态，或从安全运行状态切换到预运行状态。SoE 也应该支持这种切换，如图 9.116（b）所示，如果从站不支持，则应该在 EtherCAT AL 状态寄存器中设置错误位。

（2）IDN 继承

SoE 协议继承 SERCOS 协议的 IDN 参数定义。每个 IDN 参数都有一个唯一的 16 位标识号用来对应唯一的数据块。数据块由 7 个元素组成，见表 9.33。IDN 参数分为标准数据和产品数据两部分，每部分又分为 8 个参数组，使用不同的 IDN 表示，见表 9.34。

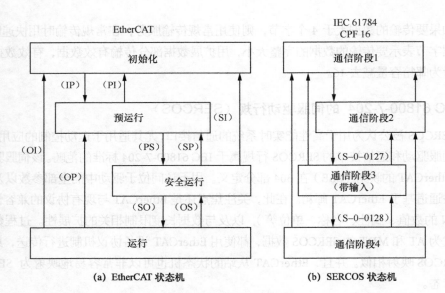

(a) EtherCAT 状态机

(b) SERCOS 状态机

图 9.116 SoE 状态机

表 9.33 IDN 数据块结构

编　号	名　称
元素 1	IDN
元素 2	名称
元素 3	属性
元素 4	单位
元素 5	最小允许值
元素 6	最大允许值
元素 7	数据值

表 9.34 IDN 编号定义

位	15	14-12	11-0
含义	分类	参数组	参数编号
取值	0：标准数据 S 1：产品数据 P	0~7：8 个参数组	0000~4095

在使用 EtherCAT 作为通信网络时，取消了一些 SERCOS 协议中用于通信接口控制的 IDN，见表 9.35。此外，还对一些 IDN 的定义做了些修改，见表 9.36。

表 9.35 删除的 IDN

IDN	描　述
S-0-0003	最小 AT 发送的开始时间
S-0-0004	发送到接收状态切换时间
S-0-0005	最小反馈采样提前时间
S-0-0009	主站数据报文中的开始地址
S-0-0010	主站数据报文长度
S-0-0088	接收 MDT 后准备好接收 MST 所需要的恢复时间
S-0-0090	命令处理时间
S-0-0127	通信阶段 3 切换检查
S-0-0128	通信阶段 4 切换检查

表 9.36 修改的 IDN

IDN	原　描　述	新　描　述
S-0-0006	AT 发送的开始时间	在从站内部于同步信号之后应用程序向 ESC 存储区写入 AT 数据的时间偏移
S-0-0014	通信接口状态	映射从站 DL 状态和 AL 状态码
S-0-0028	MST 错误技术	映射从站 RX 错误技术契合连接丢失计数器
S-0-0089	MDT 发送开始时间	在从站内部于同步信号之后从 ESC 存储区得到新的 MDT 数据的时间偏移

（3）SoE 周期性过程数据

输入过程数据（MDT 数据内容）和输入过程数据（AT 数据内容）由 S-0-0015、S-0-0016 和 S-0-0024 配置。过程数据不包括服务通道数据，只有周期性过程数据。输出过程数据包括伺服控制字和指令数据，输入过程包括状态字和反馈数据。S-0-0015 设定了周期性过程数据的类型，见表 9.37，参数 S-0-0016 和参数 S-0-0024 见表 9.38。主站在"预运行"阶段通过邮箱通信写这 3 个参数，以配置周期性过程数据的内容。

表 9.37 参数 S-0-0015 定义

S-0-0015	指　令　数　据	反　馈　数　据
0：标准类型 0	无	无反馈数据
1：标准类型 1	扭矩指令 S-0-0080（2 字节）	无反馈数据

续表

S-0-0015	指 令 数 据	反 馈 数 据
2：标准类型 2	速度指令 S-0-0036（4 字节）	速度反馈 S-0-0053（4 字节）
3：标准类型 3	速度指令 S-0-0036（4 字节）	位置反馈 S-0-0051（4 字节）
4：标准类型 4	位置指令 S-0-0047（4 字节）	速度反馈 S-0-0053（4 字节）
5：标准类型 5	位置指令 S-0-0047（4 字节） 速度指令 S-0-0036（4 字节）	位置反馈 S-0-0051（4 字节） 或速度反馈 S-0-0053（4 字节）+ 位置反馈 S-0-0051（4 字节）
6：标准类型 6	速度指令 S-0-0036（4 字节）	无反馈数据
7：自定义	S-0-0024 配置	S-0-0016 配置

表 9.38 参数 S-0-0016 和参数 S-0-0024 定义

数据字	S-0-0024 定义	S-0-0016 定义
0	输出数据最大长度（Word）	输入数据最大长度（Word）
1	输出数据实际长度（Word）	输入数据实际长度（Word）
2	指令数据映射的第一个 IDN	反馈数据映射的第一个 IDN
3	指令数据映射的第二个 IDN	反馈数据映射的第二个 IDN
…	…	…

（4）SoE 非周期性服务通道

EtherCAT SoE 服务通道（SoE Service Channel，SSC）由 EtherCAT 邮箱通信功能完成，它用于非周期性数据交换，如读写 IDN 及其元素。SoE 数据头格式如图 9.117 所示。

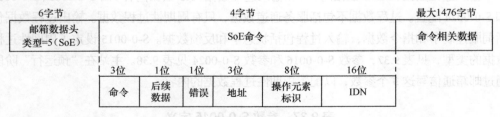

图 9.117 SoE 数据头格式

表 9.39 为针对 SoE 命令部分的的具体内容及描述。

表 9.39　SoE 数据命令描述

数 据 区	描 述
命令	指令类型如下 0x01：读请求 0x02：读响应 0x03：写请求 0x04：写响应 0x05：通报 0x06：从站信息 0x07：保留
后续数据	后续数据信号 0x00：无后续数据帧 0x01：未完成传输，有后续数据帧
错误	错误信号 0x00：无错误 0x01：发生错误，数据区有两个字节的错误码
地址	从站设备的具体地址
操作元素标识	• 单个元素操作时为元素选择，按位定义，每一个位对应一个元素 • 寻址结构体时为元素的数目
IDN	参数的 IDN 编号，或分段操作时的剩余片段

常用的 SSC 操作包括 SSC 读操作、SSC 写操作和过程命令。

- SSC 读操作：SSC 读操作由主站发起，写 SSC 请求至从站。从站接收到读操作请求后，用所请求的 IDN 编号和数据值作为回答。主站可以同时读多个元素，从站应该同时回答多个元素，如果从站只支持单个元素操作，应该以所请求的第一个元素作为响应。

- SSC 写操作：该操作用于主站下载数据到从站，从站应该以写操作的结果回答。分段操作由一个或多个分段写操作及一个 SSC 写响应服务组成。

- SSC 过程命令：过程命令是一种特殊的非周期数据，每一个过程命令都有唯一标识的 IDN 和规定的数据元素，用于启动伺服装置的某些特定功能或过程。执行这些功能或过程通常需要一段时间，过程命令只是触发其开始，随后它所占用的服务通道立即变为可用，用以传输其他非周期数据或过程命令，不用等到被触发的功能或过程执行完毕。

9.6.7 EtherCAT 主从站通信配置示例

首先配置 EtherCAT 主站，随后通过在主站卡菜单下添加从站，从而完成配置。

1. 主站配置

（1）添加主站

首先在设备下添加 EtherCAT 主站，单击设备，右键单击选择"添加设备"，当弹出的添加设备窗口后，选择"EtherCAT"→"主站"→"EtherCAT Master"，单击"添加设备"，如图 9.118 所示。

(a) 添加设备   (b) 选择 EtherCAT Master

图 9.118 添加 EtherCAT 主站设备

（2）EtherCAT 主站配置

主站添加后，可以通过单击选中主站，从而对其进行配置。图 9.119 为 EtherCAT "主站"选项卡中的设置，用于配置主站、分布式时钟、冗余及从站相应设置。

图 9.119 EtherCAT 主站设置选项卡

1）EtherCAT NIC Setting

- 目的地址（MAC）：为接受 EtherCAT 报文的目标地址，如果"广播"选项被激活，则不需要输入目标地址，系统会自动进行通过广播搜索目标地址。
- 资源地址（MAC）：PLC 网络接口的的 MAC 地址，可以选择"根据 MAC 选择网络"或者选择"根据名称选择网络"。用户可以选择"浏览"，选择想要设置的源地址。
- 启用冗余：该选项使能后，则正式开启 EtherCAT 冗余模式，其支持环形拓扑结构。

2）Distributed Clock（分布时钟）

- 循环时间：如果分布式时钟功能被激活，主站发送将会根据该循环时间向从站发送相应数据报文。因此数据交换可以实现精确同步，在分布式过程中要求同步动作时（例如几个伺服轴执行同时联动任务），此功能尤为重要的。可以在网络范围内提供信号抖动小于 1μs 的主时钟。
- 同步偏移：通常当 PLC 任务开始 20%后，同步报文开始影响从站，这就意味着 PLC 的任务周期可以有 80%的延迟，在此延迟内不会有数据会丢失。
- 同步窗口监视：如果该选项打开，可以监控从站的同步状态。
- 同步窗口：用于监控同步窗口的时间。如果所有的从站在同步窗口时间内，则变量 xSyncInWindow（IoDrvEthercat）将会被置为 TRUE，否则为 FALSE。

（3）EtherCAT I/O 映射

由 EtherCAT 主站提供的 I/O 映射表，PLC 中的变量可以连接其中的 I/O，为用户提供可控制的接口，如图 9.120 所示。

2. 从站配置

（1）安装 EtherCAT 从站设备描述文件

为了在设备目录中插入和配置 EtherCAT 设备，主站和从站必须使用硬件提供的设备描述文件，通过"设备库"对话框安装（标准的 CODESYS 设置自动地完成）。主站的**设备描述文件**（*.devdesc.xml）定义了可以插入的从站。从站的描述为"xml"文件格式（文件类型：EtherCAT XML 设备描述配置文件）。

在"工具"菜单栏中的"设备库"→"安装"中选择"EtherCAT XML 设备描述配置文件（*.xml）"，找到该文件路径，选择"打开"进行安装，如图 9.121 所示。

（2）添加从站设备

选择"插入设备"，系统会自动弹出从站设备添加框，用户可以根据实际连接的从站进行添加，如图 9.122 所示。此外，用户也可以通过选中主站选项卡，右击鼠标，选择"扫描设备"进行实际从站自动扫描搜索。

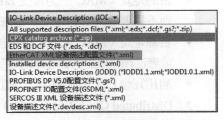

图 9.120　EtherCAT I/O 映射　　　　　图 9.121　EtherCAT XML 文件安装

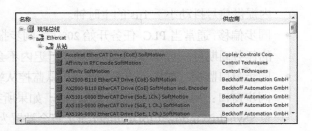

(a) 插入 EtherCAT 从站设备　　　　　　　(b) 选择 EtherCAT 从站

图 9.122　添加 EtherCAT 从站设备

注意

使用"扫描设备"功能之前，必须确保从站的 EtherCAT 设备描述文件已经安装在调试 PC 的 CODESYS 内，否则无法使用此功能。

（3）从站配置

从站配置信息如图 9.123 所示。

1）Address（地址）

- AutoInc 地址：由从站在网络中的位置确定。这个地址仅仅在启动时使用，主站需要向从站分配 EtherCAT 地址。当用于此目的的首个报文通过从站时，每一个经过的从站将自身的自动增量地址加 1。

- EtherCAT 地址：从站的最终地址，由主站在启动时自动分配。

2）分布式时钟（分布式时钟）

- 选择 DC：下拉菜单提供了由设备描述文件提供的所有关于分布时钟的设置，可以选择同步或不同步。

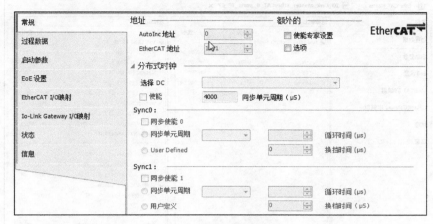

图 9.123　从站信息

3）Sync0/1（同步 0/1）

- 同步使能 0/1：如果该选项被选中，使用"Sync0/1 "同步单元。一个同步单元描述了一套同步交换的过程数据。

- 同步单元周期：主站周期的时间乘以所选择的系数，将被用作从站的同步周期时间。循环时间（μs ）栏显示当前设置的周期时间。

4）Additional（附加）

- Enable Expert Setting：当用户使能该选项后，能够修改更多 EtherCAT 从站的内部数据，在此不做过多介绍。

- 用户定义：如果定义了该选项，如果总线中该节点不存在，则不会发送任何错误代码。激活该选项后，站号地址被存储在了从站设备中，故必须定义"站别名"和地址，并将其写入 EEPROM 中。

（4）过程数据

显示了设备描述文件所描述的从站输入和输出过程数据，这些变量用于将来与 PLC 的实时通信，其设置界面如图 9.124 所示。

（5）启动参数

该参数根据添加从站设备的不同而不同，在系统启动时可由 SDOs（服务数据对象）或 IDN 将需要写入的参数发送给设备。该对话框只有在设备支持"CoE（Canopen over EtherCAT）"或"SoE（Sercos over EtherCAT）"时才显现。包含了必要数据的对象字典由 EtherCAT XML 描述文件或由 EtherCAT XML 描述文件引用的 EDS 文件提供。

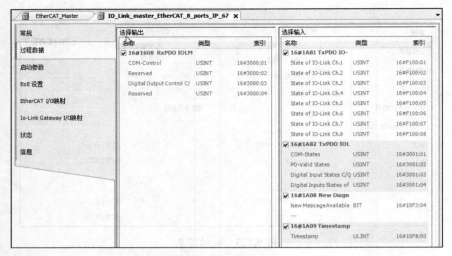

图 9.124　过程数据

1）CoE

支持 CoE 设备的启动参数界面如图 9.125 所示，该选项会从对象字典中选择项目，并提供了定义在 EDS 文件中的有效对象字典。

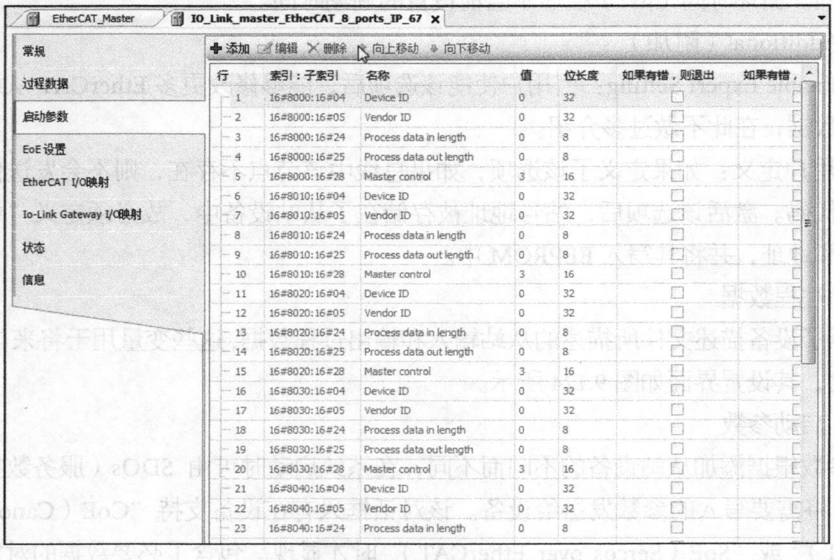

图 9.125　CoE 启动参数

当选择"添加"或"编辑"修改对象时，会自动弹出如图 9.126 所示的对话框，用户可以在其中选择要写入的参数对象及具体数值。"向上移动"和"向下移动"按钮可以改变当前选中条目在列表中的位置，从而改变参数下载的先后顺序。

图 9.126 启动参数对象写入设置界面

2）SoE

该选项会从对象字典中选择项目，并提供了基于 XML 文件中的有效对象字典。该 IDN 为 SERCOS 协议对应的参数，其设置界面如图 9.127 所示。

图 9.127 SoE 启动参数

IDN 列表的顺序（由上至下）代表了 IDNs 被传输到模块的顺序。"向上移动"和"向下移动"与 CoE 的定义一样，改变参数下载的先后顺序。

可以通过激活以下设置之一来定义操作，以备 IDN 传输过程出现错误。

● 如果有错，则退出：如果检测到错误，则中断错误状态下的转移。

● 如果有错，则跳行/下一行：如果检测到错误，则 IDN 传输会跳转到"下一行"栏目（行号，行号显示于行栏目中）中输入的行中继续进行。例如，当设置如图 9.128

所示时，当执行第 1 行时出现错误，则进入"下一行"所设置的行数，即自动进入第 3 行，从而忽略了执行第二行的参数启动命令。

行	Idn	名称	值	位长...	如果有错，则退出	如果有错，则跳行	下一行	注释
1	S-0-0001	Tncyc - NC cycle time	2000	16	☐	☑	3	Tncyc - NC cycle time
2	S-0-0002	Tscyc - Comm cycle ti...	2000	16	☐	☐	0	Tscyc - Comm cycle time
3	S-0-0032	Operation mode	11	16	☐	☐	0	Operation mode

图 9.128　启动参数应用举例

- **Add/Edit（添加/修改 IDN）**：单击 "Add/Edit" 后可以看到如图 9.129 所示的界面。添加 IDN 之前，可以通过编辑对象栏下方的栏目修改其参数。通过定义新的 **PSet/Offset** 通道，可以有选择的对 IDN 添加一个没有在 XML 文件中描述过的新对象。当对象字典不完整或不存在时，此方法十分有效。

图 9.129　SoE 对象写入设置界面

（6）EtherCAT I/O 映射

至此，所有的 EtherCAT 通信配置已经完成，最终可以在该选项中查看变量地址、类型及实时的状态，其显示界面如图 9.130 所示。

从站	通道						
	变量	映射	通道	地址	类型	单位	描述
过程数据			Position demand value	%QD0	DINT		Position demand value
			Velocity demand value	%QD1	DINT		Velocity demand value
EtherCAT I/O映射			Control word	%QW4	UINT		Control word
			Latch Control word	%QW5	UINT		Latch Control word
状态			Position actual value	%ID0	DINT		Position actual value
信息			Position actual value 2	%ID1	DINT		Position actual value 2
			Torque actual value	%IW4	INT		Torque actual value
			Following error	%ID3	DINT		Following error
			Status word	%IW8	UINT		Status word
			Latch Status word	%IW9	UINT		Latch Status word
			Latchposition	%ID5	DINT		Latchposition

图 9.130　EtherCAT I/O 映射

9.7　PROFINET 网络基础

2000 年 8 月 Profibus 国际组织（Profibus International）在新闻发布会上提出了

PROFINET 的概念。4 年之后，PROFINET（PROcess Field NET）的基础已经构建起来了。该标准涵盖了安装技术、实时通信、网络管理以及 Web 集成功能等方面，如图 9.131 所示。

PROFINET 是自动化领域开放的以太网工业标准，它基于工业以太网技术，使用 TCP/IP 和 IT 标准，是一种实时以太网技术，同时无缝地集成现有的现场总线系统（不仅只包含 Profibus），从而实现在对现场总线技术的投资（制造商和用户）得到保护。PROFINET 是为所有制造业和过程自动化领域而设计的集成的、综合的工业以太网标准，其应用从工业网络中的底层——现场层到高

图 9.131　PROFINET 功能的模块化结构示意图

层——管理层，从标准控制到高端的运动控制。在 PROFINET 中，还集成了工业安全性（Safety）和网络安全性（Security）功能。PROFINET 可以覆盖自动化工程的所有需求，为基于 IT 技术的工业通信网络系统提供各种各样的解决方案，各种和自动化工程有关的支撑技术已开发完成，许多 PROFINET 基础的支持也已开发完成，并且可以在以分布式 I/O 为主的控制系统中应用。

9.7.1　PROFINET 物理层

1. 网络拓扑结构

PROFINET 网络拓扑针对要连网单元的要求而定。最常见的网络拓扑有：星形、总线型、树形和环形结构。实际的系统由混合结构组成，下面将进行详细说明。这些结构可以用铜缆或光缆实现，图 9.132 为典型的 PROFINET 组合拓扑结构，图中⊗所示的部分为星形拓扑结构，⊝部分为总线型拓扑结构。

PROFINET 的系统结构如图 9.133 所示。可以看到，PROFINET 的技术的核心设备是网关代理设备。代理设备负责将所有的 PROFINET 网段、以太网设备，甚至其他总线设备集成到 PROFINET 系统中。

在应用中，尤其是存在大型且复杂的 PROFINET 网络拓扑结构时，很难知道 I/O 设备之间的连接关系，从而造成维护和诊断的不便。

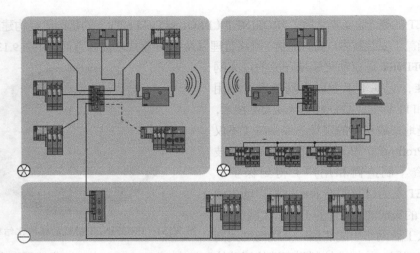

图 9.132 PROFINET 总线拓扑结构

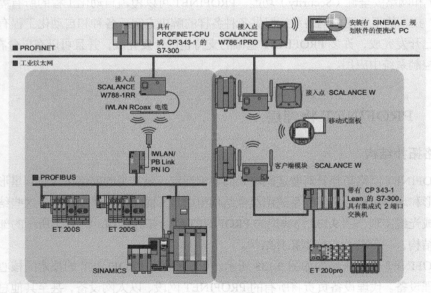

图 9.133 PROFINET 系统结构

2. 电气特性

使用双绞线（100Base-TX）用来使用全双工模式以 100Mbit/s 传输电气信号，100Base-TX 的传输协议由 IEEE 802.3i/IEEE 802.3u 标准定义。传输介质是对称的，屏蔽双绞线，特征阻抗为 100Ω。导线通过颜色来标识。第一对导线黄色—橙色用来发送，第二对导线白色—

蓝色用来接收。这种电缆的传输特性必须符合 CAT5 以上的需求。

以太网电缆主要由两个参数表征：电缆类别和通道类型，比如阻抗、带宽、衰减和近端串音。数据终端和网络组件（如交换机）之间最大连接长度不能超过 100m。为保证数据传输性能，传输链路只应当有一段电缆组成。在特殊情况下，可分为多段（如使用两条机柜连入线）。表 9.40 为 PROFINET 电气传输的标准。

表 9.40　PROFINET 电气特性标准

特　　征	参　　数
标准	IEC 61158
电缆类型	2 对屏蔽双绞线
电缆类别	100Base-TX，CAT5
特征阻抗	100Ω
传输速率	100Mbit/s
最大分段长度	100m
最大分段数	3
连接	RJ-45，M12
最大连接数	每个连接 6 对接头/插座

此外，PROFINET 还有使用光纤的版本，在长距离的 100Mbit/s 和 1000Mbit/s 快速连接中，数据是通过玻璃光纤（光缆）以光脉冲的方式传送的。在大型工厂及其附近，光缆是建立可靠的 PROFINET 最佳的选择，因为任何形式的电磁场对光都绝对没有影响，玻璃光纤也不会受电位差的影响。

此外，由于光缆（FO 电缆）的信号衰减比铜缆小很多，所以光缆可以覆盖更大的距离，也就是说，可以超过铜缆布线系统的长度限制。

FO 系统的其他优势如下。

- 不会有电磁干扰，外部的电场或磁场根本不会干扰数据传输，甚至当 FO 电缆跟磁场平行走线时都不会有影响，因此，光缆适合在受到电磁污染的房间里传送数据。站点与网段之间存在电气隔离。
- 光缆的带宽比铜缆大，几乎可以不受限制地扩充传输速率。
- 能够很好地防止窃听，使用的设备也相应复杂。

3. 电缆

PROFINET 传输技术基本上和快速以太网标准一致，在交换式网络中使用全双工传输方式，传输速率达到 100Mbit/s。低数据传输率（10Mbit/s）的传输技术不能够满足自动化系统的传输性能。

PROFINET 网络中，有线信号是通过对称的铜缆和光缆进行的。如下这些类型的电缆适用于在 PROFINET 的网络中进行电气信号的传输。

（1）双绞线

- 100Base-TX，两对双绞线，传输速率是 100Mbit/s（快速以太网）的电气传输系统。
- 1000Base-TX，四对双绞线，传输速率是 100Mbit/s（快速以太网）的电气传输系统。

所有这些设备都通过一个活动网络组件连接。PROFINET 使用可切换的网络组件。网络组件的规范保证了简单安装。在传输电缆的两端装有相同的连接器，也可以按相同的规定进行预安装。最大分段的长度为 100m。

（2）光缆

1）100Base-FX：两条多模光纤或单模光纤导线上速度达到 100Mbit/s 的光学传输，使用的波长为 1310m。可以使用以下两种类型的 FO 光缆。

- 多模 FOC：纤芯直径是 50μm，光源是一个 LED，有多种模式（光束）可以用于信号传输。光脉冲的传播时间的差异（色散）会限制信号的最大传输距离。
- 单模 FOC：纤芯直径是 9μm 或 10μm，光源是一个激光二极管，只有一种模式（光束）用来传输信号。因此显著的降低了色散。所以单模 FOC 的最大传输距离要远远大于多模 FOC。

数据终端与网络组件或者两个网络组件（如交换机端口）之间的最大连接距离取决于所选的光缆，表 9.41 为光学传输的 PROFINET 的技术参数总结。

表 9.41　光学传输的 PROFINET 标准总结

特　　征	参　　数
纤维类型	多模玻璃纤维
电缆类别	2 纤维电缆
电缆类	100Base-FX，CAT5
纤维	50/125μm 和 62.5/125μm
每一段的最大允许损耗	50/125μm 时 11dBm 62.5/125μm 时 6dBm
传输速率	100Mbit/s
最小模式带宽	500MHz·KM

续表

特　　征	参　　数
最大分段长度	多模 FOC：3000m 单模 FOC：26km
连接	符合 IEC 60874 的 SC-D BFOC/2.5
最大连接数	点对点连接

2）1000Base-SX 和 1000Base-LX：对电气传输而言。PROFINET 标准计划在未来的应用中使用 1000Base-SX（波长是 850nm）和 1000Base-LX（波长是 1310 nm）。这个标准有下列参数表征。

- 传输速率：1000Base-SX 和 1000Base-LX 的光学千兆端口的传输速率是 1000Mbit/s。
- 传输规程：1000Base-SX 和 1000Base-LX 是有 IEEE 802.3x 标准定义的，传输模式是全双工。
- 传输介质：1000Base-SX 使用多模 FOC 进行数据传输，波长为 850 nm。多模 FOC 的纤芯直径是 50μm，光源是一个 LED，有多种模式（光束）可以用于信号传输。光脉冲的传播时间的差异（色散）会限制信号的最大传输距离。1000Base-LX 使用单模 FOC 进行数据传输，单模 FOC 的纤芯直径是 9μm 和 10μm。光源是一个激光二极管。只有一种模式（光束）用来传输信号，所以显著地降低了色散。因此，单模 FOC 的最大传输距离大于多模 FOC。
- 范围：当在 1000Base-SX 中使用多模 FOC 和 SC 全双工连接器时，最大的传输范围是 70m，而在 1000Base-FX 中使用单模 FOC 时，最大传输范围是 10km。
- 连接系统：使用 SC 全双工插座进行连接。

4．连接器

（1）RJ-45

在开关柜内 PROFINET 使用 IP20 保护等级的 RJ-45。开关柜外部的插头连接器必须考虑工业的特殊要求。IP65/IP67 保护等级的 RJ-45 的专用接头可用于条件恶劣的场所，它带有推挽式锁定，如图 9.134（a）所示。

（2）M12

M12 的连接器已经在工业中得到广泛应用，其圆形设计的优点就是便于密封，以便符合 IP67 的防护等级，其外形结构如图 9.134（b）所示。

(a) RJ-45 连接器   (b) M12 连接器

图 9.134　插头连接件

（3）光缆接头

PROFINET 设备的光纤接口必须符合 ISO/IEC 9314-3 标准（针对多模光纤）和 ISO/IEC 9314-4（针对单模光纤）。光纤可以用于移动连接和固定连接。移动连接可以使用多种接头连接，而固定连接只允许"接续"两条光纤。接续主要用来延长光缆或修理破损。专业的接续连接应该是低衰减（光损耗）和稳定的。FOC 的接头连接器应当由受过训练的人员用特殊的工具进行装配。正确的安装可以保证，甚至在经过多桥接之后，还具有低损耗高可重用性。

PROFINET 支持的光纤连接头有如下两种连接方式。

- ST 连接器
- SC 连接器

由于在之前的总线光缆连接头部分已经做过介绍，在此不做重复介绍。

9.7.2　PROFINET

如图 9.135 所示，PROFINET 提出了两类工业以太网的通信机制，PROFINET CBA 采用 TCP/IP 协议通道来实现非实时数据的传输，比如用于设备参数化、组态和读取诊断数据的传输。而实时数据的传输是将 OSI 模型的第三层和第四层进行旁路，实现实时数据通道，传输的实时数据存放在 RT 堆栈上，实现传输时间的确定性。为了减少通信堆栈的访问时间，PROFINET IRT 对协议中传输数据的长度做了限制。因此，在实时通道上传输的数据主要是用于现场 I/O 数据、

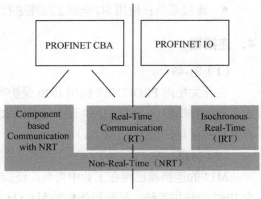

图 9.135　PROFINET 分类

事件控制的信号与报警信号等。为了优化通信功能，PROFINET 根据 IEEE 802.1p 定义了报文的优先权，规定了 7 级的优先级。其中最高级用于硬实时数据的传输。

1. TCP/IP 标准通信（NRT）

PROFINET 使用以太网和 TCP/IP 或 UDP/IP 协议作为通信基础。就 TCP/IP 或 UDP/IP 而论，是 IT 领域在通信协议方面的标准。但是，它还不足以在现场设备上建立一个基于 TCP/UDP 的公共通信通道（Layer 4）。事实是，TCP/UDP/IP 只提供了使以太网设备能够通过本地和分布式网络的透明通道中进行数据交换。因此，在较高层上则需要其他的规范和协议（也称为应用层协议），而不是 TCP/UDP。那么，只有对于所有设备都使用相同的应用层协议才能保证互操作性。典型的应用层协议有：SMTP（用于电子邮件）、FTP（用于文件传输）和 HTTP（用于互联网）。

在工厂自动化领域，实时应用需要刷新/响应时间范围为 5～10ms。刷新时间是指以下过程所用的时间：在一台设备应用程序中创建一个变量，然后通过通信系统将该变量发送给一个设备，然后可在此伙伴设备中再次获得该变量的数值。

为了确保优先连续处理应用程序，应尽量使设备处理器用于实现实时通信的负载减少到最小。经验指出，与设备中的处理时间相比，快速（100Mbit/s）或更高速率的以太网线路上的传输时间是可以忽略不计的。在提供者的应用中可提供数据的时间是不受通信影响的。这也适用于消费者所接收的数据的处理。这就是说，在刷新时间以及实时响应中任何重大的改进主要可通过提供者和消费者通信栈的优化来达成。

2. 实时通信（RT）

为了能满足自动化的实时要求，PROFINET 提供了优化的实时通道——软实时（RT）通道。此通道基于以太网（Layer 2），其结构如图 9.136 所示。此解决方案显著地减少了通信栈所占用的运行时间，从而提高了过程数据刷新速率方面的性能。一方面，若干个协议层的去除减少了报文长度；另一方面，在需要传输的数据准备就绪发送（即应用准备就绪处理）之前，只需较少的时间。同时，可大量地减少设备用于通信所需的处理器能力。

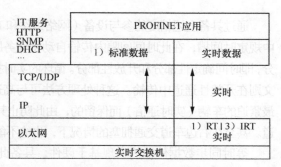

图 9.136　PROFINET RT 结构示意图

3．通过优先级优化数据传输

在 PROFINET 中，不仅最小化了可编程控制器中的通信栈，而且也对网络中数据的传输进行了优化。为了能在这些情况下达到一种最佳结果，在 PROFINET 中按照 IEEE 802.1Q 将这些数据包区分优先级。设备之间的数据流则由网络组件依据此优先级进行处理。优先级 6（Priority 6）是用于实时数据的标准优先级。由此也就确保了对其他应用的优先级处理，例如：优先级 5 是互联网电话。

4．同步实时通信（IRT）

然而，上述解决方案对于运动控制应用还远远不够。通常运动控制应用要求刷新速率在 1ms，100 节点的连续循环的抖动精度为 1μm。为了满足这些需求，PROFINET 在快速以太网的 Layer 2 协议上已定义了时间间隔控制的传输方法——同步实时通信 IRT。IRT 的通信报文结构如图 9.137 所示。

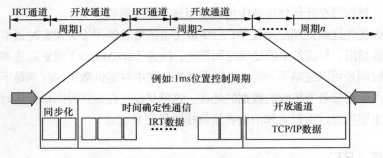

图 9.137　PROFINET IRT 的通信时间表

通过具备上述精度的参与设备（网络组件和 PROFINET 设备）的时间同步，可在网络中规定时间槽，在此时间间隔内传输自动化任务所必需的关键数据。通信循环被分成两个部分，即时间确定性部分和开放性部分。循环的实时报文在时间确定性通道中传输，而 TCP/IP 报文则在开放性通道中传输。这种处理方法可与高速公路媲美，最左边的车道总是为时间要求最紧迫的车辆（实时通信）而保留的，由此防止其他车道上的用户（TCP/IP 通信）占用此车道。甚至在右边车道交通拥塞的情况下，也绝不能影响时间要求紧迫的车辆的交通（通信）。

等时同步数据传输的实现基于硬件，具备此功能的 ASIC 包括用于实时数据的循环同步和时间间隔保留功能。基于硬件的实现能够获得所要求的异常重要的顺序精度要求，同时也解放了承担 PROFINET 设备通信任务的处理器。这就免除了烦琐的计算，从而可为自动化任务提供解决方案。

9.7.3　PROFINET 协议架构

PROFINET 的数据交换基于提供者/消费者模型实现。提供者/消费者模型包括 3 种实体：信息的提供者和消费者，以及提供者和消费者建立联系的消息代理。它通过拉（Pull）和推（Push）两种模型实现。在拉模型中，提供者从应用管理层接收一个发布请求，并通过网络组播它的响应，需要数据的消费者给予响应，由管理器从提供者"拉"出数据供消费者使用。模型提供了两种服务：证实服务和非证实服务。证实服务仅用于提供者和消费者位于不同的应用进程（Application Process，AP）时，消费者按照客户机/服务器模式使用证实服务请求加入发布，提供者给予响应并返还给消费者。非证实服务中提供者仅负责在合适的时间将其信息分发给消费者，消费者无需对信息进行确认。

PROFINET 基于无证实服务的提供者/消费者模型的推模式。控制器和 IO 设备既可以作为提供者，也可作为消费者。提供者以固定时间间隔 Δt_1 将数据传送给消费者，消费者以固定时间 Δt_2 接收。传输期间数据未经任何保护，也不需消费者确认。其模型如图 9.138 所示。

传统的以太网使用 CSMA /CD（带有冲突监测的载波监听多路访问）协议实现介质访问控制，虽然工业以太网可使用标准的通信协议（如 TCP/IP 或 UDP/IP）来提高实时性，但数据包的传输时延很大程度上依赖网络负载而不能预先确定，因此标准协议通信过程中会产生帧过载现象，这加大了传输时延和处理器计算时间，从而延长发送周期，严重影响网络的实时性。为此，PROFINET 通过对发送器和接收器的通信栈进行实时性优化，可保证同一网络中不同站点可在一个确定时段内完成时间要求严苛的数据传输。PROFINET 通过软实时和硬实时方案对 ISO/OSI 参考模型的第 2 层进行了优化，此层内所改进的实时协议对数据包的寻址不是通过 IP 地址实现的，而使用接收设备的 MAC 地址，同时保证与其他标准协议在同一网络中的兼容性。PROFINET 的协议架构如图 9.139 所示。

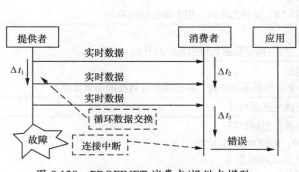

图 9.138　PROFINET 消费者/提供者模型

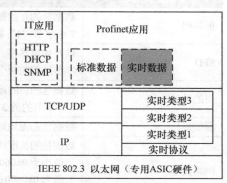

图 9.139　PROFINET 通信协议框架

1．协议组成部分

PROFINET 为减小交换机在帧处理时的最大周期偏差，使用 VLAN 标签对帧进行优先级标识，从而控制运行时间内设备之间的数据流。PROFINET 实时帧使用优先级 6 或 7 发送。遵照 IEEE 802.1Q，VLAN 标签对以太网帧扩展了 4Byte。Ether type 0x8100 确定了 VLAN 标签协议标识符。VLAN 帧格式在 IEEE 802.1D 中定义。IEEE 分配以太网协议 0x8892 对实时帧进行标识。帧类型标识符用于描述两个设备之间的通信信道。以太网与帧类型标识符的结合即可对实时帧进行识别，实时帧结构如图 9.140 所示。

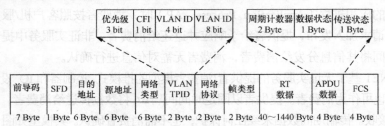

图 9.140　PROFINET 以太网数据帧

其中，RT 数据区内的用法与结构没有具体定义，但若实时帧长度小于 4 个字节，则实时数据的长度必须扩展到最小 40 个字节。VLAN TPID 区的 CFI 用于区别以太网和令牌环网的类型。对于接收器，控制器首先验证 6 个字节的目的地址，随后在 PROFINET 协议栈中用以太网类型和帧类型标识符将帧分配到相应信道。

在接收器那里，以太网控制器首先评估 6 个字节的目的地址，随后在 PROFINET 协议栈中用以太网类型和帧类型标识符将帧分配给通信通道，见表 9.42。

表 9.42　实时帧的协议组成部分

协议组成部分	含　义
前导码	数据包的开始部分 7 个字节 "1" 和 "0" 交替的序列，用于接收器同步
SFD	帧开始定界符 字节尾部的两个 "1" 确定数据包目的地址的开始
目的地址	数据包的目的地址 6 个字节的前 3 个字节表示制造商，其他由制造商按照需求指定。
源地址	数据包的源地址或发送源地址
网络类型	数据包的长度块或类型标识符 　值小于 0x0600：IEEE802.3 长度块 　值为 0x0600：以太网类型块 　0x8100：数据包包含一个 VLAN TPID

续表

协议组成部分		含　义
VLAN TPID		VLAN 标签协议标识符
	优先级	数据包的优先级 0x00：IP（RPC） 0x01～0x04：保留 0x05：非周期 RT 数据（低） 　　　非周期 RT UDP（低） 0x06：周期 RT 数据 　　　非周期 RT 数据（高） 　　　周期 RT UDP 帧 　　　非周期 RT UDP 帧（高） 0x07：保留
	CFI	指示符 0：以太网 1：令牌网
	VLAN ID	对 VLAN 的标识 0x000：传输有优先权的数据 0x001：标准设置 0x002～0xFFE：自由使用 0xFFF：保留
网络协议		跟在数据部分之后，对网络协议类型进行标识 0x8892：PROFINET
帧类型		RT 帧类型的标识 0x0000～0x00FF：保留 0x0100～0x7FFF：保留 0x0800～0xBEFF：RT 类型 2，单播（RT） 0x0BF0～0xBFFF：RT 类型 2，多播（RT） 0x0C00～0xFAFF：RT 类型 1，单播（RT 以及 RTOverUDP） 0xFBF0～0xFBFF：RT 类型 1，多播（RT 以及 RTOverUDP） 0xFC00：保留 0xFC01：警报（高）（RT 以及 RTOverUDP） 0xFC01～0xFE00：保留 0xFE01：保留（低）（RT 以及 RTOverUDP） 0xFE02～0xFFFF：保留
RT 数据		实时数据在这个帧里传输的数据的用法和结构没有具体定义，下面是 PROFINET 中的使用 PROFINET CBA：与字节具有相同的 QoS 值的互联数据 PROFINET IO：I/O 数据 如果实时帧的长度小于 64B，则实时数据帧的长度必须扩展到 40B

协议组成部分		含　义
APOU 数据		应用协议数据单元状态 实时数据帧的状态
	周期计数器	周期计数器 　每经过一个发送周期，发送器就将计数器+1 　接收器通过计数器的值看出通信过程，每增加 1 个位，代表时间增加 31.25μs
	数据状态	Bit0：（状态） 　0：表示冗余模式中的次通道 　1：标识冗余模式中的主通道 Bit1：0 Bit2：（数据有效性） 　0：数据有效 　1：数据无效 Bit3：未使用 Bit4：（过程状态） 　0：生成数据的过程处于不活动状态 　1：生成数据的过程处于活动状态 Bit5：（问题指示器） 　0：问题存在，已发诊断信号，或诊断正在运行 　1：未知问题 Bit6：0 　Bit7：0
	传送状态	Bit0～Bit7：0
FCS		帧检验序列 32 位校验和、对整个以太网进行循环冗余校验（CRC）

2．通信的建立

PROFINET 使用发送器/接收器通信方式进行数据传输。PROFINET 设备可同时作为接收器和发送器进行工作。在周期性实时数据的通信中，数据交换是基于连接的，连接的建立及删除由应用层协议控制；数据的接收器不会对数据包的接收状态向发送器进行明确回复，仅通过监控时间间隔来考察数据接收情况。此外，PROFINET 实时协议不支持数据的分段及重组，以及长度超出以太网标准数据包长度的传输。

当 PROFINET 发起者收到要建立的连接信息时，这些信息可能来自于工程设计系统，

也可能来自于保存的组态数据，它利用这些数据
自动尝试与响应者建立连接。在成功建立连接之
后，发送器向接收器传输实时的生产数据或 I/O
数据。与此相反，发起者也可提供删除连接的触
发，如上位操作终端或设计系统删除连接。此外，
发起者可以将发送器和接收器组合在同一个设备
中，其回路的监控是通过实时协议的数据安全特
性、发送器和接收器的高层协议和特殊的监控机
制来实现的。PROFINET 建立与删除连接的过程
如图 9.141 所示。

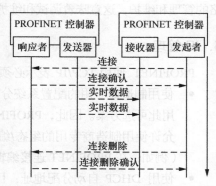

图 9.141　PROFINET 连接的建立与删除

3．设备描述文件（GSD）

在 RPOFIBUS 中，设备描述文件（General Station Description，GSD）把设备信息集
成到一个 IO 控制器的组态工具中。IO 设备的属性以 GSD 文件的形式描述，该文件包括
如下的信息。

- IO 设备属性（如通信参数）。
- 可嵌入的模块（类型数）。
- 独立模块的组态数据。
- 模块参数。
- 记录诊断错误的文本（如断线、短路），XML 是 PROFINET IO 设备 GSD 文件的
  描述基础。XML 是一个开放的、应用普遍并且已被接受的用于描述数据的标准，
  所以有以下可用的标准工具和属性。
- 通过一个标准工具生成和确认。
- 外部语言的集成。
- 分层的结构。

GSD 文件的结构符合 ISO 15745 规范，由报头、应用层的设备描述（如组态数据和模
块参数）和传输层的通信属性描述组成。

4．IT 集成功能

PROFINET 的一个重要特征就是可以同时传递实时数据和标准的 TCP/IP 数据。在其
传递 TCP/IP 数据的公共通道中，已验证的 IT 技术都可以使用（如 HTTP、HTML、SNMP、
DHCP 和 XML 等）。在使用 PROFINET 的时候，可以使用这些 IT 标准服务加强对整个网

络的管理和维护，这意味着调试和维护中成本的节省。

5．IP 管理

PROFINET 使用 TCP/IP 表示必须给网络用户（PROFINET 设备）分配 IP 地址。

- 使用制造商专用的配置系统分配地址：在网络上不可用网络管理系统的情况下需用此可选方案。因此，PROFINET 规定了 DCP（发现和基本配置）协议，该协议允许使用制造商专用的组态/编程工具给 IP 参数赋值，或者在跨系统工程设计内（例如：在 PROFINET 连接编辑器内）给 IP 参数赋值。
- 使用 DHCP 自动分配地址：目前动态主机配置协议（DHCP）已经成为事实上的标准，它用在办公环境带有网络管理系统的网络内分配和管理 IP 地址。PROFINET 现已选择采用这些标准，为此，PROFINET 描述了如何能在 PROFINET 环境下优化使用 DHCP。在 PROFINET 设备中实现 DHCP 是一种可选方案。

9.7.4 同步实时通信

PROFINET 的等时同步实时（IRT）是按照最严苛的实时要求来制定的，将其作为运动控制应用的解决方案可以获得很高的性能。现代伺服允许电子耦合代替原有的机械耦合。电子耦合由通信系统提供，除满足基本要求之外，该系统还必须满足以下一些特定需求。

- 通信系统的等时同步。
- 周期时间与运动控制器的周期时间一致。
- 在同步耦合轴之间进行直接的数据交换。

驱动工程和等时同步通信是驱动器同步的基础。通过使用等时同步通信，不仅在网络上的帧传送是用等间隔时帧（Equidistant Time Frame）的，更重要的是驱动器的控制算法与主动运动控制器同步。

对典型的驱动应用来说，必须使最大抖动为 1μs。这是为了保证控制质量，使控制器回路以及实际值的记录（Actual-Value recording）严格同步。

1．等时同步机制

PROFINET 的 IRT 协议主要为运动控制等硬实时系统提供解决方案。它通过使用时分多路复用协议及特殊通信 ASIC 硬件，确保在网络过载或网络拓扑动态变化时的通信质量。此外，IRT 需要确定的网络组态，在通信前应规划网络拓扑、源/目的节点、通信数据量、连接路径属性等。IRT 的一个传输周期主要由 IRT 通道和开放通道进行分配，硬件 ASIC

会对 IRT 周期定时进行监视。

IRT 通道用于传输等时同步的周期性实时帧,开放通道用于传输非同步实时帧和非实时帧(NRT frame),IRT 周期组成及分配如图 9.142 所示。

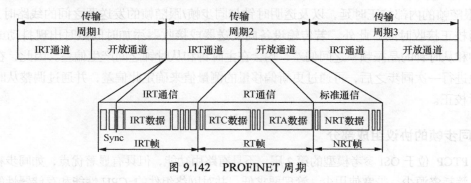

图 9.142 PROFINET 周期

2. 同步过程

在需要使用网络同步 IRT 的地方,PROFINET 会使用一种自动功能来精确记录传输链路层所有的时间参数,这种自动功能就是精确透明时钟协议(Precision Transparent Clock Protocol,PTCP)。建立同步网络是 PROFINET ASIC(专用集成电路)的基本功能之一。

PROFINET 将同一个子网内所有通信参与者定义为一个 PTCP 子域。PTCP 子域内可实现 PTCP 主端和 PTCP 从端之间微秒级或亚微秒级的时间同步。PTCP 同步是通过周期性地交换两个网络节点间的同步帧序列来实现的,其中具有最高精确度时钟(主时钟)的网络节点用于同步其他节点的本地时钟(从时钟)。同一序列的所有帧具有相同的序列号,同步过程包含时延测量和子域内同步两个阶段。

(1)时延测量

同步过程的第一个阶段是测量相互通信双方(时延请求者与时延响应者)之间的时延,即时延测量阶段,其在同步过程中的主要任务是测量通信双方之间的时延。通常情况下,该时延由 3 部分组成,即请求者本地时延、应答者本地时延和帧传输时延。首先,时延请求者向时延响应者发送一个时延请求(时延帧),该帧的精确传输时间由时延请求者确定并记录。之后,时延响应者在收到的数据包上添加一个时间戳,并将接收时间通过一个时延响应(应答帧)回复给时延请求者,并通过发送一个跟随响应(跟随帧),将本地时延通报给时延请求者。在数据传输期间,线路上对称的时延对测量的准确性具有决定性意义。

(2)子域内的同步

子域内同步阶段,PTCP 子网内的时间同步是通过在 PTCP 主端发送一个同步帧实现的。此过程会指定 PTCP 的主时钟值，以及发送者与接收者之间链路时延。PTCP 从端将利用同步帧和跟随帧中信息，同步其本地时钟（PTCP 从时钟）。在 PROFINET 中，将收到同步帧和跟随帧发送出去的网络节点称为透明时钟。透明时钟必须测量发送同步帧/跟随帧的内部校正时延，以及透明时钟与同步帧/跟随帧的发送器之间的线路时延，从而校正接收时间。此外，若传输设备向发送器或接收器添加时间戳时出现抖动或主时钟和从时钟的晶振频率之间偏差，均会在主时钟和从时钟之间产生偏差。因此，在完整地进行一次同步之后，可通过更新偏移量的测量值来确定此偏差，并通过调整从时钟进行校正。

3. 同步帧的协议组成部分

PTCP 位于 OSI 参考模型的第 2 层，不具有路由功能，但具有显著优点，如同步精度高、消耗资源少、带宽使用少、管理要求低，并对网络组件的 CPU 性能和存储器性能无特殊要求。

PTCP 主端用一个多播帧触发同步，其帧结构如图 9.143 所示。此帧的接收器通过接收到的同步信息调整自身的时钟。调整时不能破坏相应设备的本地时间记录。表 9.43 列举了 PTCP 数据帧的组成部分。

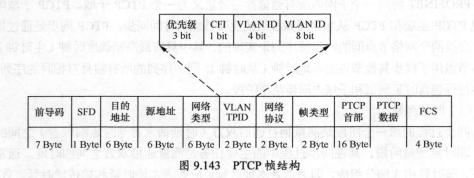

图 9.143　PTCP 帧结构

表 9.43　PTCP 帧的协议组成部分

协议组成部分	含　　义
前导码	数据包的开始部分 7 个字节"1"和"0"交替的序列，用于接收器同步
SFD	帧开始定界符（10101011） 字节尾部的两个"1"确定数据包目的地址的开始

协议组成部分		含　义
目的地址		数据包的目的地址
		时延请求：01.80.C2.00.00.0E（FrameID:0xFF40）
		时延响应：01.80.C2.00.00.0E（FrameID:0xFF41）
		紧随响应：01.80.C2.00.00.0E（FrameID:0xFF42）
		非周期 RT（RTA）：
		同步：01.0E.CF.00.04.00（FrameID:0x0000）～
		01.0E.CF.00.04.00（FrameID:0x001F）
		FU：01.0E.CF.00.04.00（FrameID:0xFF20）～
		01.0E.CF.00.04.00（FrameID:0x FF3F）
		周期 RT（RTA）：
		同步：01.0E.CF.00.01.02（FrameID:0x0080）
		保留：01.0E.CF.00.00.00～01.0E.CF.00.01.01
		01.0E.CF.00.01.03～01.0E.CF.00.03.FF
		01.0E.CF.00.04.40～01.0E.CF.FF.FF.FF
源地址		源地址
		同步：FU：PTCP 主站的源地址或者发送源地址
		时延请求、时延响应：源地址或者发送源地址
网络类型		数据包的长度块或类型标识符
		值小于 0x0600：IEEE802.3 长度块
		值为 0x0600：以太网类型块
		0x8100：数据包包含一个 VLAN TPID
VLAN TPID		VLAN 标签协议标识符
	优先级	数据包的优先级
		0x00～0x05：保留
		0x06：周期 RT 的同步帧
		0x07：非周期 RT 的同步帧
		非周期 RT 的 FU 帧
		非周期 RT 的时延请求帧
		非周期 RT 的时延响应帧
		非周期 RT 的时延紧随响应帧
	CFI	指示符
		0：以太网
		1：令牌网

续表

协议组成部分		含　义
	VLAN ID	对 VLAN 的标识 0x000：传输有优先权的数据 0x001：标准设置 0x002～0xFFE：自由使用 0xFFF：保留
网络协议		在数据部分之后，对网络协议类型进行标识 0x8892：PROFINET
帧类型		RT 帧类型的标识 PTCP 同步 0x0000～0x001F：非周期的 RT 同步帧 0x0080：　周期的 RT 同步帧 0xFF00：　非周期的 RT 的同步帧（周期） 0xFF01：　非周期的 RT 的同步帧（时间） 0xFF20：　非周期的 RT 的 FU 帧（周期） 0xFF21：　非周期的 RT 的 FU 帧（时间） 0xFF22～0xFF3F：　非周期 RT 的 FU 帧 0xFF40：　非周期 RT 的时延请求帧 0xFF41：　非周期 RT 的时延响应帧 0xFF42：　非周期 RT 的时延紧随响应帧 0x0020～0x007F：　保留 0x0081～0xFEFF：　保留 0xFF02～0xFF1F：　保留 0xFF43～0xFFFF：　保留
PTCP 首部		
	Reversed_1	无符号 32 值
	Reversed_2	无符号 32 值
	Delay 10ms	同步 　紧随 时间紧随响应：共享 10ms 延迟时间 时延请求 时延响应：0x00
	Sequence ID	顺序 ID 0x0000～0xFFFF：序列号

续表

协议组成部分	含　义
Delay 1ms	同步 紧随 时间紧随响应：共享 1ms 延迟时间 时延请求 时延响应：0x00
Gap（间隙）	0x00
PTCP 数据	PTCP 的数据结构取决于相应 PTCP 帧的类型 同步 PDU（非周期或周期的） 紧随 PDU 时延请求 PDU 时延响应 PDU 时延跟随响应 PDU
FCS	帧检验序列 32 位校验和，对整个以太网进行循环冗余校验（CRC）

9.7.5　PROFINET 主从站通信配置

IO 设备的描述文件输入组态工具，IO 地址分配给现场设备独立的 IO 通道。IO 输入地址包含接收到的过程数据。用户程序评估和处理这些数据后，形成输出值，并通过 IO 输出地址将它们传送到系统中。另外，组态工具中参数被分配给独立 IO 模块和通道。组态完成后，组态信息下载到控制器中。IO 设备被控制器自动分配和组态，接着进入循环数据交换。

1．主站配置

（1）添加主站

首先在设备下添加 PROFINET 主站，单击设备，右键单击选择"添加设备"，当弹出的添加设备窗口后，选择"PROFINET IO" → "PROFINET IO 主站" → "CIFX-PN IRT"，单击"添加设备"，如图 9.144 所示。

添加完主站后，用户可以选择手动添加从站或通过硬件自动扫描硬件。首先先介绍如何自动扫描硬件，这也是在实际操作中常用的一种手段。

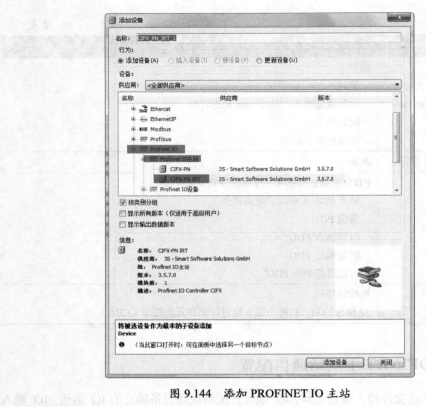

图 9.144　添加 PROFINET IO 主站

（2）硬件扫描

该命令是对应控制器当前设备树中的选择。例如，一个已经添加的 **PROFINET IO** 主站模块，可以被选中并通过扫描命令对其从站设备和 IO 模块进行检查。

"扫描到设备"区域可能仍旧为空或者包含最后一次扫描得到的所有设备和模块的列表。

这意味着在一个对话框中检测和查看硬件配置，并使用户能够将此配置直接映射到工程中的设备树中。

> **注意**
> ● 扫描命令的处理，只有在应用登录的情况下才可用，启动一个当前连接到 PLC 上的硬件环境的一个扫描。
> 例：t#45s + t#50s = t#1m35 s。
> ● 被选择的输出数据类型应可存储输出结果，否则可能引起数据错误。

选择主站，鼠标右键单击，在弹出的菜单中，选择"扫描设备"，随后会自动弹出对话框，将所扫描到的硬件逐一显示，如图 9.145 所示。

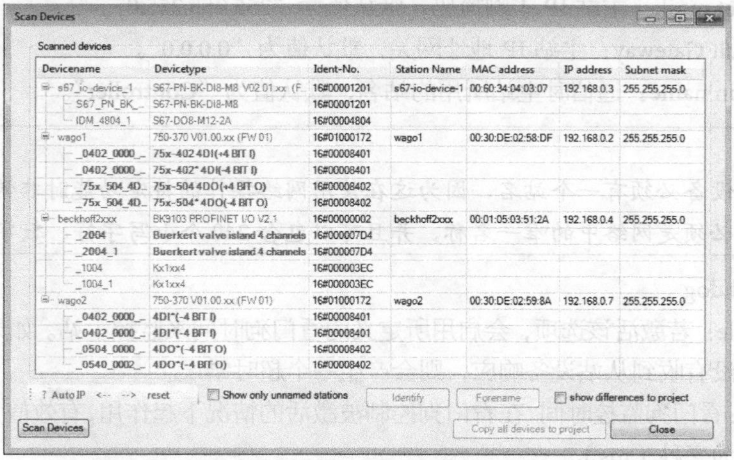

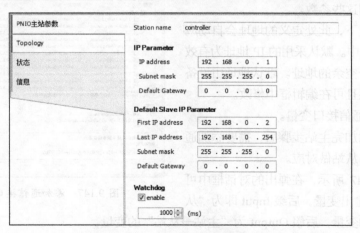

图 9.145　PROFINET IO "扫描设备" 对话框

（3）设置主站 PNIO 参数

当然，在没有连接实际硬件的情况下，也可以手动添加所有的 "PROFINET IO" 参数。在 "PNIO 主站参数" 选项卡中可以设置 PROFINET 的主要技术参数，如图 9.146 所示。

图 9.146　PNIO 主站参数设置

1）IP Parameter

地址必须定义以便在当前环境中标识主站。只需将光标放置在各自的领域，并编辑条目：

- IP address：主站 IP 地址，默认值为"192.168.0.1"。
- Subnet mask：主站 IP 子网掩码，默认值为"255.255.255.0"。
- Default Gateway：主站 IP 地址网关，默认值为"0.0.0.0"。
- Station name：通信时主站所用的站名，默认值为"Controller"。

> **注意**
> - 每个设备必须有一个站名，因为这在使用网络操作的特定功能时非常有用。
> - 站名必须是网络中的唯一名称，并且可以包含 240 个小写字符、数字等标识。

2）Watchdog

- Enable：若激活该选项，会启用所定义的看门狗时间来监控主站。如果这段时间内主站没有收到从站设备响应，则会产生一个超时错误。
- (ms)：看门狗监控时间，在看门狗控制被激活的情况下起作用，有效值为 0～65 535，单位为毫秒（ms）。

3）Default Slave IP Parameter

当硬件扫描（命令"设备扫描"）到从站设备并将其映射到设备树中时，并且，在"扫描设备"对话框中没有定义这些地址，这时，程序才会采用这些参数。

这种情况下，此处定义的地址会自动应用到添加设备中。默认采用的 IP 地址为有效范围内下一个空余的地址。默认地址由设备描述文件提供且可在编辑框中修改。

4）添加通信接口变量。

当完成添加完主站步骤后，需要添加通信接口变量与从站做对应。

如图 9.147 所示，在弹出的对话框中可以选择输入/输出变量，后缀 Input 即为"从站→主站"的变量，后缀 Output 为"主站→从站"的变量。

图 9.147　添加通信接口变量

> **注意**
> - 主站所添加的通信接口变量的输入接口与输出接口必须从站的相对应。
>
> 例如，主站添加了一个"1 Byte Digital Input"的接口，相应的从站必须配有"1 Byte Digital Output"，否则会引起通信的异常。

2. 对 CODESYS 中的主站下的从站进行配置

当控制器侧作为主站时，配置完主站后，需要在主站下将相应的从站也进行设定。

（1）添加 PROFINET IO 从站设备

单击 PROFINET IO 的主站设备，单击右键，在弹出的菜单中选择"添加设备"，弹出提示框如图 9.148 所示，选择"PROFINET IO"→"PROFINET IO 设备"，添加实际使用的 PROFINET IO 从站设备。下面以"CODESYS PLC PN Device"为例进行说明。

图 9.148 添加 PROFINET IO 从站设备

完成上述步骤后，单击"添加设备"后，系统会自动添加一个 PROFINET IO 的从站，并带有 5 个属性标签栏，如图 9.149 所示。

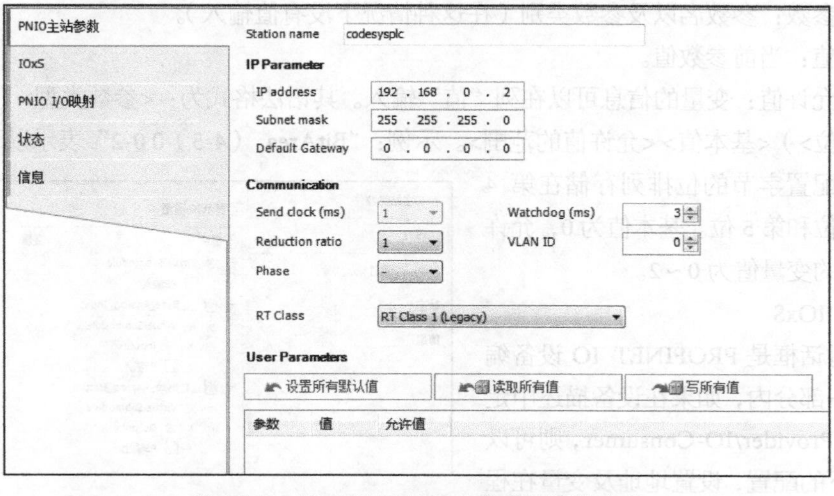

图 9.149 PROFINET IO 从站属性设置选项

（2）设置 PNIO 参数

PNIO 参数主要是指从站的参数，所有参数如图 9.149 所示。

1）IP Parameter

- IP address：从站 IP 地址，第二个从站默认值为 "192.168.0.2"。
- Subnet mask：从站 IP 子网掩码，默认值为 "255.255.255.0"。
- Default Gateway：从站 IP 地址网关，默认值为 "0.0.0.0"。

2）Communication

从站发送数据的实际周期，依赖于如下两个参数（t = 递减因子*发送时钟）。

- Send clock(ms)：以毫秒为单位的发送间隔。
- Reduction rate：从发送时刻开始计的周期时间的计算因数。
- RT Class：如果该选项有效，则从表中选择需要的类（实时通信）。
- Phase：在虚拟局部网络中，用户自定义的从站的优先级（0 ~ 7）（依赖于设备）。
- VLAN ID：VLAN 的标识，输入 0 ~ 4095 的 802.1Q 型数据或 0 ~ 32 767 的 ISL 型的数据（依赖于设备）。
- Watchdog(ms)：从站监测周期，如果"看门狗控制"选项被激活，则此参数有效。其允许值为 0 ~ 65 535。

3）User Parameter

用户可以在参数表格中相应的单元格中双击鼠标，对变量值进行编辑。根据参数的不同可以通过一个选择列表直接进行输入选择。列表包含以下基于设备描述的参数属性。

- 参数：参数名以及参数类别（在这种情况下没有值输入）。
- 值：当前参数值。
- 允许值：变量的信息可以在列"值"输入。其语法格式为：<参数类型>（<使用的位>）<基本值><允许值的范围>。示例："BitArea （4-5）0 0-2"表示以下意思：

配置字节的位排列存储在第 4 位和第 5 位。基本值为 0，允许的变量值为 0 ~ 2。

（3）IOxS

该对话框是 PROFINET IO 设备编辑器的一部分内，如果在设备描述中定义了 IO-Provider/IO-Consumer，则可以通过如下的配置，设置地址及变量在程序中进行监控，如图 9.150 所示。

图 9.150 IOxS 的设置

至此，PROFINET 的 CODESYS 配置已经完成，将上述配置保存，直接登录下载至 PLC 后即可生效。

3. CODESYS 作为从站的配置

该配置方式 PROFINET 主站往往是通过非 CODESYS 平台进行配置的，而 PROFINET 从站使用的是 CODESYS 平台。例如，西门子 PLC 作为主站与倍福从站模块进行 PROFINET 通信。

（1）主站安装 GSDML 文件

需要在主站的 Step7 软件中导入从站的 GSDML 文件，以下以西门子主站的配置为例。在 "Options" → "Install GSD File..."，随后将从站供应商所提供的 GSDML 文件通过菜单浏览进行添加，如图 9.151 所示。针对主站的其他设置由于每个不同厂家的主站设置相差较大，因此在这里不做过多介绍。

（2）添加 PROFINET IO 从站设备

选择设备，单击右键，在弹出的菜单中选择"添加设备"，弹出如图 9.152 所示的对话框，选择 "PROFINET IO" → "PROFINET IO 设备"，添加实际使用的 PROFINET IO 从站设备。下面以 "NetX PN Device" 为例进行说明。

图 9.151　主站添加从站的 GSDML 文件

图 9.152　添加 PROFINET IO 从站设备

（3）设置 PNIO 标识

PROFINET IO 的连接通过"站名"和"IP 地址"来进行连接。在"标识"选项中可以对这两个重要参数进行设置，如图 9.153 所示。

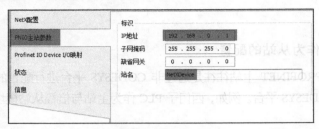

图 9.153　PNIO 标识设置

（4）配置通信变量

选择从站，单击鼠标右键，在弹出的菜单中选择"添加设备"，系统会弹出如图 9.154 所示的对话框，用户可以通过鼠标选择要添加的通信变量类型及数量。在这里添加的通信变量必须与主站配置的信息相对应，否则会导致通信出错。添加完成后，单击"关闭"结束设置。

图 9.154　添加与从站进行通信的变量大小

在图 9.154 中可以看到"8Byte Analog Input"和"8Byte Analog Output"，前者 Input 对于从站而言是输入变量，而后者 Output 对于从站是输出变量。完成添加后，即可选中该通信变量对其进行变量映射的设置。

至此，从站的 PROFINET 配置已经完成，用户只需要将项目登录到控制器中，并将其下载即可。

9.8　EtherNet/IP 网络基础

EtherNet/IP 名称中的 IP 是 "Industrial Protocol"（工业协议）的简称，由罗克韦尔自动化公司开发的工业以太网通信协定，由 DeviceNet 厂商协会（ODVA）管理，可应用在程序控制及其他自动化的应用中，是通用工业协定（CIP）中的一部分。

早在 1990 年后期，EtherNet/IP 由罗克韦尔自动化公司开发，是罗克韦尔工业以太网路方案的一部分，随后罗克韦尔将 EtherNet/IP 交给 ODVA 管理，ODVA 管理 EtherNet/IP 通信协议，并确认不同厂商开发的 EtherNet/IP 设备都符合 EtherNet/IP 通信协定，确保多家供应商的 EtherNet/IP 网路仍有互操作性。

EtherNet/IP 是应用层的协定，将网路上的设备视为许多的"物件"。EtherNet/IP 为通用工业协定为基础而架构，可以存取来自 ControlNet 和 DeviceNet 网路上的物件。

9.8.1 EtherNet/IP 物理层

EtherNet/IP 使用以太网的物理层网路，也架构在 TCP/IP 的通信协定上，用微处理器上的软体即可实现，不需特别的 ASIC 或 FPGA 来实现。EtherNet/IP 可以用在一些可容许偶尔出现少量非决定性的自动化网路。

建立一个以太网网络首先要做好网络的规划。网络规划就是根据连接设备的个数，安装的空间距离和环境及对安全性的要求，来决定采用什么样的网络拓扑结构，选用什么样的电缆类型和接头，以及使用什么样的中转设备。

1．网络拓扑结构

EtherNet/IP 支持的拓扑结构有点线型结构、星形结构、混合结构和环形结构。

（1）总线型结构

总线型结构允许直接将所有设备直接连接起来而不用任何以太网交换机，如图9.155所示。

（2）星形结构

星形结构，用双绞线或光纤和网线集中设备构成的网络结构，所有的节点都连接在网线集中器上，网络的材料价格低廉，搭接容易，市面可以找到很多合适设备，并且增减节点和维护维修都很方便。这是目前经常采用的网络结构，同样也是 ControlLogix 的以太网推荐采用的网络结构，其网络拓扑结构如图 9.156 所示。

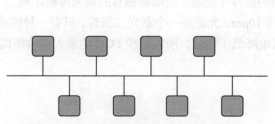

图 9.155　EtherNet/IP 总线型拓扑结构

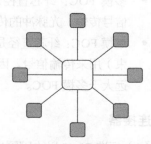

图 9.156　EtherNet/IP 星形拓扑结构

（3）环形结构

如果使用 EtherNet/IP 环形网络结构，即使整个网络中出现了单边出错的情况，网络能够实现内部切换使用另一路以保证网络的稳定运行，环形结构是满足于冗余的特殊结构。EtherNet/IP 支持两种环形网，一种是设备级的环形网络，另一种是带交换机的网络。图 9.157（a）为带交换机的环形网络；图 9.157（b）为设备级的环形网络拓扑结构，其中不带有交换机。

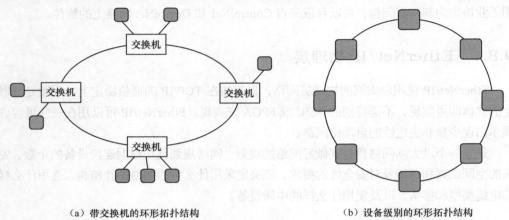

（a）带交换机的环形拓扑结构　　　　　　　　（b）设备级别的环形拓扑结构

图 9.157　EtherNet/IP 环形拓扑结构

2．电缆

（1）双绞线

- 100Base-TX：2 对双绞线，传输速率是 100Mbit/s 的电气传输系统。
- 1000Base-TX：4 对双绞线，传输速率是 1000Mbit/s 的电气传输系统。

（2）光纤

100Base-FX，两条多模光纤或单模光纤导线上速度达到 100Mbit/s 的光学传输，使用的波长为 1310m。可以使用以下两种类型的 FO 光缆。

- 多模 FOC：纤芯直径是 50μm，光源是一个 LED，有多种模式（光束）可以用于信号传输。光脉冲的传播时间的差异（色散）会限制信号的最大传输距离。
- 单模 FOC：纤芯直径是 9μm 或 10μm，光源是一个激光二极管，只有一种模式（光束）用来传输信号。因此显著地降低了色散，所以单模 FOC 的最大传输距离要远远大于多模 FOC。

3．连接器

（1）标准 RJ-45 以太网网口

没有特殊保护的以太网网口不能应用在 IP65/IP67 的场合，通常应用在柜内以太网连接 IP20 的工业应用项目，连接器如图 9.158 所示。

（2）带安装密封圈的 Ethernet/IP 8 针连接器

带有密封圈及带安装接头的连接器能够应用在 IP65/IP67 的特殊场合。8 针的接线方式有两种，在 9.7.1 节中对这两种接线方式已经有了详细的讲解，在此不再重复说明。带安装密封圈的 8 针连接器如图 9.159 所示。表 9.44 为 8 针连接器的参数。

图 9.158　标准以太网连接器

(a) 8 针的模块化连接器（塑料）　　　　　(b) 8 针的模块化连接器（金属）

图 9.159　带安装密封圈的 8 针连接器

表 9.44　EtherNet/IP 8 针连接器参数

特　　征	类　　型	
参数	屏蔽 8 针连接器	非屏蔽 8 针连接器
连接针数	8+1 屏蔽	8
接触电路电阻	<20mΩ	<20mΩ
纤维	<2.5mΩ	<2.5mΩ

图 9.160 为总线两端均采用 8 针连接器的示意图，连接方式采用直连的方式。表 9.45 为该连接示意图的针脚分配列表。

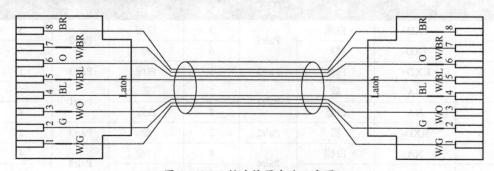

图 9.160　8 针连接器直连示意图

表 9.45 8 针连接器直连接口针脚分配情况

针 脚	信 号 名	T568A	T568B
1	TXD+	白绿	白橙
2	TXD-	绿	橙
3	RXD+	白橙	白绿
4	NA	蓝	蓝
5	NA	白蓝	白蓝
6	RXD-	橙	绿
7	NA	白棕	白棕
8	NA	棕	棕

图 9.161 为总线两端均采用 8 针连接器的示意图，连接方式采用交叉的方式。表 9.46
为该连接示意图的针脚分配图。

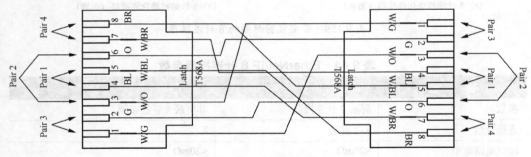

图 9.161 8 针连接器交叉连接示意图

表 9.46 8 针连接器交叉接口针脚分配情况

针脚	信号名	T568A			T568B		
		颜色	分配	连接	颜色	分配	连接
1	TXD+	白绿	Pair3	3	白橙	Pair2	3
2	TXD-	绿		6	橙		6
3	RXD+	白橙	Pair2	1	白绿	Pair3	1
4	NA	蓝	Pair1	7	蓝	Pair1	7
5	NA	白蓝		8	白蓝		8
6	RXD-	橙	Pair2	2	绿	Pair3	2
7	NA	白棕	Pair4	4	白棕	Pair4	4
8	NA	棕		5	棕		5

（3）M12 的 4 针 D 型连接器

4 针的 M12 的连接器内置密封圈，能够应用在 IP65/IP67 的特殊场合。该 M12 的连接器内有 2 对双绞线，如果需要支持，如声音、视频及大数据（1G/bit/s 或 10G/bit/s 的以太网），则需要 4 对双绞线配合 8 针的连接器。M12 的 4 针连接器如图 9.162 所示。

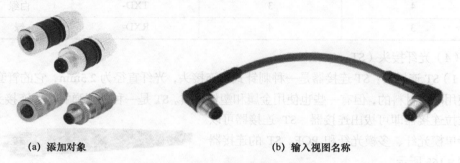

(a) 添加对象　　　　　　　　　　　　(b) 输入视图名称

图 9.162　M12 螺纹的 4 针连接器

图 9.163 为两个 M12 的 D 型 4 针插头的连接示意图，设备的两端采用信号线直接连接的方式连接，1-1，2-2，3-3，4-4，针对该连接方式，表 9.47 列出了其具体的针脚定义。

表 9.47　M12 4 针 D 型接口针脚分配情况

针　脚	信　号　名	T568A 连接
1	TXD+	白橙
2	RXD+	橙
3	TXD-	白绿
4	RXD-	绿

图 9.164 为两个 M12 的 D 型 4 针插头的交叉连接示意图，设备的两端采用信号线直接连接的方式连接，1-2，2-1，3-4，4-3，针对该连接方式，表 9.48 列出了其具体的针脚定义。

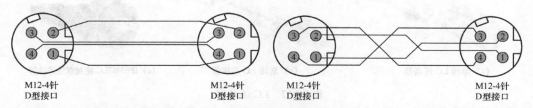

图 9.163　M12 螺纹 4 针连接器的直连示意图　图 9.164　两个 M12 螺纹的 4 针连接器的交叉连接示意图

表 9.48　M12 4 针 D 型接口针脚分配情况

M12 针脚	M12 针脚	信 号 名	颜 色
2	1	TXD+	白橙
1	2	RXD+	橙
4	3	TXD-	白绿
3	4	RXD-	绿

（4）光纤接头（ST、SC 和 LC）

1）ST 连接器：ST 连接器是一种刺针式的连接头，光纤直径为 2.5mm，它的管套大部分使用陶瓷材料的，但有一些也使用金属和塑料材质。ST 是一种外置弹簧式的连接头，直接推拉连接器即可拔出连接器。ST 连接器可以支持单模光纤、多模光纤和 POF。ST 的连接器如图 9.165 所示。

图 9.165　ST 光纤连接器

2）SC 连接器：SC 连接器是一种通过塑料件安装的推拉式的连接器，光纤直径为 2.5mm。SC 类型的连接器可以适用于单模光纤、多模光纤和 POF。用户可以使用单线或者双线的硬件配置。图 9.166 为这两种光纤连接器的实物图。

（a）单线 SC 连接器　　　　（b）双线 SC 连接器

图 9.166　SC 连接器

3）LC 连接器：LC 连接器使用的是 1.25mm 直径的小型光纤线，它可以使用单线或双线的硬件配置。图 9.167 为 3 种不同类型的 LC 连接器。

（a）单线 LC 连接器　　　（b）双线 LC 连接器　　　（c）IP65/67LC 密封双线连接器

图 9.167　LC 连接器

针对上述 3 种不同类型的连接器，通过表 9.49 中可以看到不同的连接器对应不同的光纤类型数据表。

表 9.49　支持不同光纤的连接器类型

连接器	光 纤 类 型				
类型	POF 1mm	硬包层石英光纤	50/125μm	62.5/125μm	9/125μm
SC	X	X	X	X	X
ST	X	X	X	X	X
LC	-	-	X	X	X

　　而表 9.50 列举了常用光纤的连接器插入损耗和回波损耗。在实际应用中，通常生产厂家都有自己独有的工具和安装方式来符合安装要求。

表 9.50　连接器插入损耗

连 接 类 型	插 入 损 耗	回 波 损 耗
SC，ST，LC	最大 0.75dB	单模：最小 26dB 多模：最小 20dB

9.8.2　EtherNet/IP 运行原理

　　Ethernet/IP 协议基于标准的以太网技术，使用所有传统的以太网协议和标准的 TCP/IP 协议，并且采用了通用工业协议（Common Industrial Protocol，CIP），共同构成 Ethernet /IP 协议的体系结构。该协议的各层结构如图 9.168 所示。

　　1）在物理层和数据链路层采用标准以太网技术意味着 Ethernet/IP 可以和现在所有的标准以太网设备透明衔接工作，并且保证了 Ethernet/IP 会随着以太网技术的发展而进一步发展。

　　2）在网络层和传输层，采用 UDP 协议传送对实时性要求较高的隐式报文，将 UDP 报文映射到 IP 多播传送，实现高效 I/O 交换。用 TCP 协议的流量控制和点对点特性通过 TCP 通道传输非实时性的显式报文。

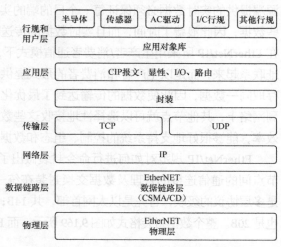

图 9.168　EtherNet/IP 协议框架示意图

3）基于标准的 TCP/IP 协议，在 TCP 或 UDP 报文的数据部分嵌入了 CIP 封装协议。CIP 协议是一个端到端的面向对象并提供了工业设备和高级设备之间连接的协议，独立于物理层和数据链路层，使得连接在以太网上的各种设备具有较好的一致性，从而使不同供应商的产品能够互相交互。

1．EtherNet 和 TCP/IP 技术

由于 EtherNet/ IP 采用了 Ethernet 和 TCP/IP 技术，因此，采用 EtherNet/ IP 技术的工业控制网络能够很好地集成到 Internet/Intranet 上，适应全球化的 Internet 的需要。这是因为以太网是世界上使用最多的网络，成本低、速度高、获得众多的支持，90%以上的网络采用以太网构成的网络。

EtherNet/ IP 利用 TCP/ IP（UDP/ IP）来传送隐式的 I/O 数据和显式的报文数据。

- TCP 是一个面向连接的，并能够为一台设备同另一台设备提供可靠通信的协议，它只能工作在单播（点对点）模式。
- UDP 是一个无连接的协议，它只提供了设备间发送数据报的能力，可以采用单播和多播方式。对于对实时性要求较高的实时 I/O 数据，采用 UDP/IP 协议来传送，而对实时性要求不太高的显式信息（如组态、参数设置和诊断等）则采用 TCP/IP 来传送。

EtherNet/IP 采用了生产者/消费者的通信模式，而不是传统的源/目的通信模式来交换对时间要求苛刻的数据。在传统的源/目的通信模式下，源端每次只能和一个目的地址通信。源端提供的实时数据必须保证每一个目的端的实时性要求，同时一些目的端可能不需要这些数据，因此浪费了时间，而且实时数据的传送时间会随着目的端数目的多少而改变。而在 EtherNet/IP 所采用生产者/消费者通信模式下，数据之间的关联不是由具体的源/目的地址联系起来，而是以生产者和消费者的形式提供，允许网络上所有节点同时从一个数据源存取同一数据，因此使数据的传输达到了最优化，每个数据源只需要一次性地把数据传输到网络上，其他节点就可以选择性地接收这些数据，避免了浪费带宽，提高了系统的通信效率，能够很好地支持系统的控制、组态和数据采集。

EtherNet/IP 规范对如何进行命令封装做出了详细规定，它将对 TCP 和 UDP 的管理、节点间的通信连接的管理及数据交换封装在统一的封装结构中。EtherNet/IP 的报文结构是多层协议的级联，首先是以太网首部，共 14B；其次是 IP 首部，20B；然后是 TCP 首部，也是 20B。整个数据封装格式如图 9.169 所示，而 EtherNet/ IP 的封装结构见表 9.51。

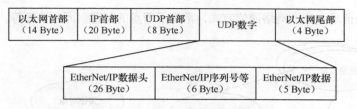

图 9.169 EtherNet/IP 数据封装格式

表 9.51 EtherNet/IP 封装格式

结　　构	名称	数据类型	域　　值
封装报头	命令	UINT	封装命令
	长度	UINT	报文的数据部分字节为单位的长度，即报头后的字节数
	会话句柄	数组	会话标识
	状态	UDINT	状态代码
	发送者语义	UDINT	仅与封装命令发送者有关的信息
	可选项	UDINT	选项标记
命令特定数据	封装数据	0～65 511 数组	报文的这部分仅是某些命令的要求

2. EtherNet/ IP 对象模型

EtherNet/IP 对象模型使用抽象的对象模型来描述可供使用的一系列通信服务、EtherNet/IP 节点的外部特性和 EtherNet/IP 产品获得及交换信息的通用方法。

图 9.170 为支持 CIP 协议的 EtherNet/IP 设备的对象模型，每一个工业设备都包括 CIP 对象库中的一部分对象，这些对象中，有些是必须实现的，有些是可供选择的。每一个设备必须包括的对象至少有一个连接对象、一个实体对象、一个同网络连接相关的对象和一个信息路由对象。EtherNet/ IP 中的同网络连接有关的对象为 TCP/IP 对象和 Ethernet 连接对象，TCP/IP 对象包括使用 TCP/ IP 协议的信息，EtherNet 连接对象包括 EtherNet/ IP 通信连接的通信参数信息。此外，还可根据实际的应用来选择加入其他的对象。

从图 9.179 的 CIP 对象模型可以看到，CIP 协议采用未连接管理器和连接管理器来处理网络上的信息。EtherNet/IP 协议是基于高层网络连接的协议，一个连接为多种应用之间提供传送信息的通道。未连接管理器为尚未连接的设备创立连接。

每一个连接被建立时，这个连接就被赋予一个连接 ID，如果连接包括双向的数据交换，那它就被赋予两个连接 ID。EtherNet/IP 使用 TCP/IP 和 UDP/IP 来封装网络上的信息，包括显式信息连接和隐式信息连接等。显式报文适用于两个设备间多用途的点对点报文传递，是典型的请求—响应网络通信方式，常用于节点的配置、问题诊断等。

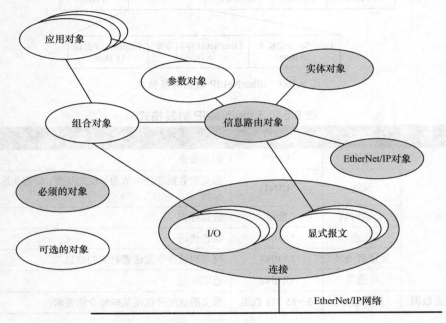

图 9.170　EtherNet/ IP 对象模型

- 显式报文：通常使用优先级低的连接 ID，并且该报文的相关报文包含在显式报文数据帧的数据区中，包括要执行的服务和相关对象的属性及地址。
- 隐式报文：适用于对实时性要求较高和面向控制的数据，如 I/O 数据等。
- I/O 报文：为一个生产应用和一个或多个消费应用之间提供适当的、专用的通信路径。I/O 报文通常使用优先级高的连接 ID，通过一点或多点连接进行报文交换。

报文的含义由连接 ID 指示，在 I/O 报文利用连接 ID 发送之前，报文的发送和接收设备都必须先进行配置，配置的内容包括源和目的对象的属性，以及数据生产者和消费者的地址。

3．EtherNet/ IP 通信模型及原理

EtherNet/IP 采用生产者/消费者通信模式代替点对点方式来保证高实时性要求的数据交换。点对点方式是传统的通信模式（即源/目的通信模式），当将报文发送到 X 个节点时，需发送 X 次，而生产者/消费者模式允许 X 个节点同时存取数据，节约带宽，甚至各节点接收到报文的时间一致，可实现精确的同步，提高了通信效率。

CIP 协议是一个端到端的面向对象的协议，提供了工业设备和高级设备之间进行协议

连接的数据通信机制。CIP 连接可分为显性报文连接和 I/O 连接（隐性报文连接）。

CIP 协议的 I/O 连接模型如图 9.171 所示。隐式报文连接通过专用的特殊通信路径或端口，在生产者和多个消费者应用对象之间建立连接。这类报文专门用于传输 I/O 数据，隐式报文数据的含义已经在通信连接建立、分配连接标识的时候完成了定义。因此，隐式报文中只包含具体应用对象的数值。

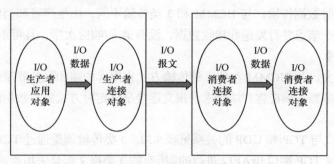

图 9.171　CIP 协议 I/O 连接模型

CIP 协议的显性报文连接模型如图 9.172 所示。显式报文连接用于两个设备之间的普通信息传输，可以使用多用途的通信路径。使用典型的请求应答网络通信模式，一般用来上载/下载程序、设备信息、组态信息等。通常需要访问报文路由对象。每一个请求报文包含有明确的显式信息，例如接收方的网络地址、需要执行的动作等内容。

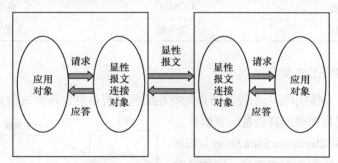

图 9.172　CIP 协议显性报文连接模型

4．EtherNet/IP 的主要传输方式

EtherNet/IP 中现有的 3 种主要传输类型为 UCMM 方式、1 类和 3 类传输方式。

（1）UCMM 方式

支持未连接报文传输。该方式由客户端和服务器组成，UCMM 客户端和服务器可同时向多个服务器/客户端发起任意数量的请求/响应传输，具体范围数量大小近与 UCMM 客户/服务器传输记录决定。

该方式包含复制检测和重试服务机制,保证数据包可靠传输。与 1 类和 3 类相比,效率较低,但不同的是 UCMM 在传输数据包之前不需要协商。

UCMM 报文被用来初始化 1 类和 3 类连接传输操作,由连接管理器对象处理

(2)1 类传输

支持连接实时数据传输。与 UCMM 和 3 类传输不同,由生产者和消费者组成。它使得参与连接的两个节点并行发送和接收数据,没有请求/响应次序,且可重复进行。

(3)3 类传输

支持连接报文。与 UCMM 类似,该传输方式也由客户端和服务器端组成,客户端发起报文传输,服务器端响应客户端请求。报文连接是以定时方式触发数据的传输,传输效率比 UCMM 高。

3 种传输方式与 TCP 和 UDP 的关系见表 9.52。3 类传输都是通过 TCP/IP 协议收发报文的,主要是通过 TCP 端口 0xAF12 进行的,所有的 3 类报文都是采用点对点方式传输的;1 类传输是通过 UDP/IP 协议收发报文的,主要是通过 UDP 端口 0xAF12 进行的,1 类报文可采用点对点传输,也可采用广播方式进行多点传输。

表 9.52　3 种传输方式与 TCP/UDP 间的关系

	TCP	UPD
无连接	UCMM	命令字
有连接	3 类传输	1 类传输

5. EtherNet/IP EDS 文件

EtherNet/IP 网络中每一个设备节点均有相应的配置信息,没有该信息就无法实现组网。CIP 网络同样需要给其设备配置信息,配置方式为 EDS(Electronic Data Sheet)。EDS 可以为设备提供所需的配置信息,比如 I/O 数据映射,它是一种能够存储 ASCII 码的文件。EDS 文档是由设备厂家与产品配套提供的,可以实现设备的识别和验证。数据的访问和人机界面的构建都依赖于通过组态工具导入的 EDS 文件。EDS 配置的示意图如图 9.173 所示。

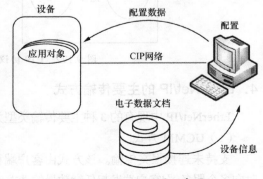

图 9.173　EDS 配置示意图

EDS 文件的本质是由数据区组成的。数据区先构成条目，条目再构成章节，以章节为单位来组织。厂家可依据设备的情况对 CIP 规定的章节、条目和数据区进行选择。

CIP 协议给出的适用于 EtherNet/IP 的 EDS 规范，同样适用于 DeviceNet 和 ControlNet 网络。这里是只针对 EtherNet/IP 网络的 EDS 文件章节，如表 9.53 所示。

表 9.53　EDS 文件章节

章 节 名 称	分 隔 符	排 列	必选/可选
文件说明	File	1	必需
设备说明	Device	2	必需
参数类	Param Class		可选
参数	Params		可选
参数组	Group		可选
组合	Assembly		可选
设备分类	Device Classification		可选
连接特性	Connection Manager		可选
端口	Port		可选
模块	Modular		可选
连接能力	Capacity		可选

6. EtherNet/IP 协议的数据封装

CIP 数据包发送之前要完成数据包的封装，即将 CIP 报文帧封装到 TCP（UDP）帧中。这种 CIP 信息的封装操作是 EtherNet/IP 规范在其应用层提供的承载服务。CIP 数据包所请求的服务属性决定了报文首部的内容。以太网连接中，如图 9.174 所示，封装的 CIP 数据包包括报文首部（专用于以太网）、IP 首部、TCP 首部和封装首部。任何支持 TCP/IP 的网络都支持 EtherNet/IP 的封装层。TCP（UDP）端口 0xAF12 的作用是传送封装好的 CIP 数据包。

EtherNet报文	IP报文	TCP报文	CIP报文封装	CRC
14字节	20字节	20字节		

图 9.174　EtherNet/IP 协议的报文封装

CIP 数据包之所以能够通过 TCP 或 UDP 顺利地发送和接收，是因为其封装首部含有控制命令、格式、同步数据和状态信息等字段。表 9.54 给出了 CIP 报文的封装格式。

表 9.54　CIP 报文封装格式

字　　段	数 据 类 型	描　　述
报文头（24 字节）　Command	UINT	命令字
Length	UINT	数据长度
Session Handle	UDINT	Session ID
Status	UDINT	状态代码
Sender Context	8 字节数组	发送方上下文
Options	UDINT	选项标志
数据　Encapsulated Date	0～65 511 字节长数组	特定命令相关数据

9.8.3　EtherNet/IP 网络性能指标

1．网络性能指标

在 EtherNet /IP 网络中，评估网络性能的主要是以下两个指标。

（1）请求包间隔时间（Requested Packet Interval，RPI）：RPI 是数据周期性传输的一个重要指标，无论网络中有多少个节点，源设备都按照用户指定的 RPI 周期来向目标设备发送数据。

（2）每秒所发的包的个数（Packet Per Second，PPS）：PPS =1000 ÷ RPI（ms）。一个设备的总 PPS = 源设备的总 PPS + 目标设备的总 PPS。根据各设备的性能，设备厂家会制定设备的最小 RPI 和最大 PPS。用户评估网络性能时，一个设备的总 PPS 通常不能超过最大 PPS 的 90%，保留 10%的带宽用于显式报文的通信。

举例来说，EtherNet/IP 网络节点，如图 9.175 所示。网络中有 3 个 EtherNet /IP 设备，分别是节点 1～3，其网络最大带宽是 3000PPS。

节点 1 设备既有作为发送端，也有作为目标端的连接，对节点 2 发送端的

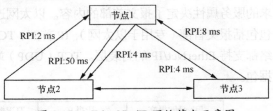

图 9.175　EtherNet/IP 网络节点示意图

2 个 RPI 分别是 50、4ms，接收端的 RPI 为 2ms；对节点 3 发送端的 RPI 为 4ms，接收端的 RPI 为 8ms。同理，节点 2 接收的 RPI 分别为 50，4 和 5ms，发送端的 RPI 为 2ms。节点 3 发送的 RPI 分别为 5 和 8ms，接收端的 RPI 为 4ms。

每个节点的总 PPS 数计算如下：

- 节点 1：

$PPS = 1000 \div 50 + 1000 \div 4 + 1000 \div 2 + 1000 \div 4 + 1000 \div 8 = 1145$。

- 节点 2：

$PPS = 1000 \div 50 + 1000 \div 4 + 1000 \div 5 + 1000 \div 2 = 970$。

- 节点 3：

$PPS = 1000 \div 5 + 1000 \div 8 + 1000 \div 4 = 395$ 。

而 3000 PPS × 90% = 2700 PPS。因此，每个节点的总 PPS 都小于 2700 PPS，网络有足够的带宽实现 EtherNet /IP 通信。

2. 网络延时

在实际应用中，EtherNet /IP 设备的数据在传输过程中每个环节都存在不同程度的延迟。在规定的 RPI 内，节点 1 发送一包数据到节点 2，分别经过如下 5 个延迟：

（1）节点 1 发送端数据处理延迟。

（2）节点 1 电缆延迟。

（3）交换机处理延迟。

（4）节点 2 电缆延迟。

（5）节点 2 接收端数据处理延迟。

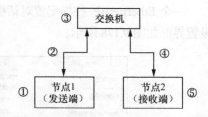

为了实现 EtherNet /IP 设备高速度、大容量、安全稳定的传输，一般都采用嵌入式实时操作系统开发 EtherNet /IP 设备。如图 9.176 所示，节点 1、2 在发送接收数据时都存在延迟，跟设备本身的性能密切相关，通常会有纳秒到毫秒级不等的延迟。

图 9.176　EtherNet/IP 数据传输过程图

因此，用户在组建 EtherNet /IP 网络时，需综合考虑整个网络的性能、成本等多方面的因素，可通过设备的说明书或者数据手册查询生产厂家给出的设备性能参数，选择符合自身需求的电缆和交换机等网络配件。

9.8.4　EtherNet/IP 通信配置

1. CODESYS 侧主站的配置

（1）添加主站

首先在设备下添加 EtherNet/IP 主站，单击设备，单击右键，在弹出的菜单中选择"添加设备"，当弹出添加设备窗口后，选择"EtherNetIP"→"EtherNetIP 扫描器"→"CIFX-EIP"，单击"添加设备"，如图 9.177 所示。

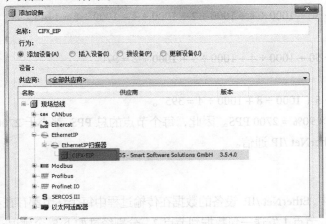

图 9.177 EtherNet/IP 扫描器添加

确认后用鼠标选中"添加设备"即完成设备的添加。

（2）扫描仪设置

一个 Ethernet/IP 扫描配置对话框是 Ethernet/IP 设备编辑器的一部分。扫描仪设置的设置界面如图 9.178 所示。

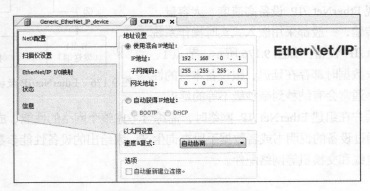

图 9.178 EtherNet/IP 扫描仪设定

1）地址设置

使用混合 IP 地址：在"IP 地址"，"子网掩码"和"网关地址"输入相应地址。将光标放在相应的编辑区域中就可以对默认设置进行修改。

2）自动获得 IP 地址。

• BOOTP：通过一个自主协议从配置服务中获得一个 IP 地址（BOOTP）。

- DHCP：通过动态配置协议由主机自动配置网络设置（DHCP）。

3）以太网设置：

- 速度&复式：右边的下拉列表中包括了不同的传输波特率设置；选择"自动协商"，将使用可用的最高波特率。

2．对 CODESYS 中的扫描器下的从站设备进行配置

当 CODESYS 控制器侧作为主站时，配置完主站后，需要在主站下将相应的目标从站也进行设定。

（1）添加 EtherNet/IP 目标设备

选中 EtherNetIP 的扫描器设备，单击右键，在弹出的菜单中选择"添加设备"，弹出对话框如图 9.179 所示，选择"EtherNetIP"→"EtherNetIP 目标"，添加实际使用的 EtherNet/IP 从站设备。

如果在图 9.180 的目标列表中没有用户所需要的设备文件，则需要到设备供应商的网站下载对应的 EtherNet/IP 的 EDS 文件，在"工具"→"设备库"中进行添加，添加的类型选择"EDS 和 DCF 文件"。

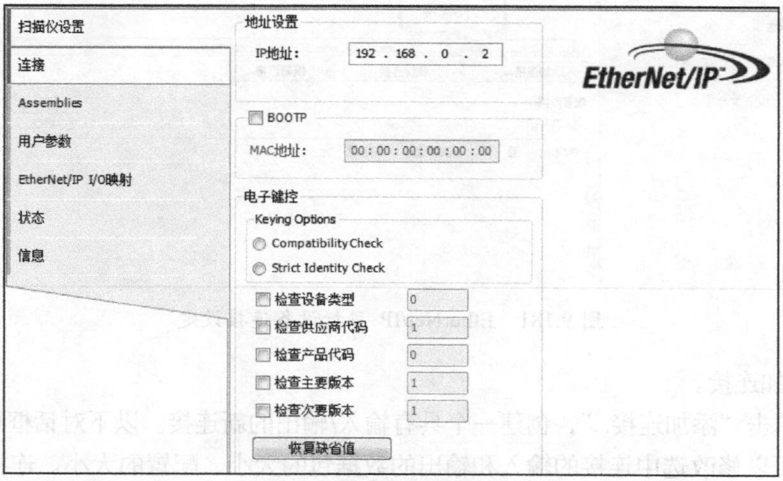

图 9.179　添加 EtherNet/IP 目标设备

图 9.180　EtherNet/IP 目标设备设定

（2）设定目标设备

1）地址设置。

IP 地址：使用 4 个字节来标识 EtherNet/IP 目标设备，单击编辑框可以修改。

BOOTP：如果 BOOTP 选项（Bootstrap 协议）被激活，IP 地址将会分配给通过 MAC 地址定义的从站设备。设备特殊"MAC 地址"必须在 MAC 地址区域进行定义。"节点 IP 地址"选项通知从站保存 IP 地址（如果从站支持这个功能）。

2）电子键控。

这部分包含从设备描述文件中读取的信息，包含"设备类型""作者代码""产品代码""主要版本"以及"次要版本"。对于一个实际存在的目标设备这个信息只能读取不能编辑。如果要对一个一般设备进行设置，也可以对这些变量进行编辑。通过按键"复位默认值"选中的变量可以被设置为默认值。

（3）配置通信变量

对话框的上面部分包含了一系列连接配置，包括 RPI（请求包间隔=发送应用向目标应用传输数据的时间间隔的毫秒数）、输入/输出数据的大小和配置的大小。其配置界面如图 9.181 所示。

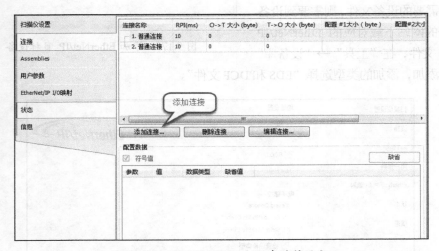

图 9.181　EtherNet/IP 目标设备连接设定

1）添加连接。

通过单击"添加连接..."，创建一个具有输入/输出的新连接。以下对话框可以进行配置。该处可以修改选中连接的输入和输出的数据包的大小、配置的大小。连接的参数如图 9.182 所示。

图 9.182 EtherNet/IP 新建连接

2）通用参数。

- 连接路径：该参数是通过系统自动生成的。
- 触发类型。
- 循环：设置数据的周期的变化，周期的变化是根据 RPI 所设定的时间。
- 改变状态：当应用对象检测到状态改变时发生。注意，接收端可能已被设置为已确定的速率接收包，而不管数据产生端的触发机制。
- 传输类型：用户可以在 协议中的 CIP Volume 1 和 Volume 2 找到详细信息。
- RPI(ms)：（是 Requested Packet Interval 的简称），以毫秒（ms）为单位的传输间隔时间，目标应用对象的传送数据是根据发送应用对象的请求而决定的。该参数必须是总线任务周期的倍数关系。
- 超时倍增：设备等待的时间如果大于 RPI *（所设定倍率），则设备的状态会变为"Error"。

3）从目标到扫描（消耗）/（生产）。

O→ T 大小（Bytes）：从适配器至扫描器的数据大小，单位为字节。

T→ O 大小（Bytes）：从扫描器至适配器的数据大小，单位为字节。

配置#1 大小（Bytes）：配置#1 的数据大小，单位为字节。

配置#2 大小（Bytes）：配置#2 的数据大小，单位为字节。

（4）设置用户参数

在此选项卡中指定了一些在从站设备启动时就发送给总线系统的额外的系统参数，设置界面如图 9.183 所示。

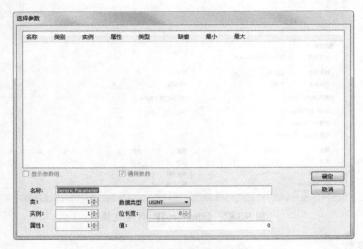

图 9.183　EtherNet/IP 选择参数

- 名称：参数的名称。
- 类：网络中所有可访问的对象类别都有一个唯一的整数值标识号。如图 9.184（a）所示。类也可以由该类特定的对象实例来指明，见实例的说明。
- 实例：实例是一个整数值，用以标识类中的一个目标实例，如图 9.184（b）所示。

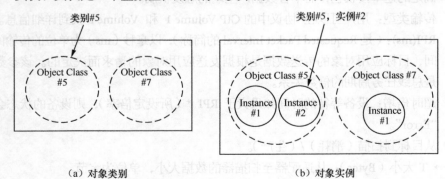

（a）对象类别　　　　　　　　　　（b）对象实例

图 9.184　EtherNet/IP 用户参数的类别和实例

在实例的设置中，也可以将实例设置为 0，这个特殊实例引用的其实就是类本身，如

图 9.185（a）所示。其实指的是就类别 5。

- 属性：属性是一个整数值，它是类或者实例的一部分，属性如图 9.185（b）所示。
- 位长度：系统会根据用户设定的"数据类型"进行自动调整。

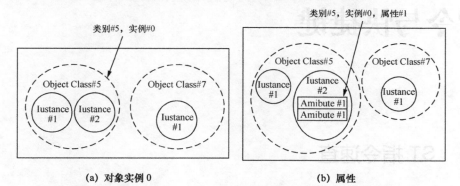

（a）对象实例 0　　　　　　　　（b）属性

图 9.185　EtherNet/IP 用户参数的类别和实例

（5）设置变量的 I/O 映射

变量的 I/O 映射界面如图 9.186 所示。选中"EtherNet/IP I/O 映射"选项卡，无论是输入还是输出变量的设置都是通过地址的方式进行设置的，用户可以直接修改系统自动分配的地址，如图 9.186 所示。用户可以直接选中该地址选项进行编辑，从而实现与程序中变量的映射。

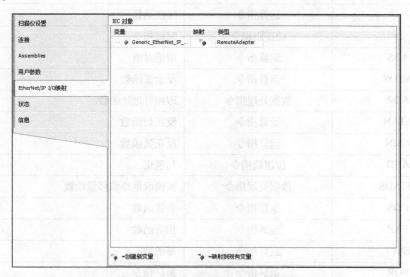

图 9.186　EtherNet/IP I/O 映射设置

附录 A
指令与快捷键

A.1 ST 指令速查

指令助记符	程序元素分类	说　明
+	运算指令	加法运算
-	运算指令	减法运算
*	运算指令	乘法运算
/	运算指令	除法运算
:=	位逻辑指令	赋值指令
ABS	运算指令	取绝对值
ACOS	运算指令	反余弦函数
ADR	数据处理指令	取指针地址函数
ATAN	运算指令	反正切函数
ASIN	运算指令	反正弦函数
AND	位逻辑指令	与逻辑
BITADR	数据处理指令	按位取地址偏移量函数
COS	运算指令	余弦函数
EXP	运算指令	指数函数
EXPT	运算指令	幂函数
FOR	循环指令	循环指令

续表

指令助记符	程序元素分类	说　明
LEN	数据处理指令	返回数据长度
LIMIT	数据处理指令	限制值输出
LN	运算指令	自然对数
LOOP	跳转指令	循环跳转
MOD	运算指令	取余数指令
NOT	位逻辑指令	取反
REPEAT	循环指令	循环函数
RETURN	跳转指令	返回指令
ROL	数据处理指令	按位循环左移
ROR	数据处理指令	按位循环右移
SHL	数据处理指令	按位左移
SHR	数据处理指令	按位右移
SIN	运算指令	正弦函数
SIZEOF	数据处理指令	计算变量的字节数
SQR	运算指令	平方函数
SQRT	运算指令	平方根
TAN	运算指令	正切函数
TRUNC	数据处理指令	实数转整型
WHILE	循环指令	WHILE 循环语句
XOR	位逻辑指令	异或逻辑

A.2　标准库 FUN 及 FB 快查

功　能　分　类		FUN 及 FB 名	说　明
STANDARD	双稳态功能	RS	复位优先双稳态
		SR	置位优先双稳态
	计数	CTD	减计数器
		CTU	增计数器
		CTUD	增减计数器

续表

功 能 分 类	FUN 及 FB 名	说　　明
STANDARD	字符串	CONCAT	字符串连接
		DELETE	字符串删除
		FIND	字符串查找
		INSERT	字符串插入
		LEFT	返回字符串左端字符
		LEN	返回字符串长度
		MID	返回字符串中特定的字符
		REPLACE	替换字符串中的指定字符串
		RIGHT	返回字符串右端字符
	定时器	TON	延时 ON
		TOF	延时 OFF
		TP	触发延时
		RTC	运行时钟计时器
	触发器	R_TRIG	上升沿触发
		F_TRIG	下降沿触发
UTIL	模拟量	HYSTERESIS	磁滞曲线
		LIMITALARM	限位报警
	BCD 转换	BCD_TO_BYTE	BCD 码转换为字节
		BCD_TO_DWORD	BCD 码转换为双字
		BCD_TO_INT	BCD 码转换为整型
		BCD_TO_WORD	BCD 码转换为字
		BYTE_TO_BCD	字节转换为 BCD 码
		DWORD_TO_BCD	双字转换为 BCD 码
		INT_TO_BCD	整型转换为 BCD 码
		WORD_TO_BCD	字转换为 BCD 码
	位/字节功能	BIT_AS_BYTE	将 8 个布尔输入转化为字节输出
		BIT_AS_DWORD	将 32 个布尔输入转化为双字输出
		BIT_AS_WORD	将 16 个布尔输入转化为双字输出
		BYTE_AS_BIT	将字节转化为 8 个布尔输出

续表

功 能 分 类		FUN 及 FB 名	说　明
UTIL	位/字节功能	DWORD_AS_BIT	将双字转化为 32 个布尔输出
		EXTRACT	输出位信息
		PACK	将 8 个布尔打包为字节
		PUTBIT	设置输入数据的位
		SWITCHBIT	切换位数值
		UNPACK	将字节拆分为 8 个位变量
		WORD_AS_BIT	将字转化为 16 个布尔输出
	控制器	PD	PD 控制器
		PID	标准 PID 控制器
		PID_FIXCYCLE	固定周期 PID 控制器
	编码	BASE64	BASE64 编码
	调节器	CHARCURVE	特征曲线输出
		RAMP_INT	斜坡-整型
		RAMP_REAL	斜坡-实数
UTIL	格雷码转换	BYTE_TO_GRAY	字节转格雷码
		DWORD_TO_GRAY	双字转格雷码
		GRAY_TO_BYTE	格雷码转字节
		GRAY_TO_DWORD	格雷码转双字
		GRAY_TO_WORD	格雷码转字
		WORD_TO_GRAY	字转格雷码
	16 进制/ASCII 转换	BYTE_TO_HExinASCII	将二进制字节数据转化为 ASCII 码
		HExinASCII_TO_BYTE	将 ASCII 码转化为二进制字节数据
		WORD_AS_STRING	将输入的字数据转化为 ASCII 字符串输出
	数学功能	DERIVATIVE	导数计算
		INTEGRAL	积分计算
		LIN_TRAFO	插补计算
		STATISTICS_INT	数值记录——整型
		STATISTICS_REAL	数值记录——实数
		VARIANCE	方差计算

续表

功 能 分 类		FUN 及 FB 名	说　明
UTIL	信号发生	BLINK	闪烁脉冲
		FREQ_MEASURE	固定频率脉冲输出
		GEN	信号输出
STANDARD64	字符串功能	WCONCAT	双字节字符串连接
		WDELETE	双字节字符串删除
		WFIND	双字节字符串查找
		WINSERT	双字节字符串删除插入
		WLEFT	返回双字节字符串左端字符
		WLEN	返回双字节字符串长度
		WMID	返回双字节字符串中特定的字符
		WREPLACE	替换双字节字符串中的指定字符串
		WRIGHT	返回双字节字符串右端字符
	定时器	LTON	长时间延时 ON
		LTOF	长时间延时 OFF
		LTP	长时间触发延时

A.3　常用快捷键

分　类	功　能	快 捷 键
文件	新建工程	\<Ctrl+N\>
	打开工程	\<Ctrl+O\>
	保存工程	\<Ctrl+S\>
	退出	\<Alt+F4\>
编辑	撤销	\<Ctrl+Z\>
	恢复	\<Ctrl+Y\>
	查找	\<Ctrl+F\>
	替换	\<Ctrl+H\>

续表

分 类	功 能	快 捷 键
编辑	查找下一个	\<F3\>
	查找下一个（选中）	\<Ctrl+F3\>
	查找上一个	\<Shift+F3\>
	查找上一个（选中）	\<Ctrl+Shift+F3\>
	切换书签	\<Ctrl+F12\>
	下一个标签	\<F12\>
	上一个标签	\<Shift+F12\>
视图	设备	\<Alt+0\>
	POU	\<Alt+1\>
	Modules	\<Alt+2\>
	消息	\<Alt+3\>
编译	编译	\<F11\>
调试	登入	\<Alt+F8\>
	退出	\<Ctrl+F8\>
	启动	\<F5\>
	停止	\<Shift+F8\>
	切换断点	\<F9\>
	跳过	\<F10\>
	跳入	\<F8\>
	跳出	\<Shift+F10\>
	写变量	\<Ctrl+F7\>
	强制写变量	\<F7\>
	释放强制值	\<Alt+F7\>
窗口	下一个编辑器	\<Ctrl+F6\>
	上一个编辑器	\<Ctrl+Shift+F6\>
	关闭编辑器	\<Ctrl+F4\>
	下一个窗口	\<F6\>
	上一个窗口	\<Shift+F6\>
帮助	帮助	\<Ctrl+Shift+F1\>
	索引	\<Ctrl+Shift+F2\>

续表

分　　类	功　　能	快　捷　键
声明	输入助手	\<F2\>
	自动声明	\<Shift+F2\>
	下一条消息	\<F4\>
	上一条消息	\<Shift+F4\>
FBD/LD/IL	插入节	\<Ctrl+I\>
	插入节（下方）	\<Ctrl+T\>
	切换节注释状态	\<Ctrl+O\>
	插入运算块	\<Ctrl+B\>
	插入空运算块	\<Ctrl+Shift+B\>
	插入带 EN/ENO 的运算块	\<Ctrl+Shift+E\>
	插入输入	\<Ctrl+Q\>
	插入输出	\<Ctrl+A\>
	插入线圈	\<Ctrl+A\>
	插入跳转	\<Ctrl+L\>
	插入触点	\<Ctrl+K\>
	插入串联右触点	\<Ctrl+PD\>
	插入并联下触点	\<Ctrl+R\>
	插入并联上触点	\<Ctrl+P\>
	取反	\<Ctrl+N\>
	边沿检测	\<Ctrl+E\>
	置位/复位	\<Ctrl+M\>
	设置输出连接	\<Ctrl+W\>
	插入分支	\<Ctrl+Shift+V\>
	更新参数	\<Ctrl+U\>
书签	切换书签	\<Ctrl+F12\>
	下一个书签	\<F12\>
	前一个书签	\<Shift+F12\>

A.4 快捷输入

使用快捷键<Ctrl + Enter>能实现快捷输入，而不用将变量完整地输入。

类型快捷键	定　义
B or BOOL	BOOL
I or INT	INT
R or REAL	REAL
S or string	STRING

	快　捷　键	结　果
1	A	A: BOOL;
2	A B I 2	A, B: INT := 2;
3	ST1 S 2; A string	ST1:STRING（2）；（* A string *）
4	X %MD12 R 5	X AT %MD12: REAL := 5.0;
5	B !	B: BOOL;

附录 B
CODESYS V3 新特性

B.1 CODESYS Soft Motion Basic (支持 PLCopen Part1&Part2)

　　用户可以直接在熟悉的 IEC 61131-3 编程环境中，与逻辑应用一起开发从单轴运动到主从轴运动再到电子凸轮 CAM 的应用程序。具有 CODESYS SoftMotion 的运动控制器以集成在 PLC 开发系统中的工具包的形式实现运动功能（见图 B.1）。

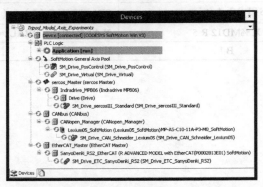

图 B.1　CODESYS SoftMotion 与 PLC 开发系统

　CODESYS SoftMotion Basic 包含如下内容。

（1）PLCopen 认证的 POU，用于单轴和多轴运动。

（2）PLCopen 认证的 POU，用于一些附加功能，如诊断、停止、CAM 控制器等。

（3）用于不同任务的其他 POU，例如监视动态数据或跟踪错误，操作 CAM 和 CAM 控制器等。

（4）提供可视化模板，可快速方便地利用 CODESYS 可视化调试 POU。

（5）利用丰富的可视化元素，可以在线更改 CAM 和 CAM 控制器。

（6）集成 CAM 图形编辑器，具有丰富的配置选项（见图 B.2）。

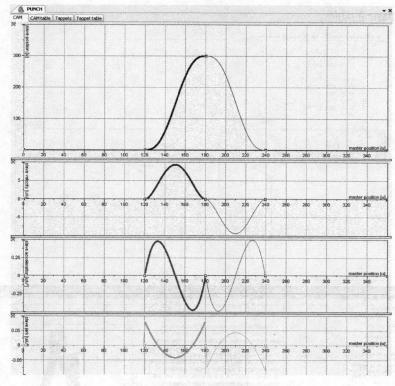

图 B.2　CAM 图形编辑器

（7）支持虚拟轴和逻辑轴。

（8）多种 CAN，CANopen 和 EtherCAT 驱动器的集成驱动程序。

（9）将驱动器配置为标准现场设备。

（10）丰富的 Softmotion 例程。

B.2　SoftMotion CNC + Robotics(支持 DIN66025 标准 G 代码与 PLC open Part4)

CODESYS 提供了 DIN66025 标准的、支持 G 代码编程的 3D CNC 编辑器，并且提供所有必要组件的 CNC POU 库，可实现几何数据处理、插补、运动学变换等操作。此设计使得终端用户可以在 IEC61131-3 标准的上位编程环境中实现复杂的 CNC 控制。CODESYS SoftMotion CNC + Robotics（见图 B.3）通过典型的运动学和 CNC 插补器扩展了 CODESYS

SoftMotion Basic 的功能。

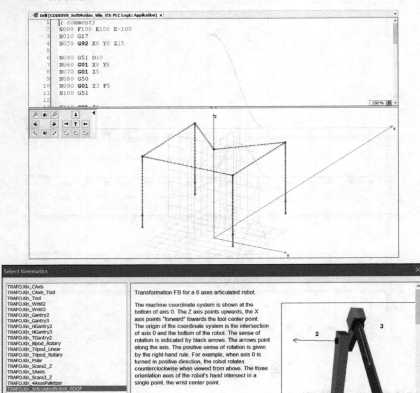

图 B.3　SoftMotion CNC + Robotics

CODESYS SoftMotion CNC+Robotics 为终端用户提供了一个易于使用的集成编辑器，用于配置复杂的机器人轴组。此外，还支持 PLCopen Part4 标准功能块。

（1）CNC 支持

1）图形化的 DIN 66025 编辑器（支持 G 代码）。

2）CNC 库以及所有用于 CNC 编辑的功能块。

3）3D CNC 应用教程示例。

4）从线性到样条插补的综合插补功能。

5）强大的路径规划能力，包括 CNC 刀具半径补偿等。

6）提供可视化模板，用于在 CODESYS 可视化中快速方便地调试所有功能块。

7）丰富的可视化元素，用于在线显示和规划 3D 路径。

8）支持虚拟轴和逻辑轴。

9）支持多种通用总线接口的驱动程序如 CAN、EtherCAT、SERCOS 等。

（2）Robotics 支持

1）轴组的运动学模型设置。

2）具有不同坐标系的机器人坐标值的综合路径规划。

3）支持 PLCopen Part4 标准功能块。

4）集成多种标准的机器人模型，如各种龙门机器人（2/3/5 轴）、三足机器人和 SCARA 机器人等。

B.3 CODESYS Depictor（在线 3D 仿真工具）

CODESYS Depictor（见图 B.4）是 CODESYS 的一个附加产品，它可以直接在上位的 CODESYS 开发系统中描绘整个机械加工过程的三维场景。这些三维仿真场景可以有效地帮助开发人员和培训人员直观地了解生产过程中各个部分的功能及相互的关系。此外，它也是做演示时有力的工具。

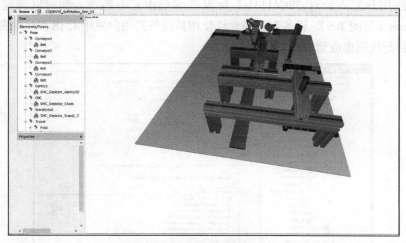

图 B.4　CODESYS Depictor

（1）CODESYS Depictor 的特点

1）可以实现对机械加工过程的动画模拟。

2）通过"姿态"创建场景，来描述指定的 3D 元件的位置和方向。

3）包含丰富的 3D 元件库，如框、剖面、圆柱体等。

4）可以导入复杂的三维元素。

5）导入文件格式包括：dae（3D 交互文件）、3ds（场景描述文件）和 obj（标准 3D 模型文件）。

6）仿真的 3D 场景在 CODESYS 开发系统中创建并显示。

7）无需 3D 设计方面的专业知识，便于自动化专业人员使用。

8）可以实现 IEC 61131-3 应用程序的功能模拟测试。

9）适用于复杂 CNC 和机器人运动的 3D 可视化。

（2）CODESYS Depictor 典型用例

1）用户可以使用 CODESYS Depictor 来模拟整个机械加工过程，并通过研究实现对整个过程的优化。

2）用户可以使用 CODESYS Depictor 在项目规划或销售会议中来形象直观地展示您的产品。

3）CODESYS Depictor 也是用在教学或培训工作中有力的演示工具。

B.4 C-Integration（C 语言集成工具）

如果应用开发人员对 IEC61131-3 标准的编程语言不熟悉，则可以通过附加组件 C-Integration（见图 B.5），设备制造商允许使用其设备的用户使用 C 语言开发应用程序，并轻松地将此代码集成到 IEC 61131-3 项目中。

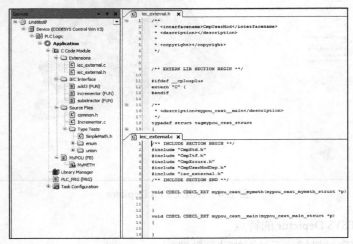

图 B.5　C-Integration

C-Intergration 的特点如下。

1）C-Intergration 是 CODESYS Runtime System 的附加组件。

2）最终用户可以将 C 代码无缝集成到 IEC61131-3 标准的项目工程中。

3）集成 C 代码编辑器，可以在 CODESYS 项目中轻松编译和执行 C 代码以及 IEC 61131-3 应用程序。

4）远程连接外部工具链，用于从 CODESYS 开发系统编译/链接 C 代码。

5）易于集成、生成、存储和执行 IEC 61131-3 项目中的 C 代码。

6）自动生成在 IEC 61131-3 应用中使用 C 模块的接口。

7）通过集成的更新机制，为外部 C 语言开发系统提供便利接口。

8）在所有兼容设备平台上运行（V3.5 SP7 及以上的版本）。

B.5 UML（统一建模语言）

CODESYS UML 作为 CODESYS 专业开发工具的一部分，通过集成的 UML（统一建模语言）编辑器（见图 B.6）来扩展了 CODESYS 开发系统的功能。

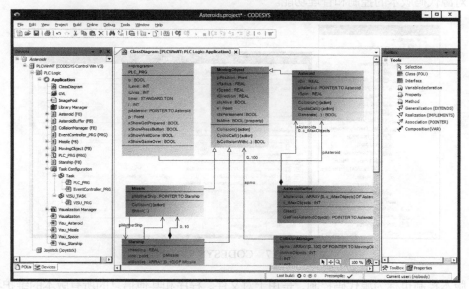

图 B.6 UML 编辑器

CODESYS UML 的功能如下。

1）UML（统一建模语言）是一个支持模型化和软件系统开发的图形化语言，为软件开发的所有阶段提供模型化和可视化支持。

2）结构图用来说明软件的架构，以便于建模和分析。行为图是具有不同语法和语义的可执行模型，可直接生成应用程序代码。

3）CODESYS UML 通过统一建模语言（UML）定义的类图和状态图的编辑器扩展了CODESYS 开发系统的功能。

4）类图属于 UML 结构图组。通过附加的图形编辑器，可以对 CODESYS 工程面向对象的结构进行说明或设计。在编辑器中能够清楚地显示不同类所使用的变量或方法及其关系。

5）可以将现有的工程直接从 CODESYS 设备树导入到新的类图中。同时，也可以使用以下不同的类、对象以及关系元素从头开始新建工程。

B.6　CODESYS SVN（SVN 版本管理）

CODESYS SVN（见图 B.7）是用于对当前和历史版本的文件（如源代码，网页和文档）进行版本控制和管理的工具，它通过与版本控制软件 Apache™ Subversion®的集成连接，实现了对源代码版本的控制和管理功能。

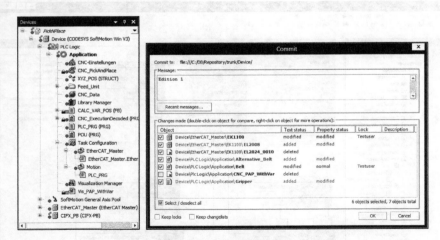

图 B.7　CODESYS SVN

版本控制也称为源代码控制，是用于对文件、程序和其他信息的所有版本的维护和管理。版本控制广泛地应用于软件开发过程，随着时间的推移，文件逐渐产生多个版本。使用版本控制系统，开发人员可以返回到各个文件以前的修订版本，还可以比较任意两个版本以查看它们之间的变化。

版本控制系统的主要任务如下。

（1）更改日志，可以随时复制已做出的更改，并记录何时何地进行了哪些更改。

（2）恢复单个文件到旧版本，可以随时撤消错误的文件。

（3）对某一项目的具体修订内容归档。

（4）开发人员随时共享访问各个版本内容。

（5）开发人员可以对同一项目进行不同方向的开发。

CODESYS SVN 用于维护对象的一致性，可由多个用户共享。它们允许比较不同的修订版本或恢复对象到旧版本。

B.7 CODESYS Static Analysis（静态代码分析工具）

作为 CODESYS 专业开发工具的一部分，CODESYS 静态代码分析器（见图 B.8）扩展了 CODESYS 开发系统的功能，它是一种基于预定义规则来检查源代码的工具。

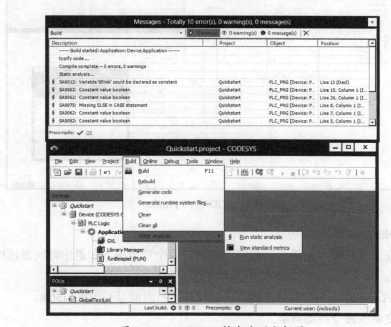

图 B.8 CODESYS 静态代码分析器

使用 CODESYS 静态代码分析器，除了可以检查编译器代码之外，还可以基于预定义的规则和命名规定来检查源代码。在检查过程中，可以显示出一些潜在开发问题的相关信息，并在应用程序进入现场测试之前消除错误。

在 CODESYS 静态分析器中，包含了超过 100 个预定义规则，其中一些规则是可配置的。该工具的功能完全集成在 CODESYS 开发系统中。

B.8　CODESYS Profiler（性能分析工具）

使用 CODESYS Profiler（见图 B.9），软件工程师和应用程序开发人员可以对 IEC 61131-3 应用程序中不同 POU 的处理时间和代码覆盖率进行前期测量和评估。这些测量可以在 CODESYS 软 PLC 或硬件设备上执行，而无需更改工程中的 IEC 61131-3 应用代码。 应用开发和测量可以在同一个开发环境中同时完成。

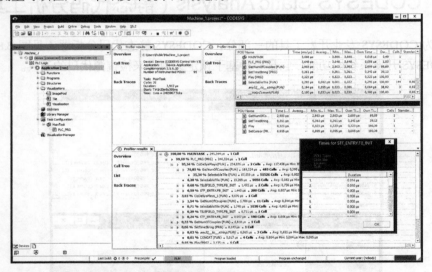

图 B.9　CODESYS Profiler

（1）CODESYS Profiler 的功能

1）通过在开发环境中激活运行时间测量后，每个功能进入和退出时间通过检测代码进行动态测量。

2）根据 PLC 硬件平台和程序结构不同，代码运行时间延长 10% ~ 50%。

3）通过变量或命令启动测量。

4）在 CODESYS 开发界面上清楚地显示测量结果。

使用 CODESYS Profiler，用户将获得以下优势：

1）可以在开发阶段就进行机器代码的性能和代码覆盖率测试。

2）及时通知运行时问题。

3）能够识别耗时多的程序部分以及未处理的语句。

4）用户不需要修改应用代码进行测量。

5）可集中或单次测量应用程序 POU。

6）通过将历史测量值和当前测量值作比较来确定代码效率。

7）提高软件质量

（2）CODESYS Test Manager（测试管理器）

CODESYS 测试管理器（见图 B.10）用来对 CODESYS 开发系统的应用程序和执行过程进行自动化测试。它是自动化测试的核心组件，主要用于测试应用程序和库。CODESYS 测试管理器支持以下对象的测试：

● 应用程序；

● IEC 库；

● 通信。

通过命令提供执行自动测试所必需的功能，我们将可配置的命令称为测试动作。一个测试用例通常由一个或多个测试动作组成，而多个测试用例则组成一个测试脚本。用户可以将测试报告和测试脚本保存到测试库中进行管理。

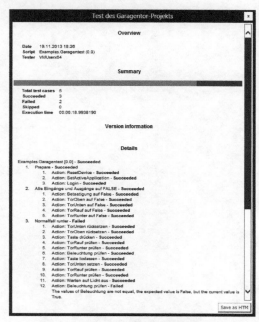

图 B.10　CODESYS 测试管理器

（3）测试脚本、开发步骤

1）定义测试库。

2）创建测试脚本。

3）创建测试用例或 IEC 单元测试程序。

4）为每个测试用例定义测试动作。

5）执行测试脚本并生成测试报告。

6）将测试报告保存到测试库或将其导出为 HTML 报告。

测试用例也可以以 IEC 单元测试程序的形式实现，以上测试步骤可以用任何 IEC 语言编程实现，它们可以存储为 CODESYS 工程。在测试运行期间，该测试工程将自动包含在 CODESYS 测试管理器中。

在大多数情况下，测试脚本基于适用于测试对象的 CODESYS 工程。在测试运行期间，该工程被加载，并且执行准备步骤（即建立与控制器的通信）。测试对象（即应用）状态逐步变化，并将其行为与标称行为进行比较，比较结果总结在测试报告中。在完成测试运行之前，测试环境必须处于最终状态。生成的报告可以在测试库中进行管理。

参考文献

[1] Karl-Heinz J, Michael T. IEC 61131-3 Programming Industrial Automation Systems [M]. German：Springer, 2010.

[2] Holger Zeltwanger. CANopen-das standardisierte,eingebettete Netzwerk[M]. German:gebundene Ausgabe,2008.

[3] Jochen Petry. IEC 61131-3 mit CODESYS V3:Ein Praxisbuch fur SPS-Programmierer[M].3S-Smart Software Solutions GmbH,2011.

[4] 彭瑜，何衍庆. IEC 61131-3 编程语言及应用基础[M]. 北京：机械工业出版社, 2009.

[5] 谭浩强. C 程序设计[M]. 北京：清华大学出版社, 2005.

[6] 王小科等. C#开发宝典[M]. 北京：机械工业出版社, 2012.

[7] 吕如良，沈汉昌等. 电工手册[M]. 上海：上海科学技术出版社, 2014.

[8] 李幼涵. 施耐德 SoMachine 控制器应用及编程指南[M]. 北京：机械工业出版社, 2014.

[9] 邓李. ControlLogix 系统实用手册[M]. 北京：机械工业出版社, 2008.

[10] 姜建芳. 西门子 S7-300/400 PLC 工程应用技术 [M]. 北京：机械工业出版社, 2012.

[11] 李正军.现场总线与工业以太网及其应用技术[M]. 北京：机械工业出版社, 2012.9

[12] 王丽丽. CODESYS 平台下嵌入式系统软 PLC 的研究[D]. 北京：北京工业大学, 2007.

[13] 喻塞花. 基于 Windows 的软 PLC 系统开发[D]. 南京：南京航空航天大学, 2011.

[14] 吴爱国,李长滨. 工业以太网协议[D]. 武侯：计算机应用, 2003.23.11.

[15] 廖常初. PID 参数的意义与整定方法[D]. 重庆：自动化应用, 2010.05.27.

[16] 杨镇宇, 何佳育, 朱智炜. CODESYS 控制软件操作说明论文[D]. 台湾：逢甲大学, 2010.

[17] 宋文好. 基于 Modbus 协议的远程无线抄表系统的设计与实现[D] . 杭州：浙江工业大学，2012.

[18] 马立新，康存锋. CODESYS V3 基础编程入门[G]. 德国 3S 软件有限公司.

[19] CODESYS V3.5 在线帮助[G]. 德国 3S 软件有限公司.

[20] CODESYS 2.3 中文教程[G]. 德国 3S 软件有限公司.

[21] 可编程控制器 AC500[G]. ABB（中国）有限公司

[22] CODESYS 编程手册 和利时 G3 系列小型一体化 PLC 软件手册[G]. 杭州和利时自动化有限公司

[23] M218 SoMachine 指令手册[G]. 施耐德电气

[24] 王蔚庭 解析工业标称语言国际标准[D] IEC 61131-3 北京凯恩迪自动化技术有限公司

[25] 韩明睿 现场工业总线在自动化系统中的应用[J] 电气传动自动化，2004.26-4